工程机械概论

GONGCHENG JIXIE GAILUN

张 青 宋世军 张瑞军 等编著

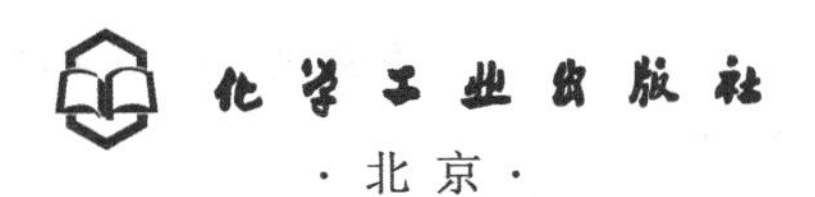

·北京·

《工程机械概论》(第二版) 一书系统、全面地介绍了工程机械基本知识以及各种现代典型工程机械的工作原理、构造性能、作业特点等，包括工程起重机、混凝土机械、土方工程机械、石方工程机械、桩工机械、公路工程机械、城市维护机械、电梯等，还简要介绍了最新的新能源工程机械——纯电动工程机械。内容系统、新颖、翔实，实用性强。

本书可作为以工程机械为特色的机械类本科专业、高职专业的教材，也适用于机械设计类、土木建筑工程类、交通运输工程类、水利水电工程类、采矿工程类和农业工程类等专业本科生的教学，同时也可作为相关从业技术人员的参考书。

图书在版编目 (CIP) 数据

工程机械概论/张青等编著. —2版. —北京：化学工业出版社，2016.8 (2023.1 重印)

ISBN 978-7-122-27529-5

Ⅰ. ①工… Ⅱ. ①张… Ⅲ. ①工程机械 Ⅳ. ①TU6

中国版本图书馆 CIP 数据核字 (2016) 第 151276 号

责任编辑：张兴辉　　装帧设计：王晓宇

责任校对：宋　玮

出版发行：化学工业出版社 (北京市东城区青年湖南街 13 号　邮政编码 100011)

印　　装：天津盛通数码科技有限公司

787mm×1092mm　1/16　印张 18　字数 446 千字　2023 年 1 月北京第 2 版第 10 次印刷

购书咨询：010-64518888　　售后服务：010-64518899

网　　址：http://www.cip.com.cn

凡购买本书，如有缺损质量问题，本社销售中心负责调换。

定　　价：46.00 元

第二版前言

Foreword

工程机械是现代化工程建设和城乡建设中的重要技术装备，种类繁多，应用十分广泛。近年来，工程机械发展异常迅猛、持续火爆，新理念、新技术、新工艺、新材料不断给予工程机械新的活力，因而工程机械行业的工程技术人员随之面临着新的挑战和考验。

我国国民经济快速稳健发展，基础设施——工业与民用建筑、铁路与公路、水利与水电、矿山、港口等建筑工程不断增加。工程机械行业是为工程建设施工和相关工业生产过程机械化作业提供技术装备的行业，在国民经济中占有重要地位。世界各国都以工程施工与作业的机械化与自动化水平来反映行业生产力水平。基础设施工程机械化和自动化施工的实现，对加速发展国民经济起着重要作用，还能减轻大量繁重的体力劳动，提高劳动生产率；保证工程质量，降低工程造价；扩大施工范围，促进现代化建筑新结构和施工技术的进步和发展，为人类创造更加辉煌的业绩。

《工程机械概论》一书系统介绍了工程机械基本知识、现代典型工程机械的工作原理、构造性能、作业特点。内容系统、新颖、翔实，图文并茂，实用性强。可作为以工程机械为特色的机械类专业的教材，也适用于机械设计类、土木建筑工程类、交通运输工程类、水利水电工程类、采矿工程类和农业工程类等专业本科生的教学，同时也可作为上述专业相关从业技术人员的参考书。

该书 2009 年 9 月出版至今已七年，七年来工程机械新产品不断涌现，工程机械行业发生了剧烈变化，高校相应专业的教学环境也发生了较大变化，为适应新变化，更好地服务于相关专业的教学决定进行再版。

第二版主要变动情况如下：由于新型城镇化的进程中城市维护机械与设备将发挥愈加重要的作用，也将会有愈加先进、适应城市维护所需要的新型产品涌现；同时环境问题尤为突出的城镇，新能源城市维护机械无疑成为工程机械发展的重要趋势之一，因此第二版增加了城市维护机械（第 8 章）、纯电动工程机械（第 9 章）两章内容。同时，删掉了原第 2 章工程机械内燃机与底盘，删掉原 3.2.3 塔式起重机的顶升过程和 3.2.4 塔式起重机的稳定性两小节，删掉原 7.2 柴油打桩机，删掉原第 9 章其他工程机械；更新改写了 1.3 工程机械行业与技术和 2.2.2 塔式起重机的基本结构内容。

另外，为方便教学的需要，本次提供了配套教学课件，读者可以发邮件至 zxh@cip.com.cn 索取或者登陆化学工业出版社教学资源网 http://www.cipedu.com.cn 进行下载。

第二版全书共 9 章，其中第 1、6、7、8、9 章由张青编写，第 2、5 章由宋世军编写，第 3 章由张瑞军编写，第 4 章由姜华编写，全书由张青通稿。参加编写的还有王胜春、靳同红、沈孝芹、周海涛等。

由于编者水平有限，书中不妥之处在所难免，敬请广大读者继续给予批评指正，提出宝贵意见。

编著者

目 录

Contents

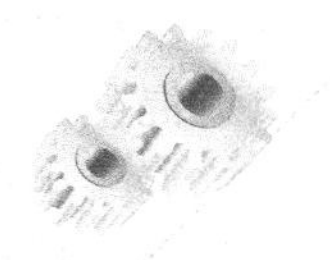

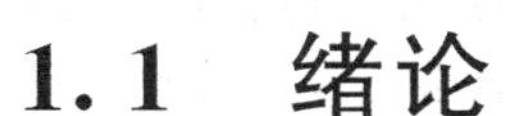

第1章 总论

1.1 绪论

1.1.1 工程机械的概念

工程机械行业是机械工业主要的支柱产业之一，我国是国际工程机械制造业的四大基地之一（美国、日本、欧盟、中国）。我国的工程机械工业在国内已经发展成了机械工业10大行业之一，在世界上也进入了工程机械生产大国行列。在国内需求、政策扶持和出口增长的带动下，中国的机械行业将从国内逐步走向世界，成为国家的支柱产业之一。

概括地说，凡土方工程、石方工程、流动起重装卸工程、人货升降输送工程和各种建筑工程，综合机械化施工以及同上述工程相关的工业生产过程机械化作业所必需的机械设备，称为工程机械。

土方工程种类繁多，分布广泛，但按工程特点分析却只有两种基本形式——挖方和填方。所谓挖方，是指在建设地点将多余土方挖掉，或者在某地挖取土方作他用而言；所谓填方，是指在建设地点进行建设时，要从别处运来土方将地面构筑得适合建设要求而言。例如，露天矿山建设过程的大量土方工程多为挖方形式。筑路工程（铁路与公路）的土方工程，凡在高于路基设计工程要求的地方施工，多为挖方形式；凡在低于路面设计工程要求之处施工，则多为填方形式。

石方工程分布也很广泛，而且往往与土方工程相伴交叉出现，即土方工程中含有石方工程，石方工程中含有土方工程（如建筑场地平整工程、路基建设工程等）；也有单纯的石方工程，如隧道工程、建筑石料开采工程、井下矿山巷道掘进工程、井下采矿工程、露天金属矿采矿工程等。

流动起重装卸工程，包括建筑、安装工程的起重，调整工程、港口、车站以及各种企业生产过程中的起重装卸工程等。所用的各种工程起重机、建筑起重机以及各种叉车和其他搬运机械，能够根据工程要求而自由地移动，不受作业地点限制，故亦称流动起重装卸机械。人货升降输送工程（垂直或倾斜升降）包括在高层建筑物对人的升降运送和对货物的升降运输，采用载人电梯、扶梯和载货电梯等。

各种建筑工程范围更为广泛，除房屋建筑和市政建设外，还包括公路、铁路、机场、水坝、隧道、地下港口、地下管线、新城建设和旧城改造等各种基础设施工程，需要各种工程机械施工。

综合机械化施工，是指工程工序均用相应成套的工程机械去完成而言，人力在工程中只起辅助作用和组织管理作用。综合机械化水平越高，则使用的人力就越少。

相关的工业生产过程，是指与土方工程、石方工程、流动起重装卸工程、人货升降运送工程和各种建筑工程有关的工业生产过程而言。如储煤场的装卸工程、工业企业内部生产过程的装卸与运输、各种电梯的工作等等。

20 世纪 60 年代以前，我国建设工程机械化施工用的设备又少又落后，因而使用部门机械化施工水平很低。在计划经济条件下，当时机械制造部门只安排少数矿山机械制造厂和起重运输机械制造厂兼产一小部分技术性能一般化的工程机械产品。随着各种建设施工技术的发展，机械制造部门生产的工程机械产品满足不了用户需求，有关使用部门被迫利用修理厂生产部分简易的施工机具和设备自用，并根据各自不同的使用特点确定了不同的名字。那时，建筑工程系统把自己所需要的一部分工程机械称为建筑与筑路工程机械（简称筑路机械）；铁道系统需要的一部分工程机械称为线路工程机械（简称线路机械，其中包括一部分线路专用设备）；水电系统需要的一部分工程机械称为水利工程机械（简称水工机械）；在各种矿山现场使用的工程机械一般称之为矿山工程机械。尽管各部门所需的产品重点不同，但都是为土方工程、石方工程、不受地点限制的起重装卸工程、人货升降输送工程以及各种建筑工程机械化施工和相应生产过程的作业服务的，在国际上均属于同一大类机械产品。1960 年冬，国务院和中央军委联合决定，第一机械工业部负责组织并加速发展为军委工程兵、铁道兵和民用部门工程施工用的机械设备；发展方针是以军为主，兼顾民用。当时国家计委、国家经委、国家科委会同一机部研究发展方案时，首先要给这一类设备统一命名。经过讨论，决定把各部门命名中的专用形容词去掉，统称为“工程机械”。

改革开放后，我国工程机械行业已为世界各国所认定；经过国际合作交往，已明确了与有关国家相应的行业名字。其中美国和英国称为“建筑与矿山机械”，日本称为“建设机械”，德国称为“建筑机械与装置”，前苏联与东欧诸国统称为“建筑与筑路机械”。虽然各国对该行业确定的产品范围互有差异，但其主要服务领域、产品分类、生产工艺技术、科研设计理论、试验方案以及采用的各种标准等，基本上是一致的。

工程机械的用途分施工和作业，这是两个不同的概念。所谓施工，是指工程机械在各种建设工程中的工作而言，一旦工程完成了，工程机械也就撤走了。如修筑高速公路要使用相应的工程机械，当高速公路建成后，除去少数对公路进行维护保养的工程机械产品之外，建设过程中所用的工程机械都见不到了。工程机械在这种情况下的工作，称为施工。所谓作业，是指工程机械在工业生产过程中的工作而言。如金属露天矿掌子面要使用挖掘机、推土机等工程机械产品，爆破后挖掘机将矿石装到运输车上，推土机将散落的矿石收集到装车地点。挖掘机和推土机周而复始地重复进行工作，这就是作业。

纵观我国工程机械行业的发展历史，大致可划分为三个阶段：第一阶段为创业时期（1949～1960 年）；第二阶段为行业形成时期（1961～1978 年）；第三阶段为全面发展时期（1979 年至今）。2007 年，全国已有工程机械生产企业及科研单位 2000 多家；全行业固定资产净值 270 多亿元，是 1978 年的 16 倍；产品年销售额达 2223 亿元人民币，是 1978 年的 122 倍；利润总额 175 亿元人民币，比 2006 年增长 48%（同期 GDP 增长 11.4%）；产品现在已经出口到了 197 个国家和地区，创汇额度也超过 87.0 亿美元。

1.1.2 工程施工与作业对工程机械的基本要求

工程机械的工作环境恶劣，使用条件多变，工作机构在作业时产生的冲击和振动载荷，对整机的稳定性和寿命有直接影响，其工作场所有时狭窄且受自然及各种条件影响很大。因此，为保证工程机械能长期处于最佳工况下工作，应满足下列要求。

（1）适应性

工程机械的使用地区，从热带到高寒带，自然条件和地理条件差别很大，工况是由地下、水下到高空，既要满足一般施工要求，还要满足各种特殊施工要求。建筑机械多数在野外、露天作业，常年在粉尘飞扬和风吹日晒的情况下工作，易受风雨的侵蚀和粉尘的磨损，要求具有良好的防尘和耐腐蚀性能。

（2）可靠性

大多数工程机械是在移动中作业，工作对象有砂土、碎石、沥青、混凝土等。作业条件严酷恶劣，机器受力复杂，振动与磨损剧烈。底盘和工作装置动作频繁，且经常处于满负荷工作状态，构件易于变形，常常因疲劳而损坏。因此，要求工程机械有很高的可靠性。

（3）经济性

经济性是一个综合性指标。工程机械设计的经济性体现在满足使用性能要求的前提下，力求结构简单、重量轻、零件种类和数量少，以减少原材料的消耗；制造经济性体现在工艺上合理、加工方便和制造成本低；使用经济性则应体现在高效率、能耗少和较低的管理及维护费用等。

（4）安全性

工程机械在现场作业，易于出现意外危险。为此，对机械的安全保护装置有严格要求。目前常见的翻车保护装置（ROPS）和落物保护装置（FOPS），已在国际标准中有专门的规定。我国工程机械的标准规范也明确规定，不装设规定的安全保护装置不允许出厂和应用。

1.1.3 衡量工程机械化施工水平的指标

基础建设工程的机械化施工就是指组织工程施工时应用现代科学管理手段，充分利用成套机械设备进行施工作业的全过程。评价机械化施工水平是一个很复杂的问题。因为它与施工条件、施工方法，机械性能、容量、可靠性、机械的管理、使用、维护、保养等许多因素有着密切的关系。目前以某项基本建设工程为对象，采用以下四项指标来衡量。

（1）机械化程度

是指采用机械完成的工作量占总工程量的比率，计算时可以核算为价值。机械化程度只能反映出使用机械代替人力或减轻劳动强度的程度。

（2）技术装备率

技术装备率一般以每千（或每个）施工人员所占有机械的台数、功率、质量或投资额来计算。技术装备率反映一个施工单位或对某项基本建设工程项目的装备水平。但对机械设备的配套性无法表示。

（3）设备完好率

这指机械设备完好台数与总台数的比率。设备完好率仅表示机械本身的可靠性、寿命与机械的管理、运用水平。

（4）设备利用率

是指机械设备实际运用的台班数与全年应出勤的总台班数的比率。设备利用率与施工任务饱满程度、管理水平高低及设备完好率有密切关系。

只有综合上述四项指标，对规模相当的同类工程，在施工条件相近的情况下，劳动生产率的高低，就标志着其机械化施工水平的高低。

1.2 工程机械基本知识

1.2.1 工程机械的类型

我国的工程机械是各使用部门施工和作业所用机械的总称，包括建筑机械、铁路与公路工程机械、矿山机械、水电工程机械、林业机械、港口机械、起重运输机械等。本书更详细地将工程机械划分为以下 18 种类型。

① 挖掘机械　包括单斗挖掘机、挖掘装载机、斗轮挖掘机、掘进机械等。

② 铲土运输机械　包括推土机、装载机、铲运机、平地机、自卸车等。

③ 压实机械　包括压路机、夯实机械等。

④ 起重机械　包括塔式起重机、轮式起重机、履带式起重机、卷扬机、缆索起重机、桅杆起重机、施工升降机、桥式起重机、门式起重机、高空作业机械等。

⑤ 桩工机械　包括打桩机、压桩机、钻孔机等。

⑥ 混凝土机械　包括混凝土搅拌机、搅拌楼、混凝土搅拌运输车、振动器、混凝土泵、混凝土泵车、喷射机、浇筑机、混凝土制品机械等。

⑦ 运输车辆与机械　包括工程运输车辆（载重汽车、自卸汽车、牵引车、挂车、翻斗车等）、连续运输机械（带式输送机、斗式提升机等）和装卸机械（叉车、堆垛机、翻车机、装车机、卸车机等）三类。

⑧ 路面机械　包括摊铺机、拌和设备、路面养护机械等。

⑨ 铁道线路机械　包括道床作业机械、轨排轨枕机械、线路养护机械等。

⑩ 凿岩机械与气动工具　包括凿岩机、破碎机、钻机（车）、回转式及冲击式气动工具、气动马达等。

⑪ 钢筋和预应力机械　包括钢筋加工机械、预应力机械、钢筋焊机等。

⑫ 市政工程与环卫机械　包括市政机械、环卫机械、垃圾处理设备、园林机械等。

⑬ 装修机械　包括涂料喷刷机械、地面修整机械、擦窗机等。

⑭ 军用工程机械　包括路桥机械、军用工程车辆、挖壕机等。

⑮ 电梯与扶梯　包括电梯、扶梯、自动人行道等。

⑯ 机械式停车场设备。

⑰ 门窗加工机械。

⑱ 其他专用工程机械　包括电站专用、水利专用工程机械等。

1.2.2 工程机械产品型号的编制方法

工程机械产品的型号一般由类、组、型、特性代号（其代号不得超过 3 个字母）与主参数代号两部分组成。如需增添变型、更新代号时，其变型、更新代号置于原产品型号的尾部，如图 1-1 所示。

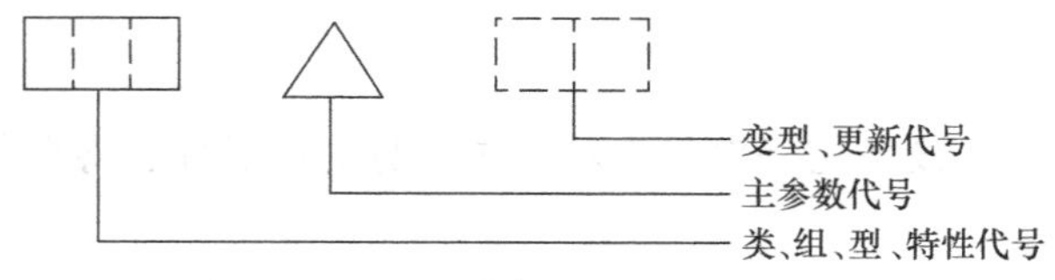

图 1-1　工程机械产品型号的编制方法

产品型号是工程机械产品名称、结构型式与主参数的代号，它供设计、制造、使用和管理等有关部门应用。

产品型号编制要求如下。

① 类、组、型代号与特性代号均用大写印刷体汉语拼音字母表示，该字母应是类、组、型与特性名称中有代表性汉语拼音字头。如与同类中其他型号有重复时，也可用其他字母

表示。

② 主参数用阿拉伯数字表示。

③ 当产品结构有重大改革，需重新试制和鉴定时，其变型或更新代号用大写汉语拼音字母 A、B、C……表示，置于原产品型号的尾部，以区别于原型号。

④ 当产品的主参数、动力性能等有重大改变时，则应改变产品的型号。

⑤ 工程机械产品型号编制规定，参见后续章节具体工程机械。

产品型号应用示例：

① WY25 型挖掘机，表示整机质量为 25t 的履带式液压单斗挖掘机；

② QTZ80 型起重机，表示额定起重力矩为 80t·m（800kN·m）的上回转自升塔式起重机；

③ GX7 型铲运机，表示铲斗几何容量为 $7m^3$ 的自行轮胎式铲运机；

④ 3Y12/15 型压路机，表示结构质量为 12t，加载后质量为 15t 的三轮压路机；

⑤ JZ150 型搅拌机，表示额定容量为 150L 的电动锥形反转出料混凝土搅拌机；

⑥ DZ20 型打拨桩锤，表示电动机功率为 20kW 的机械振动桩锤；

⑦ GT4/8 型钢筋调直切断机，表示调直切断钢筋的直径范围是 4～8mm 的钢筋调直切断机；

⑧ TPL3000 型摊铺机，表示摊铺宽度为 3000mm 的轮胎式沥青混凝土摊铺机。

1.2.3 工程机械的基本组成

工程机械同一般机械一样，是把某种形式的能（如势能、电能等）转换为机械功，从而完成某些生产任务的装置。如图 1-2 所示的卷扬机，它是建筑工地上最常用的一种提升机械。这种机械把电能经过电动机 1 转换为机械能，即电动机的转子转动输出；经 V 带 2、轴 3、齿轮 4、5 减速后再带动卷筒 6 旋转；卷筒卷绕钢丝绳 7 并通过滑轮组 8、9，使起重机吊钩 10 提升或落下载荷 Q，把机械能转变为机械功，完成载荷的垂直运输装卸工作。

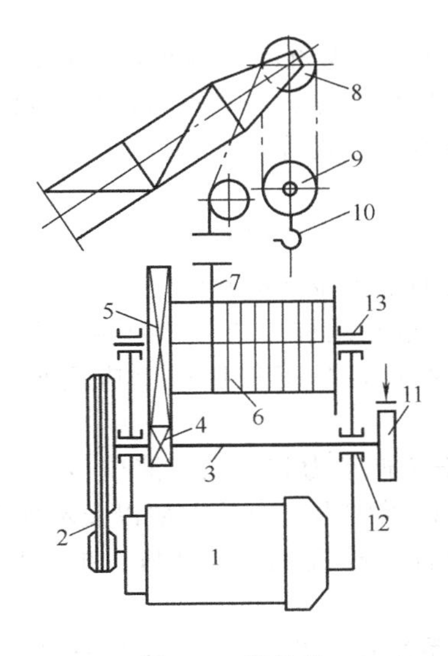

图 1-2 卷扬机

1—电动机；2—V 带；3—轴；4,5—齿轮；6—卷筒；7—钢丝绳；8—定滑轮；9—动滑轮；10—起重机吊钩；11—制动器；12,13—轴承

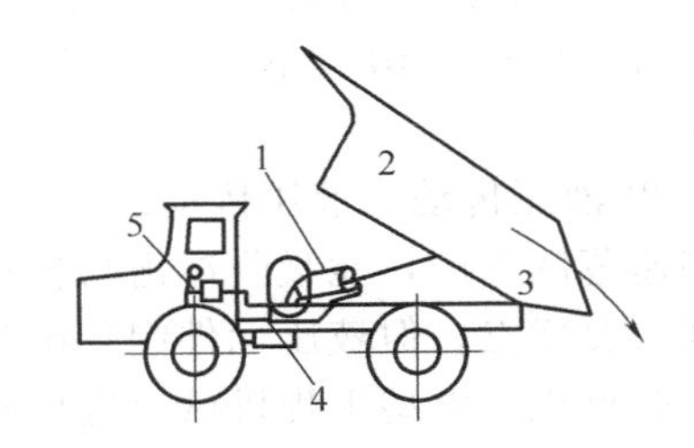

图 1-3 自卸式汽车

1—液压缸；2—车厢；3—铰销；4—液压泵；5—操纵阀

图 1-3 是一台液压操纵式自卸汽车。它是利用液压油缸 1 推动车厢 2 绕铰销 3 转动，车厢后倾则物料靠自重卸出。这种液压操纵式自卸汽车，首先通过发动机带动液压泵，将燃料的热能转化为液体的压力能；再经操纵阀 5 的控制，可使液压缸 1 的活塞杆伸出。此时，又将液压能转变为机械能并且做功，完成车厢绕铰销的倾翻，即物料的卸载工作。

从以上两个例子的分析，可以明显地看到任何一台完整的工程机械是由动力装置、传动装置和工作装置三部分组成。

(1) 动力装置

为工程机械提供动力的原动机称为动力装置。目前在工程机械上采用的动力装置有电动机、内燃机、空压机、蒸汽机等。常用的为电动机和内燃机。

① 电动机　电动机是将电能转变为机械功的原动机，它在工程机械中应用极广。具有启动与停机方便、结构简单、体积小、造价低等优点。当电动机所需电力能稳定供应、工程机械工作地点比较固定时，普遍选用电动机作动力。电动机有直流和交流两大类，建筑机械上广泛采用交流电动机，常用的有 Y 系列（鼠笼式）和 YZR 系列（绕线式）三相异步电动机。

② 内燃机　内燃机是燃料和空气的混合物在气缸内燃烧放出热能，通过活塞往复运动，使热能转变为机械功的原动机。它工作效率高、体积小、质量轻、发动较快，常用于大、中、小型工程机械上作动力装置。内燃机只要有足够的燃油，就不受其他动力能源的限制。内燃机的这一突出优点使它广泛应用于需要经常作大范围、长距离移动的机械或无电源供应地区。

内燃机分为汽油机、柴油机、天然气机等，在工程机械上常用柴油机。内燃机作为动力装置在工程机械上使用时，尚需与变速器或液力变矩器等部件匹配工作，从而使内燃机本身和工程机械均具有防止过载的能力，有效地解决内燃机的特性与机械工作装置的要求不相适应的矛盾，并使内燃机在高效区工作。

③ 空气压缩机　空气压缩机是一种以内燃机或电动机为动力，将空气压缩成高压气流的二次动力装置。它结构简单可靠、工作速度快、操作管理方便，常作为中小型工程机械的动力，如风动磨光机等。

④ 蒸汽机　蒸汽机是发展最早的动力装置，由于它设备庞大笨重，工作效率不高，又需特设锅炉，现在已很少使用。但因其工作耐久、价格低廉、并具有可逆性，可在超载下工作，所以在个别工程机械中还用作动力装置，如蒸汽打桩机等。

(2) 传动装置

传动装置用来将动力装置的机械能传递给工作装置。它一般有机械传动、液压传动、液力机械传动和电传动四种形式。工程机械中最常用的是机械传动和液压传动。

① 机械传动　机械传动依靠带、链条、齿轮、蜗轮蜗杆等机械零部件来传递动力和运动。机械传动结构简单、加工制造容易、制造成本低，是工程机械上应用最普遍的传动形式。

② 液压传动　液压传动以液压油为工作介质来传递动力和运动。液压传动能无级调速，且调速范围宽广，能吸收冲击与振动。传动平稳、操纵省力、布置方便以及易实现自动化等为其主要优点。但液压元件制造困难、成本高，目前在挖掘机、装载机、推土机、平地机、汽车起重机等大型工程机械上应用较多。

③ 液力机械传动　在自行式工程机械的传动系统中，以液力变矩器来取代主离合器，即构成液力机械传动系统。采用液力机械传动系统，能使机械对外载荷具有自动适应性，可无级调速，能吸收冲击和振动，提高机械使用寿命，操纵轻便、生产率高。其缺点是结构复杂、成本高、油耗大。但由于它的优点突出，目前在装载机、推土机等铲土运输机械上发展

较快。

④ 电传动 电传动可在较宽的范围内实现无级调速，功率可充分利用，具有牵引性好、速度快、维修简单、工作可靠、动力传动平滑、启动和制动平稳等优点。但目前，除了大吨位的翻斗汽车外，电传动在工程机械上采用尚少。

(3) 工作装置

工作装置是工程机械中直接完成作业要求的部件，如卷扬机的卷筒、起重机的吊臂和吊钩、装载机的动臂和铲斗等。对工程机械工作装置的要求是高效、多功能、适合于多种工作条件。例如，挖掘机已发展到可换装数十种工作装置，除正、反铲外，尚可更换起重、推土、装载、钻孔、破碎、松土等作业需要的工作装置。

工作装置是根据各种工程机械具体工作要求而设计的。例如推土机的推土装置是沿着地面来推送土壤，所以它是带刀片的推土板；挖掘机的挖掘装置是由铲斗、斗柄及动臂组成机构，由该机构经驱动力施于铲斗来实现挖掘、装卸土壤；自落式混凝土搅拌机是靠滚筒旋转来搅拌均匀混凝土拌和料；强制式混凝土搅拌机是靠旋转的叶片来搅拌。所以工程机械的工作装置必须满足基本建设施工中各种作业的要求，而且要达到高效、多能，否则随着科学技术的发展会被淘汰。例如中小型机械传动式单斗挖掘机目前已被液压传动式所取代。因为液压式单斗挖掘机的工作性能，不仅具有一般液压传动的优点，而且使挖掘机的挖掘力提高30%左右，整机质量降低40%左右，使用性能和用途均得到改善。

动力、传动和工作装置是工程机械的主要组成部分。此外还有操纵控制装置和机架，前者是操纵、控制机械运转的部分，后者则将以上的各部分连成一整体，使之互相保持确定的相对位置，它又是整机的基础。

多数工程机械尤其是流动式工程机械具有一个称为底盘的重要部分，也有资料将动力装置、底盘和工作装置称做工程机械的三个基本组成。

底盘是工程机械车架和机械传动、行走、转向、制动、悬挂等系统的总称。底盘是整机的支承并能使整机以所需的速度和牵引力沿规定的方向行驶。工程机械的底盘根据行走装置分为履带式、轮胎式和汽车式等。底盘中最主要的是传动系统，它是动力装置和工作装置或行走机构之间的动力传动和操纵、控制机构组成的系统。

一般说来，在进行工程机械的设计时。首先是确定工作装置，随后才是动力装置和传动装置的设计。因此作为基本建设工程的机械化施工技术人员应根据施工方法和施工作业的要求，能对工程机械工作装置的设计提出合理的要求或者同机械技术人员一起大胆构思，创造出新颖的工程机械，来满足机械化施工的需要，更好地为施工服务。

工程机械的设计程序的一般按下列步骤进行。

① 编制设计任务书。明确和规定工程机械的用途、主要性能参数范围、工作环境条件及其要求。设计任务书的编制应通过调查研究，建立在收集、整理、分析资料的基础上。当任务书确认、批准后，就拟订出切实可行的计划来实施。

② 技术设计。它是机械的本体设计，通过大量的计算、绘图把机械设计出来。这个阶段的任务是最主要和繁重的，需要一定的时间来完成。

③ 审核设计方案和资料。

④ 样机试制和试验。

⑤ 使用考核和鉴定。

⑥ 定型生产。

1.2.4 工程机械的技术参数

工程机械的技术参数是表征机械性能、工作能力的物理量，简称为机械参数。机械参数均有量纲。工程机械的技术参数包括如下几类。

① 尺寸参数　有工作尺寸、整机外形尺寸和工作装置尺寸等。

② 质量参数（习惯称重量参数）　有整机质量、各主要部件（或总成）质量、结构质量、作业质量等。

③ 功率参数　有动力装置（如电动机、内燃机）的功率、力（或力矩）和速度；液压和气动装置的压力、流量和功率等。

④ 经济指标参数　有作业周期、生产率等。

一台工程机械有许多机械参数，其中重要的称为主要参数（或称基本参数）。主要参数是标志工程机械主要技术性能的内容，一般产品说明书上均需明确注明，以便于用户选用。主要参数中最重要的参数又称为主参数。工程机械的主参数是工程机械产品代号的重要组成部分，它反映出该机构的级别。

为了促进我国工程机械的发展，有关部门对各类工程机械都制定了基本参数系列标准，使用或设计工程机械产品时都应符合标准中的规定。

1.3　工程机械行业与技术

1.3.1　我国工程机械行业的现状与发展趋势

我国工程机械行业的迅速发展是在1978年中国实施改革开放政策以后的近40年间，现在已形成了市场化运作体系和产品研发、生产制造和销售体系，已成为名副其实的世界工程机械生产大国和主要工程机械市场之一。最重要的是它已在全国形成十大产业集群区。这十个产业集群区是：以徐州为中心的工程机械产业集群区，以长沙为中心的工程机械产业集群区，以厦门为中心的工程机械产业集群区，以柳州为中心的西南工程机械产业集群区、以济宁、临沂为中心的山东工程机械产业集群区，以合肥为中心的安徽工程机械产业集群区，以常州为中心的江苏工程机械产业集群区，以成都为中心的四川工程机械产业集群区，以西安为中心的陕西工程机械产业集群区和以郑州为中心的中原工程机械产业集群区。同时近年来我国工程机械行业加快了国际化进程。

我国工程机械行业存在的主要问题有：

① 我国工程机械产品以中低端产品居多的问题。

② 我国工程机械行业具有原始创新的技术少、自主知识产权的技术少，获得专利的产品少和具有核心竞争力的产品少，这是行业的一个致命弱项。

③ 我国工程机械行业科研经费投入少。

④ 忽视科研工作。

⑤ 出口不畅是我国工程机械行业的一大软肋。

⑥ 发动机、液压系统和传动系统等基础零部件质量一直不过关。

我国工程机械行业的发展趋势包括以下几个方面；

① 采用基于GPS技术和数字地球技术的先进导航系统，用于工程机械作业的控制和操纵。在驾驶室中安装触摸式计算机，实时显示机器在作业区内的位置、作业区域的实际作业值与设计值的差距及相关信息。驾驶室中可视化显示系统指导驾驶员精确作业，并可精确控制作业坡度，其精度达厘米级。

② 广泛采用机载计算机来检测或排除故障。该机载计算机可根据各种传感器的检测信号，结合专家系统知识库对工程机械的运行状态进行评估，预测可能出现的故障，在出现故障前发出报警，指导驾驶有关人员查找和排除故障。

③ 在新型柴油机上安装基于单片机的燃油喷射控制与调节发动机最佳性能的系统，可利用其提高燃料的利用率，确保发动机排放的废气符合环境控制法规要求。该系统还可通过CAN总线与其他设备进行通信，使整台机器构成一个完整的管理系统。

④ 积极采用自动换挡控制系统。该换挡控制系统可根据工程机械行驶速度与负载状态而自动换挡，并使发动机转速与运行工况相匹配，达到节能目的。

⑤ 广泛应用人机工程学。工程机械控制系统最能直接体现人性化设计理念，人性化设计有利于驾驶员与操作界面的协调，达到操作的舒适性。应在工程机械驾驶室中普遍应用触摸屏、文本图形显示器、无线遥控器和多功能操纵手柄。操作面板应布局合理。

⑥ 大力开发工程机械智能系统。在工程机械产品设计中应广泛应用集液压（或液力）、微电子及信息技术于一身的智能系统，它将不断完善计算机辅助驾驶系统、信息管理系统和故障诊断系统的功能。并安装由智能系统控制的自动称量装置。

⑦ 逐步采用机群智能化施工。国外发达国家早在20世纪60～70年代就采用这种机群智能化施工，他们称其为工程机械智能化族系施工，意义是一样的。采用这种施工工艺必然要在行业中催生和开发智能化施工工程机械群（如把用于高速公路施工的沥青搅拌站、沥青运转车和沥青摊铺机等组成一个施工机群）。这种机群智能化施工将促进我国工程机械行业以施工工艺研究为基础，以计算机技术、微电子控制技术、信息技术、无线通信技术和自动控制技术的综合应用为手段，各种施工机群（挖掘机、推土机、铲运机、装载机和翻斗车联合作业的机群）的智能化研究工作的逐步相继展开，使工程机械的作业功能扩大，意义重大。

1.3.2 制约我国工程机械发展的主要关键技术

产品技术水平与核心技术是制约竞争力提高的关键因素，主要表现在工程机械产品使用可靠性、整机寿命、外观质量及信息化技术水平，这些差距集中反映在基础部件技术水平方面。因此，振兴工程机械行业发展，就应该把立足点放在提升基础部件技术水平方面来，加大技术创新力度，并辅以政策性支持，把过去对主机产品发展的政策性支持转移到发展基础零部件上。主要关键技术有以下八项。

（1）动力换挡变速箱设计制造技术

动力换挡变速箱是工程机械动力传递的核心部件，虽然品种规格较多，其功能都是一样的，设计研发制造中的关键技术都有共性。现在国产动力换挡变速箱与国际先进水平比较，故障多、噪声高、寿命短及漏油情况时有发生。为了提高主要产品技术水平，动力换挡变速箱设计制造技术急待攻关提高。动力换挡变速箱设计制造技术包括研发手段、电液控制技术、工艺制造技术、试验技术、材料处理技术，是一个系统化的综合集成技术。

（2）湿式制动驱动桥设计制造技术

湿式制动驱动桥是工程机械产品的行走部件，它具有免维护、传动效率高、寿命长，大大降低主机的使用维护费用。关键技术在于研发设计软件、测试手段、桥壳的材质与铸造技术、鼓形锥齿轮的位移技术、湿式摩擦片的材料与制造技术。目前国内只有柳工机械股份有限公司与德国“ZF”公司的合资企业生产，但价格高，下游企业难以接受，需要进行国产化技术研发。

（3）柱塞型液压马达、液压泵设计制造技术

柱塞型液压马达、液压泵部件是工程机械产品作业系统的关键传动部件。该产品国内制造技术一直不过关，现在大部分主机配套进行国际采购。但是随着国际竞争的加剧，中国产品出口量加大，日本和德国供应商已采取限制措施，即控制供应量、提高价格、拖延供货期，已经严重制约了我国挖掘机、混凝土搅拌运输车、混凝土泵车、拖式混凝土泵、水平定

向钻等产品的发展，急待解决。该马达和泵的关键技术主要包括：设计研发技术、铸造技术、加工工艺技术及试验技术等。

(4) 回转支承设计制造技术

该产品是液压挖掘机、轮式起重机、塔式起重机、履带起重机、港口起重机等产品的关键部件，目前虽有专业厂生产，但是回转支承用的钢材、锻造技术、热处理技术均满足不了产品技术性能指标，存在尺寸大、笨重、使用寿命短、噪声高等缺陷。

(5) 整体式多路阀设计制造技术

该产品是工程机械产品作业操纵的关键基础元件，现在国内生产的多路阀大部分是分片式组装型结构，体积大、寿命短、漏油，使整机产品缺乏竞争力。该产品的关键技术主要是工艺制造技术，包括毛坯铸造与清理技术、加工制造技术、装配技术等。

(6) 四轮一带研发制造技术

四轮一带产品包括支重轮、驱动轮、拖带轮、导向轮和行走履带组成。它是履带式行走工程机械的配套部件。其中支重轮、驱动轮、履带是关键，产品技术涉及设计开发、材料和工艺制造技术。目前我国的四轮一带产品平均使用寿命只有国际先进水平的一半，从而影响了整机的使用寿命和可靠性。

(7) 产品信息化技术

国际工程机械产品信息化技术开发应用已基本成熟，产品在施工作业中各种工况参数的信息反馈、机械与液压的各种故障自诊断及自动化信息链的集中显示与操作，已成为当今国际工程机械先进技术发展的主流。国内虽有局部“863”项目计划的技术支持，正在试验推广中，但从系统设计、制造与资源配置距离商品化配套还很远，需要重点扶持。

(8) 工程机械行业现代集成制造系统技术

工程机械制造业是属于多品种、系列化特性的一个产业。从市场分析、产品研发、加工制造、配套技术、经营管理、成本控制到售后服务的全部生产活动是一个不可分割的整体，应该紧密连接，形成一个整体的计算机网络技术管理系统，简称 CIMS 系统。

发达国家主要工程机械制造公司均实施了 CIMS 管理系统，这对提高企业在国际上的核心竞争力具有决定性的作用。在我国工程机械行业中的龙头企业都应该实施推广。

1.3.3 世界工程机械五十强

世界领先的工程机械信息提供商英国 KHL 集团成立于 1989 年，旗下《国际建设》(International Construction) 杂志是行业首家经过非营利机构 BPA (国际媒体认证机构) 认可的杂志，由 KHL 集团主导发布的“KHL Yellow Table”在全球被认为是最为权威、客观公正的排行榜之一。

2015 年全球工程机械制造商 50 强排行榜 (Yellow Table 2015)，卡特彼勒 (Caterpillar) 继续稳居榜单首位，中国有八家企业上榜，徐工集团排名第八，位居中国企业首位。其他七家中国企业及其名次为：三一重工 (九)、中联重科 (十一)、柳工集团 (二十二)、龙工控股 (二十九)、山推股份 (三十一)、厦工机械 (三十八)、山河智能 (四十七)。

2015 年全球工程机械制造商前 20 强及总部所在地名单：卡特彼勒 (Caterpillar)，美国；小松 (Komatsu)，日本；日立建机 (Hitachi Construction Machinery)，日本；沃尔沃建筑设备 (Volvo Construction Equipment)，瑞典；特雷克斯 (Terex)，美国；利勃海尔 (Liebherr)，德国；迪尔 (John Deere)，美国；徐工集团 (XCMG)，中国；三一重工 (SANY)，中国；斗山工程机械 (Doosan Infracore)，韩国；中联重科 (Zoomlion)，中国；JCB，英国；神钢 (Kobelco)，日本；美卓 (Metso)，芬兰；豪士科-捷尔杰 [Oshkosh Access Equipment (JLG)]，美国；CNH 工业 (CNH Industrial)，意大利；现代重工

(Hyundai Heavy Industries)，韩国；维特根（Wirtgen），德国；马尼托瓦克（Manitowoc Crane Group），美国；阿特拉斯科普柯（Altas Copco），瑞典。

1.4 工程机械之窗

1.4.1 工程机械杂志与期刊

(1)《工程机械》(Construction Machinery and Equipment)
杂志社网址：www. chinacme. com
(2)《建筑机械》(Construction Machinery)
杂志社网址：www. cm1981. com. cn
(3)《起重运输机械》(Hoisting and Conveying Machinery)
杂志社网址：www. cmho. com. cn
(4)《中国工程机械学报》(Chinese Journal of Construction Machinery)
(5)《机械工程学报》(Chinese Journal of Mechanical Engineering)
杂志社网址：www. cjmenet. com. cn

1.4.2 工程机械网站

① 中国工程机械网 www. gcjx888. com
② 中国工程机械网 www. cpzl. com
③ 慧聪 360 工程机械网 www. cm. hc360. com
④ 北京 北京起重运输机械研究所 http：//www. bjqzs. com
⑤ 湖南长沙，中联重工科技发展股份有限公司 www. zljt. com www. zoomlion. com
⑥ 湖南长沙，三一重工股份有限公司 www. sany. com. cn
⑦ 湖南长沙，湖南山河智能机械股份有限公司 www. sunward. com. cn
⑧ 江苏徐州，徐州工程机械科技股份有限公司 www. xcmg. com
徐州重型机械有限公司 www. xzzx. com. cn
⑨ 江苏苏州，张家港波坦建筑机械有限公司 www. manitowoccranes. com
⑩ 湖南江麓机械集团有限公司 www. jianglu. com
⑪ 山推工程机械股份有限公司 www. shantui. com
⑫ 广西柳工机械股份有限公司 www. liugong. com. cn
⑬ 厦门工程机械股份有限公司 www. xiagong. net
⑭ 常林股份有限公司 www. changlin. com. cn
⑮ 国际工程机械网 www. inmachine. com
⑯ 卡特彼勒（Caterpillar），美国 www. caterpillar. com（英文）
www. china. cat. com（中文）
⑰ 小松（Komatsu），日本 www. komatsu. com
⑱ 特雷克斯（Terex），美国 www. terex. com
⑲ 沃尔沃建筑设备（Volvo），瑞典 www. volvo. com
⑳ 利勃海尔（Liebherr-CMCtec GmbH），德国 www. liebherr. com
㉑ 日立建机（Hitachi），日本 www. hitachi-c-m. com
㉒ 约翰·迪尔（John Deere），美国 www. deere. com
㉓ 凯斯-纽荷兰集团（Case），美国 www. cnh. com

㉔ 山特维克矿山工程机械（Sandvik），瑞典 www. sandvik. com
㉕ JCB（杰西博），英国 www. jcb. com
㉖ 阿特拉斯·科普柯（Atlascopco），瑞典 www. atlascopco. com
㉗ 美卓矿机（Metso），芬兰 www. metso. com
㉘ 马尼托瓦克起重集团（MCG），美国 www. manitowoc. com
㉙ JLG，美国 www. jlg. com
㉚ 现代重工（Hyundai），韩国 www. hhi. co. kr
㉛ 斗山（DOOSAN），韩国 www. doosaninfracore. co. kr
㉜ 神钢建机（KOBELCO），日本 www. kobelco-kenki. co. jp
㉝ 维特根集团（Wirtgen），德国 www. wirtgen-group. com
㉞ 曼尼通（Manitou），法国 www. fr. manitou. com
㉟ 常林工程机械集团（Chang Lin），中国 www. changlin. com. cn
㊱ 安迈（Ammann），瑞士 www. ammann-group. ch
㊲ 普茨迈斯特（Putzmeister），德国 www. putzmeister. de
㊳ 住友重工（Sumitomo），日本 www. shi. co. jp
㊴ 希尔博（Hiab），芬兰 www. hiab. com
㊵ 多田野（Tadano），日本 www. tadano. co. jp
㊶ 法亚集团（Fayat），法国 www. fayat-group. com
㊷ Wacker Neuson Group，德国 www. wackerneuson. com
㊸ Paifinger，奥地利 www. palfinger. com
㊹ Haulotte Group，法国 www. haulotte. com
㊺ 久保田（Kubota），日本 www. kubota. co. jp
㊻ 阿斯泰克工业（Astec），美国 www. astecindustries. com
㊼ 宝峨（Bauer），德国 www. bauer. de
㊽ 阿斯泰克工业有限公司（Altec），美国 www. altec. com
㊾ 龙工（LongGong），中国 www. chinalonggong. com
㊿ Telcon，印度 www. telcn. co. in
(51) 贝尔设备（Bell），南非 www. bell. co. za
(52) 巴拉特拉环球搬运（BEML），印度 www. bemlindia. com
(53) 竹内（Takeuchi），日本 www. takeuchi-mfg. co. jp
(54) Boart Longyear，美国 www. boartlongyear. com
(55) 古河（Furukawa），日本 www. furukawakk. co. jp
(56) 爱知（Aichi），日本 www. aichi-corp. co. jp
(57) 默罗（Merlo），意大利 www. merlo. com
(58) Skyjack，加拿大 www. skyjack. com
(59) Gehl，美国 www. gehl. com

1.4.3 工程机械展会

① 世界三大工程机械展览会　国际工程机械行业每年都有一届大型展会，德国慕尼黑国际工程机械展览会 Bauma、美国拉斯维加斯工程机械展览会 CONEXPO-CON/AGG、法国巴黎国际建筑及土木工程机械展览会 INTERMAT 为世界三大工程机械博览会，每三年轮换一次。三大展会都有多年的办会经验，且各具特色，拥有十分固定及广泛的参观者，为业内公认的国际展会。德国 Bauma 规模最大，观众参加人数最多，影响最大。美国

CONEXPO-CON/AGG 第二，法国 INTERMAT 第三。展览会每年 3～4 月之间举行，会期一般为 6 天。

② 美国国际工程机械展览会　是世界三大工程机械展览会之一的拉斯维加斯工程机械展的姊妹展，是美洲地区最重要的展览会。该展览同样由美国设备制造商协会主办，每两年一届，迄今有近四十年的历史。展会规模宏大，客商众多，集中了世界知名品牌如卡特彼勒、小松、利渤海尔、沃尔沃，是业内展示最新技术、设备和展品的重要平台。

③ 上海中国国际工程机械、建材机械、工程车辆及设备博览会 bauma China　是世界最大的工程机械展 bauma 在中国的延伸，是亚太地区最具影响力的国际性行业博览会，并将发展成为又一大全球工程机械盛会。该博览会是慕尼黑国际博览集团与包括中国国际贸易促进会机械行业分会（CCPIT-MSC）、中国工程机械成套公司（CNCMC）和中国工程机械工业协会（CCMA）合作举办的亚洲建筑机械领域最为重要的、规模最大的国际盛会。

④ 北京国际工程机械展览与技术交流会（BICES）　创办于 1989 年，两年一次单年展，主办方为中工工程机械成套有限公司（CNCMC）、中国工程机械工业协会（CCMA）和中国国际贸易促进委员会机械行业分会（CCPIT-MSC）。

第2章 工程起重机

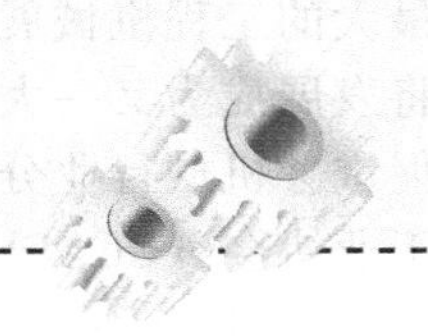

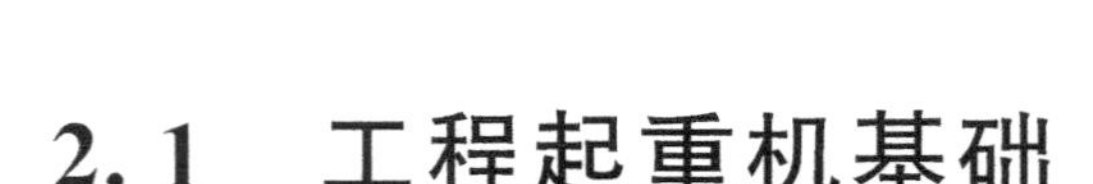

2.1 工程起重机基础

2.1.1 工程起重机的概念

工程起重机（Engineering Crane）为一种以间歇、重复工作方式，通过起重吊钩或其他吊具起升、下降或升降与运移重物的机器设备。

工程起重机是一种间歇动作的搬运设备，主要用作垂直运输，并兼作短距离水平运输。其工作特性是周期性的，也就是以重复的工作循环来完成提升、转移、回转及多种作业兼作的吊装工作。

工程起重机的作用主要表现在减轻工人的繁重体力劳动，加快施工与作业进度，提高劳动生产率，降低施工与作业成本，提高质量等方面。

2.1.2 工程起重机的种类

建筑起重机械依据《建筑机械与设备产品分类与型号》（JG/T 5093—1997）属于第二类，又分为塔式起重机、履带式起重机、桅杆式起重机、缆索起重机、专用起重机、建筑卷扬机、施工升降机、液压顶升机八组。另外第十五类为电梯，第十六类为自动扶梯、自动人行道。

目前，人们更习惯依据《起重机械名词术语——起重机械类型》（GB 6974.1—1986）将起重机械分为轻小型起重设备（series lifting equipments）、起重机（crane）和升降机（lift，elevator）三大类。

（1）轻小型起重设备

主要包括千斤顶（jack）、滑车（pulley block）、起重葫芦（hoist）、绞车（winch）、悬挂单轨系统（underslung mono-rail system）等。

（2）起重机

起重机包括的品种很多，因此分类的方法也很多，主要有以下几种分类方法。

① 按起重机的构造分类　桥架型起重机（overhead type crane）、缆索型起重机（cable crane）、臂架型起重机（jib type crane）。

② 按起重机的取物装置和用途分类 吊钩起重机（hook crane）、抓斗起重机（grabbing crane）、电磁起重机（magnet）、冶金起重机（metallurgy crane）、堆垛起重机（stacking crane）、集装箱起重机（container crane）、安装起重机（erection crane）、救援起重机（salvage crane）。

③ 按起重机的移动方式分类 固定式起重机（fixed base crane）、运行式起重机（traveling crane）、爬升式起重机（climbing crane）、便携式起重机（portable crane）、随车式起重机（lorry crane）、辐射式起重机（radial crane）。

④ 按起重机工作机构驱动方式分类 手动式起重机（manual crane）、电动起重机（electric crane）、液压起重机（hydraulic crane）、内燃起重机（diesel crane）、蒸汽起重机（steam crane）。

⑤ 按起重机使用场合分类 车间起重机（workshop crane）、机器房起重机（machine house crane）、仓库起重机（warehouse crane）、储料场起重机（storage yard crane）、建筑起重机（building crane）、工程起重机（construction crane）、港口起重机（port crane）、船厂起重机（shipyard crane）、坝顶起重机（dam crane）、船用起重机（shipboard crane）。

⑥ 按起重机回转能力分类 回转起重机（slewing crane）、非回转起重机（non-slewing crane），回转起重机又有全回转起重机（full-circle slewing crane）和非全回转起重机（limited slewing crane）两种。

⑦ 按起重机支承方式分类 支承起重机（supported crane）、悬挂起重机（underslung crane）。

（3）升降机

其载物或取物装置只能沿导轨升降的起重机械，如各类电梯、吊笼等。

在我国工程起重机主要包括塔式起重机、汽车起重机、履带起重机、施工升降机、桥式起重机、门式起重机、门座起重机、轮胎起重机、桅杆式起重机和缆索式起重机等。

2.1.3 工程起重机的组成及其作用

为使工程起重机能进行正常工作，各种类型的工程起重机通常都是由工作机构、金属结构、动力装置与控制系统四部分组成的。这四部分的组成及其作用分述如下。

（1）工作机构

工作机构是为实现起重机不同的运动要求而设置的。众所周知，要使一个重物从某一位置运动到空间任一位置，则此重物不外乎要作垂直运动和两个水平方向的运动。起重机要实现重物的这些运动要求，必须设置相应的工作机构。不同类型的起重机，其工作机构稍有差异。例如厂房内使用的桥式起重机和露天货场使用的龙门起重机（见图 2-1），要使重物实现三个方向的运动，则设有起升机构（实现重物垂直运动）小车运行和大车运行机构（实现重物沿两个水平方向的运动）。而对于轮胎式起重机、履带式起重机和塔式起重机、一般设有起升机构、变幅机构、回转机构和行走机构。依靠起升机构实现重物的垂直上下运动，依靠变幅机构和回转机构实现重物在两个水平方向的移动，依靠行走机构实现重物在起重机所能及的范围内任意空间运动和使起重机转移工作场所。这四个机构是工程起重机的基本工作机构。

① 起升机构 起升机构是起重机最主要的机构。如图 2-2 所示，它是由原动机、卷筒、钢丝绳、滑轮组和吊钩组成。原动机的旋转运动，通过卷筒-钢丝绳-滑轮组机构变为吊钩的垂直上下直线运动。起重机因驱动形式的不同，驱动卷筒的原动机可为电动机，可为液压马达，也可为机械传动中某一主动轴。当原动机为电动机或高速运动液压马达时，应通过减速器改变原动机的扭矩和转速。为了提高下降速度，起升机构往往设置离合器，使卷筒脱开原

动机动力在重物自重作用下反向旋转，让重物和空钩自由下降。

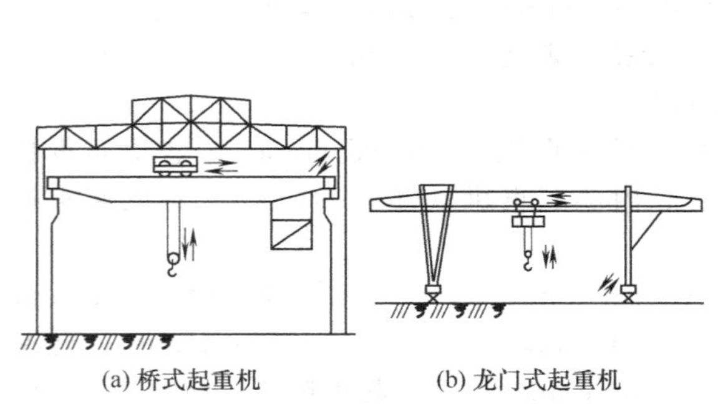

图 2-1　桥式和龙门式起重机运动形式

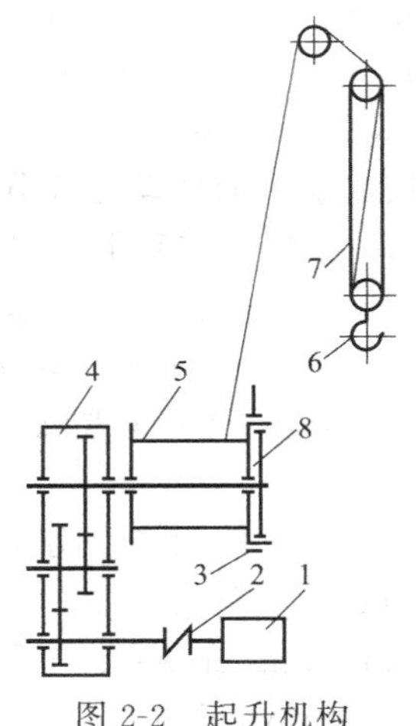

图 2-2　起升机构

1—原动机；2—联轴器；3—制动器；4—减速器；5—卷筒；6—吊钩；7—滑轮组；8—离合器

大型起重机往往备有两套起升机构，吊大质量的称为主起升机构或主钩，吊小质量的称为副起升机构或副钩。副钩的起重量一般为主钩的1/5～1/3或更小。

② 变幅机构　工程起重机变幅是指改变吊钩中心与起重机回转中心轴线之间的距离，这个距离称为幅度。起重机由于能变幅，扩大了作业范围，即由垂直上下的直线作业范围扩大一个面的作业范围。

不同类型的起重机变幅型式也不同。对轮胎式起重机和履带式起重机有钢丝绳变幅和液压油缸变幅两种类型（见图2-3、图2-4）。钢丝绳变幅机构与起升机构相似，所不同的只是从变幅卷筒引出的钢丝绳不是连接到吊钩上，而是连接在吊臂端部。上述两种变幅型式都是使吊臂绕下铰点在吊重平面内改变吊臂与水平面夹角来实现的。这种变幅形式的起重机又称为动臂式起重机。在有些塔式起重机中，变幅是靠小车沿吊臂水平移动来实现的，称为小车式变幅（见图2-5）。

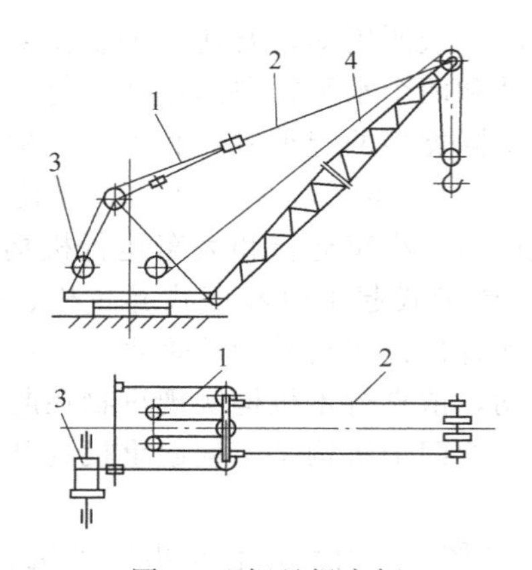

图 2-3　钢丝绳变幅

1—吊臂变幅绳；2—悬挂吊臂绳；3—变幅卷筒；4—起升绳

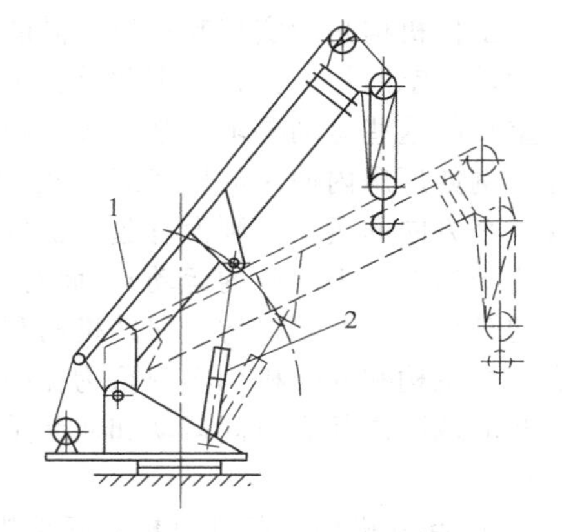

图 2-4　液压油缸变幅

1—起升绳；2—变幅液压油缸

③ 回转机构　起重机的一部分（一般指上车部分或回转部分）相对于另一部分（一般指下车部分或非回转部分）作相对的旋转运动称为回转。为实现起重机的回转运动而设置的

机构称为回转机构（见图 2-6）。

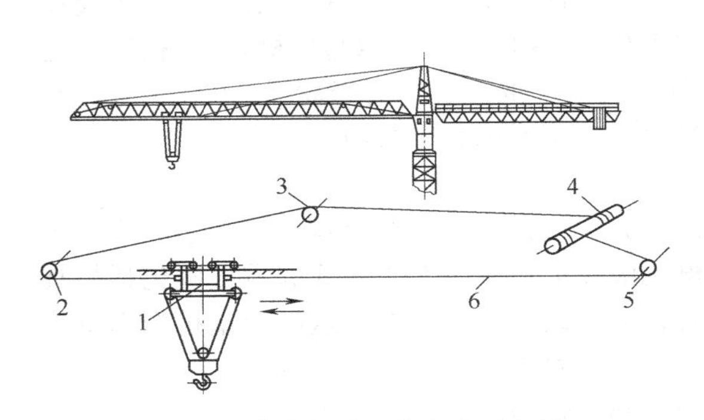

图 2-5 塔式起重机小车牵引变幅

1—小车；2—吊臂端部导向轮；3—张紧轮；4—卷筒；5—吊臂根部导向轮；6—钢丝绳

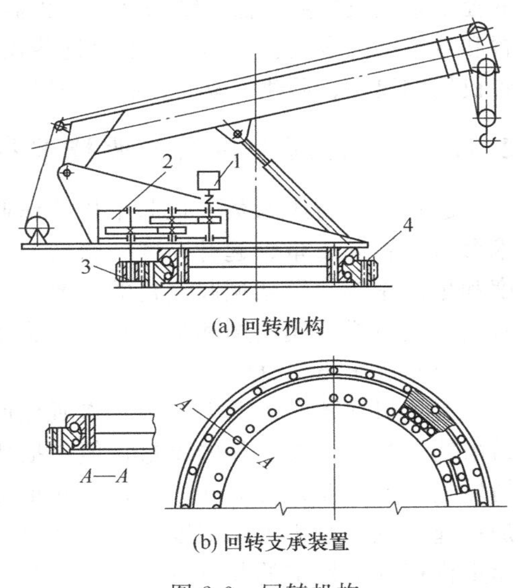

图 2-6 回转机构

1—原动机；2—减速器；3—小齿轮；4—大齿轮

起重机有了回转运动，可使起重机从线、面作业范围扩大为一定空间的作业范围。回转范围分为全回转（回转 360°以上）和部分回转（可回转 270°左右）。一般轮胎式起重机、履带式起重机和塔式起重机多是全回转的。图 2-6 所示为回转机构设在上车部分时的工作原理图。它是由原动机经减速器将动力传递到小齿轮上，小齿轮既作自转，又作沿着固定在底架上的大齿圈公转，从而带动整个上车部分回转。

④ 行走机构　轮胎式起重机的行走机构就是通用或专用汽车底盘或专门设计的轮胎底盘；履带式起重机的行走机构就是履带底盘，塔式起重机的行走机构是专门设计的在轨道上运行的行走台车。

（2）金属结构

起重机的吊臂、回转平台、人字架、底架（车架大梁、门架、支腿横梁等）和塔式起重机的塔身等金属结构是起重机的重要组成部分。起重机的各工作机构的零部件都是安装或支承在这些金属结构上的。起重机的金属结构是起重机的骨架，它承受起重机的自重以及作业时的各种外载荷。组成起重机金属结构的构件较多，其质量通常占整机质量的一半以上，耗钢量大。因此，起重机金属结构的合理设计，对减轻起重机自重、提高起重性能、节约钢材、提高起重机的可靠性都有重要意义。

（3）动力装置与控制系统

动力装置是起重机的动力源，是起重机的最重要组成部分。它在很大程度上决定了起重机的性能和构造特点。不同类型的起重机由不同类型的动力装置组成。轮胎式起重机和履带式起重机的动力装置多为内燃机。可由一台内燃机对上下车各工作机构供应动力；对于大型汽车起重机，有的上下车各设一台内燃机，分别供应起重机构（起升、变幅、回转）的动力和行走机构的动力。塔式起重机以及相对固定在港口码头、仓库料场上工作的一些轮胎起重机的动力装置是外接电源的电动机。

起重机的控制系统包括操纵装置和安全装置。动力装置是解决起重机做功所需要的能源。有了这个能源，就能使起重机各机构运动。而控制系统则是解决各机构怎样运动的问题，如动力传递的方向、各机构运动速度的快慢以及使机构突然停止等。相应于这些运动要求，起重机的控制系统设有离合器、制动器、停止器、液压传动中的各种操纵阀，以及各种类型的调速装置和专用的安全装置等部件。通过这些控制系统创造的条件，改变起重机的运动特性，以实现各机构的启动、调速、改向、制动和停止，从而达到起重机作业所要求的各种动作。

2.1.4 工程起重机的主要技术参数

起重机的技术参数表征起重机的作业能力，是设计起重机的基本依据。起重机的主要技术参数有：起重量、起升高度、跨度（桥架型起重机）、幅度（臂架型起重机）、机构工作速度和生产率等。臂架型起重机的主要技术参数中还包括起重力矩。对于轮胎、汽车、履带、铁路等起重机，爬坡度和最小转弯（曲率）半径也是其主要的技术参数。

（1）起重量（Q）

起重机在各种工况下安全工作所允许起吊的最大质量称为额定起重量。起重量一般不包括吊钩、吊环之类吊具的质量，但包括抓斗、电磁吸盘的质量。对于塔式起重机则包括吊具的质量。能改变幅度的起重机，其起重量是随着幅度的改变而变化的，这时起重机的起重量是指起重机在最小工作幅度下所允许起吊的最大质量。对于自行式起重机其名义起重量（即起重机铭牌上标定的起重量）通常都是以最大额定起重量表示的。有些大吨位的起重机，最大额定起重量往往没有实际意义，因为幅度太小，当支腿跨距较大时，重物在支腿内侧。它只是标志起重机名义上的起重能力，实际使用意义不大。

起重量大的起重机通常有两套起升机构，一套为主起升机构（即主钩），另一套为副起升机构（即副钩），主钩起重量常为副钩起重量的 3～5 倍。主、副钩起重量以分数表示，例如 15/3，表示主钩起重量为 15t，副钩起重量为 3t。

汽车式、轮胎式起重机的起重量已经制定了系列标准。表 2-1 是摘自 GB/T 783—1987 和 JB/T 1375—1974 部分常见的起重量。

表 2-1　起重量系列　　t

轮胎式起重机		5(2)	8(3)	12(5)	16(6.5)	25(7.5)	40(12)	65(20)	100(30)
汽车式起重机	3	5	8	12	16	25	40	65	100

注：起重量均为使用支腿时的数值，括号中的数值为不用支腿时的起重量。

（2）幅度（R）

臂架回转起重机取物装置中心线至回转中心线间的距离称为幅度，单位为 m。它与起重臂的长度和仰角有关。臂架起重机不移位时的工作范围，由最大幅度 R_{max} 和最小幅度 R_{min} 决定。

起重机的有效幅度（A）是指在使用支腿侧向工作、臂架位于最小幅度时，吊钩中心线到该侧支腿中心线的水平距离。有效幅度可能为正或负，它表明起重机利用最大起重量作业的实际可能性，见图 2-7。

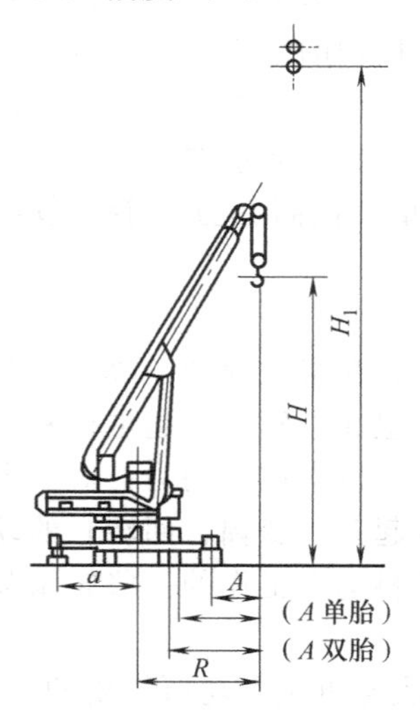

图 2-7　起重机幅度与起升高度

（3）起重力矩（M）

起重机的工作幅度与相应于此幅度下的起重量的乘积称为起重力矩，通常用 M 表示，则 $M=QR$，单位为 N·m。它是综合起重量与幅度两个因素的参数。所以起重力矩比较全面和确切地反映了起重机的起重能力，特别是塔式起重机的起重能力通常是以起重力矩的 N·m 值来表示。对于塔式起重机，我国是以基本臂最大工作幅度与相应的起重量乘积作为起重力矩的标定值。

(4) 起升高度 (H)

起升高度是指从地面或轨道顶面至取物装置上极限位置的距离（对吊钩取钩孔中心，对抓斗和起重电磁铁取其最低点），单位为m。如果取物装置可以降落到地面以下，地面以下的深度称为下放深度，此时总起升高度等于地面上高度及地面下深度之和，二者应分别标明。

对于臂架起重机，起升高度随臂长和幅度而变，通常以不同臂长时的最大起升高度表示。

我国臂架类起重机的起升高度已有标准（见GB/T 791—1965和JB/T 1375—1974）。

(5) 工作速度 (v)

起重机的工作速度主要包括起升、变幅、回转和行走的速度。对于伸缩臂式起重机还包括起重臂伸缩速度和支腿收放速度。

起升速度是指起重吊钩或取物装置上升（或下降）速度，单位为m/min；变幅速度是指起重吊钩或取物装置从最大幅度移到最小幅度时的平均线速度，单位为m/min；回转速度是指起重机转台每分钟的转数，单位为r/min；行走速度是指整个起重机的移动速度，单位为m/min（对于自行式起重机因行走距离长，则以km/h为单位）。

对于大起重量的起重机，主要矛盾是解决重件吊装问题，速度不是主要的。为了降低驱动功率和增加工作的平稳性，其工作速度一般取得很低，甚至要求实现微动速度（<1m/min）。

此外，起重臂伸缩和支腿收放所需的时间，单位通常取为s。

(6) 生产率 (P)

生产率是起重机装卸和吊运物品能力的综合指标。常是综合起重量、工作行程及工作速度等基本参数为一个基本参数——生产率来表示，常用单位为t/h。

起重机吊运成件物品的生产率为：

$$P=nQ_m \tag{2-1}$$

起重机吊运散状物料生产率为：

$$P=nV\gamma\Psi \tag{2-2}$$

式中 n——每小时吊运物品的循环次数；

Ψ——满载率（或称充满系数）；

V——抓斗额定容积，m^3；

γ——散装物料容重，t/m^3；

Q_m——每次吊运物品的平均质量，t，

$$Q_m=\Psi(Q-Q_0)$$

Q——额定起重量，t；

Q_0——取物装置的质量，t。

(7) 跨度、轨距和轮距

桥架型起重机大车运行轨道中心线之间的水平距离称为跨度（L）；小车运行轨道和轨行式臂架型起重机运行轨道中心线之间的水平距离称为轨距（l）；轮胎和汽车起重机同一轴（桥）上左右车轮（或轮组）中心滚动面之间的距离称为轮距。

(8) 最大爬坡度

最大爬坡度是汽车、轮胎、履带、铁路等起重机在取物装置无载、运行机构电动机或液压马达输出最大扭矩时，在正常路面或线路上能爬越的最大坡度，以‰或度表示。它是表征起重机行驶能力的参数。决定爬坡度的主要因素是黏着质量、黏着系数和轮周牵引力。

(9) 最小转弯(曲率)半径

汽车或轮胎起重机行驶时,方向盘转到头,外轮边缘至转弯中心的水平距离叫最小转弯半径,单位以米(m)表示。最小转弯半径与起重机底盘的轴距、轮距(转向主销中心距)、转向车轮的偏转角、转向桥数目等因素有关。铁路起重机在铁道线路上行驶时,起重机能够顺利通过的线路曲线段最小半径叫最小曲率半径。最小转弯(曲率)半径是表征起重机机动性能的参数。

(10) 外形尺寸及质量

起重机的外形尺寸及质量也是其重要参数。它与起重机的转移、安装及建筑物有密切关系,在一定程度上反映了起重机的通过性能和经济性。起重机各部分的外形尺寸应符合运输条件的要求。

2.1.5 工程起重机的工作级别

起重机工作级别是设计、选型及使用起重机的一个非常重要的参数。在设计和选用起重机及其零部件时,应根据它们的使用等级和荷重(国家标准 GB 6974.2—1986 中的总起重量)、载荷、应力等状态的不同级别,对起重机整机、机构、结构件和机械零件进行分级。下面着重介绍整机的分级情况,对于其余部分的分级请参照有关资料。

(1) 起重机的使用等级

在实际使用中起重机的设计预期寿命,是用该起重机从交付使用起到预期的停止使用或最终报废为止的总期限内所有工作循环数的总和,即总工作循环数来表示的。起重机的一个工作循环是指从起吊一个荷重算起,到能开始进行下一个起吊作业为止,包括起重机运行及正常的停歇在内的一个完整的过程。

起重机的使用等级是将起重机可能出现的总工作循环数划分成的 10 个级别,用 U_0、U_1、U_2、…、U_9 表示,见表 2-2。

表 2-2 起重机的使用等级

使用等级	总的工作循环数	起重机使用频繁情况	使用等级	总的工作循环数	起重机使用频繁情况
U_0	$C_r \leqslant 1.60\times10^4$	不经常使用	U_5	$2.50\times10^5 < C_r \leqslant 5.00\times10^5$	经常中等载荷使用
U_1	$1.60\times10^4 < C_r \leqslant 3.20\times10^4$		U_6	$5.00\times10^5 < C_r \leqslant 1.00\times10^6$	较繁重地使用
U_2	$3.20\times10^6 < C_r \leqslant 6.30\times10^4$		U_7	$1.00\times10^6 < C_r \leqslant 2.00\times10^6$	繁重地使用
U_3	$6.30\times10^4 < C_r \leqslant 1.25\times10^5$		U_8	$2.00\times10^6 < C_r \leqslant 4.00\times10^6$	很繁重地使用
U_4	$1.25\times10^5 < C_r \leqslant 2.50\times10^5$	经常较轻载地使用	U_9	$4.00\times10^6 < C_r$	

(2) 起重机的荷重状态级别

起重机的荷重状态级别表明了该起重机工作荷重的情况,即:在该起重机的设计预期寿命期限内,它的各个有代表性的工作荷重值的大小及各相对应的起吊次数,与起重机的安全工作荷重值的大小及总的起吊次数的比值情况。在表 2-3 中,列出了起重机荷重谱系数 K_p 的 4 个范围值,它们各代表了起重机一个相对应的荷重状态级别。

表 2-3 起重机的荷重状态级别及荷重谱系数

荷重状态级别	荷重谱系数 K_p	说明
Q1	$K_p \leqslant 0.125$	极少起吊安全工作荷重,经常起吊较轻荷重
Q2	$0.125 < K_p \leqslant 0.250$	较少起吊安全工作荷重,经常起吊中等荷重
Q3	$0.250 < K_p \leqslant 0.500$	有时起吊安全工作荷重,较多起吊中等荷重
Q4	$0.500 < K_p \leqslant 1.000$	经常起吊安全工作荷重

(3) 起重机整机的工作级别

根据起重机的使用等级和荷重状态级别，起重机整机的工作级别划分为 A_1～A_8 共 8 个级别，见表 2-4。

表 2-4 起重机整机的工作级别

荷重状态级别	荷重谱系数 K_p	使用级别									
		U_0	U_1	U_2	U_3	U_4	U_5	U_6	U_7	U_8	U_9
Q1	$K_p \leqslant 0.125$	A_1	A_1	A_1	A_2	A_3	A_4	A_5	A_6	A_7	A_8
Q2	$0.125 < K_p \leqslant 0.250$	A_1	A_1	A_2	A_3	A_4	A_5	A_6	A_7	A_8	A_8
Q3	$0.250 < K_p \leqslant 0.500$	A_1	A_2	A_3	A_4	A_5	A_6	A_7	A_8	A_8	A_8
Q4	$0.500 < K_p \leqslant 1.000$	A_2	A_3	A_4	A_5	A_6	A_7	A_8	A_8	A_8	A_8

2.2 塔式起重机

塔式起重机简称塔机或塔吊，是工业与民用建筑结构及设备安装工程的主要施工机械之一。广泛用于多层、高层等装配式框架结构的吊装施工中，建筑物的高度在 40m 以下时，一般采用行走式起重机，超过 40m 时，通常采用自升式或内爬式起重机。

塔式起重机的起升高度一般为 40～60m，最高达 160m 以上；旋转半径大，一般为 20～30m，最大达 60m 以上。塔式起重机的工作多为电力操纵，各种动作设有极限开关，故工作平稳，安全可靠。

塔式起重机整机质量大，转移工地麻烦，拆除、安装费用高，占地面积大，要求严格，对于轨道式起重机，还需铺设行走轨道。

塔式起重机的基本参数系指直接影响塔式起重机的工作性能、结构设计、制造成本的各种参数。它们是起重力矩、起重量、工作幅度、起升高度、轨距和各种机构的工作速度等。

塔式起重机的类型较多，但其共同特点是：都有一个直立的塔身，在塔身上部装有起重臂形成“厂”形工作平面，且幅度可变，有较高的有效吊装高度及较大的工作空间，故在高层建筑施工中，它的幅度利用率比其他类型的起重机高。图 2-8 为塔式起重机和轮式起重机的幅度利用率比较。塔式起重机由于能靠近建筑物，其幅度利用率可达 80%，普通履带式、轮式起重机幅度利用率不超过 50%，而且随着建筑物高度的增加还要急剧减小。轮式起重机加装副臂时，条件虽有所改善，但起重机离建筑物的距离仍不得小于建筑物高度的 20%。因此塔式起重机在高层工业和民用建筑施工的使用中一直处于领先地位。应用塔式起重机对于加快施工进度、缩短工期、降低工程造价起着重要的作用。由于塔式起重机性能参数不断

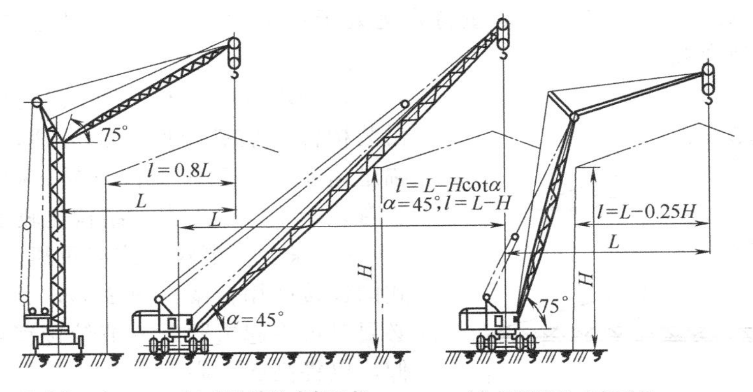

图 2-8 幅度利用率比较

完善，使建筑工艺也有可能进行许多重大改革，如采用大型砌块、大板结构甚至箱形结构后，建筑物结构件的预制装配化、工厂化达到了很高的水平。同时，随着这些新工艺、新技术应用的不断扩大，反过来又对塔式起重机的性能和参数提出了更高的要求。为了适应这些要求，现代塔式起重机必须具有下列特点：

① 起升高度和工作幅度较大，起重力矩大；

② 工作速度高，具有安装微动性能及良好的调速性能；

③ 要求装拆、运输方便迅速，以适应频繁转移工地的需要。

2.2.1 塔式起重机的类型

依其结构与性能特点，可将塔式起重机分为两大类：一般塔式起重机与自升塔式起重机。

(1) 一般塔式起重机

按回转方式还可以分为 2 种。

① 上回转式塔式起重机。塔身不回转，而是利用通过支承装置安装在塔顶上的转塔（由起重臂、平衡臂和塔帽组成）回转。按回转支承构造型式，上回转部分的结构可分为塔帽式、转柱式和转盘式三种。

这种塔式起重机的优点是可回转 360°，且方向受限制，塔身不回转，从而使塔身与下部门架连接简单，塔身的整体刚性好。缺点是整机重心较高，必须在塔身下部增加较大的压重，使重心下移，因平衡臂的影响，当建筑物高度超过塔身时，限制了起重机的回转。

② 下回转式塔式起重机　起重臂和塔身一起回转，回转支承装置安装在塔身下部。小型的下回转式塔式起重机多采用整体拖运的方式，为减小拖运长度，常将塔身做成伸缩式，即将塔身分为上、下两部分，使上塔身装在下塔身内部，通过钢丝绳滑轮组实现自动伸缩。这种塔式起重机整机质量较轻，由于全部机构都布置在塔身下部的回转平台上，因而重心低、稳定性好，且便于维护；重物永远处于司机正前方，操作方便，操纵室位置较高，视野清晰。但是，这种塔式起重机回转支承装置的结构较为复杂。

按变幅方式可以分为 3 种。

① 动臂变幅式塔式起重机　起重臂与塔身相铰接，是通过改变起重臂的俯、仰角度大小来变幅的，因而在变幅的同时也改变了起升高度。

这种塔式起重机的优点是起重臂为压杆式臂架，质量较轻，起重臂架能仰起，故可使起重机的起升高度增大。缺点是最小幅度较大，吊装构件就位操作比较复杂。

国产 QT-45、QT-16、QT-60/80 等塔式起重机都是动臂变幅的。

② 小车变幅式塔式起重机　起重臂永远处于水平状态，通过位于起重臂上的起重小车往复行走而实现变幅。

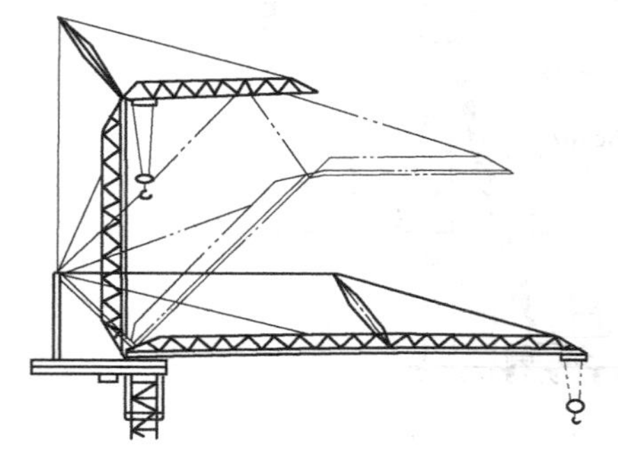

图 2-9　综合变幅式机构

这种塔式起重机的优点是可以带载变幅，在吊装构件安装就位时非常方便，最小幅度小，变幅迅速安全，工作平稳可靠。缺点是重物使臂架受弯，起重臂自重大，结构比较复杂。

③ 综合变幅式塔式起重机　起重臂是可折叠式的铰接两用臂架（图 2-9），其上装有起重小车。必要时可将起重臂后一节铰接臂或整个起重臂俯、仰，以提高起升高度。

这种塔式起重机的最大优点是能适应场地要求，当场地受限制时，可迅速改变起重臂回转半径。

按行走装置可以分为 3 种。

① 轨道式塔式起重机 起重机安装在地面轨道上，最大特点是可以沿轨道带载行走。

② 轮式塔式起重机 它是一种采用轮式底盘的移动式塔式起重机，本身无行走机构，靠牵引行驶，工作时要打支腿。

③ 履带式塔式起重机 它是采用装有行走机构的履带底架的移动式塔式起重机。

(2) 自升式塔式起重机

按塔身高度的变化方式可以分为 2 种。

① 塔身自升式塔式起重机 这种塔式起重机是通过加装标准节，以接高塔身的塔式起重机。其接高方式可采用液压顶升机构或机械升降机构。对于塔身固定在地面基础上的固定式起重机，为改善塔身的受力，在塔身全高的适当位置处，以一定的间隔与建筑物相锚固，故又称为外部附着式塔式起重机。

② 爬升式塔式起重机 这种塔式起重机的塔身高度一定，底架通过伸缩支座支承在建筑物上（主要通过电梯井进行安装），塔身可以随建筑物升同而升高，故又称楼层自升式塔式起重机（或称内爬式塔式起重机）。

按起重量大小可以分为 3 种。

① 轻型塔式起重机 起重量在 0.5～3t，一般用于 5 层以下民用建筑施工，如 QT-2 型塔式起重机。

② 中型塔式起重机 起重量在 3～15t，适用于工业建筑的综合吊装和民用高层建筑施工，如 QT1-6 型、QT-60/80 型塔式起重机。

③ 重型塔式起重机 起重量在 20～40t，适用于重工业厂房的施工和高炉等设备的吊装，如 QT-25 型塔式起重机。

2.2.2 塔式起重机的基本结构

塔式起重机的基本结构由金属结构、机械传动系统（各工作机构）、电力拖动和控制系统以及液压顶升系统等组成。

(1) 金属结构部分

金属结构包括塔身、起重臂、平衡臂、回转平台和支承部分（门架或底座）等。自升式塔式起重机还有顶升套架。

① 塔身 塔身是塔式起重机的主体结构之一。它是起重臂、平衡臂、上回转式回转机构、驾驶室、各种滑轮及其他结构的安装基础。塔身一般为正方形格构桁架式结构。

② 起重臂 起重臂通常是矩形或三角形截面的格桁式结构。按在工作中受力情况和工作状态分为：俯仰式受压起重臂，如 QT-16、QTG-60 等塔式起重机的起重臂；水平压弯起重臂，如 QT-80 型塔式起重机的起重臂。

③ 平衡臂 平衡臂一般用于上回转式塔式起重机，安装在塔顶部分起重臂相对的一侧。其上安装平衡块，以保持塔式起重机空载时的平衡和工作中的稳定性。

④ 回转平台 它是下回转式塔式起重机塔身的支承，也是起升机构、变幅机构、回转机构的安装基础。平台后面放置平衡重块，对整机起平衡和稳定作用。

⑤ 门架底座（支承部分） 支承门架和底座，承受起重机的全部自重和载荷。所有荷重由它通过走行轮和钢轨传至地面，因此必须具备足够的强度和刚度。

(2) 工作机构部分

塔式起重机的工作机构一般包括起升机构、变幅机构、回转机构和行走机构。对于自升式塔式起重机还有液压顶升机构。

① 起升机构　起升机构是起重机的主要工作机构之一，通常由电动机、减速箱、卷筒和制动器等组装在机架上的卷扬机上，通过钢丝绳实现对重物的上升或降落。

② 变幅机构　它与起升机构一样，通常由卷扬机、导向滑轮、变幅滑轮组和钢丝绳等组成。在水平起重臂的塔式起重机中利用变幅小车实现变幅。图 2-10 为小车变幅式变幅机构。它由变幅卷扬机卷筒 1、塔帽根部导向滑轮 2、起重小车 3、起重臂头部滑轮 4 和起重臂中部导向滑轮 5 等组成。

③ 回转机构　塔式起重机的回转机构由电动机 1、蜗杆减速器 2、大小齿轮 3、4、5 等组成。图 2-11 为上回转式回转机构传动示意图。

④ 行走机构　轨道式塔式起重机在专门铺设的轨道上行驶。行走机构由电动机、减速箱、制动器和行走轮等组成。其作用是驱动起重机沿轨道行驶，以扩大起重机的作业范围。

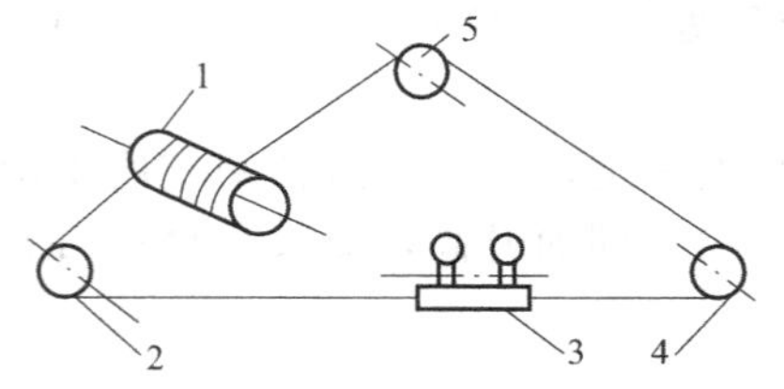

图 2-10　小车式变幅机构
1—卷筒；2,4,5—滑轮；3—小车

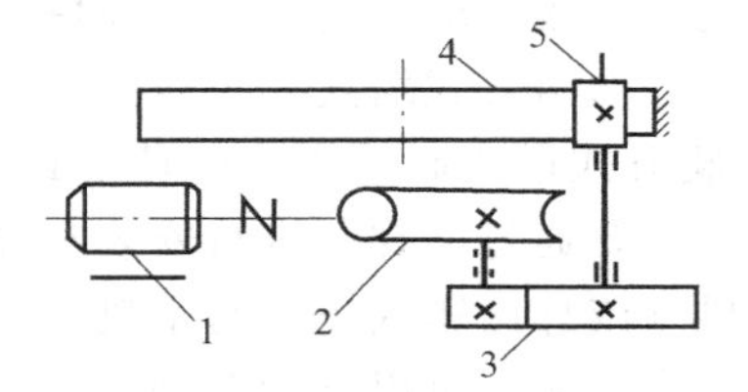

图 2-11　回转机构
1—电动机；2—减速器；3,4,5—齿轮

（3）电力拖动与控制部分

① 电力拖动　电力拖动即指动力装置，是起重机的动力源，塔式起重机的动力源一般为电动机。

② 控制系统　控制系统一般有离合器、制动器、停止器和各种操纵机构。其作用是用以改变起重机的运动特性，实现各机构的启动、变速、换向、制动和停止，以达到起重机作业所要求的各种动作。

（4）液压顶升系统

在自升式（内爬式或附着式）塔式起重机中，都配有液压顶升机构。它由电动机、油泵、控制阀、顶升油缸以及其他液压元件等组成。

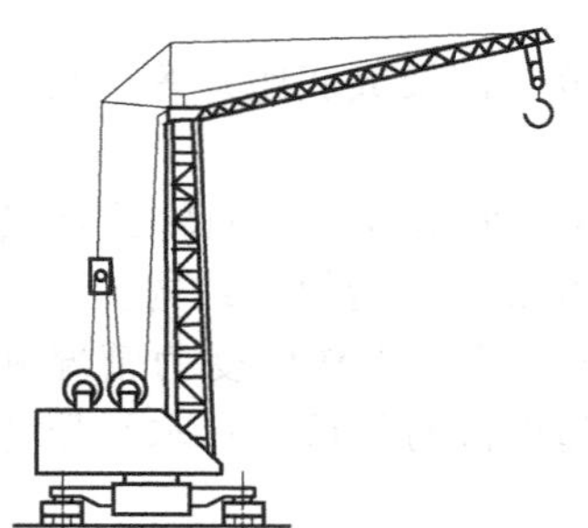
图 2-12　QT-45 型塔式起重机

下面介绍两种常用的塔式起重机。

① QT-45 型塔式起重机　图 2-12 为 QT-45 型塔式起重机的示意图。它是一种结构新颖、转移方便、架设迅速的起重机械。这种起重机设有上、下两个驾驶室，上、下均可操纵。

QT-45 型塔式起重机属于中型塔机，它的最大起重量为 6t，最大起升高度为 34m，最大工作幅度（18m）时的起重量为 2.5t。

QT-45 型塔式起重机在结构上采用下旋式全回转，动臂式变幅，轨道式行走机构。起重臂是由角钢焊接制成的矩形截面格构式结构。根部通过两根销轴与塔身顶部铰接，头部装有两个起升钢绳导向滑轮和一个起升高度限制器。全长 16800mm，分两节，并用四个轴销连接，动臂头部可拆下。

全塔的拆放和架设均采用液压机构。由于采用液力偶合器，因而行走和回转动作很平稳，起升机构装有能耗制动装置，可以实现缓慢就位。

② QTZ80 系列塔式起重机　QTZ80 型塔式起重机是根据 GB/T5031《塔式起重机》、GB/T3811《起重机设计规范》、GB/T13752《塔式起重机设计规范》及相关法律法规研制

的一种水平臂上回转自升塔式起重机。型号主要有 T6011-6、T5713-6、T5713-6A。该系列塔机见图 2-13（图中尺寸 L 对应 T6011-6 和 T5713-6/T5713-6A 为 61580mm 和 58224mm）。具有以下特点：

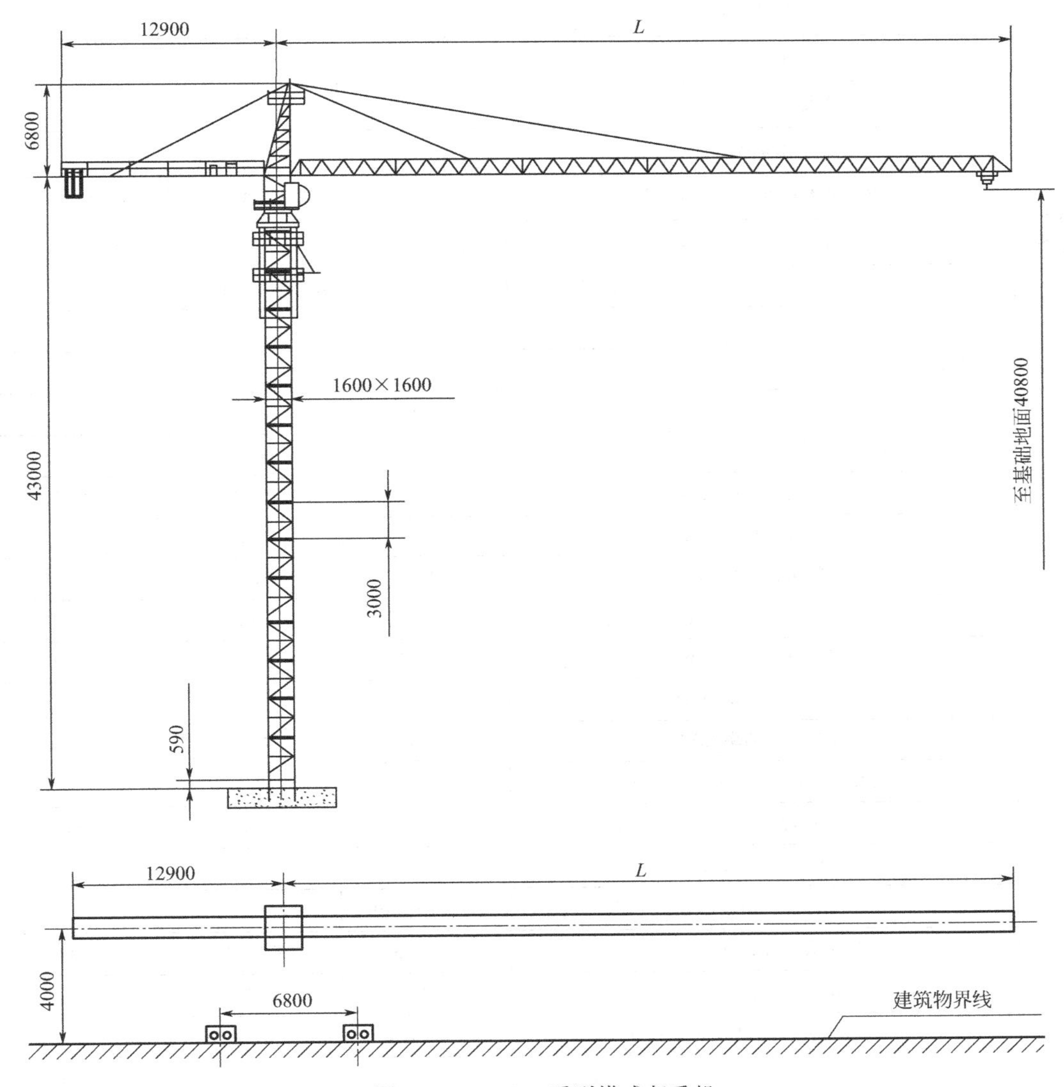

图 2-13 QTZ80 系列塔式起重机

a. 额定起重力矩 800kN，有支腿固定、底架固定、附着、行走式、内爬式等工作方式。T6011-6 最大工作幅度 60m，最大幅度处最大起重量为 1.16t，最大附着高度 230m。T5713-6 和 T5713-6A 最大工作幅度 57m，最大幅度处最大起重量为 1.36t。主要性能参数见表 2-5。

表 2-5 主要性能参数

类别	名称	型号		
		T6011-6	T5713-6	T5713-6A
基本性能	工作级别	A4	A4	A4
	额定起重力矩/kN·m	800	800	800
	最大起重力矩/kN·m	1049	1098	1098

续表

类别	名称			型号		
				T6011-6	T5713-6	T5713-6A
基本性能	独立起升高度/m			40.8	40.8	40.8
	最大附着高度/m			230	230	230
	最大额定起重量/t			6	6	6
	工作幅度/m			2.5～60	2.5～57	2.5～57
	起重臂最大幅度处额定起重量/t			1.16	1.36	1.36
	全臂长最大额定起重量幅度/m			2.5～16.3	2.5～17.1	2.5～17.1
	起升速度/(m/min)	倍率	起重量/t	起升速度/(m/min)		
		$a=2$	3	40	40	40
			1.5	80	80	80
		$a=4$	6	20	20	20
			3	40	40	40
机构特性	起升机构功率/kW			24/24/5.4	24/24/5.4	24/24/5.4
	小车变幅速度/(m/min)			20/40	20/40	20/40
	变幅机构功率/kW			3.3	3.3	3.3
	回转速度/(r/min)			0～0.8	0～0.8	0～0.8
	回转机构功率/kW			2×4	2×4	2×4
	顶升速度/(m/min)			0.72	0.72	0.72
	顶升电机功率/kW			7.5	7.5	7.5
	不含顶升电机装机总容量/kW			35.3	35.3	35.3
工作环境	电源电压/V			380±10%	380±10%	380±10%
	电源频率/Hz			50	50	50
	工作环境温度/℃			-20～+40	-20～+40	-20～+40
	适宜工作地区/m			≤1000	≤1000	≤1000
	工作状态风压/(N/m²)			≤250	≤250	≤250
	安装或爬升状态风压/(N/m²)			≤150	≤150	≤150
	非工作状态风压/(N/m²)		0～20m	≤800	≤800	≤800
			20～100m	≤1100	≤1100	≤1100
			≥100m	≤1300	≤1300	≤1300

b. 基本安全装置齐全，并采用了最高保护程度的防拆保护。

c. 起升机构采用三速电机，并采用一键到位和近零速就位技术，使得塔机速度变换时动作切换柔和；制动停止时，结构摆动量很小，制动噪声很轻。

d. 电气控制系统采用 SYMC，防护性能远远高于行业中现行的产品。

e. 数据实时显示。采用 SYLD 高清液晶显示器，能实时显示数据，并方便查询信息。

f. 侧置式司机室，视野广阔。手柄方便操作，踏脚能提高操作舒适性。

由于该机具有以上特点，因而适用于高层或超高层民用建筑、桥梁水利工程、大跨度工业厂房以及采用滑模法施工的高大烟囱及筒仓等大型建筑工程中。

2.3　流动式起重机

流动式起重机就是具有行走装置的起重机。主要有汽车起重机、轮胎起重机、履带起重机等。它们都具有行走机构、起升机构、变幅机构和回转机构。这类起重机灵活性大，能整体拖运，快速安装，能服务于整个施工现场。

汽车起重机与轮胎起重机（包括越野轮胎起重机）的工作机构及其工作设备均安装在流动式充气轮胎底盘上，统称为轮式起重机。这两者的区别见表2-6。

表2-6　汽车式起重机与轮胎式起重机的区别

项　　目	汽　车　式	轮　胎　式
底盘来源	通用汽车底盘或加强式专用汽车底盘	专用底盘
行驶速度	汽车原有速度，可与汽车编队行驶，速度≥50km/h	速度≤30km/h，越野型可>30km/h
发动机位置	中、小型采用汽车原有发动机；大型的在回转平台再设一发动机，供起重机作业用	一个发动机，设在回转平台或底盘上
驾驶室位置	除汽车原有驾驶室外，在回转平台上再设一操纵室，操纵起重作业	通常只有一个驾驶室，一般设在回转平台上
外形	轴距长，重心低，适于公路行驶	轴距短，重心高
起重性能	使用支腿吊重，主要在侧方和后方270°范围内工作	360°范围内全回转作业，能吊重行驶
行驶性能	转弯半径大，越野性差，轴压符合公路行驶要求	转弯半径小，越野性好（越野型）
支腿位置	前支腿位于前桥后	支腿一般位于前、后桥外侧
使用特点	可经常移动与较长距离的工作场地间，起重和行驶并重	工作场地比较固定，在公路上移动较少，以起重为主，兼顾行驶

随着这两种起重机的发展，它们之间的差别正在逐渐缩小。特别是近年来，由于越野式轮胎起重机的出现，大大提高了行驶速度（可达60km/h），并采用了动力换挡，全轮转向减小了回转半径，从而提高了越野性和机动性，使轮胎起重机逐步向汽车起重机靠拢。

轮胎起重机按起重量大小分为小型、中型、大型、特大型四种。起重量在12t以下为小型；起重量在16～40t为中型；起重量大于40t的为大型；起重量为100t以上的为特大型。

按起重臂型式，起重机可分为桁架臂和箱形臂两种。

按传动装置型式不同，轮胎起重机可分为机械传动、电力-机械传动和液压-机械传动三种。三种传动型式性能比较，见表2-7。

表2-7　轮胎式起重机传动型式性能比较

项　　目	机械传动	电力-机械传动	液压-机械传动
传动元件尺寸、质量	一般	较大	较小
整个传动装置质量	重	较轻	轻
传动效率	高	一般	低
过载性能	有、较复杂	好	有、易实现
调速性能	有级	无级	无级
维修要求	一般	较高	高
机械加工要求	量大，精度一般	量小	量一般，精度高
对环境敏感性	低	不高	高

2.3.1　汽车起重机

汽车起重机为安装在标准式或特制汽车底盘上的起重设备。底盘以上回转部分称为上车部分，底盘称为下车部分。驾驶室有两个，即除汽车原有的驾驶室外，在回转平台上另设一操纵作业的驾驶室。大型汽车起重机（>40t）一般在其上、下车部分有各自的发动机，上车发动机供起重作业使用，下车发动机供行驶使用。而中、小型汽车式起重机只有一台发动机。其行驶速度高（≥50km/h），一般可与汽车编队行驶，转移迅速方便。

汽车起重机的轮压、外形尺寸均应符合公路行驶要求。

大多数液压汽车起重机上、下车共用一台发动机。

常用的汽车起重机有 Q_1 型（机械传动和操纵）、Q_2 型或 QY 型（全液压传动和伸缩起重臂）、Q_3 型（直流电机分别驱动）。

汽车起重机一般采用机械传动和液压传动两种型式。

机械传动式由发动机通过齿轮传动变速箱，直接驱动起升、变幅和回转机构，结构复杂，是一种落后的淘汰机型，如解放 Q_1-5 型汽车式起重机。

液压传动式由发动机带动高压油泵，驱动液压马达和油缸完成起升、变幅、回转以及起重臂伸缩、支腿收放等动作。液压传动其动作灵活，操纵轻便平稳，使用安全、省时、省力，为当前汽车起重机所普遍采用。

图 2-14 和图 2-15 分别为 QY-16 型液压全回转箱形伸缩臂式汽车起重机外形图和液压系统图。该机额定起重量为 16t，起重幅度可在 3.5～18m 范围内变动，最大起升高度为 20m。

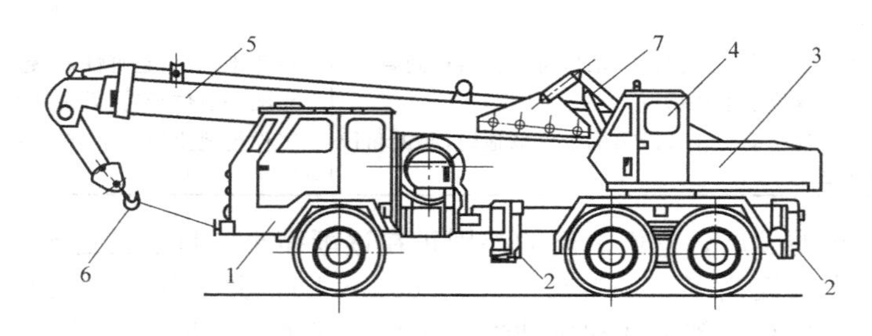

图 2-14　QY-16 型汽车式起重机

1—专用汽车底盘；2—支腿；3—回转平台；4—起重机操作室；5—起重臂；6—起重钩；7—变幅油缸

QY-16 型汽车起重机的构造特点是在三桥驱动的专用汽车底盘上装有回转平台 3，起升机构置于其尾部，其上还铰接着起重臂 5，起重臂的俯仰由前支拉杆式液压刚性变幅机构完成。起重臂是三节伸缩式箱形断面结构，其中两节是套装伸缩臂，两节臂的伸缩均靠装在一节臂末的一个单级伸缩油缸完成。起重机移动时，油缸收进使臂架最短，并落至车架上，故结构紧凑，行动方便。工作时使用装在回转平台上的起重机操纵室，首先在臂架内的伸缩油缸推动下，使套装的伸缩臂伸出，然后再在变幅油缸推动下使起重臂仰起即可进行工作。起重机工作时为了使车身稳定，并使车轮等行走部件不受力，在底架下装有四个可以伸缩的 H 形支腿。工作时水平油缸向外伸出，然后垂直油缸往下伸出，四个支腿着地，整个车身悬起，这时由于起重机的支承范围扩大，提高了稳定性。当起重机行走时，支腿油缸缩回，四个支腿紧凑地靠近车架，以减小行驶宽度。

在汽车起重机中，其起升、变幅和回转机构与一般起重机相类似。现将比较特殊的起重臂伸缩机构和液压支腿简介如下。

（1）起重臂伸缩机构

汽车起重机为减少行驶时纵向尺寸，保证有足够的起升高度、工作幅度，起重臂一般多做成几节套装在一起的伸缩式起重臂。其中最外面的一节称为基本臂，它与回转平台及动臂

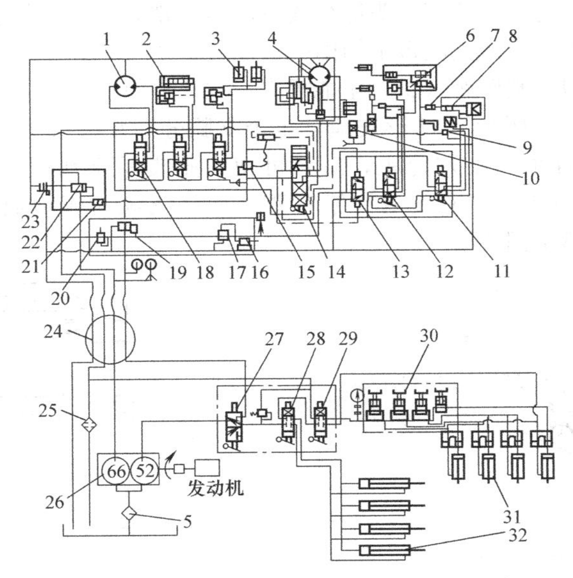

图 2-15　QY-16 型汽车式起重机液压系统

1—回转油马达；2—起重臂伸缩油缸；3—变幅油缸；4—起升油马达；5,25—滤油器；6—液压助力器；7—制动器油缸；8—制动总泵；9—液控单向阀；10—蓄能阀；11,12,28,29—手动操纵阀；13—液控操纵阀；14—起升操纵阀；15—节流阀；16,20,22—溢流阀；17—减压阀；18—三联操纵阀组；19—顺序阀；21—单向阀；23—带开关单向阀；24—中心回转接头；26—双联齿轮油泵；27—分配阀（二位三通）；30—转阀；31—支腿升降油缸；32—支腿伸缩油缸

液压缸铰接。起重臂的节数一般为 2～4 节，其中间装有一套伸缩机构，以便起重臂在工作时伸长，不工作时收回，使结构变得紧凑。

起重臂伸缩机构的结构类型很多，但使用较多的有多个液压缸式和液压缸与钢丝绳滑轮组式两种。图 2-16 为液压缸与钢丝绳滑轮组组成的两节伸缩臂的结构与原理图。这种伸缩臂用一个单级液压缸，活塞杆通过销轴 9 与基本臂铰接。液压缸缸体通过销轴 8 与第二节臂铰接。在缸体头部装有两个动滑轮 1，钢丝绳 2 绕过基本臂上的平衡滑轮 10 及液压缸头部动滑轮 1，两个端头最后都通过销轴 4 固定在第三节臂上。这样当液压缸活塞杆伸出时不但第二节臂伸出，而且在钢丝绳作用下，第三节臂也相对第二节臂伸出，故两节臂同时外伸。缩回的动作是这样实现的：在第二节臂上装有滑轮 7，钢丝绳 6 的一端固定在基本臂上，另一端固定在第三节臂上，当第二节臂在液压缸的作用下缩回时，滑轮 7 作用于钢丝绳 6，使第三节臂同时缩回。

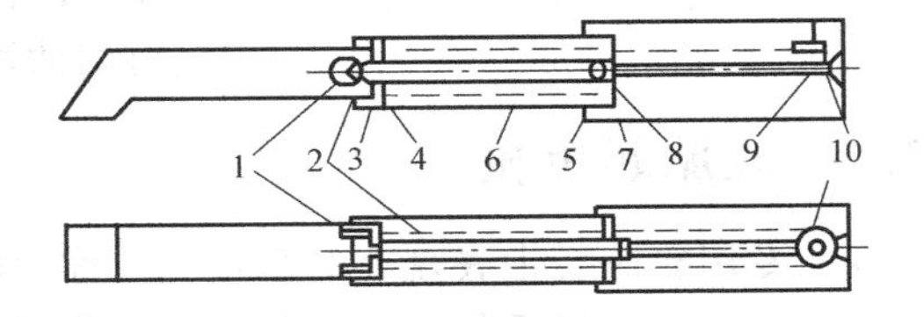

图 2-16　液压缸钢丝绳滑轮组伸缩机构原理图

1—动滑轮；2,6—钢丝绳；3,4,5—销轴；7—滑轮；8,9—销轴；10—平衡滑轮

（2）液压支腿

汽车和轮胎起重机上装有能伸缩的支腿，可使起重机工作时扩大支承点的距离增加稳定性。另外，因为支腿刚性地支承于地面下，这样在起吊重物时可减小弹性振动，并能避免将轮胎及弹簧等压坏。

支腿结构型式常见的有三种。

① 蛙式支腿　图 2-17 为常见的滑槽式蛙式支腿的工作原理图。支腿和液压缸铰接在机架上，液压缸活塞杆头部卡在支腿摇臂的滑槽中，当活塞杆收缩时支腿收起。液压缸活塞杆推出

时，支腿放下。当支腿着地后，活塞杆头部继续沿滑槽外滑，使液压缸作用臂从 r 增加到 R，以提高液压缸的支承能力。这种支腿每个均由一个液压缸操纵。由于蛙式支腿收回时要翻转上去，因而受尺寸限制使得支腿跨距（$2a$）不能很大。故此种型式支腿一般用于小型起重机上。

② H 形支腿　图 2-18 所示为 H 形支腿，每个支腿分别装有水平和垂直两个液压缸，前者可使支腿在水平方向伸缩以增加跨距，后者可使支腿支承于地面。支腿外伸后呈 H 形。为使支腿有足够的外伸距离，左右支腿交错布置。H 形支腿对于地面适应性好，外伸距离大，故一般用于大、中型起重机中。

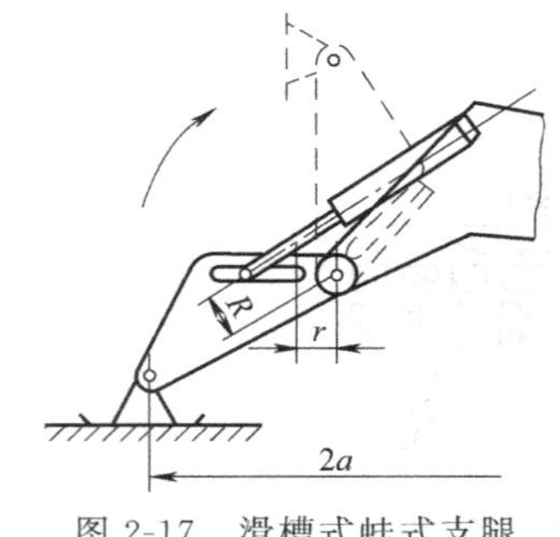

图 2-17　滑槽式蛙式支腿

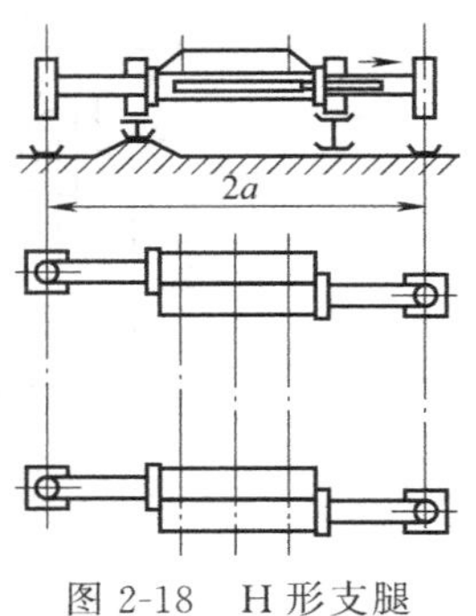

图 2-18　H 形支腿

③ X 形支腿。图 2-19 所示为 X 形支腿，固定支腿 4 一端铰接于车架上，中间与垂直液压缸 1 的活塞杆相铰接，套装在其内的伸缩支腿靠装在二者中央的伸缩液压缸 3 外端。因此当垂直液压缸伸出时，左右支腿着地，轮胎离开地面，两支腿呈 X 形，这种支腿外伸距离较大。X 形支腿也常与 H 形支腿混合使用。

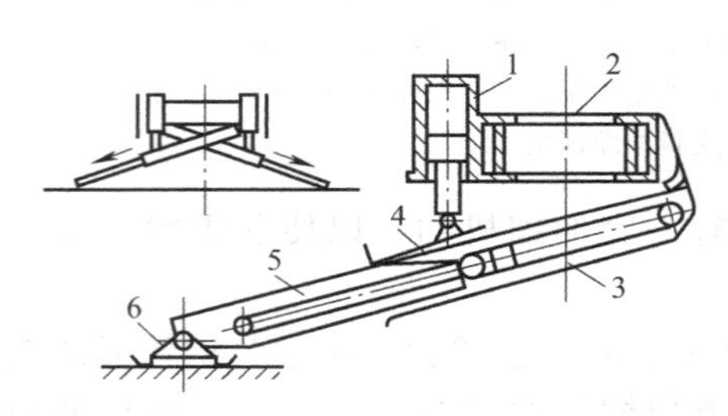

图 2-19　X 形支腿

1—垂直液压缸；2—车架；3—伸缩液压缸；4—固定支腿；5—伸缩支腿；6—支脚

汽车起重机的缺点主要是：起重机的布置受汽车底盘的限制，通常车身都较长，转弯半径较大，在进行吊装作业时都要将支腿放下，并且尽可能在起重机左右两侧和后方工作，从而限制了起重机在吊装作业时的活动范围。

2.3.2　轮胎起重机

装在专用轮胎行走底盘上的起重机，称为轮胎起重机。

一般轮胎起重机不与汽车在公路上编队行驶，故其最高行驶速度，大都不超过 30km/h。其底盘系专门设计、制造，轮距和轴距配合适当，横向尺寸较大，故横向稳定性好，能四面作业，在一定条件下，可在平坦场地上吊重行驶。轮胎式起重机通常只有一个司机室，装在回转平台上，操纵所有机构。对于作业地点相对固定而作业量较大的场合，采用轮胎起重机更为合适。它能在 360°范围内作业，因此最适用于港口、码头及建筑工地狭小的地方工作。

轮胎起重机的驱动装置一般采用内燃机（或内燃-电动机），以保证其良好的机动性和独立性。

轮胎式起重机的传动方式，有机械式、液压-机械式、电力式及液压式等。

目前我国批量生产的轮胎起重机有 QL_1 型（集中机械传动，操纵以气力为主，液压和杠杆为辅）；QL_2 型（中 QLY 型，液压传动和操纵）；QLD（直流电机分别驱动）。

(1) 桁架臂轮胎起重机

图 2-20 为 QL_3-25 型轮胎起重机。

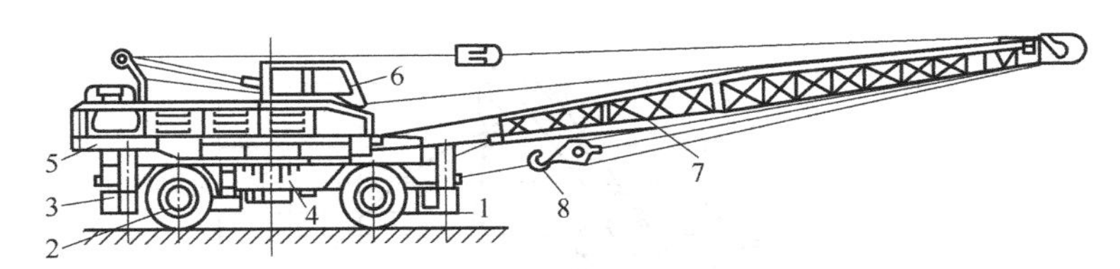

图 2-20 QL_3-25 型轮胎起重机

1—前轮；2—后轮；3—支腿；4—车架；5—回转平台；6—驾驶室；7—起重臂；8—吊钩

QL_3-25 型轮胎起重机为全回转流动式桁架臂起重机。其驱动方式为柴油机-直流发动机-多电机分别驱动。最大起重量为 25t，最大起升高度可达 33.7m，最大行驶速度可达 18km/h。

起重臂为分段式，其标准臂长为 12m，根据需要可以组成 17m、22m、27m、32m，头部可接装 5m 的副臂，以增加起升高度和工作幅度。

起重机的前后桥均可驱动，高速驱动时后桥单独驱动，重载低速行驶时前后桥同时驱动。这样使起重机既有良好的行驶性能，又有较强的爬坡能力。

柴油机-直流发动机组发出的直流电通过配电室分别输送给各直流电动机以驱动起升、变幅、回转和行驶等机构。各机构均采用改变柴油机-发动机的转速来实现无级调速。

起重机有主、副两套起重吊钩，同一卷筒牵引，通常由钢丝绳牵引主起重吊钩，如需用副起重吊钩，可将主吊钩卸下，通过副臂牵引副吊钩。重物自由下降采用了在钢绳卷筒端部内侧装有常闭内涨式离合器及外部装有常开式制动机构。离合器由气缸控制，制动机构由脚踏气动助力装置及杠杆操纵。当离合器脱开时，重物即能自由下降；当外制动器工作时，重物即能有效地制动，它保证了起重机具有良好的微动性能和较高的作业效率。

人字架采用活动式钢管结构，当使用 12～27m 起重臂时，用低支架；当使用 22m 以上的起重臂以及（32＋5）m 副臂时，用高支架。高支架可增大力臂，从而减小了变幅钢丝绳的负载。

回转支承采用外齿式单排交叉滚柱盘，以降低起重机重心。

该机除在后桥车轮中装有制动器外，还在后传动轴与后桥主减速器之间装有中央制动器，采用压缩空气控制，保证起重机在行驶过程中制动的平稳性和紧急刹车的可靠性。

（2）伸缩臂轮胎式起重机

图 2-21 为 QL_2-8 轮胎起重机的外形及工作特性曲线。

该起重机兼有轮胎起重机和汽车起重机二者的优点。起重臂和各工作机构及传动形式与液压伸缩臂汽车起重机大体相同。行走部分采用专用轮胎底盘，其上装有解放牌 CA10B 型汽油机。

从图 2-21 可以看出，在幅度为 3.2m 时最大起重量为 8t。各机构在轻负荷下能同时动作，并可任意回转，当吊重超过 3t 时须用液压支腿。液压伸缩臂可在 4.4～7m 范围内工作，并允许吊重时伸缩起重臂，工作机构均能无级调速，具有微动性并装有多种安全装置。

近年来小吨位的轮胎起重机已被汽车起重机所代替。

2.3.3 履带起重机

履带起重机除适用于工业与民用建筑施工的起重作业外，只需改换工作装置便能成为用于土方、基础工程的挖掘机、钻孔机、打桩机、钻打双重作业机、地下连续墙成槽机等施工机械。此外，就起重作业来说，它能改装成履带型的塔式起重机。这种履带型的塔式起重机施工时既不用铺设道轨，也不用浇筑混凝土基础，能大大减少施工作业场地和施工费用。所以，履带起重机是一种应用很普遍的起重设备。

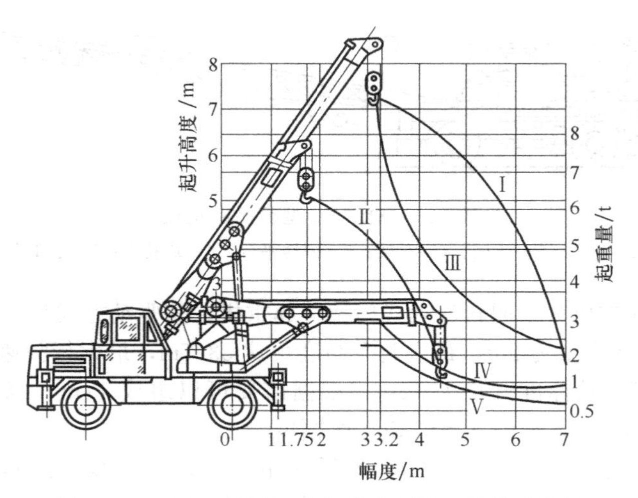

图 2-21　QL_2-8 轮胎起重机的外形及工作特性曲线

Ⅰ—起重臂全伸时起升高度曲线；Ⅱ—起重臂全缩时起升高度曲线；Ⅲ—使用支腿时的起重量曲线；Ⅳ—不使用支腿正向时的起重量曲线；Ⅴ—不使用支腿侧向时的起重量曲线

(1) 履带起重机的类型和特点

履带起重机是一种多功能的工程机械，它具有重心低、接地比压小、起重量大（可达1000t)、行走转弯半径小、能全回转且多数能带载行走等特点。因此，应用很广泛。

履带起重机按传动和操纵方式分机械式、机械-液压式、气动式、电动式和全液压式等多种。目前液压式履带起重机应用日趋普遍。

(2) KH 180-3 型液压履带起重机

KH 180-3 型履带起重机是我国引进日本日立建机公司技术生产的产品，它是 20 世纪 90 年代较先进的液压履带起重机。该机有各种安全装置和微机控制的力矩限制器，对安全作业起到保证作用。

图 2-22 是该起重机的外形。

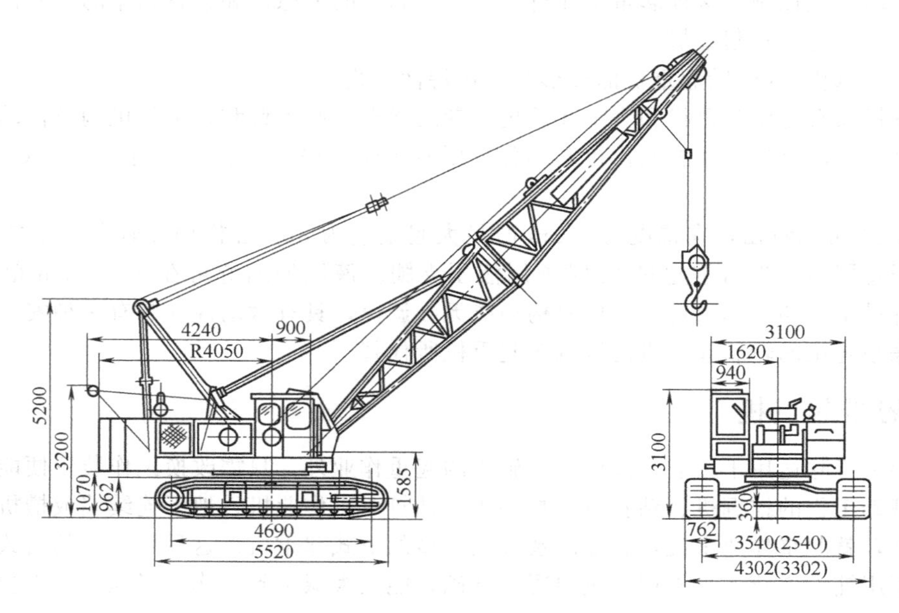

图 2-22　KH 180-3 型液压履带起重机

① 组成 该机主要由工作装置、转台、行走装置、动力装置、液压系统、电气系统、安全装置等组成，见图 2-23。

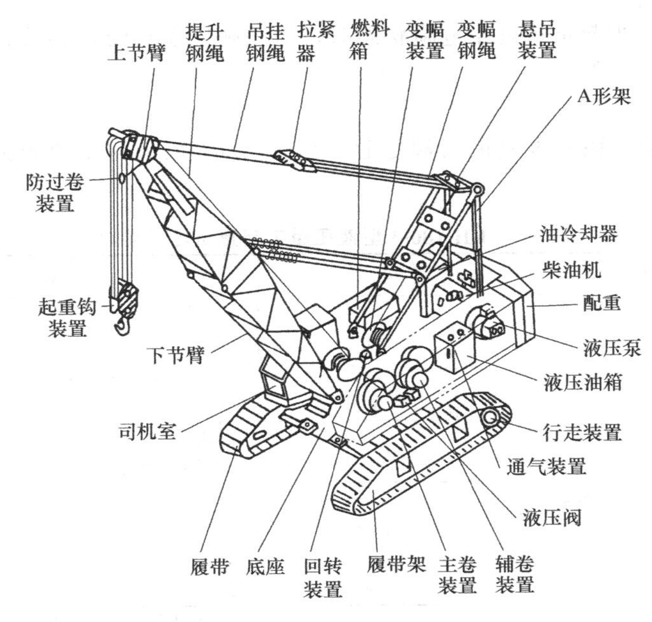

图 2-23 KH 180-3 型液压履带起重机组成

② 液压系统 KH180-3 型履带起重机的液压系统如图 2-24 所示。

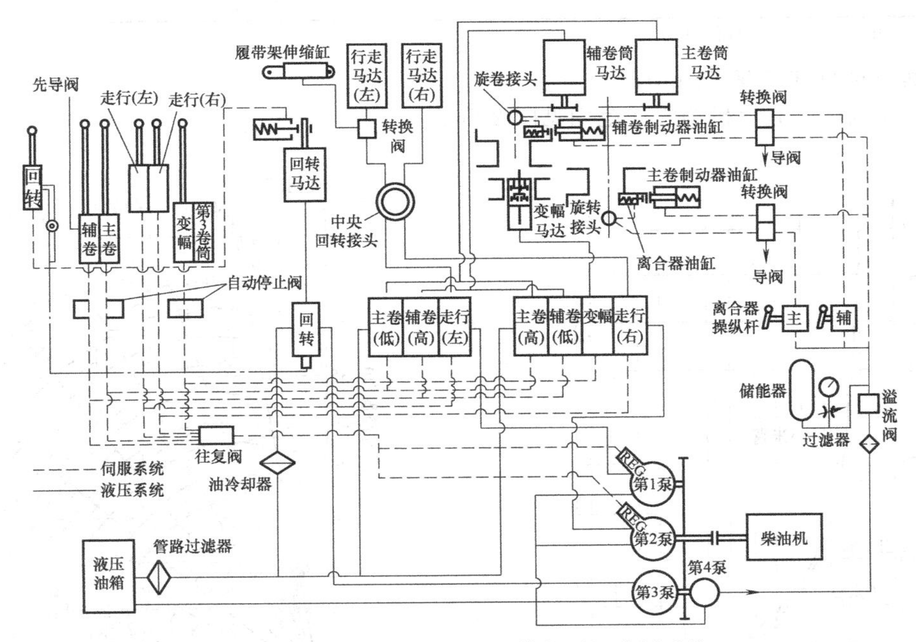

图 2-24 KH 180-3 型液压履带起重机液压系统

该系统液压泵由柴油机驱动，压力油通过控制阀传递到各装置，驱动液压马达，使之产生扭矩，再通过减速器传给卷筒、驱动轮等，实现各种动作。

控制阀的转换由安装在司机室下的伺服阀给出的液压指令进行。在液压系统中设置了安全阀，以防压力过大。

③ 安全装置

a. 起重臂和起重钩防过卷装置。

b. 力矩限制器。当起重机处于危险状态时，力矩限制器和防过卷装置可自动停止起升、变幅动作，从而解除危险状态。

④ 主要技术性能

a. 主要性能参数。该起重机最大额定起重量为 50t。最大起重力矩为 1850kN · m。其主要性能参数见表 2-8。

表 2-8　KH 180-3 型液压履带起重机性能参数

<table>
<tr><th colspan="4">项　目</th><th>单　位</th><th>数　值</th></tr>
<tr><td colspan="4">起重臂长度</td><td>m</td><td>13～52</td></tr>
<tr><td colspan="4">横伸臂长度</td><td>m</td><td>6.1,9.15,12.2,15.25</td></tr>
<tr><td colspan="4">起重臂＋横伸臂最大长度</td><td>m</td><td>43＋15.25＝58.25</td></tr>
<tr><td colspan="4">起重臂变幅角度</td><td>(°)</td><td>30～80</td></tr>
<tr><td rowspan="6">工作速度</td><td rowspan="4">钢绳速度</td><td>提升</td><td rowspan="2">钢绳直径 φ20</td><td>m/min</td><td>高速 70,低速 35①</td></tr>
<tr><td>下降</td><td>m/min</td><td>高速 70,低速 35</td></tr>
<tr><td>起重臂长杆</td><td rowspan="2">钢绳直径 φ16</td><td>m/min</td><td>60①</td></tr>
<tr><td>起重臂下降</td><td>m/min</td><td>60</td></tr>
<tr><td colspan="3">平台上部回转</td><td>r/min</td><td>3.1</td></tr>
<tr><td colspan="3">履带行走</td><td>km/h</td><td>1.5①</td></tr>
<tr><td colspan="4">爬坡能力</td><td>%</td><td>40(基本臂位于司机室后方)</td></tr>
<tr><td colspan="4">柴油机额定输出功率</td><td>kW/(r/min)</td><td>日野 EM100 柴油机(暂用)110.33/2000</td></tr>
<tr><td colspan="4">整机质量</td><td>t</td><td>46.9(基本臂 50t 钩)</td></tr>
<tr><td colspan="4">履带接地比压</td><td>MPa</td><td>0.061(基本臂 50t 钩)</td></tr>
<tr><td colspan="4">平衡重质量</td><td>t</td><td>15.9(2 块组成)</td></tr>
</table>

① 速度是随着载荷的不同而变化。

b. 起重量特性曲线见图 2-25。

c. 工作范围。起重机的工作范围见图 2-26。

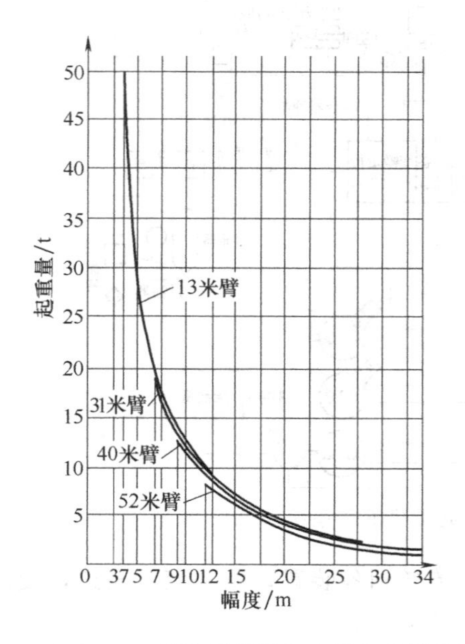

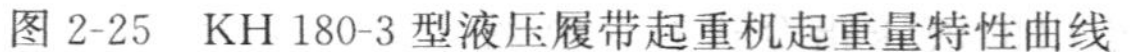

图 2-25　KH 180-3 型液压履带起重机起重量特性曲线

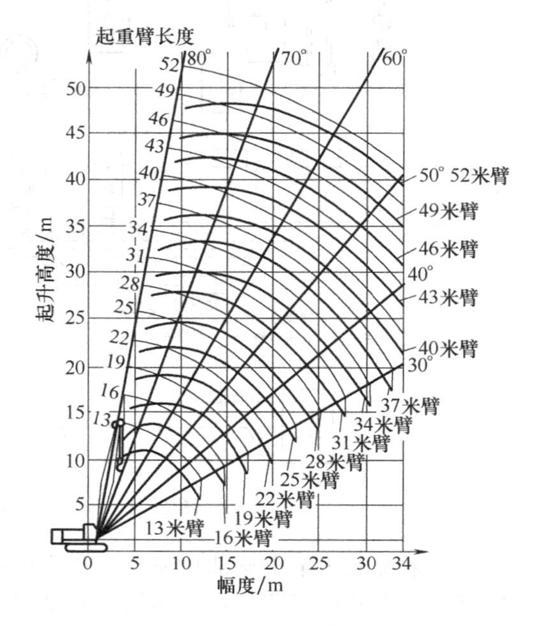

图 2-26　KH 180-3 型液压履带起重机工作范围

2.4　施工升降机

2.4.1　施工升降机概述

施工升降机（Builder's hoist /building hoist）亦称外用电梯，简称升降机，属于建筑机械与设备第二类建筑起重机的第七组，据 GB/T 7920.3—1996 规定，是指利用平台、料斗、吊笼等沿着垂直或微倾的导轨架提升物料和人员的起重机械。这类起重机械其重物或取物装置只能沿着导轨升降，广泛用于施工现场人员及物料的垂直运输。在工业或民用建筑、大型桥梁、井下等施工中均为不可缺少的运输设备。作为永久或半永久性的升降机，还可用于仓库、高塔等不同场合。

我国最早开始使用施工升降机是在 1973 年，1980 年我国研制了载重量为 1.2t 的单导轨架、双工作吊笼的 SF12 型施工升降机。近年来，我国的施工升降机的品种、产量都得到了突飞猛进的发展。

（1）施工升降机的类型

依据 GB 10052—1996《施工升降机分类》规定，施工升降机根据动力传递形式的不同可分为三种：钢丝绳式（SS 系列）、齿轮齿条式（SC 系列）和混合式（SH 系列）升降机。

SC 系列和 SS 系列施工升降机相比较，前者可靠性好，可以客货两用，消耗钢材少，同时采用齿轮齿条驱动成本较高；后者安全性差，只能用于货运。齿轮齿条式施工升降机是近年来发展很快并被广泛应用的升降机，也是今后发展的重点。

按导轨架的结构可分为单柱和双柱两种。一般情况下，齿轮齿条式施工升降机多采用单柱式导轨架，而且采取上接节方式。齿轮齿条式施工升降机按其吊笼数又分为单笼和双笼两种，单导轨架双吊笼的施工升降机，在导轨架的两侧各装一个吊笼，每个吊笼各有自己的驱动装置，并可独立地上下移动，从而提高了运送客货的能力。

近年来，成功研制并投入应用了倾斜和双曲线形导轨的施工升降机，扩大了应用范围。图 2-27 为 SCQ150/150 型倾斜式施工升降机在建造世界第一长的上海杨浦大桥 215m 的高塔，图 2-28 为双曲线形施工升降机在建造电厂冷却塔。

图 2-27　倾斜式施工升降机在施工

图 2-28　双曲线形施工升降机在施工

(2) 施工升降机的特点

SC系列施工升降机得到广泛应用和大力发展是因为具有以下特点。

① 传动系统一般采用双电机驱动形式，使齿轮齿条受力均匀，运行安全平稳。

② 为保证升降机安全运行，电路中设置了过载断绳、短路、超速等安全开关，当运行中发生上述情况时，升降机立即自动停车，避免发生意外事故。

③ 每台吊笼均配备锥鼓限速器，这种安全装置能十分有效地防止吊笼坠落，确保升降机安全可靠的运行。

④ 升降机电控系统线路简单，便于操纵及维修保养且安全可靠。

⑤ 金属结构设计合理、强度可靠、质量轻。

⑥ 升降机可利用吊笼上的吊杆自行安装或拆卸导轨架，升降机的各部分均可方便地安装及拆卸，零部件也易于更换。

2.4.2 施工升降机结构

本节以SC200/200齿轮齿条式施工升降机为例，介绍施工升降机的性能、结构和设计的主要内容。

(1) 技术性能

SC200/200施工升降机的外形与技术参数如图2-29和表2-9所示。

表2-9 SC200/200施工升降机技术参数

型　号		SC200/200	型　号	SC200/200
额定载荷/kg		2×2000	25%暂载率/kW	2×3×9.5
额定安装载荷/kg		2000	启动电流/380V,50Hz/A	2×270
吊杆额定载荷/kg		200	额定电流/380V,50Hz/A	2×3×20.5
吊笼内空尺寸/m		3×1.3×2.7	供电熔断器/380V,50Hz/A	2×80
最大架设高度/m		100	外笼质量/kg	1600
起升速度/m·min^{-1}	50Hz	40/35	吊笼质量/kg	2×1800
	60Hz	34	标准节质量/kg	150
电机数量		2×3	对重质量/kg	无
连续负载功率/kW		2×3×7.5	标准节长度/m	1.508

(2) 施工升降机的主要组成与基本结构

① 传动系统　传动系统由电动机、联轴器、减速机及安装在减速机输出轴上的齿轮等组成（见图2-30)。传动系统安装在吊笼内，通过齿轮与导轨架上的齿条相啮合，使吊笼上下运行。

② 锥鼓限速器　在传动系统下方安装着锥鼓限速器，它是升降机的防坠安全装置，其构造见图2-31，其工作原理见图2-32。当吊笼发生异常下滑超速时，限速器里的离心块7克服弹簧6，拉力带动制动锥鼓2旋转，与其相连的螺杆同时旋进，制动锥鼓与外壳接触逐渐增加摩擦力，通过一直啮合着的齿轮齿条，使吊笼平缓制动，同时通过机电联锁切断电源。限速器经调整复位后施工升降机则可正常运行。

③ 吊笼　吊笼为一焊接钢结构体，周围有钢丝保护网，吊笼前后分别安装着单、双开吊笼门，吊笼顶上设有活板门，通过配备的专用梯子可做紧急出口或在顶部进行架设、维修、保养等工作，为保证人员安全，顶上安装着护身栏杆。吊笼顶部还设有吊杆安装孔，吊笼的立柱上有传动机构和限速器底板安装孔。导向用的滚轮组也安装在立柱上，吊笼是升降机的核心部件，其构造见图2-33。

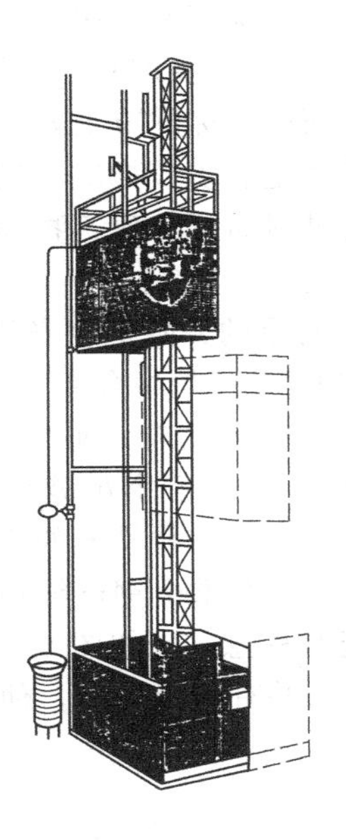

图 2-29 SC200/200 施工升降机外形

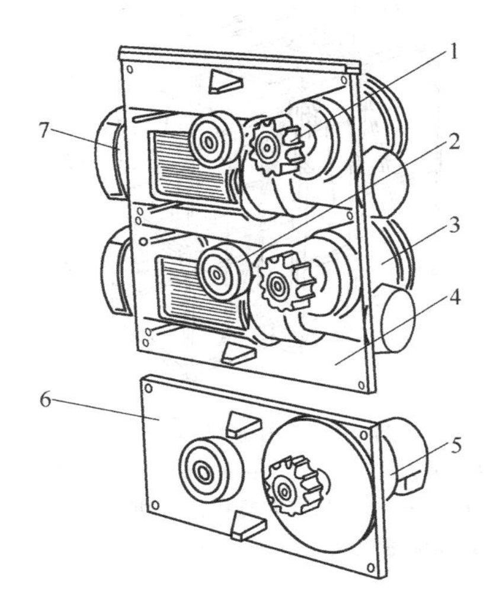

图 2-30 传动系统及限速器
1—齿轮；2—导轮；3—减速机；4—减速机底板；5—锥鼓限速器；6—限速器底板；7—电机

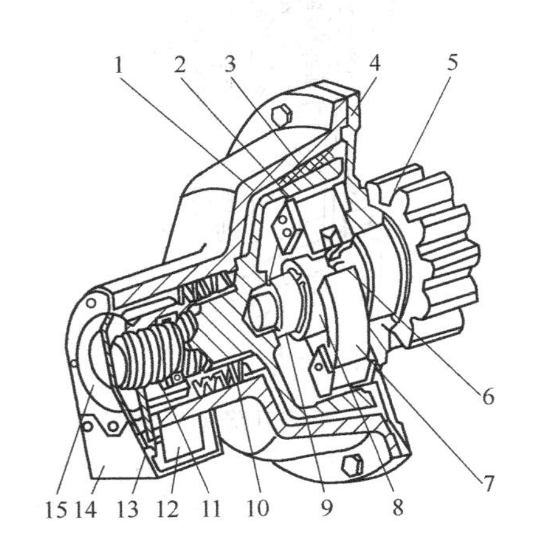

图 2-31 限速器构造
1—外壳；2—制动锥鼓；3—摩擦制动块；4—前端盖；5—齿轮；6—弹簧；7—离心块；8—中心套架；9—旋转轴；10—碟形弹簧；11—螺母；12—限速保护开关；13—限位磁铁；14—安全罩；15—尾盖

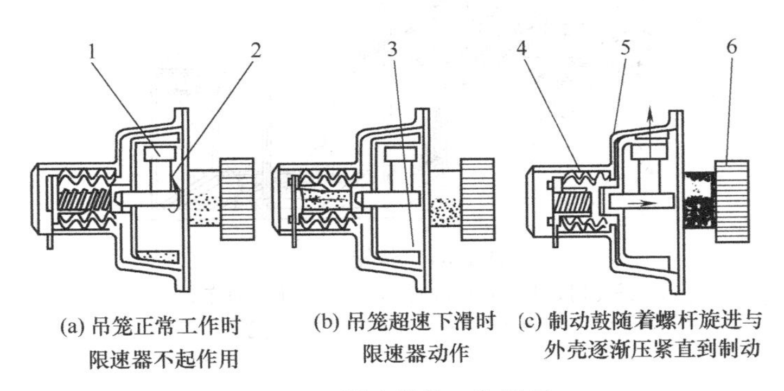

图 2-32 限速器的工作原理
1—离心块；2—弹簧；3—制动锥鼓；4—碟形弹簧；5—外壳；6—齿轮

④ 外笼 外笼主要由底盘、防护围杆及一节基础标准节等组成（见图 2-34）。底盘上有地脚螺栓安装孔，外笼入口处有外笼门并装有自动开门机构。

当吊笼上升时，外笼门自动关闭，以保证人员安全。手动开门的外笼有安全开关，吊笼运行时不可开启外笼门。底盘上有缓冲弹簧，用于保证吊笼或对重着地时柔性接触。单笼升降机只有图 2-34 中左半部分，双笼升降机的外笼如图 2-34 所示，左右两部分可以拆卸，既

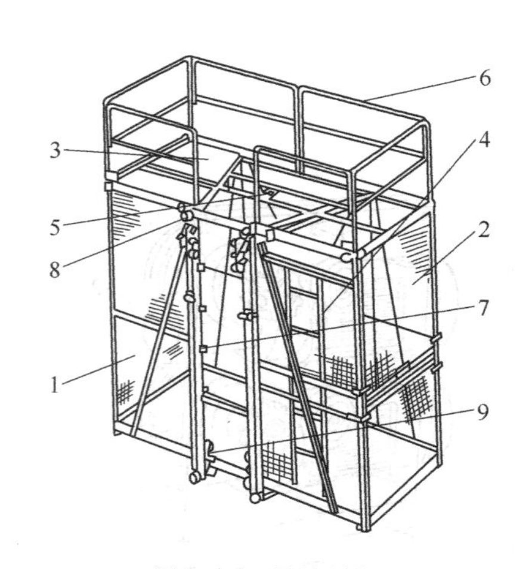

图 2-33 吊笼结构
1—单开吊笼门；2—双开吊笼门；3—活板门；4—专用梯子；5—吊杆安装孔；6—护身栏杆；7—传动机构底板安装孔；8—单滚轮；9—双滚轮组

方便运输，又可在特殊情况下作单笼使用。

⑤ 标准节　标准节用 ϕ76mm 的优质无缝钢管及角钢等组焊而成。标准节上安装着齿条（见图 2-35）和对重滑道。多节标准节用螺栓相连接组成导轨架，通过附墙架与建筑物固定，作为吊笼上下运动的导轨。

⑥ 天轮　带对重的升降机应安装天轮。天轮是安装在导轨架顶部的绳轮组合件，用来作为吊笼与对重连接的钢丝绳支承滑轮（如图 2-36 所示）。

⑦ 对重　对重用于平衡吊笼的自重，从而提高电动机的功率利用率和吊笼的载重量，并可改善结构受力情况。对重由钢丝绳通过导轨架顶部的天轮与吊笼对称悬挂（如图 2-37 所示），对重上装有导向轮，并有安全护钩，使对重保持在导轨架上运行。

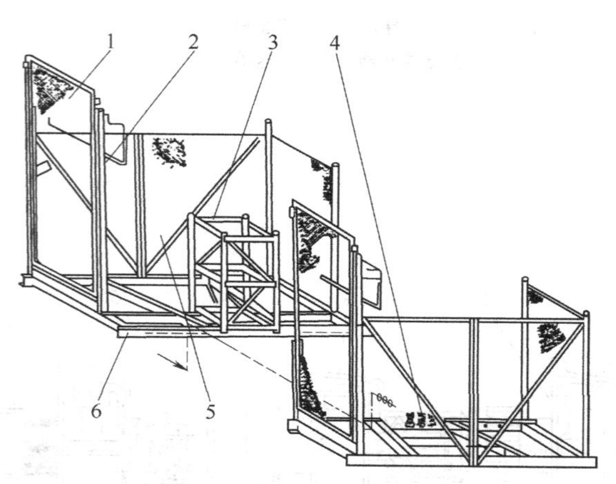

图 2-34 外笼
1—外笼门；2—自动开门机构；3—基础标准节；4—缓冲弹簧；5—防护围栏；6—底盘

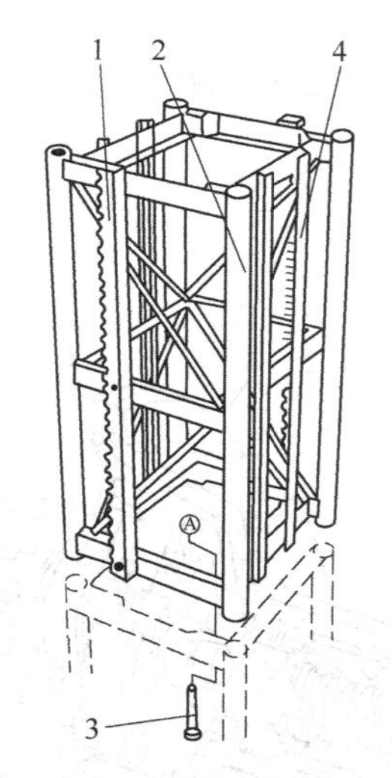

图 2-35 双笼升降机标准节
1—齿条；2—标准节结构；3—连接螺栓；4—对重滑道

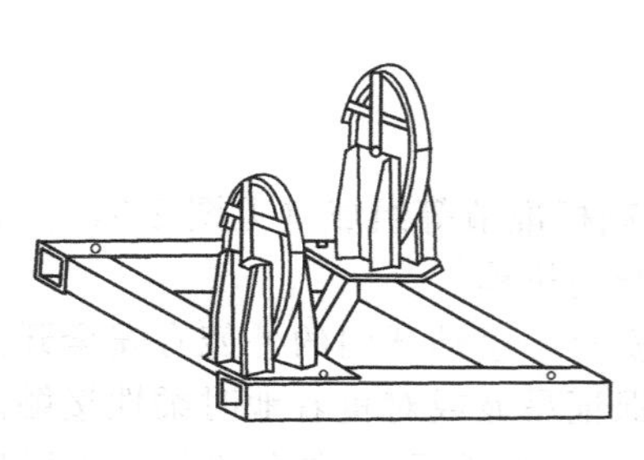
图 2-36 双笼升降机天轮

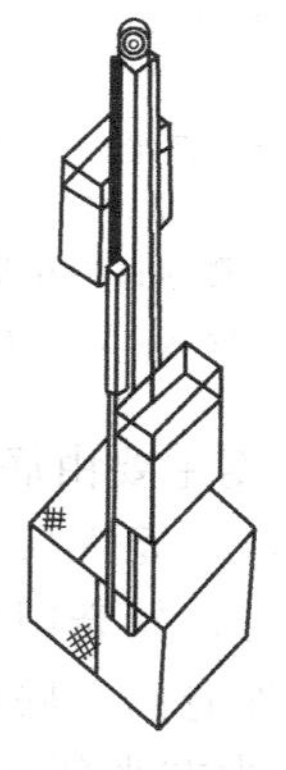
图 2-37 双笼升降机对重

⑧ 附墙架　附墙架用来将导轨架与建筑物附着连接，以保证导轨架的稳定性。附墙架由 ϕ51mm 立管、ϕ76mm 立管、槽钢连接架、1 号支架、2 号支架、3 号支架等组成。附墙架用管卡或螺栓等连接在一起，便于安装及拆卸（见图 2-38）。

⑨ 吊杆　吊杆安装在吊笼顶上，在安装或拆卸导轨架时，用来起吊标准节或附墙架等部件。标准节吊具是专门为起吊标准节而配置的。吊杆如图 2-39 所示。

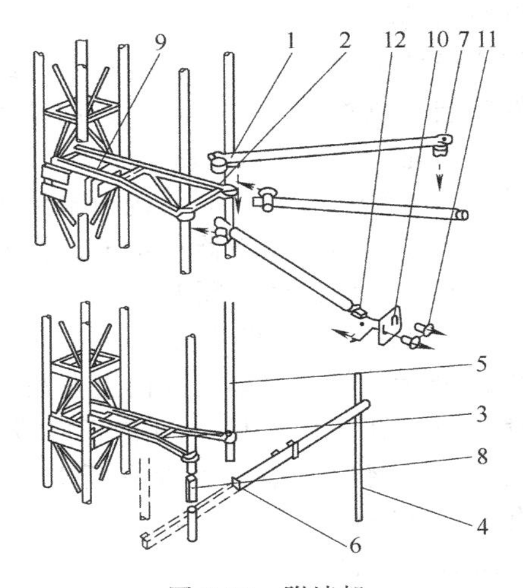

图 2-38　附墙架

1—1 号支架；2—2 号支架；3—3 号支架；4—ϕ51 立管；5—ϕ76 立管；6—槽钢连接架；7—双管卡；8—涨紧管卡；9—U 形卡；10—附墙座；11—预埋件；12—M30 螺栓

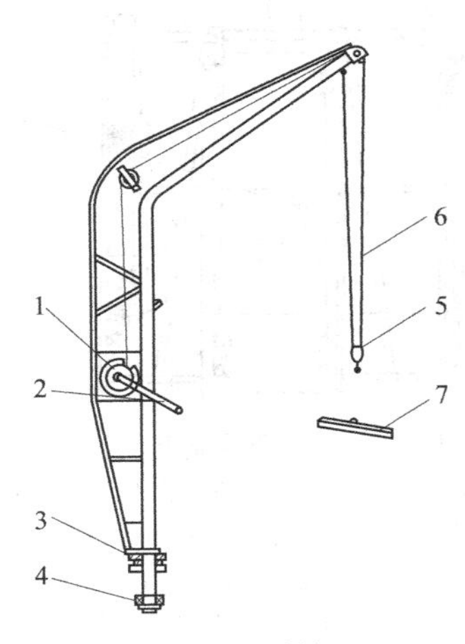

图 2-39　吊杆

1—手摇卷扬机；2—摇把；3—轴承 8112；4—轴承 1206；5—吊钩；6—钢丝绳；7—标准节吊具

吊杆上的手摇卷扬机具有自锁功能，起吊重物时按顺时针方向摇动摇把，停止摇动并平缓的松开摇把后，卷扬机即可制动，放下重物时，则按相反的方向摇动。

⑩ 电缆保护架　电缆保护架用于使接入笼内的电缆随线在吊笼上下运行时，不偏离电缆笼，保持在固定位置。电缆保护架安装在 ϕ51mm 的立管上。电缆通过吊笼上的电缆托架使其保持在电缆保护架的 U 形中心（图 2-40）。

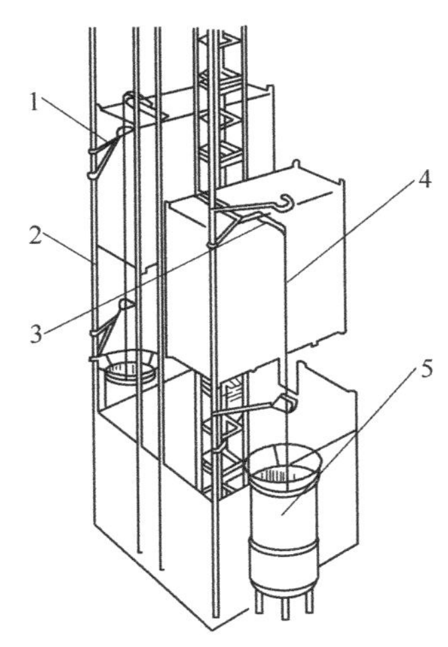

图 2-40　电缆保护架

1—电缆保护架；2—ϕ51 立管；3—电缆托架；4—电缆随线；5—电缆笼

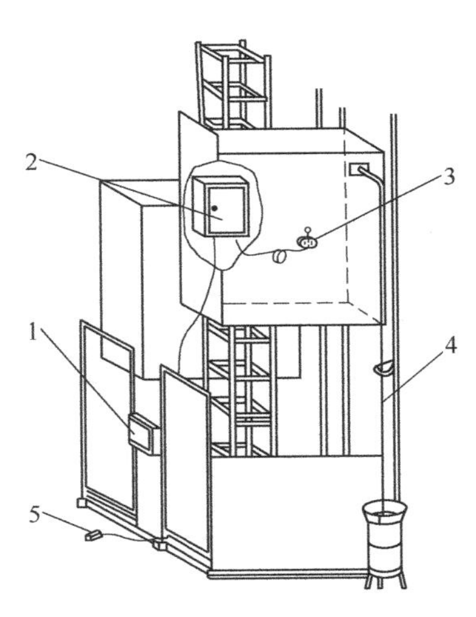

图 2-41　电气设备

1—电源箱；2—电控箱；3—操纵盒；4—电缆；5—坠落试验专用按钮

⑪ 电气设备（图 2-41） 升降机电气设备由电源箱、电控箱、操作盒及安全控制系统等组成。每个吊笼有一套独立的电气设备。由于升降机应定期对安全装置进行试验，每台升降机还配备专用的坠落试验按钮盒。

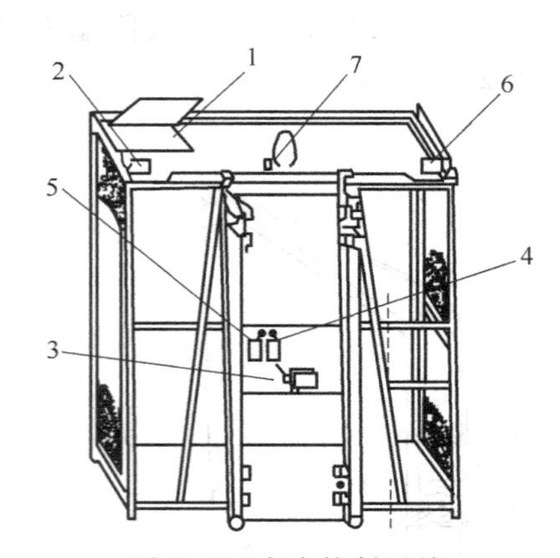

图 2-42 安全控制开关
1—活板门开关；2—单开吊笼门安全开关；3—极限开关；4—上终端站限位开关；5—下终端站限位开关；6—双开吊笼门安全开关；7—断绳保护开关

电源箱安装在外笼结构上，箱内有总电源开关。总电源开关的上端通过电缆引入电源，其下端通过电缆随线向电控箱供电。

电控箱位于吊笼内。变压器、接触器、继电器等电控元器件安装在电控箱内。电动机、制动器、照明灯及安全控制系统均由电控箱控制。

⑫ 安全控制系统 安全控制系统由电路里设置的各种安全开关装置及其他控制器件组成。在升降机运行发生异常情况时，将自动切断升降机供电电源，使吊笼停止运行，以保证升降机的安全。

如图 2-42 所示，吊笼的单、双门上及吊笼顶部活板门上均设有安全开关，如任一门有开启或未关闭，吊笼均不能运行，钢丝绳锚点处设有断绳保护开关；吊笼上装有上、下限位开关和极限开关。当吊笼行至上、下终端站时，可自动停车。若此时因故不停车超过安全距离时，极限开关动作切断总电源，使吊笼制动。此外在限速器尾盖内设有限速保护开关，限速器动作时，通过机电联锁切断电源。

第3章 混凝土机械

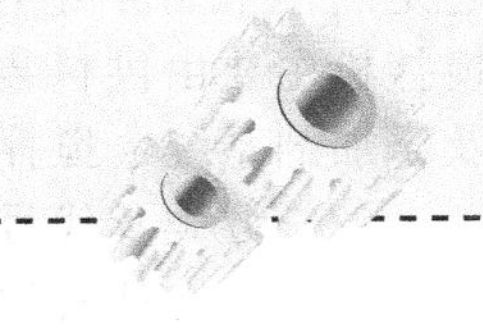

3.1 混凝土机械概述

3.1.1 混凝土基本知识

混凝土是由水泥、水和砂、石按适当比例配合，拌制成拌和物，经一定时间硬化而成的人造石材，俗称“砼”。

混凝土具有可塑性强、适应性强、耐久性好等优点，同时也存在笨重、不抗拉、性脆易裂、热导率大的缺点。

混凝土的种类，按密度分为重型混凝土、普通混凝土和轻型混凝土；按用途分为普通混凝土、道路混凝土、防水混凝土和耐热混凝土等；按生产施工方法分为商品混凝土、泵送混凝土、喷射混凝土和预应力混凝土等。

混凝土施工工艺具有工序多、工艺性强的特点。施工工序一般如下：材料准备-配料-搅拌-运输-密实成型-养护。其中配料和搅拌、运输、密实成型等工序，要求连续作业，技术性较强。

3.1.2 混凝土机械种类

目前，混凝土机械的品种和机型很多，按照混凝土施工工艺的主要工序，可以把混凝土机械划分为以下三大类。

① 混凝土生产机械　是按配合比量配各种混凝土的原材料，并均匀拌和成新鲜混凝土的生产机械，包括混凝土搅拌机和混凝土搅拌站（楼）。

② 混凝土运输机械　是将新鲜混凝土从生产地点输送到建筑结构的成型现场及至模板中去的专用运输机械，包括混凝土泵＋输送管道＋布料设备构成的输送系统和砼搅拌运输车。

③ 混凝土密实成型机械　是使混凝土密实地填充在模板中或喷涂在构筑物表面，使之最后成型而制成建筑结构或构件的机械，包括混凝土振动机械、混凝土砌块成型机械、混凝土喷射机械、混凝土摊铺机械等。

3.2 混凝土搅拌设备

3.2.1 混凝土搅拌机

(1) 用途

混凝土搅拌机是将水泥、砂、石和水等按一定的配合比例，进行均匀拌和的专业机械，它是制作水泥混凝土的专用设备，主要应用在道路、桥梁、房屋建筑等工程施工中。混凝土搅拌机主要由供料装置、配料装置、称量系统、上料设备、水泥供给系统及计量装置、供水及添加剂系统、搅拌装置、卸料装置及控制系统等组成。

(2) 分类及代号表示方法

混凝土搅拌机的种类很多，各种搅拌机的分类（图 3-1）如下。

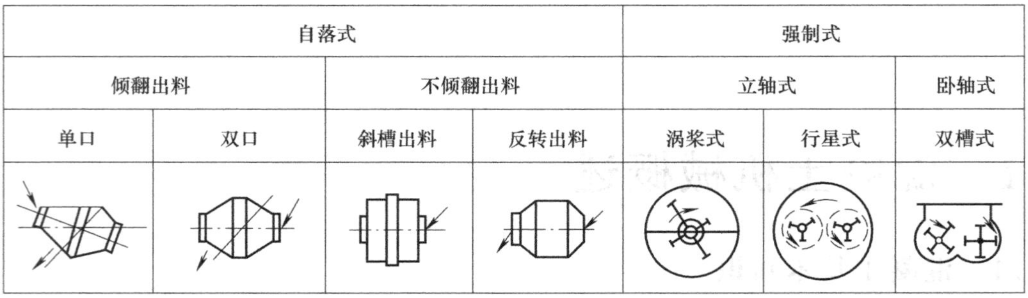

自落式				强制式		
倾翻出料		不倾翻出料		立轴式		卧轴式
单口	双口	斜槽出料	反转出料	涡浆式	行星式	双槽式

图 3-1 混凝土搅拌机分类图

① 按搅拌原理分为自落式和强制式。

② 按作业方式分为周期式和连续式。周期式搅拌设备的进料、拌料和出料是分批循环进行的，完成一个循环后，再进入下一个循环。连续式混凝土搅拌设备在进料、拌料和出料的工艺过程中是连续不断进行的。因此，在计量方面应力求精确。但是由于各种材料的配合比和拌和时间难以控制，质量方面一般较差。

③ 按搅拌筒的结构分为鼓筒形、双锥形、梨形、盘形和槽形等。

④ 按出料方式分为倾翻式和不倾翻式。

⑤ 按搅拌容量分为大型（出料容量 1～3m^3）、中型（出料容量 0.3～0.5m^3）、小型（出料容量 0.05～0.25m^3）。

混凝土搅拌设备除上述的分类方法外，还有其他的分类方法，如按搅拌装置的移动方式可分为固定式和移动式。

常用搅拌机的机型分类及代号见表 3-1，它主要由机型代号和主参数组成。如 JZ350，即表示出料容量为 0.35m^3（350L）的锥形反转出料的自落式搅拌机。

(3) 自落式混凝土搅拌机

① 工作原理　自落式混凝土搅拌机的工作原理如图 3-2 所示，其工作机构为筒体，沿筒内壁周围安装若干搅拌叶片。工作时，筒体围绕其自身轴线回转，利用叶片对筒内物料进行分割、提升、洒落和冲击等作用，从而使配料的相互位置不断进行重新分布而获得拌和。其搅拌强度不大、效率低，只适用于搅拌一般骨料的塑性混凝土。

② 锥形反转出料式搅拌机的主要结构　锥形反转出料式搅拌机是取代鼓筒式搅拌机的机型，它的搅拌筒呈双锥形，正转为搅拌，反转为卸料。

表 3-1 搅拌机型号分类及表示方法

机类	机型	特性	代号	代号含义	主参数
混凝土搅拌机 J(搅)	强制式 Q(强)	强制式	JQ	强制式搅拌机	搅拌容量 m^3
		单卧轴式(D)	JD	单卧轴强制式搅拌机	
		单卧轴液压式(Y)	JDY	单卧轴上料强制式搅拌机	
		双卧轴式(S)	JS	双卧轴上料强制式搅拌机	
		立轴涡浆式(WS)	JW	立轴涡浆强制式搅拌机	
		立轴行星式(X)	JX	立轴行星强制式搅拌机	
	锥形反转出料式 Z(锥)		JZ	锥形反转出料式搅拌机	
		齿圈(C)	JZC	齿圈锥形反转出料式搅拌机	
		摩擦(M)	JZM	摩擦锥形反转出料式搅拌机	
			JF	倾翻出料式锥形搅拌机	
	锥形倾翻出料式 F(翻)	齿圈(C)	JFC	齿圈锥形倾翻出料式搅拌机	
		摩擦(M)	JFM	摩擦锥形倾翻出料式搅拌机	

图 3-3 所示为 JZC200 型锥形反转出料式搅拌机。该机进料容量为 320L，额定出料容量为 $0.2m^3$（200L），生产率为 6～$8m^3/h$，是一种小容量移动式搅拌机。它由上料机构、搅拌机构、供水系统、底盘和电气控制系统等组成。

a. 搅拌筒。锥形反转出料式搅拌机是按自落式原理进行搅拌，其搅拌筒构造如图 3-4 所示。搅拌筒中间为圆柱体，两端为截头圆锥体，是由钢板卷焊而成的。

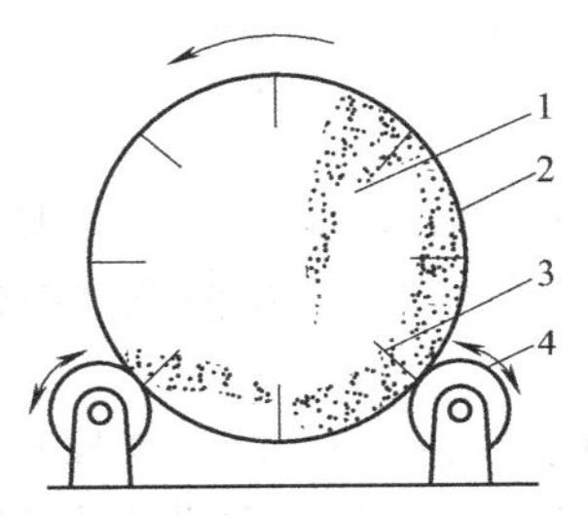

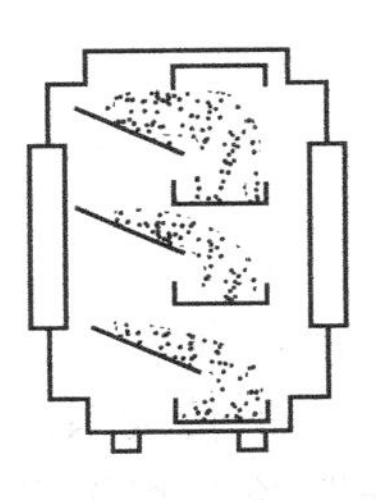

图 3-2 自落式混凝土搅拌机工作原理示意图
1—混凝土拌和料；2—搅拌筒；3—搅拌叶片；4—托轮

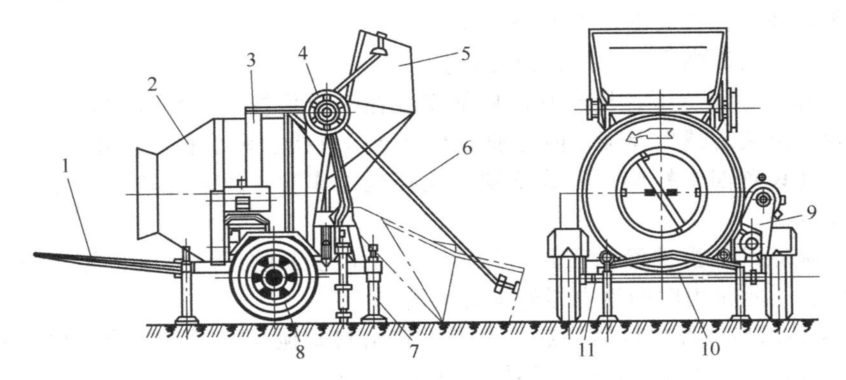

图 3-3 JZC200 型锥形反转出料式搅拌机
1—牵引杆；2—搅拌筒；3—大齿圈；4—吊轮；5—料斗；6—钢丝绳；
7—支腿；8—行走轮；9—动力及传动机构；10—底盘；11—拖轮

搅拌筒内壁焊有一对交叉布置的高位叶片和低位叶片，分别与搅拌筒轴线成 45°夹角，且方向相反。搅拌筒正转时，叶片带动物料作提升和自由降落运动，同时还迫使物料沿斜面作轴向交叉窜动，强化了搅拌作用。当搅拌筒反转时，拌制好的混凝土料由低位叶片推向高位叶片，把混凝土卸出搅拌筒。

b. 进料机构。进料机构由簸箕形料斗、钢丝绳、吊轮和离合器卷筒等组成，如图 3-5 所示。料斗由提升钢丝绳牵引。提升料斗时操纵离合器结合，则减速器带动卷筒转动，将料斗提升至上止点。当操纵料斗卸料时，料斗靠自重下落。

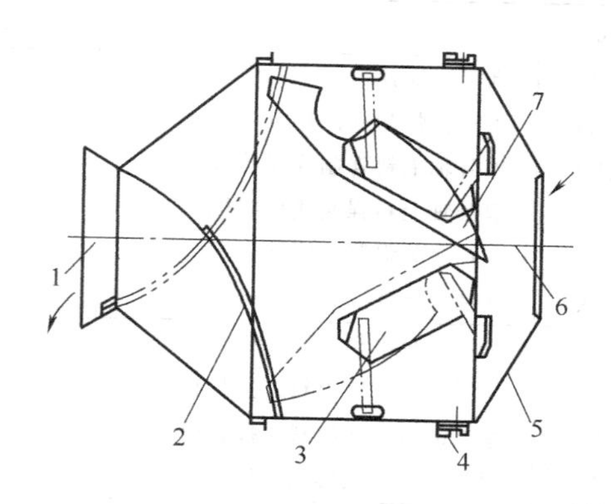

图 3-4 搅拌筒构造示意图

1—出料口；2—出料叶片；3—高位叶片；
4—驱动齿圈；5—搅拌筒体；
6—进料口；7—低位叶片

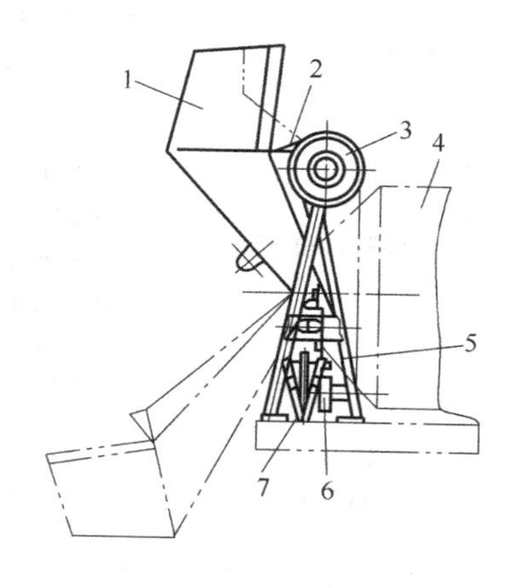

图 3-5 进料机构

1—料斗；2—钢丝绳；3—吊轮；
4—搅拌筒；5—支架；6—离
合器卷筒；7—操纵手柄

c. 供水系统。JZC200 型搅拌机的供水系统由电动机、水泵、三通阀和水箱等部分组成。工作时，电动机带动水泵直接向搅拌筒供水，通过时间继电器控制水泵的供水时间而实现定量供水。

d. 传动系统。搅拌机传动系统工作原理为：原动机的动力输出经主离合器后分成两路，一路经 V 带驱动水泵；另一路经 V 带和齿轮减速器带动传动轴，再由传动轴上的小齿轮带动大齿圈来驱动搅拌筒；空套在该轴上的钢丝绳卷筒则通过离合器来驱动上料斗。

图 3-6 所示为 JZC200 型搅拌机的传动机构，它主要由电动机、减速器、小齿轮、搅拌筒和大齿圈等组成。搅拌筒支承在四个拖轮上。电动机输出的动力经 V 带、减速器传至小齿轮，小齿轮与大齿圈啮合，使搅拌筒旋转。

e. 底架和牵引系统。搅拌机所有机构都安装在一个拖挂式单轴或双轴底架上，底架下装行走轮。轮轴上装有减振弹簧，前轮轴上安装转向机构和牵引拖杆，用于车辆拖行转场。此外，底架上还设置四个螺旋顶升式支腿，搅拌机工作时，放下支腿使其支承在平整基础上，可使轮胎卸载。

f. 电气控制系统。搅拌筒的正转、反转、停止，水泵的运转、停止等动作分别由六个控制按钮操纵。供水量由时间继电器的延时来确定。

③ 锥形反转出料式搅拌机的特点　锥形反转出料式搅拌机具有结构简单、搅拌质量好和易控制等优点，用于中小容量的搅拌机。其缺点是反转出料时重载启动，消耗功率大，容量大，易发生启动困难和出料时间长的现象。

（4）强制式混凝土搅拌机

① 工作原理　图 3-7 为强制式搅拌机的工作原理，其搅拌机构是水平或垂直设置在筒内的搅拌轴，转轴上安装搅拌叶片。工作时，转轴带动叶片对筒内物料进行剪切、挤压和翻转推移的强制搅拌作用，使配合料在剧烈的相对运动中获得均匀拌和。其搅拌质量好、效率高，特别适用于搅拌干硬性混凝土和轻质骨料混凝土。

② 主要结构

a. 立轴强制式混凝土搅拌机。立轴强制式搅拌机的搅拌原理，是靠安装在搅拌筒内带叶片的立轴旋转时将物料挤压、翻转、抛出等复合动作对物料进行强制搅拌。与自落式搅拌机相比，强制式搅拌机具有搅拌质量好、搅拌效率高，适合搅拌干硬性、高强和轻质混凝土等特点。

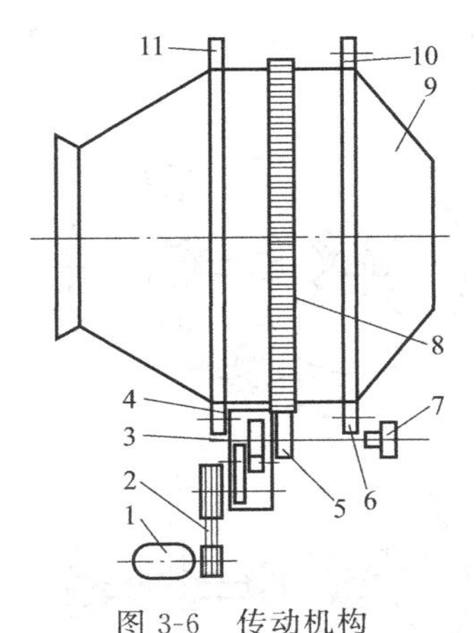

图 3-6 传动机构
1—电动机；2—带传动；3—减速器；
4,6,10,11—拖轮；5—驱动小齿轮；
7—离合器卷筒；8—大齿圈；9—搅拌筒

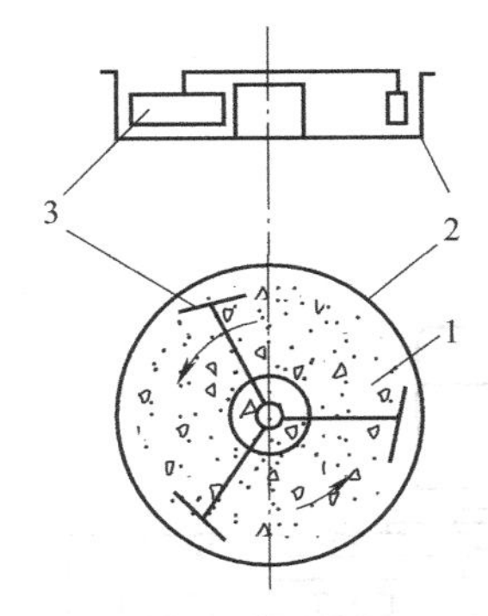

图 3-7 立轴强制式搅拌机工作原理图
1—混凝土拌和料；2—搅拌筒；3—搅拌叶片

立轴强制式搅拌机分为涡桨式和行星式两种，其搅拌筒均为水平放置的圆盘。涡桨式的圆盘中央有一根竖立转轴，轴上装有几组搅拌叶片；行星式的圆盘中则有两根竖立转轴，分别带动几个搅拌铲。在定盘行星式搅拌机中，搅拌铲除绕本身轴线自转外，两根转轴还绕盘的中心公转；在转盘行星式搅拌机中，两根转轴除自转外，不做公转，而是整个圆盘做与转轴回转方向相反的转动。目前，由于转盘式能量消耗较大，结构也不够理想，故已逐渐被定盘式所代替。

立轴涡桨强制式搅拌机具有结构紧凑、体积小、密封性能好等优点，因而是主要机型。

b. 卧轴强制式混凝土搅拌机。卧轴强制式搅拌机兼有自落式和强制式两种机械的优点，即搅拌质量好、生产效率高、能耗较低，可用于搅拌干硬性、塑性、轻骨料混凝土，以及各种砂浆、灰浆和硅酸盐等混凝土。

卧轴强制式搅拌机在结构上有单轴、双轴之分，故有两种系列型号，两个机种除了结构上的差异之外，在搅拌原理、功能特点等方面十分相似。

图 3-8 为 JS350 型搅拌机的搅拌原理图。该机主要由搅拌系统、传动装置、卸料机构等组成。

搅拌系统由水平放置的两个相连的圆槽形搅拌筒和两根按相反方向转动的搅拌轴组成，在两根搅拌轴上安装了几组结构相同的叶片，但其前后上下都错开一定的空间，使拌和料在两个搅拌筒内得到快速而均匀的搅拌。

搅拌电动机直接安装在一个三级齿轮减速器箱体的端面上，其输出轴再通过一对齿轮传动和链轮分别驱动两根水平搅拌轴做等速反向的回转运动，如图 3-9 所示。

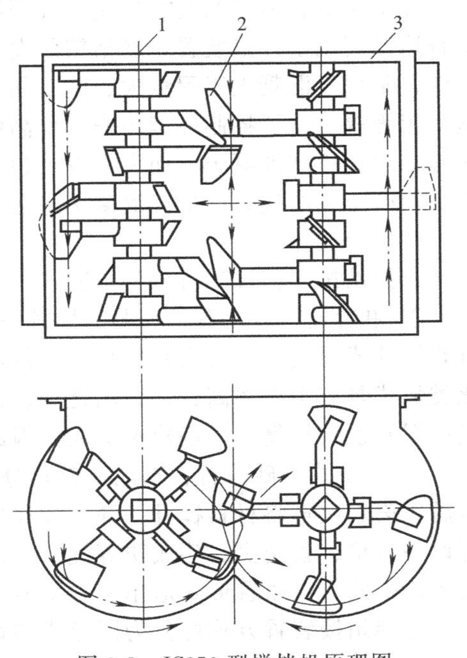

图 3-8 JS350 型搅拌机原理图
1—搅拌轴；2—叶片；3—搅拌筒

JS350 型搅拌机的卸料机构如图 3-10 所示。设置在两个搅拌筒底部的两扇卸料门，由气缸操纵经齿轮连杆机构而获得同步控制。卸料门的长度比搅拌筒长度短 200mm，故有80%～90%的混凝土靠其自重卸出，其余部分则靠搅拌叶片强制向外排出，卸料迅速而干净，一般卸料时间仅4～6s。

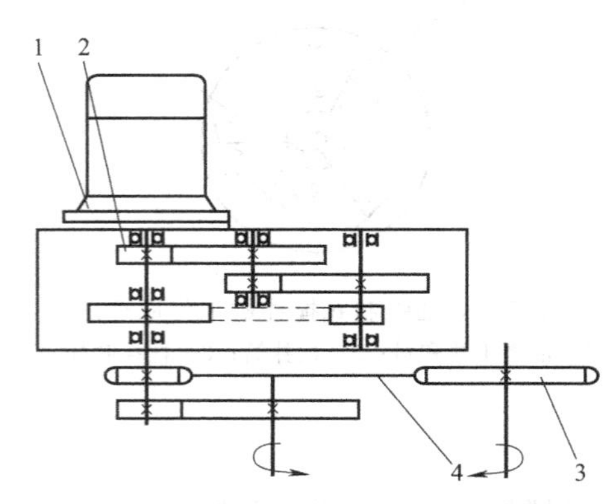

图3-9 JS350型搅拌机传动装置

1—电动机；2—齿轮减速器；3—链轮；4—链条

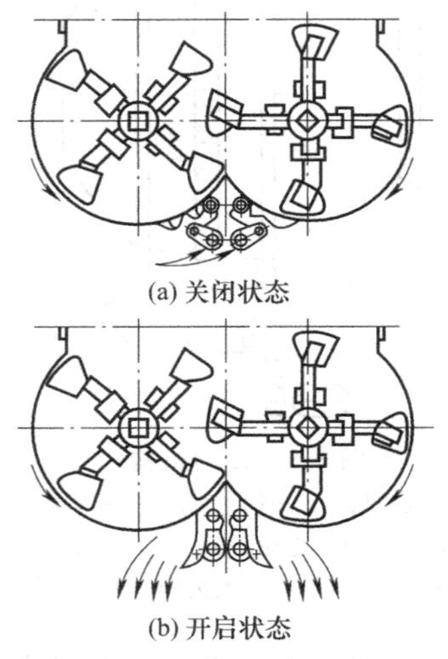

图3-10 JS350型搅拌机的卸料机构

3.2.2 混凝土搅拌站

(1) 用途

混凝土搅拌站（楼）是将水泥、集料、水、外加剂、掺和物等物料按照混凝土配比要求进行计量，然后经搅拌机搅拌成合格混凝土的联合设备，主要由物料储存系统、物料运送系统、计量系统、搅拌系统及控制系统等组成。混凝土搅拌设备的机械化、自动化程度高，由于普遍采用电子计量装置，严格按照设定的配合比投料，所以既能保证混凝土质量，又省料高效，常用于混凝土工程量大、施工周期长、施工地点集中的大中型水利水电、桥梁、建筑施工工程等。为了控制环境污染和提高施工质量，我国出台相应法规，禁止在大中城市的市区施工现场搅拌混凝土，而大力发展包括混凝土搅拌站（楼）、混凝土输送（泵）车在内的商品混凝土生产模式，推广混凝土泵送施工，实现了搅拌、输送、浇筑机械的联合作业。

(2) 分类

搅拌站按工艺过程可分为单阶式和双阶式两类。

① 单阶式 砂、石、水泥等材料一次就提升到搅拌站最高层的储料斗，然后配料称量直到搅拌成混凝土，均借物料自重下落而形成垂直生产工艺体系，其工艺流程见图3-11(a)。此类形式具有生产率高、动力消耗少、机械化和自动化程度高、布置紧凑和占地面积小等特点；但其设备较复杂，基建投资大。因此，单阶式布置适用于大型永久性搅拌站。

② 双阶式 砂、石、水泥等材料分两次提升，第一次将材料提升至储料斗；经配料称量后，第二次再将材料提升并卸入搅拌机，其工艺流程见图3-11(b)。这种形式的搅拌站具有设备简单、投资少、建成快等优点；但其机械化和自动化程度较低，占地面积大，动力消耗多。因此，该布置形式适用于中小型搅拌站。

搅拌站按装置方式可分为固定式和移动式两类。前者适用于永久性的搅拌站；后者则适用于施工现场。

大型搅拌站按搅拌机平面布置形式的不同，可分为巢式和直线式两种。巢式是数台搅拌机环绕着一个共同的装料和出料中心布置，其特点是数台搅拌机共用一套称量装置，但一次

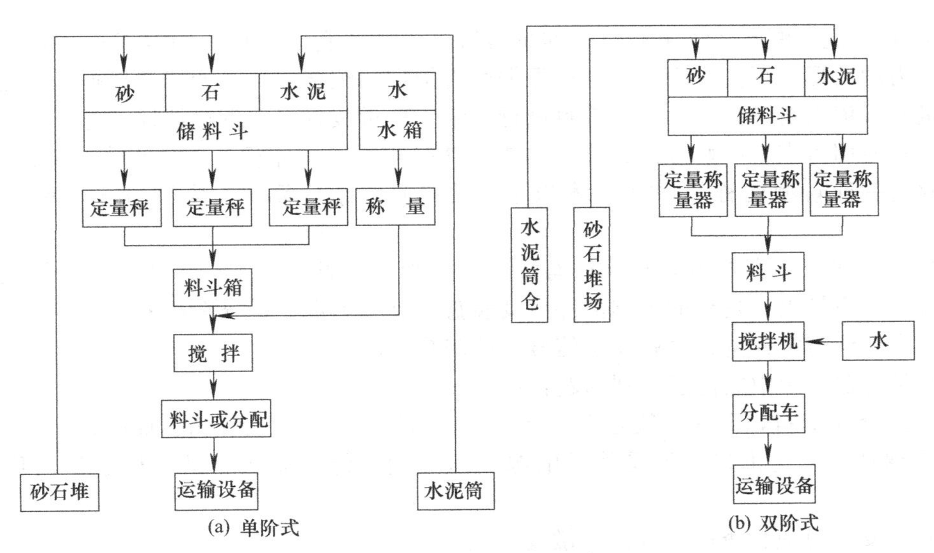

图 3-11 搅拌站工艺形式

只能搅拌一个品种的混凝土。直线式是指数台搅拌机排列成一列或两列，此种布置形式的每台搅拌机均需配备一套称量装置，但能同时搅拌几个品种的混凝土。

(3) 混凝土搅拌站的组成及使用

下面主要介绍 HZS50 混凝土搅拌站的结构和使用方法。

HZS50 混凝土搅拌站生产率为 $50m^3/h$，是双卧轴式搅拌站；利用计算机控制，可储存 100 多种配合比，并可自动打印输出混凝土参数；具有生产效率高、自动化程度高等特点。它主要由以下几部分组成。

① 供料装置 HZS50 供料装置由 4 个料仓和悬臂拉铲组成。4 个料仓中 3 个为石子仓，1 个为砂子仓。整个料仓容量大于 $2000m^3$，可满足 5 天生产需要。砂仓口可配置暖气片，防止冬季施工落料不畅，悬臂拉铲用于供料。

悬臂拉铲的结构如图 3-12 所示。它由铲斗、悬臂、双卷筒卷扬机、回转机构等组成。卷扬机和操纵室安置在一个塔楼上。悬臂装在回转平台上，反向滑轮安装在悬臂的端部。悬臂拉铲的特点是不需其他机械辅助集料，拉料半径大，可达 20m 以上。扇形料场的夹角可达 21°，且可把骨料堆得较高，在料槽上面形成一个容积较大的活料堆，从而提高了生产效率，并减少了料场占地面积。

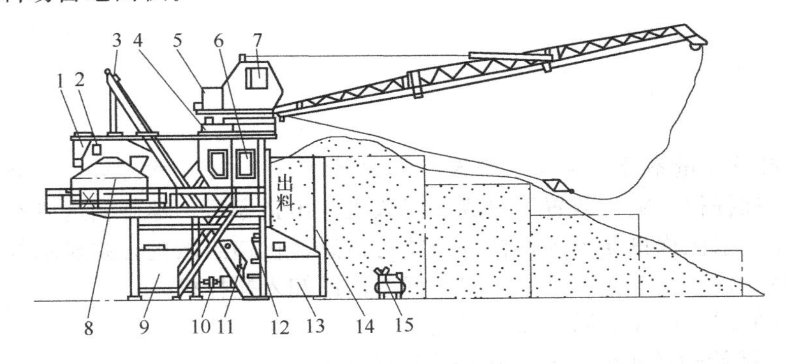

图 3-12 悬臂拉铲的结构示意图

1—水泥秤；2—示值表；3—料斗卷扬机；4—回转机构；5—拉铲绞车；6—主操作室；7—拉铲操作室；8—搅拌机；9—水箱；10—水泵；11—提升料斗；12—电磁气阀；13—骨料秤；14—分壁柱；15—空压机

② 配料系统　配料系统由微机、称量装置、料仓及仓门开启机构等组成。仓门采用以气缸为动力的扇形圆周门，门的开口可根据微机指定的配合比自动调节。根据工艺流程的需要，称量装置依次对各料仓卸出的骨料进行计量。称量装置主要有杠杆秤和电子秤两种。前者的特点是使用可靠，维修方便，可自动或手动操作，但其体积大，自重大，制造费用高。而电子秤是一种新型的称量设备，体积小，质量轻，结构简单，安装方便，称量精度也较高。

如图 3-13 所示，骨料杠杆称量秤有秤斗、秤盘、一级杠杆、二级杠杆和弹簧表头等主要组成部分。弹簧表头是秤的关键部件，其表盘上有三个定针，分别用来预选三种不同骨料的质量，当动针与定针重合时就发出信号，控制骨料区三个闸门的开闭。

配料系统在使用中应注意下列问题：

a. 切忌仓斗卡料，卡料一般是由于仓门变形和物料中有较长异物造成的；

b. 为保证称量的准确，不受外界电源电压影响，传感器和测量电桥必须由稳压电源供电；

c. 新机安装时应检查电子秤的灵敏度。

③ 上料系统　上料系统的作用是将称好的骨料送上搅拌缸，它由料斗、轨道、卷扬机和限位装置组成。如图 3-14 所示，卷扬机驱动钢丝绳牵引料斗在轨道上运动，从而实现上料功能。上料系统在使用中应注意轨道安装不翘曲，以防料斗卡滞，并定期检查、调整两根提升钢丝绳长度，使之保持一致。如两绳长度不一致，提升料斗将偏斜、脱轨。

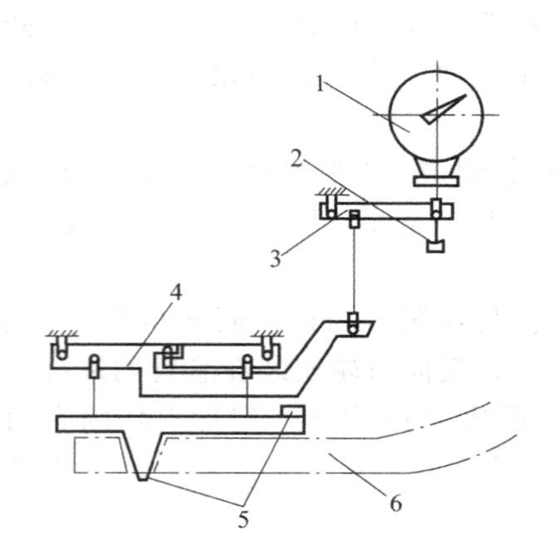

图 3-13　骨料杠杆称量秤

1—表头；2—油缓冲器；3—二级杠杆；4—一级杠杆；5—秤盘；6—轨道

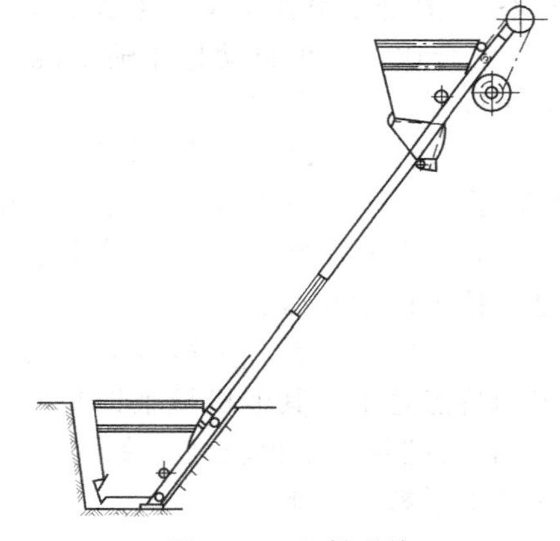

图 3-14　上料系统

④ 水泥上料及计量系统　水泥上料及计量系统由 3 个 100t 水泥仓、3 个 40t/h 螺旋输送机、称量斗、杠杆秤、吸尘装置等组成。当微机发出指令后，螺旋输送机开始工作，水泥进入水泥称量斗。水泥称量斗上的杠杆秤经拉力传感器传递给微机，并显示数值。当达到规定值时，螺旋输送机停止工作，称量斗将称好的水泥卸入搅拌机。

该种系统在使用中应注意以下几个问题：

a. 水泥仓、螺旋输送机的所有连接处都应防止漏雨；

b. 螺旋输送机、水泥称量斗要有防振措施；

c. 螺旋机、水泥称量斗长时间停机前应清理水泥，防止结块，以免影响以后使用。

⑤ 供水及添加剂系统　供水系统由水泵、电磁阀、涡轮流量计、喷水管、清洗龙头、

过水滤清器等组成。该系统对进入搅拌机的散料均匀喷水，便于清洗整个搅拌站，具有结构简单、工作可靠等优点。

添加剂系统由添加剂箱、防腐泵、计量筒、电容物料计、小防腐泵等组成。该系统在使用中应注意：

a. 添加剂箱内严禁落入杂物及泥浆，以防卡住泵叶轮，防止泵的磨损；

b. 电容物料计严禁磕碰；

c. 长时间停机，应将添加剂箱内清洁干净，以免腐蚀箱体和泵。

⑥ 搅拌装置　HZS50 搅拌站的搅拌装置采用双卧轴强制搅拌方式。这种方式较自落式搅拌效率高，混凝土质量好，适应性广，且节约水泥 15%～20%。它由 2 个 18.5kW 的电机驱动两个分摆线针轮减速器，然后带动两根搅拌轴旋转。每根搅拌轴装有螺旋状分布的叶片，搅拌缸内壁都镶有衬板。搅拌叶片与衬板间隙在 3～5mm 范围内，这样可减少衬板的磨损和卡石子现象的发生。

⑦ 卸料装置　卸料装置由卸料门、气缸、限位装置及卸料斗组成。当搅拌到规定时间后，气缸活塞杆将卸料门打开，混凝土由搅拌缸底部卸出。

3.3 混凝土输送设备

混凝土输送设备是将拌制好的水泥混凝土输送到施工现场的一类设备。根据施工目的，可分为搅拌输送车、输送泵和输送泵车。

3.3.1 混凝土搅拌输送车

(1) 用途

混凝土搅拌输送车是一种远距离输送混凝土的专用车辆。实际上就是在汽车底盘上安装一套搅拌机构、卸料机构等设备，并具有搅拌与运输双重功能的专用车辆。它的特点是在输送量大、远距离的情况下，能保证混凝土质量的均匀。一般是在混凝土制备点与浇筑点距离较远时使用，特别适用于道路、机场、水利等大面积的混凝土工程及特殊的机械化施工中。

(2) 分类及代号表示方法

混凝土搅拌输送车可以按以下几方面分类。

① 按搅拌装置传动形式分　可分为机械传动、全液压传动和机械-液压传动的混凝土搅拌输送车。采用液压传动与行星减速器易实现大减速、无级调速，并具有结构紧凑等特点，目前普遍采用这种传动形式。

② 按行驶底盘结构形式分　可分为自行式和拖挂式搅拌输送车。自行式为采用普通载重汽车底盘；拖挂式为采用专用拖挂式底盘。

③ 按搅拌筒驱动形式分　可分为集中驱动和单独驱动的搅拌输送车。集中驱动为搅拌筒旋转与整车行驶共用一台发动机，它的特点是结构简单、紧凑、造价低廉；但因道路条件的变化将会引起搅拌筒转速的波动，影响混凝土拌和物的质量。

单独驱动是单独为搅拌筒设置一台发动机。该形式的搅拌输送车可选用各种汽车底盘，搅拌筒工作状态与底盘的行驶性能互不影响。但是其制造成本较高、装车质量较大，适用于大容量搅拌输送车。

④ 按搅拌容量大小分　可分为小型（搅拌容量为 $3m^3$ 以下）、中型（搅拌容量为 3～$8m^3$）和大型（搅拌容量为 $8m^3$ 以上）。中型车较为通用，特别是容量为 $6m^3$ 的最为常用。混凝土搅拌输送车型号的表示方法见表 3-2。

表 3-2　混凝土搅拌输送车型号分类及表示方法

类	组	型	代号	代号含义	主参数	
					名称	单位
混凝土机械	混凝土搅拌输送车 J(搅) C(车)	飞轮取力	JC	集中驱动的飞轮取力搅拌输送车	搅拌输送容量	m^3
		前端取力(Q)	JCQ	集中驱动的前端取力搅拌输送车		
		单独驱动(D)	JCD	单独驱动的搅拌输送车		
		前端卸料(L)	JCL	前端卸料搅拌输送车		
		附带臂架和混凝土泵(B)	JCB	附带臂架和混凝土泵的搅拌输送车		
		附带带式输送机(P)	JCP	附带皮带输送机的搅拌输送车		
		附带自行上料装置(z)	JCZ	附带自行上料装置的搅拌输送车		
		附带搅拌筒倾翻机构(F)	JCF	附带搅拌筒倾翻机构的搅拌输送车		

(3) 搅拌输送车的主要结构

混凝土搅拌输送车一般由汽车底盘（或半拖挂式专用底盘)、传动系统、搅拌筒、供水装置和操纵系统等组成，如图 3-15 所示。底盘和上车工作装置可分别由各自的发动机独立驱动，也可以由底盘的发动机集中驱动。分别独立驱动可使搅拌筒在车辆行驶过程中保持转速不变。

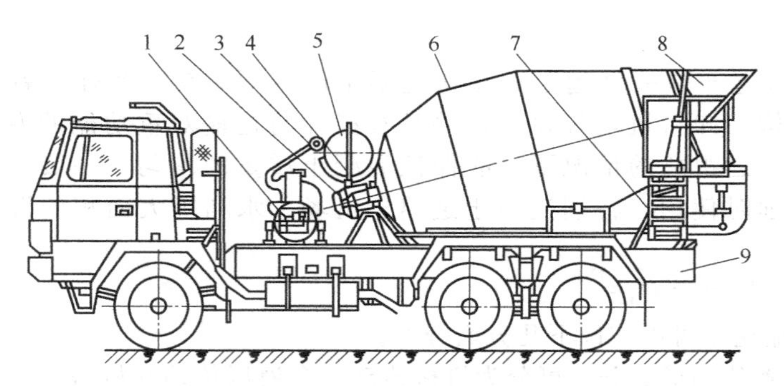

图 3-15　混凝土搅拌输送车

1—泵连接组件；2—减速机总成；3—液压系统；4—机架；5—供水系统；6—搅拌筒；7—操纵系统；8—进出料装置；9—底盘车

① 传动系统　混凝土搅拌输送车的传动系统广泛采用机械-液压传动形式，如图 3-16 所示。其动力传递路线是发动机→传动轴→变量柱塞泵→定量柱塞液压马达→行星齿轮减速器→球铰联轴器→搅拌筒。为了减少汽车行驶中因车架变形和道路不平对搅拌装置的影响，传动轴与搅拌筒底部用一对球面相连的齿轮联轴器连接起来，构成浮动支承。采用这种支承方式，允许搅拌筒与传动轴之间有±2.5°的相对角位移，提高了传动部分的传动效率和工作寿命。

② 搅拌筒　搅拌筒是搅拌输送车的核心部分，它用高强度耐磨钢制造，减小了搅拌筒壁厚和提料刀片的厚度，减轻了整车质量。其结构为单口型筒体，支承在不同平面的三个支点上，即筒体下端的中心轴安装在机架的轴承座内，另一端由辊道分别支承在一对滚轮上。搅拌筒轴线与水平面的倾斜角为 16°～20°。筒体底部端面封闭，由上部的开口进料、卸料

(见图 3-17)。

搅拌筒的内壁面焊有两条相隔 180°的带状螺旋叶片，以保证物料沿螺旋线滚动和上下翻动，防止混凝土离析和凝固。当搅拌筒正转时，进料搅拌；反转时，拌和好的混凝土则沿着螺旋叶片向外旋出卸料，卸料速度由搅拌筒的反转转速控制。为了引导进料和防止物料落入筒内时损坏叶片，在筒口处安装一段导料管。

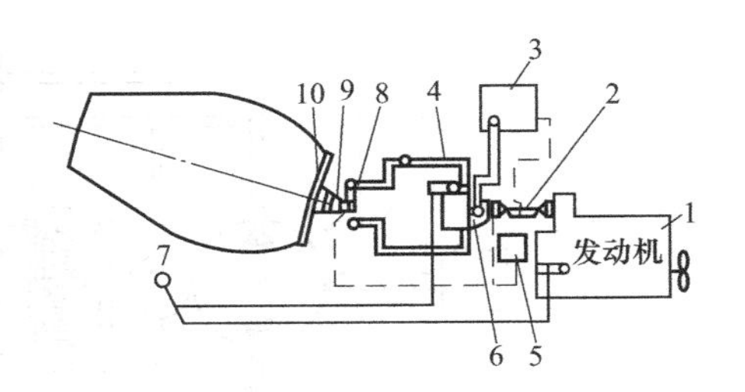

图 3-16 机械-液压传动系统图

1—发动机；2—驱动轴；3—油箱；4—配管；5—油液冷却器；6—油泵；7—后部控制器；8—油马达；9—行星减速器；10—球铰联轴器

搅拌筒的进料、卸料机构如图 3-18 所示，其进料斗铰接在支架上。进料斗的进料口与搅拌筒内的进料导管口贴紧，以防物料漏出。混凝土沿导料管的外表面与筒口内壁间的环形槽卸出。两块固定卸料槽分别安装在支架的两侧。活动卸料槽可通过调节转盘和调节杆来适应不同卸料位置的要求。

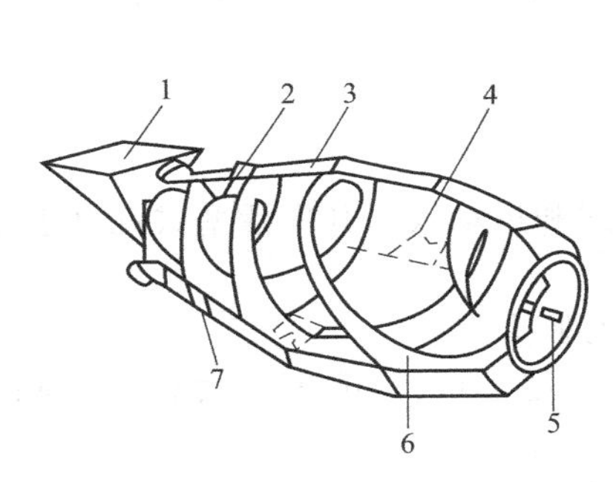

图 3-17 搅拌筒内部构造

1—加料斗；2—进料导管；3—搅拌筒壳体；4—辅助搅拌叶片；5—中心轴；6—带状螺旋叶片；7—环形辊道

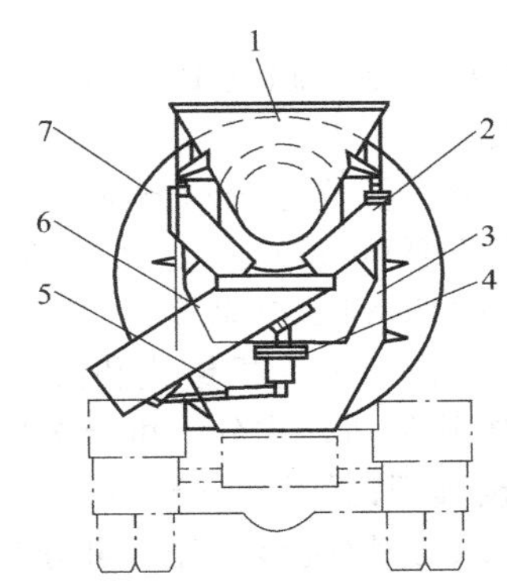

图 3-18 进料与卸料机构

1—进料口；2—固定卸料槽；3—支架；4—调节转盘；5—调节杆；6—活动卸料槽；7—搅拌筒

③ 供水装置 供水装置的作用是给搅拌机供水和搅拌筒及进料斗的清洗供水。供水装置一般由水泵、水箱和管路系统组成。水泵由一台小型油马达驱动；不用水泵者，也可直接利用底盘上所配备的储气筒向水箱内送压缩空气，将水压出，使水沿管道流动并经喷嘴喷出，进行清洗。

④ 液压系统 图 3-19 所示为混凝土搅拌输送车的上车液压系统原理图。该系统由变量泵、恒流量控制阀、转阀、液压马达等组成。

3.3.2 混凝土输送泵

(1) 用途

混凝土输送泵是水泥混凝土机械中的主要设备之一，它配有特殊的管道，可以将混凝土沿专用管道连续输送到浇筑现场，完成垂直与水平方向混凝土的输送工作。它具有效率高、质量好、机械化程度高和作业时不受现场条件限制并可减少环境污染等特点。

我国在 20 世纪 80 年代初，泵送混凝土开始被广泛采用，并广泛应用在大型混凝土基础工程、水下混凝土浇灌、隧道内混凝土浇灌、地下混凝土工程以及其他大型混凝土建筑工程中。特别是对施工现场场地狭窄、浇筑工作面较小或配筋稠密的建筑物浇筑，混凝土泵是一种有效而经济的输送机械。然而由于其输送距离和浇筑面积有局限性，混凝土

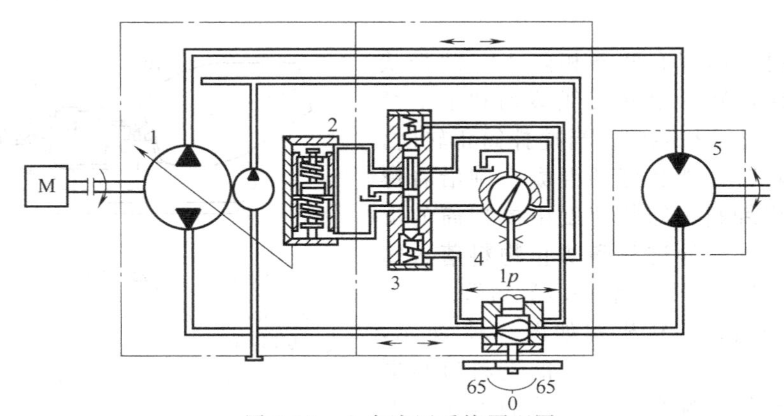

图 3-19 上车液压系统原理图

1—变量泵（带增压器和控制油泵）；2—控制油缸；3—恒流量控制阀；
4—转阀（带定位控制杆）；5—常流量液压马达

最大骨料粒径不得超过100mm，混凝土坍落度也不宜小于5cm，这些条件限制了其使用范围的扩大。

（2）分类及代号表示方法

混凝土泵可按以下几方面分类。

① 按构造和工作原理分　可分为活塞式、挤压式和风动式。其中活塞式混凝土泵又因传动方式不同而分为机械式和液压式两类。

② 按其驱动方式分　可分为电动机驱动和柴油机驱动。

③ 按其理论输送量分　可分为小型（$<30m^3/h$）、中型（$30\sim80m^3/h$）、大型（$>80m^3/h$）。

④ 按其分配阀形式分　可分为管形阀、闸板阀和转阀。

⑤ 按移动方式分　可分为固定式、拖挂式和车载式。固定式混凝土泵安装在固定机座上，多由电动机驱动，适用于工程量大、移动少的场合。拖挂式混凝土泵安装在可以拖行的台车上。车载式混凝土泵安装在机动车辆底盘上，又称为混凝土泵车。

混凝土输送泵的代号表示方法见表 3-3。

表 3-3　混凝土输送泵的代号表示方法

类	组	型	代号	代号含义	主参数	
					名称	单位
混凝土机械	混凝土输送泵 H(混) B(泵)	固定式(G)	HBG	固定式混凝土泵	输送容量	m^3/h
		拖挂式(T)	HBT	拖挂式混凝土泵		
		车载式(C)	HBC	车载式混凝土泵		

（3）混凝土泵的主要结构

① 液压活塞式混凝土泵

a. 液压活塞式混凝土泵的原理。液压活塞式混凝土泵可分为单缸和双缸两种，它主要由料斗、混凝土缸、分配阀、液压控制系统和输送管等组成。通过液压控制系统使分配阀交替启闭。液压缸与混凝土缸连接，通过液压缸活塞杆的往复运动以及分配阀的协同动作，使两个混凝土缸交替完成吸入与排出混凝土的工作过程。目前国内外均普遍采用液压活塞式双缸混凝土泵。其工作原理如图 3-20 所示。

当 2 号缸进油、1 号缸排油时，2 号活塞向左移动，将料斗中的混凝土吸入 2 号混凝土缸体；同时，2 号缸左侧密封油升压。并窜入 1 号缸左侧，推动 1 号活塞向右移动，从而把

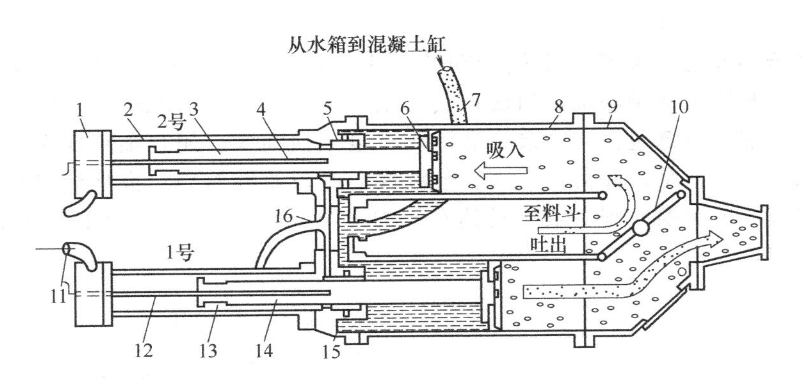

图 3-20 液压活塞式混凝土泵的原理图

1—液压缸盖；2—液压缸；3—活塞杆；4—闭合油路；5—V 形密封圈；6—活塞；7—水管；8—混凝土缸；9—阀箱；10—板阀；11—油管；12—铜管；13—液压缸活塞；14—干簧管；15—缸体接头；16—双缸连接缸体

混凝土压入输送管道。当 2 号活塞继续左移，待其缸体与导管中行程开关重合时，电气接点闭合，电磁液压阀动作，液压缸和控制阀的油路相互切换，此时 1 号活塞左移吸入混凝土，而 2 号活塞右移压送混凝土。如此循环工作，可以连续地将混凝土压送至浇筑点。

b. 液压活塞式混凝土泵的主要结构。图 3-21 是 HB30 型混凝土泵的示意图，该型号居于中小排量、中等运距的双缸液压活塞式混凝土泵。

(a) 料斗及搅拌装置。该机构的作用是起储存调节作用，并对混凝土进行二次搅拌，以改善混凝土的可压送性；搅拌装置向混凝土缸给料，以提高混凝土缸的吸入效率。

(b) 压送机构。是将液压能转换为机械能的动力执行机构，其功能是克服管道阻力将混凝土压送到浇筑地点；它由主液压缸、混凝土缸、支承连接件及水箱等部分组成（见图 3-21）。

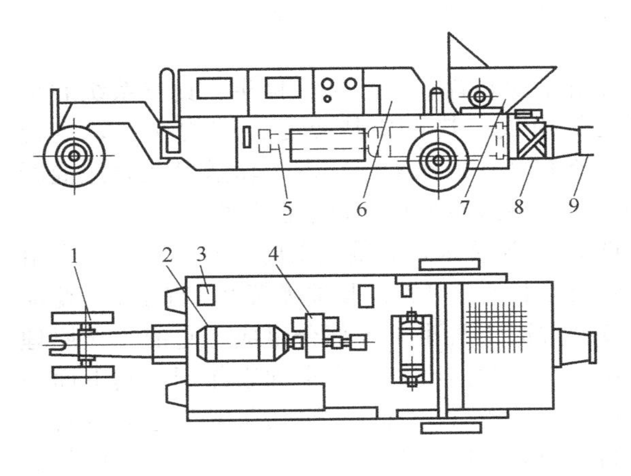

图 3-21 HB30 型混凝土泵总成示意图

1—机架及行走机构；2—电动机及电气系统；3—液压系统；4—机械传动系统；5—压送机构；6—机罩；7—料斗及搅拌装置；8—分配阀；9—输送管道

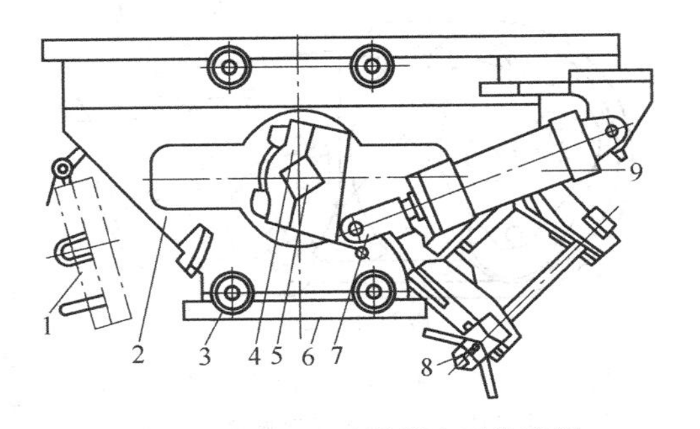

图 3-22 HB30 型混凝土泵分配阀

1—阀窗；2—阀箱；3—系杆；4—方形夹块；5—板阀轴；6—分配阀出料口；7—板阀驱动臂；8—阀窗夹紧装置；9—驱动液压缸

(c) 混凝土泵分配阀。采用旋转板阀，其结构外形见图 3-22。分配阀的作用是控制料斗、两个混凝土缸和输送管道中的混凝土流。分配阀的矩形阀板在阀箱中左右摆动而控制四个通道，即两个混凝土泵缸、料斗和输送口。当一个混凝土泵缸处于吸料斗行程时，另一个处于推压行程，并与输出口相通。下一工作循环时，活塞和分配阀板同时反向，使两个混凝土泵缸的吸入和推送冲程交换。

(d) 机械传动及液压系统。机械传动的作用是把电动机输出的动力传递给各液压泵，它由一个分动器和四个链条联轴器组成；其液压系统分为主油路系统、分配阀油路系统及搅拌油路系统；主油路系统包括主油泵、溢流阀、电液换向阀、闭合油路安全阀和充油阀等；分配阀油路系统包括油泵、卸荷溢流阀、电液换向阀及蓄能器等；搅拌油路系统包括油泵、手动多路换向阀、电磁换向阀、液压马达和压力继电器等。图 3-23 为 HB30 型混凝土泵的液压系统原理图。

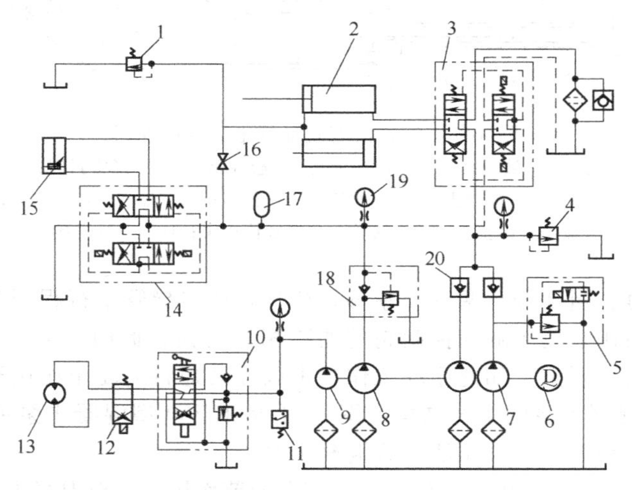

图 3-23　HB30 型混凝土输送泵液压系统

1—闭合油路溢流阀；2—推送油缸；3—主电液换向阀；4—主溢流阀；5—电磁溢流阀；6—电动机；7—主油泵；8—分配阀油泵；9—搅拌油泵；10—多路换向阀；11—压力继电器；12—电磁换向阀；13—搅拌油马达；14—电液换向阀；15—分配阀油缸；16—补油阀；17—蓄能器；18—卸荷溢流阀；19—压力表；20—单向阀

② 挤压式混凝土泵　挤压式混凝土泵主要由驱动装置、鼓形泵、料斗、真空系统和输送管道等组成。其主要特点是：结构简单，造价低，维修容易且工作平稳。由于输送量及泵送混凝土压力小，输送距离短，目前已很少采用。

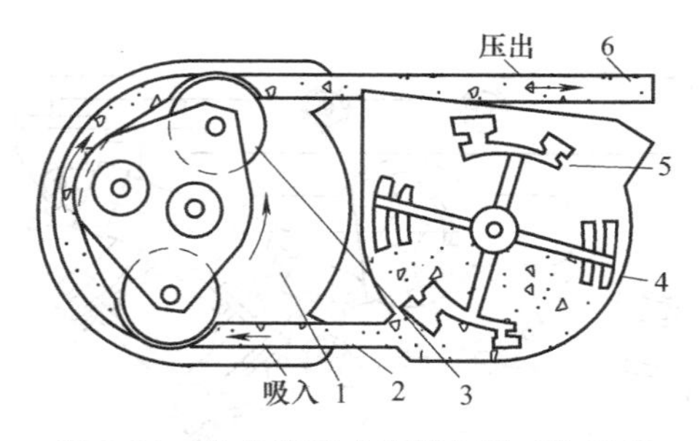

图 3-24　真空挤压式混凝土泵工作原理

1—真空抽吸室；2—橡胶抽吸管；3—辊子；4—料斗；5—搅动叶片；6—输送管道

图 3-24 为挤压式混凝土泵的工作原理图。它由圆鼓形真空抽吸室 1、橡胶抽吸管 2、辊子 3、搅动叶片 5 及混凝土料斗 4 等部分组成。它的工作原理是：由于工作时抽吸管的真空抽吸作用，其下面一段经过辊子挤压后的抽吸管自动张开，连续从料斗中吸料。与此同时，上面的辊子则将吸入管中的混凝土压送至输送管，并连续排送至浇筑部位。

与活塞式混凝土泵相比，挤压式泵没有阀门、活塞或其他与混凝土直接接触的机构，维护比较简单。它还可以与混凝土喷射机联合作业，实现连续浇灌。

3.3.3　混凝土输送泵车

(1) 用途

混凝土输送泵车也称臂架式混凝土泵车，是将混凝土泵和液压折叠式臂架都安装在汽车或拖挂车底盘上，并沿臂架铺设输送管道，最终通过末端软管输出混凝土的输送机械。由于臂架具有变幅、折叠和回转功能，施工人员可以在臂架所能及的范围内布料。

混凝土输送泵车可以一次同时完成现场混凝土的输送和布料作业，具有泵送性能好、布料范围大、机动灵活和转移方便等特点，特别适用于混凝土浇筑需求量大、超大体积及超厚基础混凝土的一次浇筑和质量要求高的工程。目前，在国家重点建设项目的混凝土施工中都采用了混凝土输送泵车泵送技术，其使用范围已经遍及水利、地铁、桥梁、大型基础、高层建筑等工程中。近年来混凝土泵车已经成为泵送混凝土施工机械的首选机型。

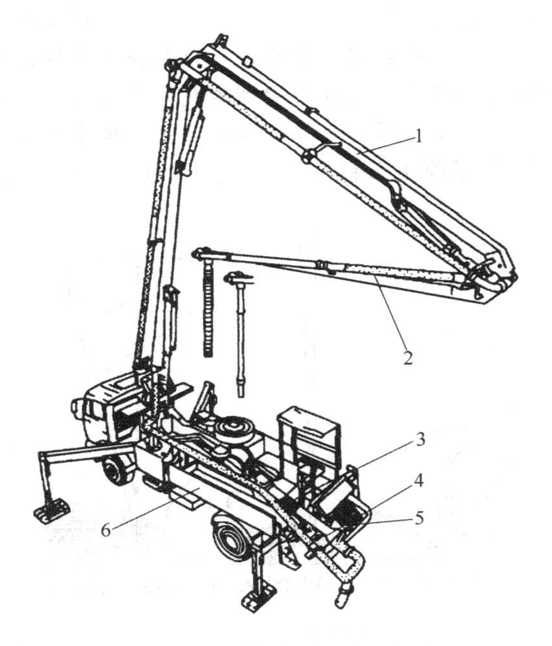

图 3-25 混凝土布料泵车的结构
1—折叠式布料杆；2—混凝土料流；3—混凝土泵；4—摆动式分配阀；5—料箱、搅拌器、隔筛；6—专用汽车底盘

（2）主要结构

① 混凝土泵　图 3-25 所示为混凝土布料泵车的结构，它主要由专用汽车底盘、混凝土泵、搅拌器、隔筛、布料装置、混凝土分配阀和支腿等组成。

② 混凝土分配阀　混凝土分配阀是混凝土泵车的关键部分，它应满足平稳的泵送、快速切换；有效的密封防止混凝土溢出；抽吸阻力小等功能要求。

目前常用的混凝土分配阀有闸板阀、管阀及转阀三种。

闸板阀工作原理如图 3-26 所示。在料斗出料口和泵的出料口分别有一块闸板，两闸板的位置由具有液压连锁的两液压油缸控制。图中混凝土缸 1 处于排料状态，闸板 2 处于左位，缸 1 的进料口 3 被堵住，而此时缸 9 的进料口 8 打开吸料。闸板 7 处于右位，缸 1 的排料口打开送料，缸 9 的排料口关闭。缸 1 排料完毕时，通过电液控制使两液压油缸同时动作，闸板 2 移到右位，闸板 7 移到左位，缸 1 开始吸料，缸 9 开始排料，从而完成一个工作循环。

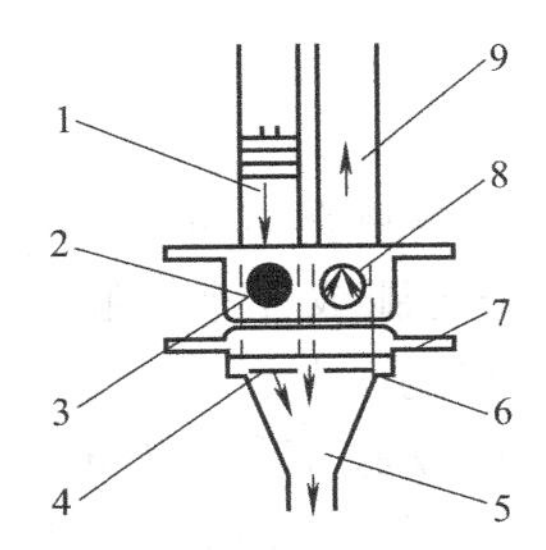

图 3-26 闸板阀工作原理
1,9—混凝土缸；2,7—闸板；3—堵塞的进料口；4—打开的排料口；5—输送管道；6—堵塞的排料口；8—打开的进料口

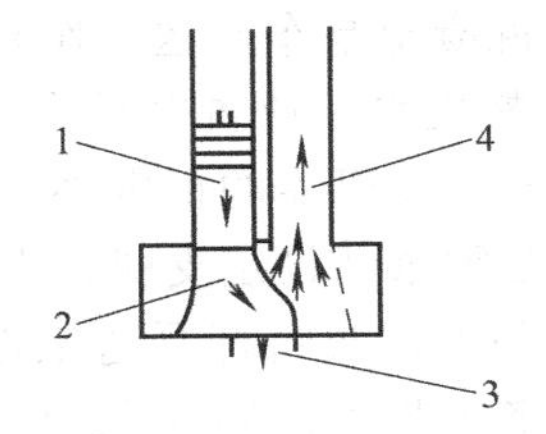

图 3-27 裙阀工作原理
1,4—混凝土缸；2—裙式闸阀；3—输送管道

在瞬间分离部位由泵送压力和抽吸压力密封。当滑阀的磨损逐渐加剧时，这个压力也起到自动调整阀板的作用。闸板阀适用于各种配方的混凝土。

管阀既是混凝土分配阀，又是混凝土输送管道的组成部分。其形式主要有S形分配阀和裙阀等。

裙阀如图3-27所示，它安装在料斗内。由于其结构外形像华丽的裙子，故而得名。正是由于这种外形，使得这种闸阀在来回摆动时，依次与混凝土缸1和混凝土缸4接合而压送混凝土。能达到瞬间平衡，而且在整个磨损范围内部能自动调整位置。由于混凝土在裙阀摆动时受到挤压，则反作用到裙阀上将合成一轴向挤压力，从而实现了可靠的密封。这种闸阀除了用于泵送混凝土外，还能输送其他稀质流体。

③ 混凝土布料杆　混凝土布料杆是在一定范围内输送混凝土料的可回转、伸缩、折叠的臂架和输送管道。目前常用的布料杆有3节、4节或5节的（见图3-25），可液压折叠，一般做成箱形臂架结构。根据折叠方式的不同，一般可分为卷合折叠和Z形折叠或两种折叠方式的混合式，见图3-28。卷合折叠式中，每一节杆从外向内卷合。与此相反，在Z形折叠中，每根杆像英制比例尺一样折合或相互重叠折合，这样可使它伸展的空间限制在5m高度之内，以满足隧道施工或楼房内施工的要求。Z形折叠的伸展时间约需5min，卷合折叠约需8min。

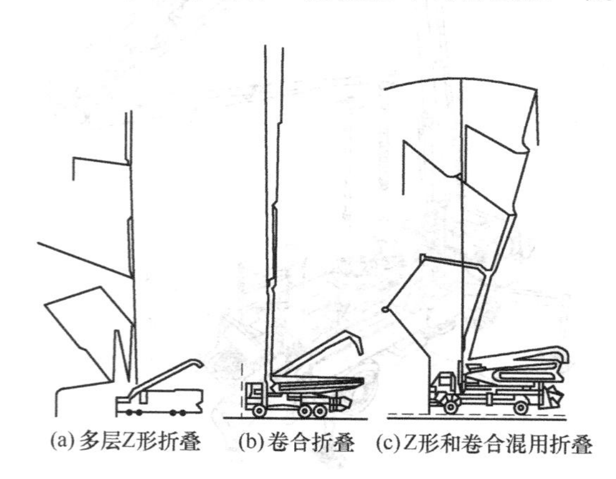
(a) 多层Z形折叠　(b) 卷合折叠　(c) Z形和卷合混用折叠

图3-28　折叠方式

布料杆可作为单独的结构件安装在压稳的框架上单独与混凝土泵配合工作，但一般情况下是安装在2桥至6桥的汽车底盘上。布料杆伸出作业时，牵引车的质量起到附加压重的作用，从而提高了工作稳定性。目前安装在汽车混凝土泵车上最大的布料杆可伸到60m以上高度、50m以上幅度。

(3) 混凝土泵的使用

① 混凝土泵的选择　选择混凝土泵，首先要了解泵能产生的最大混凝土输送压力。这个混凝土压力与下列因素有关：输送管道的长度；输送弯道的直径；管道弯头的多少；单位输送量；混凝土的稠度；输送高度。

② 混凝土泵的使用要点　混凝土泵的使用要点如下。

a. 混凝土泵车的操作人员需经专业培训后方可上岗操作。

b. 泵送的混凝土应满足混凝土泵车的可泵性要求。

c. 混凝土泵车泵送工作要点可参照混凝土泵的使用。

d. 整机水平放置时所允许的最大倾斜角为3°，更大的水平倾斜角会使布料的转向齿轮超载，并危及机器的稳定性。如果布料杆在移动时其中的某一个支腿或几个支腿曾经离过地，就必须重新设定支腿，直至所有的支腿都能始终可靠地支撑在地面上。

e. 为保证布料杆泵送工作处于最佳状态，应做到：将1节臂提起45°；将布料杆回转180°；将2节臂伸展90°；伸展3、4、5节臂并呈水平位置。若最后一节布料杆能处于水平位置，对泵送来说是最理想的。如果这节布料杆的位置呈水平状态，那么混凝土的流动速度就会放慢，从而可减少输送管道和末端软管的磨损，当泵送停止时，只有末端软管内的混凝土才会流出来。如果最后一节布料杆呈向下倾斜状态，那么在这部分输送管道内的混凝土就会在自重作用下加速流动，以至在泵送停止时输送管道内的混凝土还会继续流出。

f. 泵送停止5min以上时，必须将末端软管内的混凝土排出。否则由于末端软管内的混凝土脱水，再次泵送作业时混凝土就会猛烈地喷出，向四处喷溅，那样末端软管很容易受损。

g. 为了改变臂架或混凝土泵车的位置而需要折叠、伸展或收回布料杆时，要先反泵1～2次后再动作，这样可防止在动作时输送管道内的混凝土落下或喷溅。

3.4 混凝土摊铺机

3.4.1 混凝土摊铺机概述

(1) 用途

混凝土摊铺机是将拌制好的水泥混凝土沿路基按给定的厚度、宽度及路型要求进行摊铺，然后经过振实、整平和抹光等作业程序，完成铺筑混凝土路面的施工机械。

混凝土摊铺机的工作装置一般由布料器、刮平板、振捣器（包括振捣棒和振捣梁）、整平机、抹光机等装置组成。同时，还需要机架、行走机构、操纵控制系统和其他一些辅助机构的有机配合。有的机型将全部装置集于一体，有的分成两台或两台以上的独立单机。

混凝土摊铺机广泛应用于城市道路、机场跑道和公路路面的施工，可以提高摊铺层的内在质量和路面外观质量，生产效率高。

(2) 分类及代号表示方法

混凝土摊铺机可按以下方法分类。

① 按性能和施工方式分　可分为轨模式和滑模式两种类型。

轨模式摊铺机又称为“摊铺列车”，它由布料机、振捣机和抹光机等组成。其结构外形如图3-29所示。摊铺机施工时，列车在固定不动的轨模上行驶，可铺筑出一条行车带，轨模既是列车的行驶轨道，又是铺筑路面的边模。

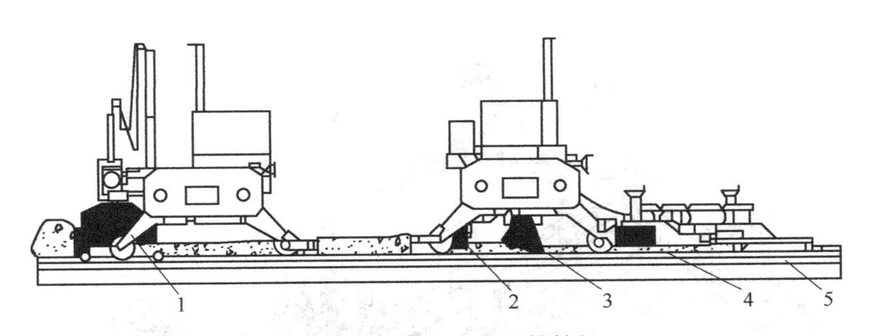

图3-29　轨模式混凝土摊铺机

1—摊铺器（回转铲式）；2—预平整刮板；3—振捣装置；4—抹光机；5—轨模

它的施工工艺过程是：首先由摊铺器（又称布料机）将倾卸在路基上的水泥混凝土按一定的厚度均匀地摊铺在路基上，然后通过预振平振捣机组进行振实，再经抹光机抹平。在混凝土硬化期间，保留轨模不拆，待硬化后再拆模板，继续铺筑下一段路面。由此可见，安装和拆卸轨模十分不便。

轨模式摊铺机结构简单，造价低，但在摊铺作业中铺设和调整轨模较为复杂，且需要大量模板才能保证施工效率。

目前已有可一次完成多种作业程序的综合型轨模摊铺机和可以大范围内调整摊铺宽度的桁架型轨模式混凝土摊铺机，可以克服摊铺机的上述缺点。

滑模式摊铺机采用自行走方式，不需另设轨道，机架两侧装有长模板，对水泥混凝土进行连续摊铺、振实、整形，结构紧凑，操作集中方便，可实现自动控制，作业效率高。为此，本章主要介绍滑模式混凝土摊铺机。

② 按用途分　可分为路线铺筑机、路基铺筑机、路面和沟渠铺筑机等，其中沟渠铺筑机适用于河床的斜面摊铺，主要用于河道和堤坝的施工铺筑，它的宽度较大。

③ 按行走方式分　可分为轮胎式、钢轮式和履带式，现代滑模式摊铺机一般都采用履带式行走机构，轨模式摊铺机采用钢轮式行走机构。

混凝土摊铺机的代号表示方法见表 3-4。

表 3-4　混凝土摊铺机的代号表示方法

类	组	型	代号	代号含义	主参数	
					名称	单位
混凝土机械	混凝土摊铺机 H(混) T(摊)	轨道式	HTG(轨)	轨道式轨模混凝土摊铺机	摊铺宽度	mm
			HTD(斗)	轨道式斗铺混凝土摊铺机		
			HTL(螺)	轨道式螺旋混凝土摊铺机		
			HTU(刮)	轨道式刮板混凝土摊铺机		
		滑模式	HTH(滑)	滑模式混凝土泵摊铺机		

3.4.2　滑模式混凝土摊铺机构造

(1) 总体构造

如图 3-30 所示，SF-350 型四履带滑模式摊铺机主要由动力系统、传动系统、行走及转向系统、机架、四履带支腿总成、螺旋布料器、进料控制板、振动器、捣实板、成型模板、浮动模板、侧模板、超铺控制板、自动找平和自动转向控制系统等组成。该机的摊铺工艺过程为：螺旋摊铺器布料→进料控制板→水平式振动器→振实板→成型模板→浮动抹光板→拖布。

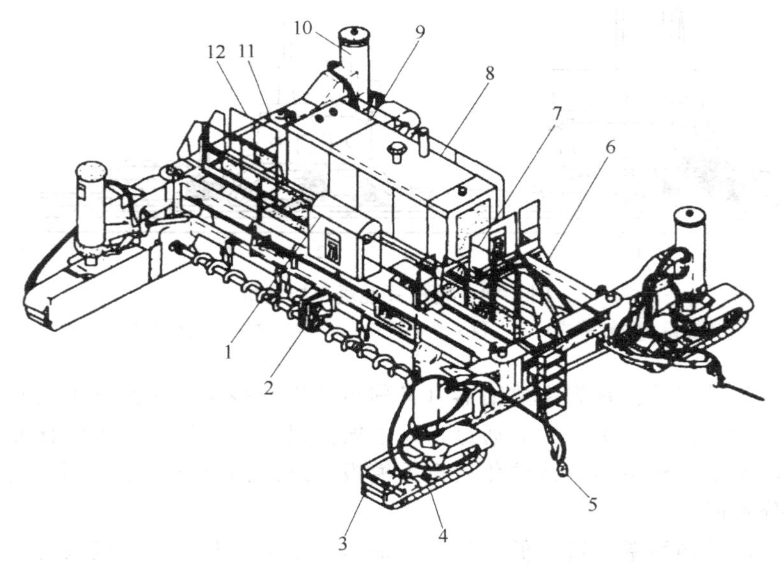

图 3-30　SF-350 型摊铺机示意图

1—控制室；2—螺旋布料器总成；3—履带总成；4—转向传感器总成；5—调平传感器总成；6—伸缩式机架；7—扶梯；8—发动机；9—油箱；10—支腿立柱；11—端梁；12—走台扶梯

SF-350型四履带滑模式混凝土摊铺机的性能特点主要有如下方面。

① 滑模式摊铺机安装在履带底盘上，行走装置在模板外侧移动，支撑侧边的滑动模板沿机器长度方向安装。机器的行进方向和路面水平标准靠固定在路面两侧桩上拉紧的基准线来控制。作业时，不需另设轨道和模板，就能按照要求使路面材料挤压成型。

② 使用灵活，工作半径小。履带行走机构采用液压无级变速，可提供圆滑的运行速度。

③ SF-350型摊铺机有四个自动找平传感器和四个转向传感器构成一个完整的控制系统。机器前后的两对履带行走机构上均安装转向臂，当机器在弯道上作业时，由于受转向臂的牵制，通过自控触杆，控制系统使转向油缸伸缩带动行走机构偏转，保证左右转向同步。

④ 振动器系统的液压振动器可变频，独立控制，深度位置可调。

⑤ 所有的电器、电液操纵系统均由控制台集中操作，便于监视和控制全部摊铺作业。

(2) 主机架构造及动力传动系统

① 主机架构造　机架是摊铺机各种作业装置以及发动机、传动系统和控制台等部件的支承体。它应具有足够的刚度和强度，同时也是满足摊铺机在宽度调整时，各构件能方便地更换和伸缩的条件。主机架是由厚钢板焊接的箱形梁通过螺栓连接或焊接而成的框架式结构。它主要由两根端梁、两根伸缩横梁、两根伸缩套、两根中心梁、两根支撑纵梁和两根托梁组成。

图3-31所示为主机架伸缩系统结构。由图可知，端梁通过螺栓与行走系统的可转向支腿相搭接，左侧端梁侧面通过螺栓与伸缩梁固结。一端装在伸缩套上的液压缸通过销轴与端梁连接。它与伸缩梁、伸缩套、端梁一起构成了摊铺机主机架伸缩系统。因此，在施工时能根据路宽要求调整摊铺机主机的宽度，保证摊铺宽度在3.65～9.75m之间。

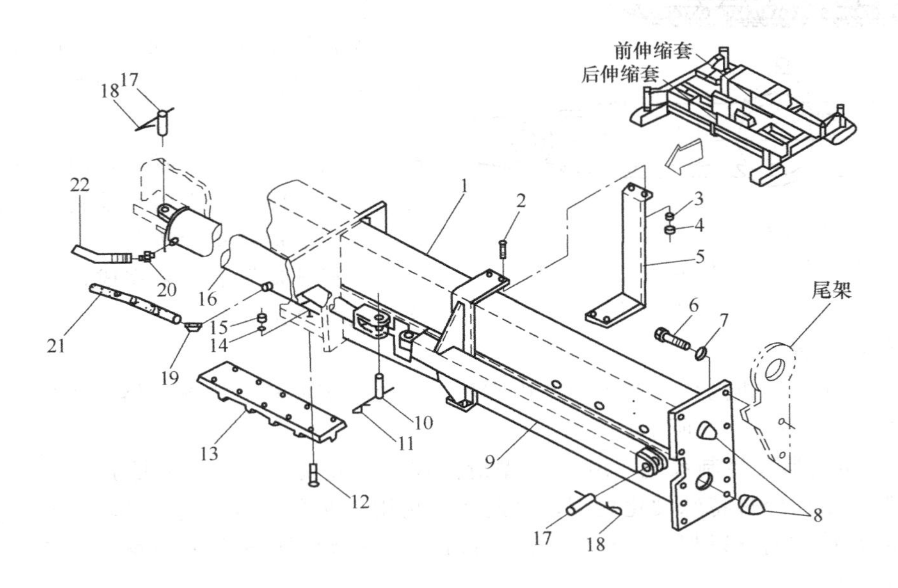

图3-31　主机架伸缩系统结构

1—伸缩梁；2,6—六角螺栓；3,14—防松垫片；4—六角螺母；5—支承架；7—防松垫圈；8—导向销；9—支持架；10,17—销；11,18—开口销；12—螺栓；13—主机架固定装置；15—螺母；16—油缸总成；19,20—油管弯接头；21,22—液压油管系统

两根托梁通过托架同伸缩梁相连。这样，提高了前后两根伸缩梁的刚度，同时通过连接件同摊铺机工作装置连接，支持摊铺机的工作装置左端。

支撑纵梁通过焊接同伸缩套相连，与中心梁、托梁共同组成工作装置的悬架系统，承受工作装置的主要重量与工作压力。螺旋布料器的驱动箱、振捣器、成型盘、抹光板等装置均通过螺栓、托架与其连接。

主机架上还安装有各种动力装置、控制系统。为操作、维护方便，其上还用花纹钢板铺有多条人行通道。

② 动力传动系统　发动机的动力经变速器传递给液压泵组，主减速器直接安装在发动机后部，它可以把发动机输出的动力传递给油泵系统。

油泵系统由振动器驱动泵、螺旋摊铺器驱动泵、履带行走装置驱动泵、振实板、振动器加速机驱动泵及辅助泵组成。这些油泵均系由内齿轮泵和特殊轴向往塞泵组合成的组合泵，分别由各自的控制系统控制。

在发动机前部装有发电机。有 12V 和 24V 两种输出，其中 24V 用于启动系统，12V 用于电-液控制系统。

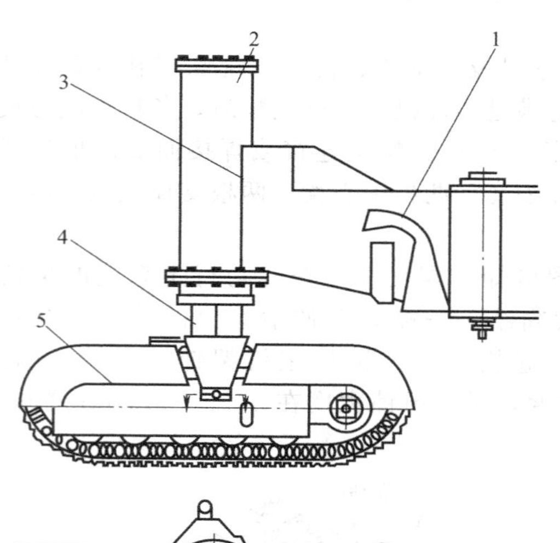

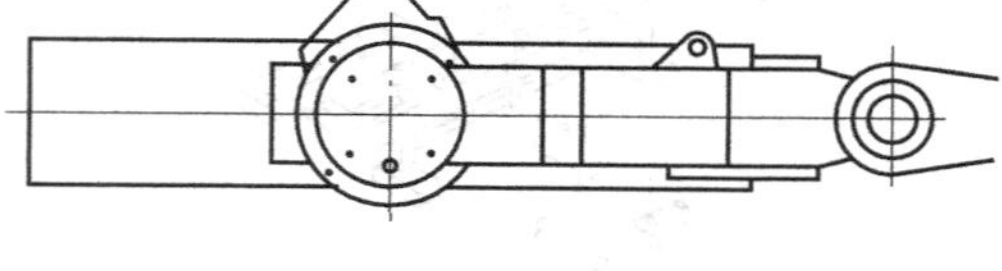

图 3-32　履带支腿总成
1—端梁；2—支腿；3—连接件；4—支腿连接装置；5—履带行走装置

(3) 行走系统

滑模式摊铺机的行走系统均采用履带式行走机构，一般采用液压传动。它是由四条履带及驱动装置组成，四条履带又通过支腿与主机架连接，履带与支腿总成见图 3-32。

履带行走装置主要由轴向柱塞变量行走马达、减速箱、驱动链轮、履带、支重轮、张紧装置及机架等组成。每条履带均由双向液压马达独立驱动，且同一侧的液压马达同步回转。

支腿用来连接主机架与履带行走装置，并可实现整机的升降、转向等。在支腿圆筒内设置了一根导向支柱，当机器达到最低位置时，支柱顶部承受载荷，使油缸活塞杆卸荷。转向时同行走机构一起转动，在转向油缸的推力下带动履带转向。

支腿升降靠油缸来完成，油缸伸缩带动支腿及整个机架的升降。

(4) 作业装置

滑模式水泥摊铺机的作业装置通常由螺旋布料器、捣实板、内振捣器、成型盘、定型盘和副机架构成，如图 3-33 所示。

① 螺旋布料器及控制系统　SF-350 型滑模式水泥混凝土摊铺机的螺旋布料器与传统的布料器相似，表面经过特殊硬化处理，因此比较耐用。两个液压马达分别驱动左、右摊铺螺旋。二者的旋转方向可以相同或相反，能无级调速。螺旋可机械加长以增加摊铺机的摊铺宽度，且拆装方便。

图 3-34 示出了一侧螺旋布料器总装图，左、右螺旋布料器对称。

定量液压马达的动力经行星变速器减速后传至链箱，链箱中大链轮与螺旋布料器输入端连接，驱动螺旋布料器旋转。通过控制台上布料器控制开关来改变其旋转方向。

螺旋布料器结构如图 3-35 所示。它主要由叶片轴、叶片轴套及支承轴套组成。叶片按螺旋线形焊接在叶片轴套上，轴套均为 180°圆柱面，然后用螺钉固定在叶片轴上。这种结构便于拆卸，给更换螺旋叶片易损件带来很大方便。

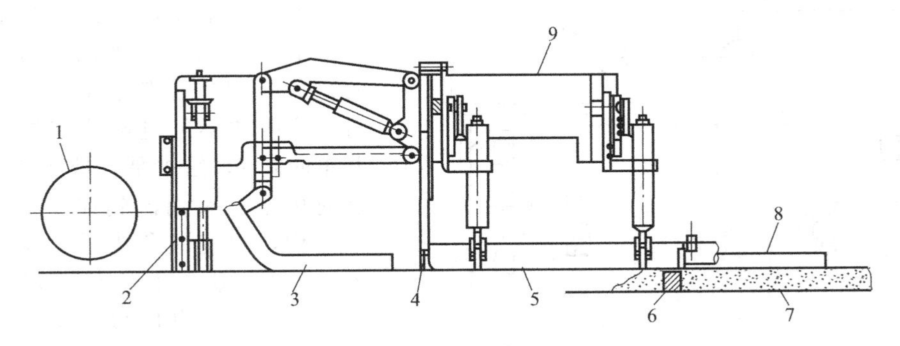

图 3-33 滑模式摊铺机的作业装置

1—螺旋布料器；2—捣实板；3—内振捣器；4—振捣梁；5—成型盘；6—挡头；7—铺层；8—浮动定型盘；9—副机架

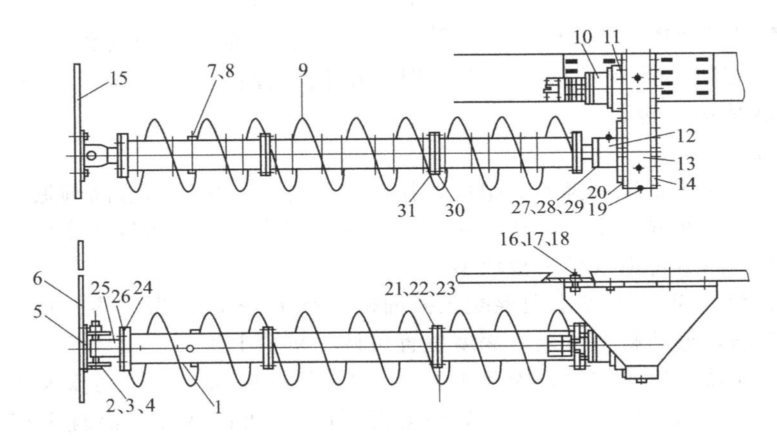

图 3-34 螺旋布料器总装图

1—叶片轴；2—螺栓 M40；3—螺母 M40；4—垫片；5—连接板；6—侧模板；7,16,31—螺栓 M20；8,18,23,28—垫片；9—叶片；10—马达；11—行星变速器；12—链箱壳体；13—轴承箱；14—传动链；15—支撑板；17—螺母 M20；19—螺塞；20—链箱盖；21—螺母 M12；22—螺栓 M12；24—端盖；25—心轴；26—螺栓 M18；27—挡圈；29—盖板；30—连接件

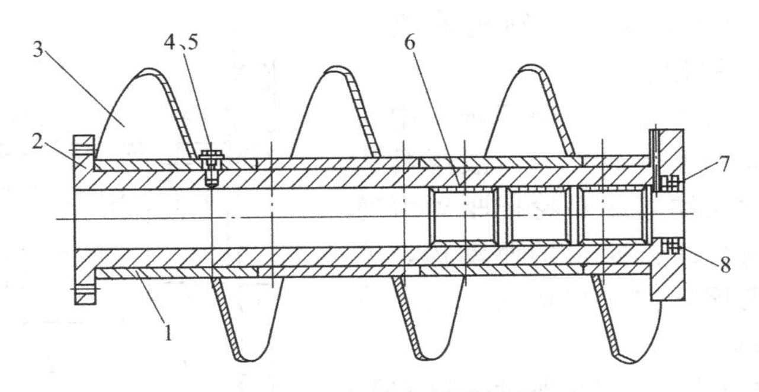

图 3-35 螺旋布料器结构

1—叶片轴套；2—叶片轴；3—叶片；4—螺栓；5—垫片；6—轴套；7—挡圈；8—密封圈

螺旋布料系统液压传动回路如图 3-36 所示，左、右布料器分别由泵 1 和泵 3 通过两套控制系统和两个马达独立驱动。两泵的回油管串联安装，分别由供给泵 6 带动。

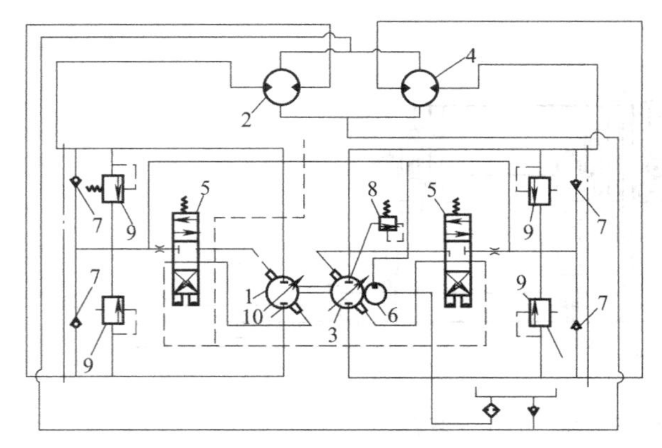

图 3-36 螺旋布料系统液压回路

1—左布料器泵；2—左布料器马达；3—右布料器泵；4—右布料器马达；5—电位移控制器；6—供给泵；7—单向阀；8—溢流阀；9—先导操作压力溢流阀；10—排出口

系统工作原理是：供给泵经真空吸滤清器从油箱中吸油，当控制板上的螺旋布料器控制手柄处于中间位置时，液压油不经过电位移控制器而顶开单向阀 7，给主泵的低压侧供油，但这时由于没有油流到控制泵斜盘的伺服机构，斜盘倾角为零，泵空转没有输出；当控制板上的布料器控制手柄打向左方时，电位移控制器一端的电磁线圈通电，电位移控制器在上位工作，液压油流到控制斜盘的伺服机构，使斜盘倾角为正，同时液压油顶开单向阀 7，给主泵的低压侧供油。主泵泵出的高压油流到布料器马达，布料器马达正转。当布料器控制手柄打向右方时，电位移控制器 5 在下位工作，主泵斜盘倾角为负，布料器马达反转。

② 振捣系统

振捣系统由振动棒系统和捣实板组成。振动棒系统的作用是通过高频振动消除混凝土内部间隙，排除空气并使混凝土流体化，保证一定的密实度。而捣实板的作用是将振动过的混凝土进行预压实，然后再由成型模板成型。

a. 振动棒系统。SF-350 型水泥混凝土摊铺机共有 18 根液压振动棒。每根振动棒都由单独的液压回路控制，振动频率可调，深度位置可调。机器上液压振动棒的液压线路多留了两条，以便临时增加振动棒的数量，因此机上共有 20 条液压油路。振动棒采用液压传动，可实现无级调频，对不同性质的混凝土（如坍落度不同），可以选择使混凝土充分液化的最佳振动频率。

振动棒悬挂在支撑横梁上，支撑横梁上下运动即可实现振动棒的垂直升降。支撑横梁的上下移动是通过液压平行连杆机构来实现。

振动棒系统液压回路由振动泵、振动增压泵、振动压力歧管、流量控制阀、液压油冷却器、回油冷却歧管、控制阀及油箱等组成，如图 3-37 所示。液压油经振动增压泵、冷却器、振动泵，经压力歧管分别送入流量控制阀驱动振动棒产生振动。

b. 振捣板系统。捣实板由三节组成，中间一节的结构见图 3-38。工作原理为：液压马达转动时，带动偏心轮运动，偏心轮把驱动力通过驱动臂的连杆机构传给捣实板的驱动棒，驱动棒带动捣实板的支撑杆做平移运动，从而使捣实板做上下和左右运动。

捣实系统液压回路如图 3-39 所示。捣实泵 1 经单向阀从液压油箱中吸油，经过泵体将油送入流量控制阀 3。当控制板上的捣实开关打在“OFF”位置时，流量控制阀 3 中的电磁线圈断电，阀内的弹簧移动阀芯，打开通往液压油箱的油道，发动机一旦运转捣实泵就开始工作，

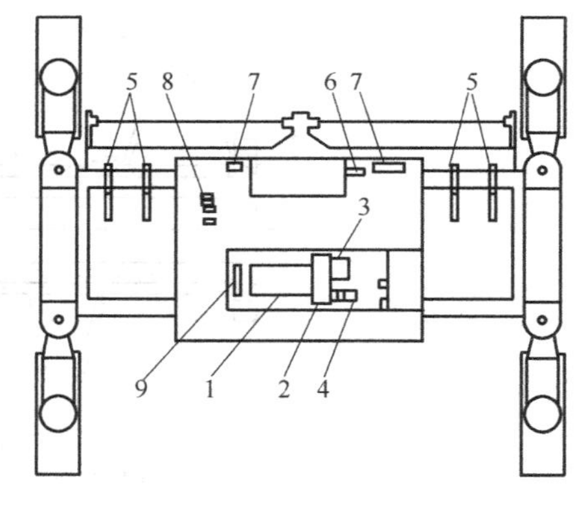

图 3-37 振动棒液压系统布置图

1—发动机；2—变速器；3—振动泵；4—振动增压泵；5—振动棒；6—压力歧管；7—流量控制阀；8—电磁阀；9—液压油冷却器

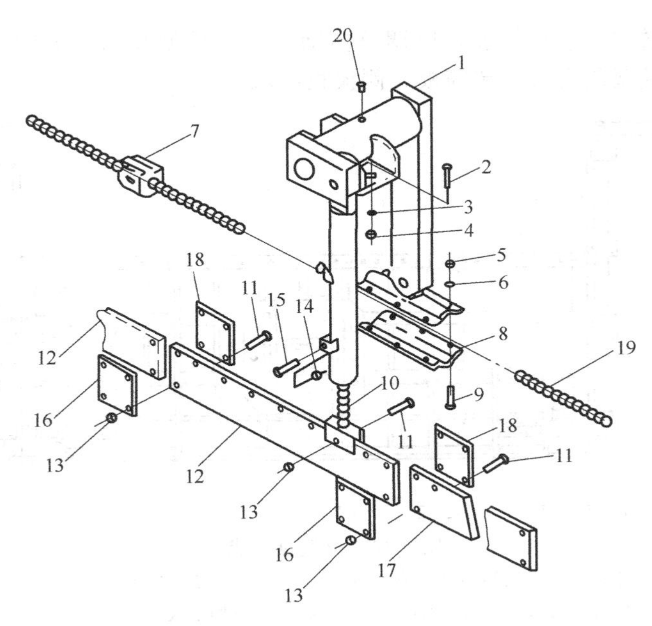

图 3-38 捣实板结构

1—支撑架；2,9,15—螺栓；3,6—锁紧垫圈；4,5,14—螺钉；7—铰链棒；8—夹板；10—调节杆；11—平头螺钉；12—中央捣实板；13—定位螺母；16—装配衬垫；17—捣实板；18—捣实板装配衬垫；19—捣实板驱动棒；20—油嘴

从泵来的液压油通过阀流动，不经捣实马达而返回液压油箱。当控制板上的捣实开关打在“ON”位置时，流量控制阀3中的电磁线圈通电，阀芯克服弹簧力移动，打开通往捣实马达的油道。

从捣实马达返回的液压油流入回流冷却歧管，再经冷却器或旁通单向阀流到回油滤清器，由此流回油箱或循环进入捣实泵。旁通单向阀控制回油歧管的油流方向，若液压油足够冷却，液压油压力高于450kPa，则旁通单向阀打开。否则，液压油在进入滤清器前必须通过回油冷却器。

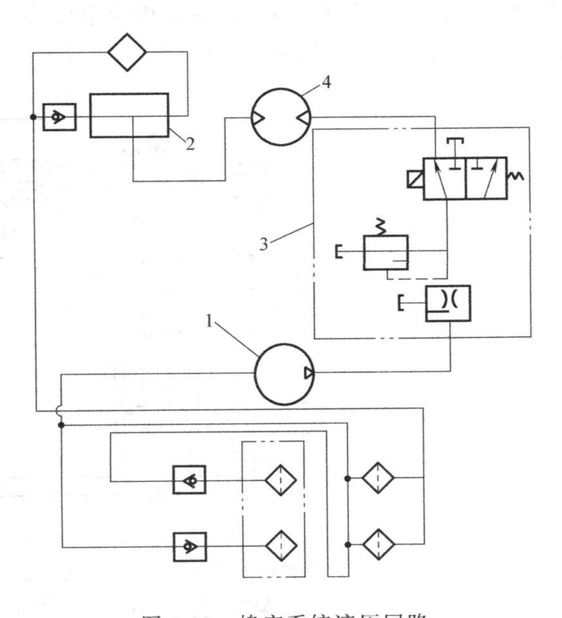

图 3-39 捣实系统液压回路

1—捣实泵；2—回油歧管；3—流量控制阀；4—捣实马达

③ 摊铺装置 摊铺装置是将经振捣后的混凝土料按施工要求铺筑成路面的装置，它由进料控制板、成型盘、超铺板和侧模板及浮动盘、抹布等组成。

a. 进料控制板 进料控制板亦称虚方控制板，主要用来控制混凝土进入成型盘的数量，进料过多或过少都会影响摊铺质量。进料控制板分别由三个油缸单独控制，可以左、右边单独升降或共同升降，通常将其调整到比成型盘的顶模板高3cm左右的位置。提升油缸的上端固定于主机架，下端与整平板相连，由中央组合阀提供压力油。

b. 成型盘。成型盘的作用是将捣实后的混凝土按路面要求进行挤压成型。成型盘通过路拱调节装置可按设计要求调整中央路拱。在弯道上作业时，也可调整单边坡。

成型盘可通过增加标准组件加长以调整摊铺宽度。成型盘结构如图 3-40 所示，它主要由路拱调节装置、成型顶模板、超铺板、侧模板组成。

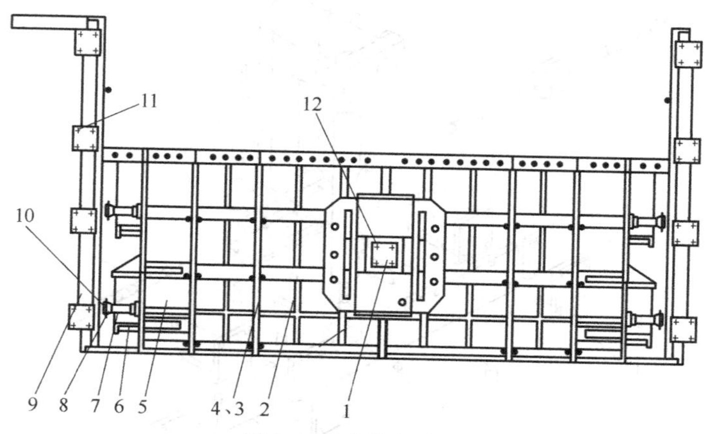

图 3-40　成型盘总成

1—路拱调节装置总成；2—成型顶模板；3,4,11,12—螺栓；5—超铺板；6—圆柱销；7—调整螺杆；8—圆锥销；9—侧模板；10—开口销

成型盘由几个相互独立的标准组件用螺栓连接而成，但与中间部分是以铰接形式连接的，以便调节路拱。

路拱调节装置由路拱上部总成和路拱下部总成组成。上部总成被安装在与主机架连接的壳套内，而下部总成用销与成型顶模板的中央部分相连。上部总成由路拱马达、链条减速机构、螺旋轴组成。下部总成由梯形螺旋螺母、成型顶模板悬挂装置等组成。其结构如图 3-41 所示。

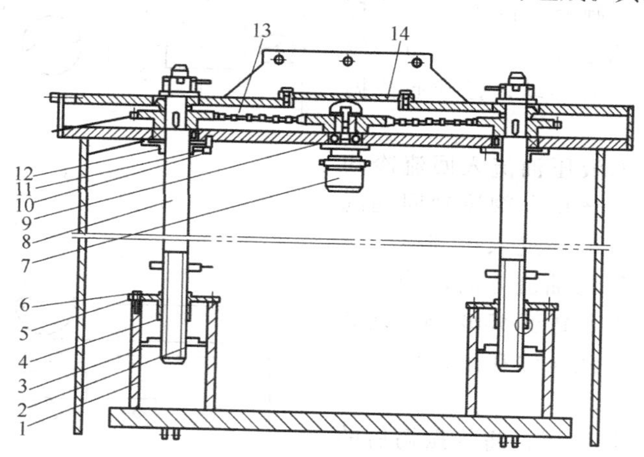

图 3-41　路拱调节装置总成

1—路拱下端总成；2—开口销；3—限位销；4—梯形螺母；5,11—弹性垫圈；6,10—螺栓；7—液压马达；8—螺旋轴；9—单列向心球轴承；12—轴承盖；13—链轮；14—链箱盖

路拱调节马达输出的动力经链传动减速后，驱动梯形螺旋轴旋转。由于螺旋轴固定在主机架上，不能轴向移动，因而螺母将上下移动，带动路拱下部总成上、下移动，提升或降低成型顶模板，由于成型顶模板中央部分与相邻标准模板铰接，从而就形成了路拱。由于左、右螺旋轴的运动可单独控制，因而还可调成单边坡。但一旦路拱装置调整好，感受路基变化是由自动找平控制系统来实现，而不用经常调节路拱装置。

c. 浮动盘。在成型盘的后端有一块刚性结构的弹性悬挂浮动盘，它以较小的变形在混凝土表面进行第二次平整。浮动盘的伸长与缩短是通过液压油缸实现的。

④ 调平系统 自动调平就是保持摊铺机的各种作业装置，都始终能保持在同一预定的水平高度上，从而保证铺路质量。调平原理是在四个行走机构的支腿上分别安装有调平传感器（液压随动器），其上铰接有触杆，触杆的一端靠其自重始终压在尼龙绳上，其压力可通过调整触杆上的平衡配重加以改变，当摊铺机施工作业时，如果路基低了，机器的行走机构将下降，此时压紧在尼龙绳上的触杆就相应地升高，触杆的偏转使液压随动器动作，从油泵出来的高压油通过随动器进入支腿升降油缸的上腔，使机架上升，直到机器达到基准的水平位置为止；反之，如果路基高了，机架会相应地下降。

调平传感器由壳体 1、偏心轴 2、偏心轴承 3 和伺服阀 4 等组成，见图 3-42。偏心轴 2 在安装于壳体 1 内的轴承 5 内旋转，并且一端伸出了壳体；伺服阀 4 安装在壳体 1 的上部，滑阀从伺服阀中伸出，在弹簧的作用下与偏心轴承 3 保持接触。当偏心轴与偏心轴承从零位开始旋转时，滑阀则上下移动，从而打开或关闭升降回路的出油口。

(5) 转向系统

转向液压回路由辅助泵 1、压力歧管 2、端架歧管 3、电磁组合阀 4、转向油缸 5 组成，其系统布置如图 3-43 所示。液压油从辅助泵流经压力歧管后进入端架歧管，再流入每个支腿的电磁组合阀。电磁组合阀中有两个电磁阀与垂直于支腿安装的转向油缸相连，从而控制摊铺机的转向。电磁阀由控制台上的转向开关控制，可手动或自动转向。

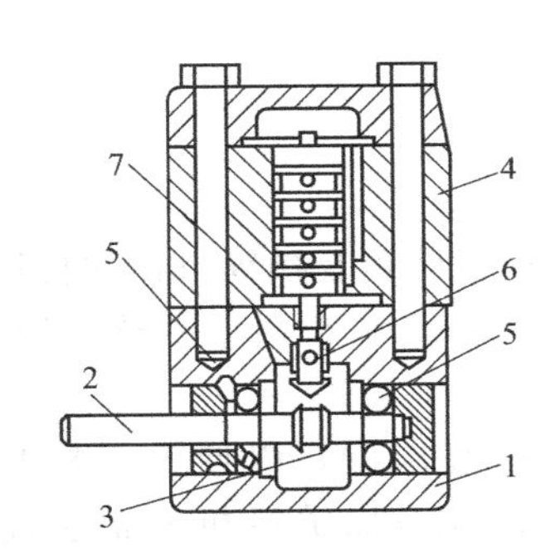

图 3-42 调平传感器

1—壳体；2—偏心轴；3—偏心轴承；4—伺服阀；5—轴承；6—滑阀；7—弹簧

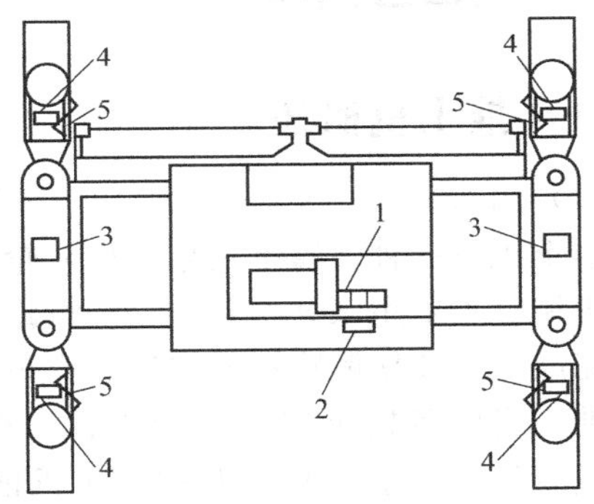

图 3-43 转向系统布置图

1—辅助泵；2—压力歧管；3—端架歧管；4—电磁组合阀；5—转向油缸

手动转向时，只需将手动转向开关移到“RIGHT”或“LEFT”位置，通过电磁阀控制转向油缸油液的流动方向实现转向。

自动转向时，系统通过转向传感器、转向反馈缆绳装置、反馈阀来控制电磁阀的油液流向。

① 转向传感器 转向传感器结构与调平传感器相同。两个转向传感器安装在有放样线的一侧，通过快速分离盘与各自支腿的转向油缸连接，它控制着转向油缸的伸缩。

在摊铺机的另一侧，即没有放样线的那一侧，有两个反馈阀和各自支腿的转向油缸连接，反馈阀和转向传感器之间又由转向反馈缆绳装置连接，转向传感器得到的信号经转向反馈缆绳装置传给反馈阀。反馈阀则根据输入的信号控制这一侧的转向油缸，使摊铺机的四条履带同步转向。

② 转向反馈缆绳装置 转向反馈缆绳的一端与绞车相连。绞车安装在机器放样线侧支腿转向传感器的转向臂上，缆绳通过一系列滑轮和缆绳支架绕过机器的前部，与机器相对一侧的支腿上的反馈阀轴连接，并用弹簧张紧。反馈阀结构与转向传感器完全相同。当机器放样线一侧的履带转向时，反馈缆绳使反馈阀轴转动，液压油进入转向油缸的大腔或小腔，带动履带转向。履带的转向臂随着履带转向而转动，带动反馈连杆动作，使反馈阀轴转到零位，转向油缸保持在转到的位置。

第4章 土方工程机械

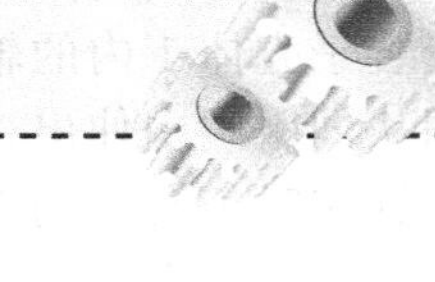

4.1 推土机

4.1.1 推土机概述

（1）用途

推土机是一种在履带式拖拉机或轮胎式牵引车的前面安装推土装置及操纵机构的自行式施工机械，主要用来开挖路堑、构筑路堤、回填基坑、铲除障碍、清除积雪、平整场地等，也可完成短距离松散物料的铲运和堆积作业。

推土机配备松土器，可翻松Ⅲ、Ⅳ级以上硬土、软石或凿裂层岩，以便铲运机和推土机进行铲掘作业，也可利用推土机的铲刀直接顶推铲运机，以增加铲运机的铲土能力（即所谓推土机助铲），还可协助平地机或铲运机完成施工作业，以提高这些机械的作业效率。

推土机用途十分广泛，是铲土运输机械中最常用的作业机械之一，在土方施工中占有重要地位。但由于铲刀没有翼板，容量有限，在运土过程中会造成两侧的泄漏，故运距不宜太长，否则会降低生产效率。通常中小型推土机的运距为30～100m，大型推土机的运距一般不应超过150m，推土机的经济运距为50～80m。

（2）分类和表示方法

推土机可以按以下几个方面进行分类。

① 按发动机功率大小推土机可分为以下三种。

a. 小型推土机，功率在37kW以下；

b. 中型推土机，功率在37～250kW；

c. 大型推土机，功率在250kW以上。

② 按行走方式推土机可分为以下两种（图4-1）。

a. 履带式推土机：附着性能好，牵引力大，接地比压小，爬坡能力强，能适应恶劣的工作环境，作业性能优越，是多用的机种。

b. 轮胎式推土机：行驶速度快，机动性好，作业循环时间短，转移方便迅速，不损坏路面，特别适合城市建设和道路维修工程中使用；因其制造成本较低，维修方便，近年来有

(a) 履带式推土机

(b) 轮胎式推土机

图 4-1 推土机

较大的发展；但附着性能远不如履带式推土机，在松软潮湿的场地施工时容易引起驱动轮滑转，降低生产效率，严重时还可能造成车辆沉陷；在开采矿山时，因岩石坚硬锐利，容易引起轮胎急剧磨损，因此，轮胎式推土机的使用范围受到一定的限制。

③ 按推土板安装形式推土机可分为以下两种。

a. 固定式铲刀推土机：推土机的推土铲刀与主机纵向轴线固定为直角，也称直铲式推土机。它结构简单，但只能正对前进方向推土，作业灵活性差，仅用于中小型推土机。

b. 回转式铲刀推土机：推土机的推土铲刀在水平面内能回转一定角度，与主机纵向轴线可以安装成固定直角或非直角，也称为角铲式推土机。这种推土机作业范围较广，便于向一侧移土和开挖边沟。

④ 按传动方式推土机可分为以下几种。

a. 机械式传动推土机：采用机械式传动的推土机工作可靠，制造简单，传动效率高、维修方便；但操作费力，传动装置对负荷的自适应性差，容易引起发动机熄火，降低作业效率，大中型推土机已较少采用。

b. 液力机械传动式推土机：采用液力变矩器与动力换挡变速器组合传动装置，具有自动无级变速变扭、自动适应外负荷变化的能力，发动机不易熄火，可负载换挡，换挡次数少，操纵轻便，作业效率高，是现代大中型推土机多采用的传动形式；缺点是采用了液力变矩器，传动效率较低，传动装置结构复杂，制造和维修成本较高。

c. 全液压传动式推土机：由液压马达驱动，驱动力直接传递到行走机构；因为没有主离合器、变速器、驱动桥等传动部件，结构紧凑，总体布置方便，整机重量轻，操纵简单，可实现原地转向；但全液压推土机制造成本较高，耐用度和可靠性较差，目前只用在中等功率的推土机上。

d. 电传动式推土机：将柴油机输出的机械能先转化成电能，通过电缆驱动电动机，进而驱动行走装置和工作装置；它结构紧凑，总体布置方便，操纵灵活，可实现无级变速和整机原地转向；但整机质量大，制造成本高，目前只在少数大功率轮式推土机上应用；另一种电传动式推土机采用动力电网的电力，称为电气传动，主要用于露天矿开采和井下作业，没有废气污染，但受电力和电缆的限制，使用范围较窄。

⑤ 按铲刀操纵方式推土机可分为以下两种。

a. 钢索式推土机：铲刀升降由钢索操纵，铲刀入土靠自重，不能进行强制切土，且机构的摩擦件较多（如滑轮、动力铰盘），易磨损，操纵机构需经常人工调整，现已很少采用。

b. 液压式推土机：铲刀在液压缸作用下动作，既可在液压缸作用下强制入土，也可靠铲刀自重入土，能铲推较硬的土，作业性能优良，平整质量好；另外，铲刀结构轻巧，操纵轻便，操纵机构不用人工调整，液压式铲刀升降速度平稳，在冬季更为显著。

⑥ 按推土机用途可分为以下两种。

a. 普通型推土机：通用性好，广泛用于各类土石方工程施工作业。

b. 专用型推土机：专用性强，只适用于特殊环境下的施工作业，有浮体推土机、水陆两用推土机、深水推土机、湿地推土机、爆破推土机、低噪声推土机、军用高速推土机等；浮体推土机和水陆两用推土机属浅水型推土施工作业机械，浮体推土机的机体为船形浮体，发动机的进、排气管装有导气管通往水面，驾驶室安装在浮体平台上，用于海滨浴场、海底平整等施工作业；水陆两用推土机主要用于浅水区和沼泽地带作业，也可在陆地上使用；湿地推土机为低比压履带式推土机，可适应沼泽地的施工作业；军用高速推土机主要用于国防建设，平时用于战备施工，战时可快速除障，挖山开路。

我国定型生产的推土机型号表示方法见表4-1。产品型号按类、组、型分类原则编制，一般由类、组、型代号和主参数代号组成。近年来，我国引进了多种新机型，有些生产厂家按引进机型编号。

表4-1 推土机型号表示方法

类	组	型	特性	代号	代号含义	主参数(单位)
铲土运输机械	推土机T(推)	履带式		T	履带机械操纵式推土机	功率[kW(马力)]
			Y(液)	TY	履带液压操纵式推土机	
			S(湿)	TSY	履带湿地液压操纵式推土机	
			M(沙漠)	TMY	履带沙漠液压操纵式推土机	
		轮胎式L(轮)		TL	轮胎液压推土机	

(3) 推土机作业过程

推土机的基本作业过程如图4-2所示。将铲刀下降至地面一定深度，机械向前行驶，此过程为铲土作业[图4-2(a)]。铲土深度可通过调整铲刀的升降量来调整。铲土作业完成后，铲刀略升，使其贴近地面，机械继续向前行驶，此过程为运土作业[图4-2(b)]。当运土至卸土地点时，提升铲刀，机械慢速前行，此过程为卸土作业[图4-2(c)]。卸土作业完成后，机械倒退或掉头快速行驶至铲土地点重新开始铲土作业。推土机经过铲土、运土和卸土作业及空驶回程4个过程完成一个工作循环，故推土机属于循环作业式的土方工程机械。

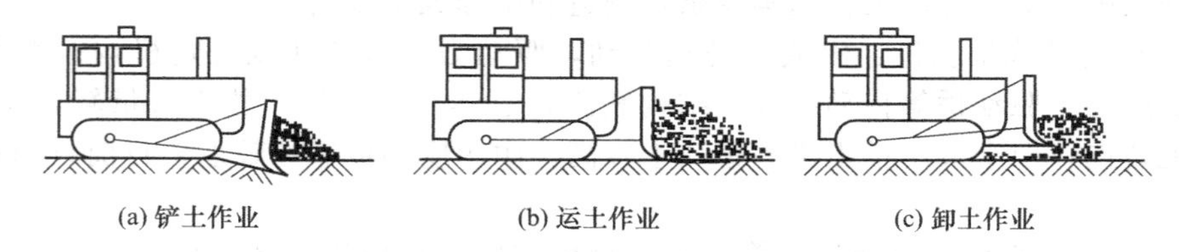

(a) 铲土作业　(b) 运土作业　(c) 卸土作业

图4-2 直铲式推土机的作业过程

(4) 主要技术参数

推土机的主要技术参数有发动机额定功率、机重、最大牵引力和铲刀的宽度及高度等。其中功率是其最主要的参数。

4.1.2 推土机构造

不论是履带式推土机还是轮胎式推土机，都由发动机、传动系统、行走装置、工作装置和操纵控制系统等几部分组成。

(1) 传动系统和行走装置

① 传动系统的作用是将发动机的动力减速增扭后传给行走装置，使推土机具有足够的

牵引力和合适的工作速度。履带式推土机的传动系统多采用机械传动或液力机械传动；轮胎式推土机多为液力机械传动。

a. 履带式推土机的机械式传动系统。图 4-3 所示为机械式传动系统布置简图，铲刀操纵方式为液压式。

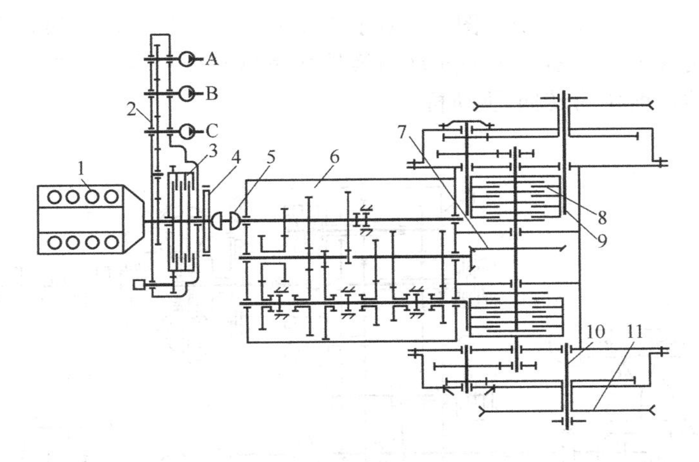

图 4-3　推土机的机械式传动布置简图

1—柴油发动机；2—动力输出箱；3—主离合器；4—小制动器；5—联轴器；6—变速器；7—中央传动装置；8—左、右转向离合器；9—转向制动器；10—最终传动机构；11—驱动轮；A—工作装置油泵；B—主离合器油泵；C—转向油泵

动力经主离合器 3、联轴器 5 和变速器 6 进入后桥，再经中央传动装置 7，左、右转向离合器 8、最终传动机构 10，最后传给驱动轮 11，进而驱动履带使推土机行驶。

动力输出箱 2 装在主离合器壳体上，由飞轮上的齿轮驱动，用来带动三个齿轮油泵。这三个齿轮油泵分别向工作装置、主离合器和转向离合器的液压操纵机构提供压力油。

b. 履带式推土机的液力机械式传动系统。图 4-4 为液力机械式传动系统布置简图。

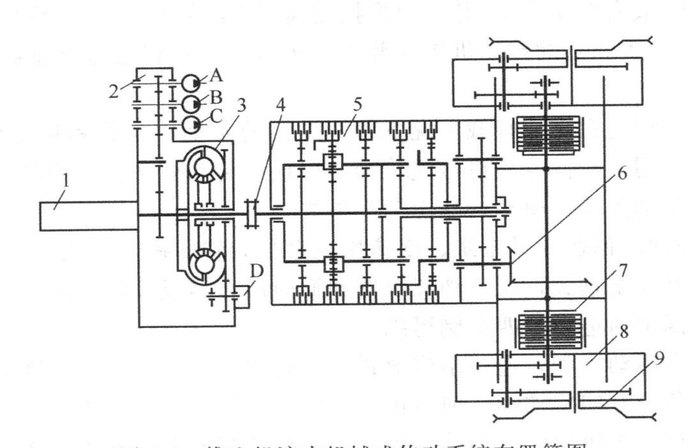

图 4-4　推土机液力机械式传动系统布置简图

1—发动机；2—动力输出箱；3—液力变矩器；4—联轴器；5—动力换挡变速器；6—中央传动装置；7—转向离合器与制动器；8—最终传动装置；9—驱动轮；A—工作装置油泵；B—变矩器与动力换挡变速器油泵；C—转向离合器油泵；D—排油油泵

液力机械式传动系统用液力变矩器和行星齿轮动力换挡变速器取代了主离合器和机械式换挡变速器，可不停机换挡。液力变矩器的从动部分（涡轮及其输出轴）能够根据

推土机负荷的变化，在较大范围内自动改变其输出转速和转矩，从而使推土机在较宽的范围内自动调节工作速度和牵引力，因此变速器的挡位数少，减少了传动系统的冲击负荷。

该推土机的两个转向离合器是直接液压式，离合器的分离和接合都靠油压作用。

c. 轮胎式推土机的传动系统。图 4-5 所示为轮胎式推土机的液力机械式传动系统布置简图。传动系统采用液力变矩器、定轴式动力换挡变速器和行星齿轮式轮边减速装置；驱动方式为前后双轴驱动，前桥为转向-驱动桥。

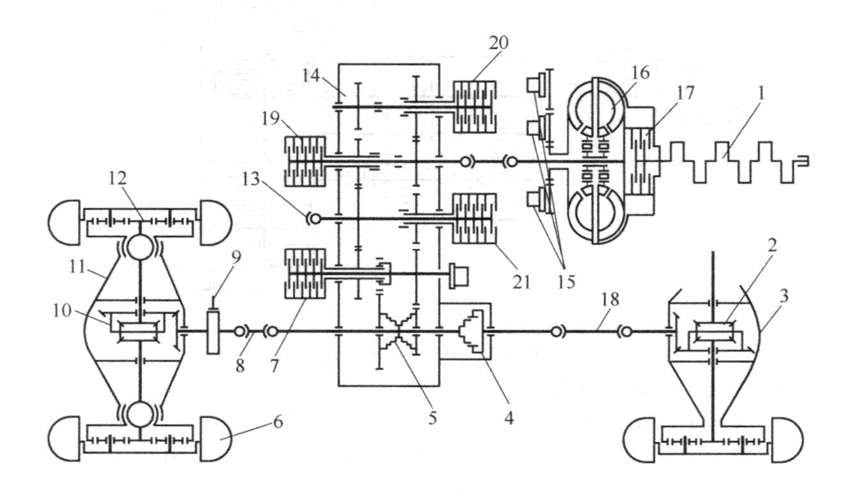

图 4-5 轮胎式推土机的传动系统布置简图

1—发动机；2,10—普通差速器；3—后驱动桥；4—后桥脱开机构；5—高、低挡变换器（滑动齿套）；6—车轮；7,21—变速离合器；8,18—前、后传动轴；9—手制动器；11—前驱动桥；12—轮边减速器；13—绞盘传动轴；14—动力换挡变速器，15—油泵；16—液力变矩器；17—锁紧离合器；19,20—换向离合器

发动机的动力经液力变矩器 16 和动力换挡变速器 14 传到前、后传动轴 8、18，然后分别再由前、后驱动桥 11 和 3 的传动机构（普通差速器 2、10 和轮边减速器 12）驱动前、后轮转动。

锁紧离合器的作用是在高速轻载工况下将变矩器的主动件泵轮和从动件涡轮锁为一体，使变矩器失去变扭作用，从而变成机械式传动，以提高传动效率。后桥脱开机构 4 用于高速运输工况下变双桥驱动为单桥驱动，减少功率损失。

三个油泵 15 分别向作业操纵系统、变速操纵系统和转向操纵系统提供压力油。

动力换挡变速器为定轴式，用换挡离合器和换向离合器以及滑动齿套式的高低挡变换器的操纵控制可实现四个前进挡和四个倒退挡。

前后驱动桥的主传动器和差速器结构形式与普通轮式车辆相同。前桥是转向驱动桥，所以两个半轴采用等角速万向传动轴。前后桥采用简单行星排机构轮边减速器，每个半袖外端的小齿轮直接驱动行星排机构的太阳轮，齿圈与桥壳固定连接，由行星轮架带动车轮轮毂。这种轮边减速器的结构紧凑，传动比较大，传矩能力也较大。

② 行走系统　行走系统是直接实现机械行驶和将发动机动力转化成机械牵引力的系统，包括机架、悬挂装置和行走装置三部分。机架是全机的骨架，用来安装所有总成和部件。行走装置用来支承机体，并将发动机传递给驱动轮的转矩转变成推土机所需的驱动力。机架与行走装置通过悬挂装置连接起来。

履带式推土机行走装置由驱动轮、支重轮、托轮、引导轮、履带（统称为“四轮一带”)、张紧装置等组成。履带围绕驱动轮、托轮、引导轮、支重轮呈环状安装，驱动轮转动时通过轮齿驱动履带使之运动，推土机就能行驶。支重轮用于支承整机，将整机的荷载传给履带。支重轮在履带上滚动，同时夹持履带防止其横向滑出；转向时，可迫使履带在地面上横向滑移。托轮用来承托履带，防止履带过度下垂，以减小履带运动中的上下跳振，并防止履带横向脱落。引导轮是引导履带卷绕的，使履带铺设在支重轮的前方。张紧装置可使履带保持一定的张紧度，以防跳振和滑落，还可缓和履带对台车架的冲击。

轮式推土机的行走系统包括前桥和后桥。推土机的行驶速度低，车桥与机架一般采用刚性连接（即刚性悬架）。为保证在地面不平时四个车轮都能与地面接触，将一个驱动桥与机架采用铰连接，以使车桥左右两端能随地面不平而上下摆动。

（2）推土机工作装置

① 推土装置 推土机的推土装置简称铲刀，是推土机的主要工作装置，安装在推土机的前端，安装形式有固定式和回转式两种。

采用固定式铲刀的推土机，其铲刀正对前进方向安装，称为直铲或正铲，多用于中、小型推土机。回转式铲刀可在水平面内回转一定的角度安装，以实现斜铲作业，一般最大回转角为25°；还可使铲刀在垂直平面内倾斜一个角度以实现侧铲作业，侧倾角一般为0°～9°，如图4-6所示。回转式铲刀以0°回转角安装时，同样可实现直铲作业。因此，回转铲刀的作业适应范围更广，大、中型推土机多安装回转式铲刀。

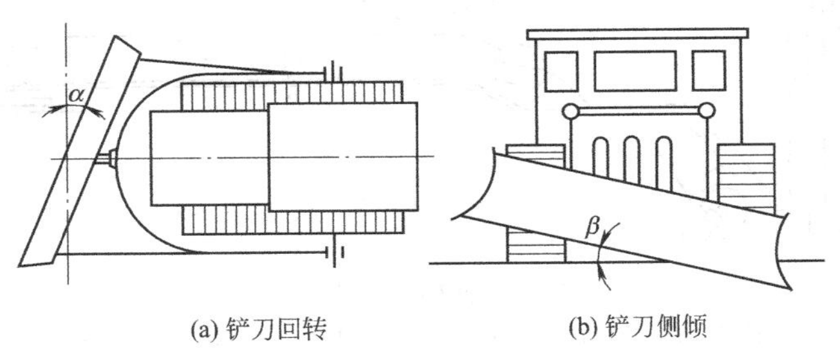

(a) 铲刀回转　　(b) 铲刀侧倾

图4-6 回转式铲刀安装示意图

在运输工况时，推土装置被提升油缸提起，悬挂在推土机前方；推土机进入作业工况时，则降下推土装置，将铲刀置于地面，向前可以推土，后退可以平地。当推土机作牵引车作业时，可将推土装置拆除。

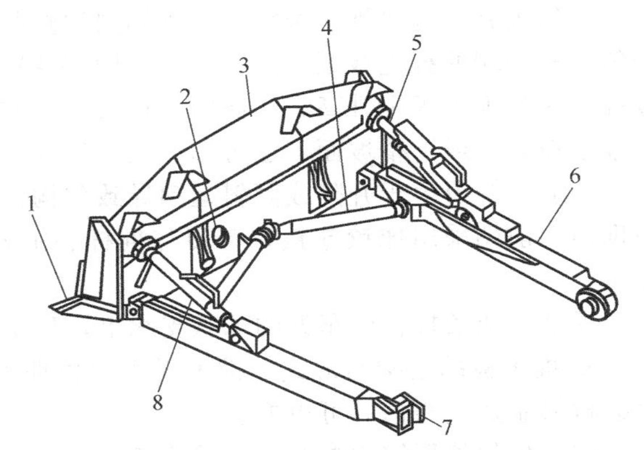

图4-7 固定式推土装置

1—端刃；2—切削刃；3—推土板；4—横拉杆；5—倾斜油缸；6—顶推梁；7—铰座；8—斜撑杆

通常，向前推挖土石方、平整场地或堆积松散物料时，广泛采用直铲作业；傍山铲土或单侧弃土，常采用斜铲作业；在斜坡上铲削硬土或挖边沟，采用侧铲作业。

a. 固定式推土装置。固定式推土装置如图4-7所示，由推土板、顶推梁、斜撑杆、拉杆和倾斜油缸等组成。

顶推梁6铰接在履带式底盘的台车架上，推土板3可绕其铰接支承摆动，以实现铲刀的提升或下降。推土板3、顶推梁6、斜撑杆8、倾斜油缸5和横拉杆4等组成一个刚性构架，整体刚度大，可承受重载作业负荷。在推土板的背面有两个铰座，用于安装铲刀升降油缸。升降油缸铰接于机架的前上方。

通过等量伸长或等量缩短斜撑杆 8 和倾斜油缸 5 的长度，可以调整推土板的切削角（即改变刀片与地面的夹角），以适应不同土质的作业要求。

b. 回转式推土装置　回转式推土装置构造如图 4-8 所示，由推土板 1、顶推门架 6、推土板推杆 5 和斜撑杆 2 等组成，可根据施工作业需要调整铲刀在水平和垂直平面内的倾斜角度。当两侧的螺旋推杆分别铰装在顶推门架的中间耳座上时，铲刀呈直铲状态；当一侧推杆铰装在顶推门架的后耳座上，而另一侧推杆铰装在顶推门架的前耳座上时，呈斜铲状态；铲刀水平斜置后，可在直线行驶状态实现单侧排土，回填沟渠，提高作业效率。

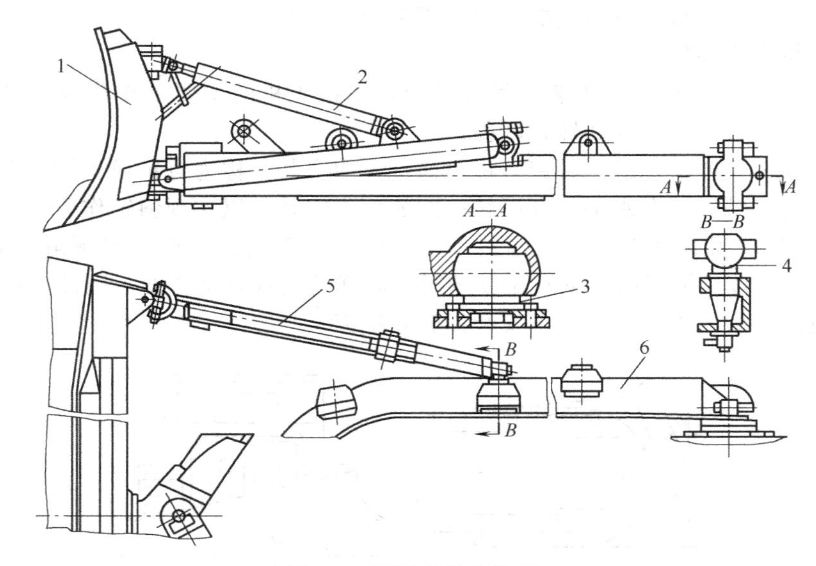

图 4-8　回转式推土装置

1—推土板；2—斜撑杆；3—顶推门架支承；4—推杆球状铰销；5—推土板推杆；6—顶推门架

为扩大作业范围，提高工作效率，现代推土机多采用侧铲可调式结构，即反向调节倾斜油缸和斜撑杆的长度，可在一定范围内改变铲刀的侧倾角，实现侧铲作业。铲刀侧倾调整时，先用提升油缸将推土板提起。当倾斜油缸收缩时，安装倾斜油缸一侧的推土板升高，伸长斜撑杆一端的推土板则下降；反之，倾斜油缸伸长，倾斜油缸一侧的推土板下降，收缩斜撑杆一端的推土板则升高，从而实现铲刀左、右侧倾。铲刀处于侧倾状态下，可在横坡上进行推土作业，或平整坡面，也可用铲尖开挖浅沟。

为避免铲刀由于升降或倾斜运动导致各构件之间发生运动干涉，引起附加应力，铲刀与顶推门架前端采用球铰连接，铲刀与推杆、铲刀与斜撑杆之间，也采用球铰或万向联轴器连接。

顶推门架铰接在台车架的球状支承上，整个推土装置可绕其铰接支承摆动升降。

c. 推土板的结构与形式。推土板主要由曲面板和可卸式切削刃组成。切削刃用高强度耐磨材料制造，磨损后可更换。

推土板的外形结构参数主要有宽度、高度和积土面（正面）曲率半径。为减少积土阻力，利于物料滚动前翻，防止物料在铲刀前散状堆积，或越过铲刀向后溢漏，推土板的积土面形状常采用抛物线或渐开线曲面。此类积土表面物料贯入性好，可提高物料的积聚能力和铲刀的容量，降低能量的损耗。因抛物线曲面与圆弧曲面的形状及其积土特性十分相近，且圆弧曲面的制造工艺性好，易加工，故现代推土板多采用圆弧曲面。推土板的外形结构常用的有直线形和U形两种。

直线形推土板属窄型推土板，宽高比较小，比切力大（即切削刃单位宽度上的顶推力大），但铲刀前的积土容易从两侧流失，切土和推运距离过长会降低推土机的生产率。

U形推土板两侧略前伸呈U字形，在运土过程中，U形铲刀中部的土壤上升卷起前翻，两侧的土壤则在翻的同时向铲刀内侧翻滚，提高了铲刀的充盈程度，有效地减少了土粒或物料的侧漏，因而运距稍长的推土作业宜采用U形推土板。

推土板断面结构有开式、半开式、闭式三种形式（见图4-9）。开式结构简单，但刚性差，承载能力低，只在小型推土机上采用；半开式推土板背面焊接了加强结构，刚度得到增强；功率较大的推土机常采用封闭式箱形结构的推土板，其背面和端面均用钢板焊接而成，用于加强推土板的刚度。

d. 气流润滑式铲刀推土装置 气流润滑式推土装置（图4-10）用螺栓固定在轮式底盘的前车架上，由铲刀拉杆、横梁、铲刀升降油缸、铲刀垂直倾斜油缸等组成。

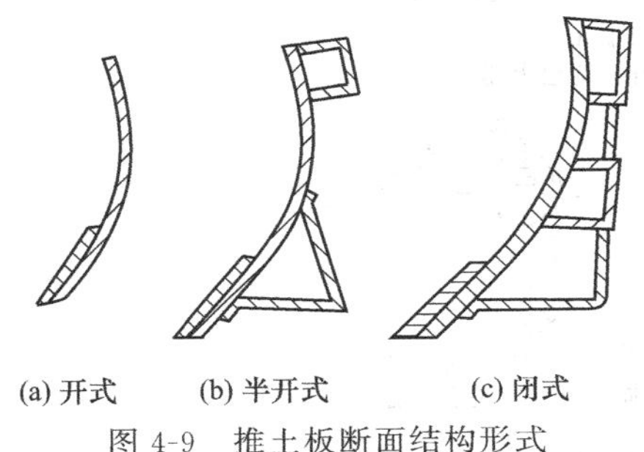

图4-9 推土板断面结构形式

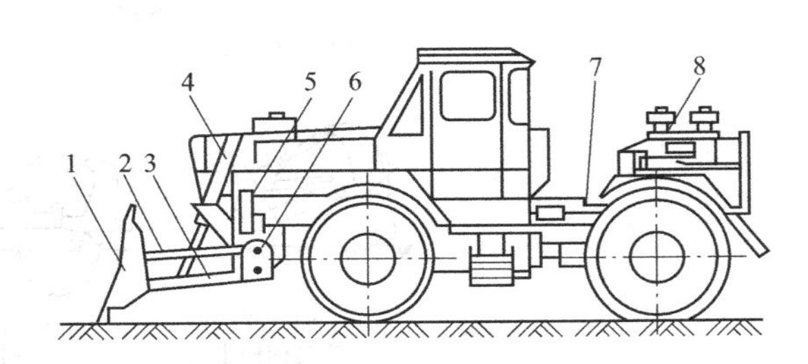

图4-10 气流润滑式推土装置
1—铲刀；2—上拉杆；3—推架；4—铲刀升降油缸；5—铲刀垂直倾斜油缸；6—横梁；7—空气压缩机传动轴；8—空气压缩机

在轮式底盘的后部安装大容量的空气压缩机，从两侧的输入钢管向推土板下部提供高压气流，在铲刀表面与土壤之间从下向上形成“气垫”。这层“气垫”在铲刀和土壤之间起隔离和润滑作用，降低推土板的切削阻力，提高了推土机的生产率和经济性能。

推土板、推架、上拉杆和横梁组成一个平行四连杆机构，具有平行运动的特点，因此，推土板升降时始终保持垂直平稳运动，不会随铲刀浮动而改变预先确定的切削角，使铲刀始终在最小阻力工况下稳定作业。同时，铲刀垂直升降还有利于减小铲刀在土壤中的升降阻力。铲刀垂直倾斜油缸可改变铲刀的入土切削角，即将垂直状态的铲刀向前或向后倾斜一定的角度（倾斜幅度为±8°），以适应不同土质的作业要求。

② 松土装置 松土装置简称松土器或裂土器，悬挂在推土机基础车的尾部，是推土机的一种主要附属工作装置，广泛用于硬土、黏土、页岩、粘接砾石的预松作业，也可替代传统的爆破施工方法，用于凿裂层理发达的岩石，开挖露天矿山，提高施工的安全性，降低生产成本。

松土器结构分为铰链式、平行四边形式、可调式平行四边形式和径向可调式四种基本形式。现代松土器多采用后三种形式，其典型结构见图4-11。

按松土齿的数量可分为单齿式和多齿式松土器。多齿松土器通常安装3～5个松土齿，用于预松硬土和冻土层，配合推土机和铲运机作业。单齿松土器比切削力大，用于松裂岩石作业。

图4-12所示为三齿松土器，松土器主要由安装架1、上拉杆（倾斜油缸）2、松土器臂

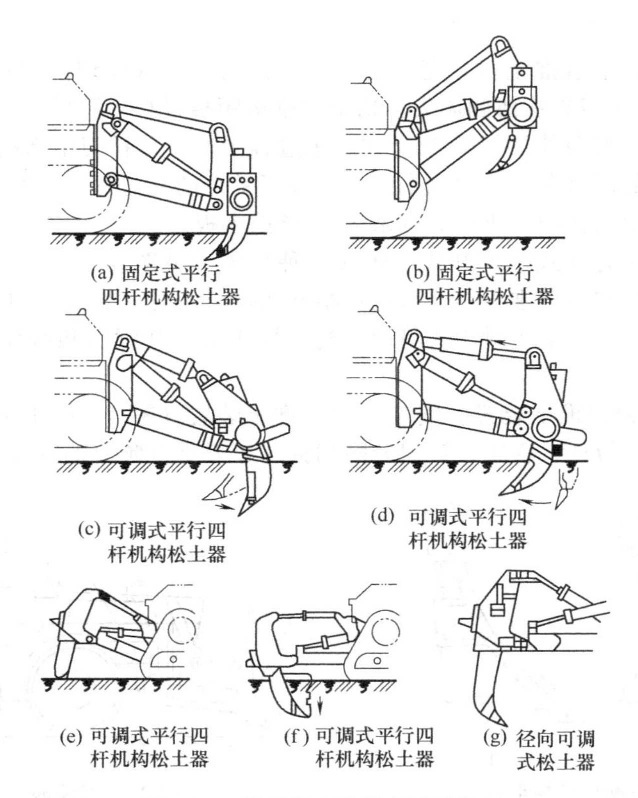

图 4-11 现代松土器的典型结构

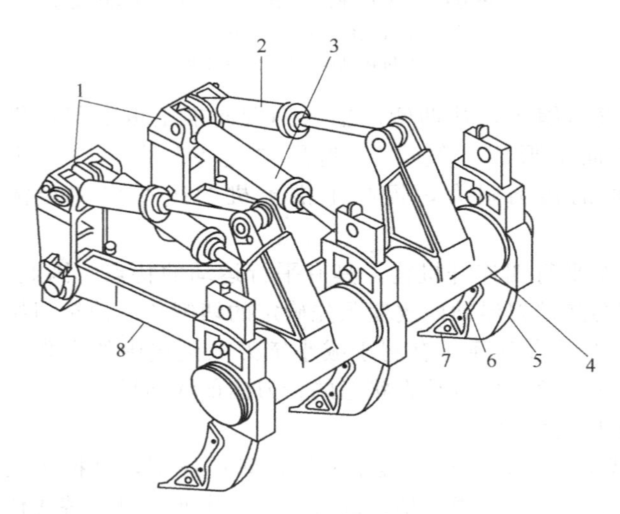

图 4-12 三齿松土器

1—安装架；2—倾斜油缸；3—提升油缸；4—横梁；5—齿杆；6—护套板；7—齿尖；8—松土器臂

8、横梁 4、提升油缸 3 及松土齿等组成，整个松土装置悬挂在推土机后桥箱体的安装架上。松土齿用销轴固定在横梁松土齿架的啮合套内，松土齿杆上设有多个销孔，改变齿杆的销孔固定位置，即可改变松土齿杆的工作长度，调节松土器的松土深度。

松土齿由齿杆、护套板、齿尖镶块及固定销组成（见图 4-13）。齿杆 1 是主要的受力件，承受巨大的切削载荷。齿杆形状有直齿形、折齿形和曲齿形三种基本结构［见图 4-13(a)、(b)、(c)］。直齿形齿杆在松裂致密分层的土壤时，具有良好的剥离表层的能力，同时具有凿裂块状和板状岩层的效能。曲齿形齿杆提高了齿杆的抗弯能力，裂土阻力较小，适合松裂非匀质性的土壤。块状物料先被齿尖掘起，并在齿杆垂直部分通过之前即被凿碎，松裂效果较好，但块状物料易被卡阻在弯曲处。折齿形齿杆形状比曲齿形齿杆简单些，性能介于直齿之间。

松土齿护套板 2 用于保护齿杆，防止磨损，延长其使用寿命。齿尖镶块 3 和护套板 2 是直接松土、裂土的零件，工作条件恶劣，容易磨损，使用寿命短，需经常更换，应采用高耐

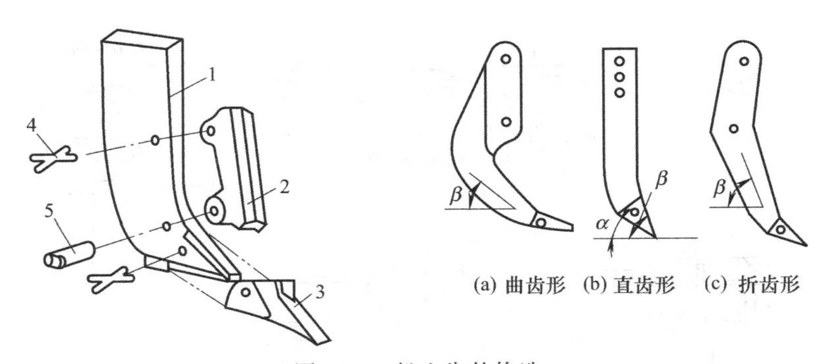

图 4-13　松土齿的构造

1—齿杆；2—护套板；3—齿尖镶块；4—刚性销轴；5—弹性固定销

磨性材料，在结构上应尽可能拆装方便，连接可靠。

齿尖镶块的结构按其长度可分为短型、中型和长型三种；按其对称性可分凿入式和对称式两种。齿尖结构如图4-14 所示。

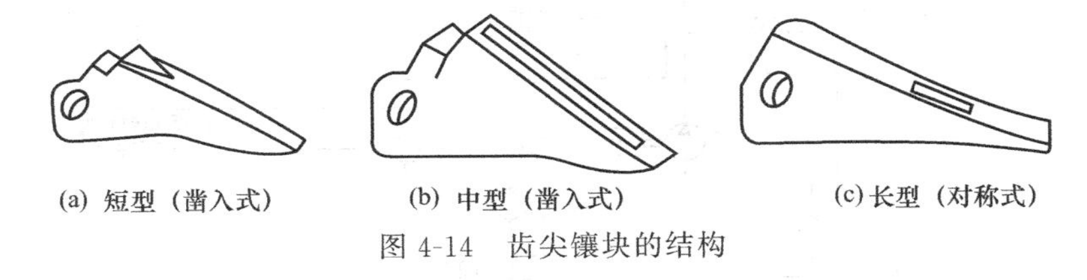

图 4-14　齿尖镶块的结构

齿尖镶块的结构不同，其凿入性、凿裂性和抗磨性也不同，可适应不同土质和岩层的使用要求。松土时，应根据作业条件和地质结构合理选用松土齿。

短型齿尖镶块刚度大，耐冲击，适合凿裂岩石，但耐磨性较差。中型齿尖镶块抗冲击能力中等，耐磨性较好，适合一般硬土的破碎作业。长型齿尖镶块具有高耐磨性，但抗冲击能力较低，齿尖容易崩裂，适合耙裂动载荷较小的冻土。

凿入式齿尖由合金钢锻造成型，具有良好的自磨锐性能和凿入能力，特别适合凿松均匀致密的泥石岩、粒度较小的钙质岩和紧密粘接的砾岩类土质。

对称式齿尖镶块具有高抗磨性，自磨锐性好。由于齿尖镶块的结构具有对称性，故可反复翻边安装使用，延长齿尖使用寿命。

在不容易造成崩齿的情况下，为提高齿尖镶块的寿命，应尽量选用长型凿入式或长型对称式齿尖镶块。

（3）推土机操纵控制系统

① 工作装置液压操纵系统　现代工程机械广泛采用液压系统来操纵工作装置。液压系统回路有开式和闭式之分。开式系统设有油箱，结构简单，散热性能好，油中杂质可在油箱中沉淀；但机构运行平稳性较差，能量损失较大。闭式系统的液压油在系统的封闭油路中循环，结构紧凑，传动效率高，且空气不易进入，传动平稳性好；但闭式系统结构复杂，散热性能差。工程机械工作装置操纵系统的执行元件以间歇式工作为主，对传动效率的要求不苛刻，故普遍选用开式系统。

液压系统由动力元件、执行元件、控制元件和辅助装置及管道组成。图 4-15 所示为履带式推土机开式液压操纵系统。动力元件为 PAL200 型油泵 2；执行元件包括铲刀升降油缸 9、推土板倾斜油缸 22、松土器升降油缸 16 和松土器倾斜油缸 19；控制元件为各种液压阀；辅助装置包括油箱 1 和 24、滤清器及油管等。

油泵 2 由传动系统分动箱输出的动力驱动，输出的压力油通过分配阀供应到系统各执行

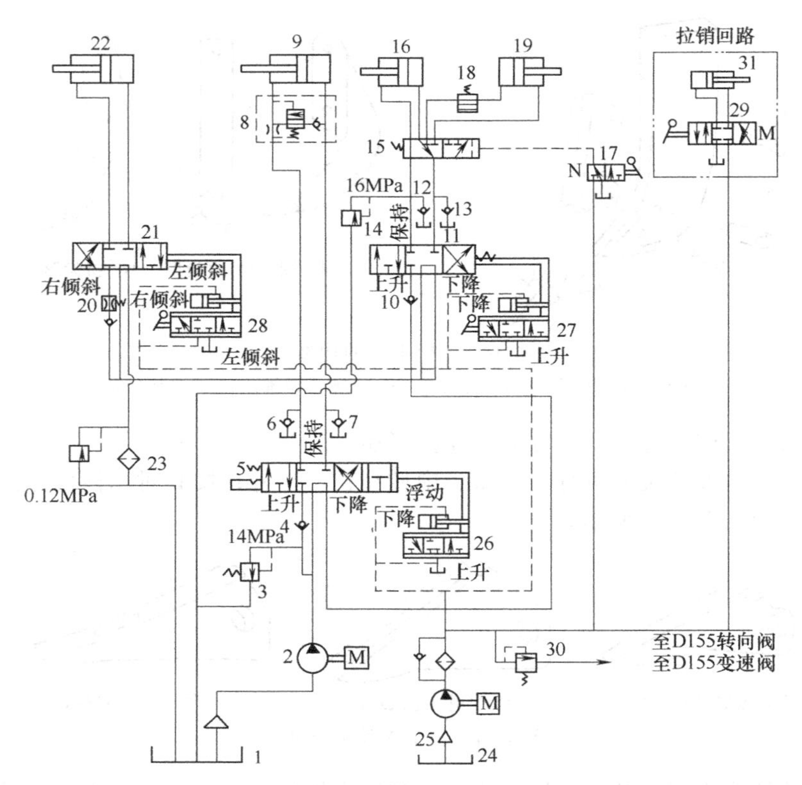

图 4-15　履带式推土机工作装置液压系统

1,24—油箱；2—油泵；3—主溢流阀；4,10—单向阀；5—铲刀换向阀；6,7,12,13—吸入阀（补油阀）；8—快速下降阀；9—铲刀升降油缸；11—松土器控制阀；14—过载阀；15—换向阀；16—松土器升降油缸；17—先导阀；18—锁紧阀；19—松土器倾斜油缸；20—单向节流阀；21—铲刀倾斜油缸换向阀；22—推土板倾斜油缸；23—滤油器；25—变矩器、变速器油泵；26—铲刀油缸先导随动阀；27—松土器油缸先导随动阀；28—铲刀倾斜油缸先导随动阀；29—拉销换向阀；30—变矩器、变速器溢流阀；31—拉销油缸

元件。系统的最高压力为 140MPa，由油泵 2 出口处的主溢流阀 3 控制。由于各执行机构一般不需同时运动，铲刀升降控制回路、铲刀侧倾控制回路和松土器升降控制回路全部按串联方式连接：油泵输出压力油通向铲刀升降控制回路入口，其回油通向松土器控制回路入口；松土器控制回路的回油通向铲刀侧倾控制回路入口，铲刀侧倾控制回路的回油直接回油箱。若几个回路同时工作，由于负荷叠加，系统工作压力会很高。为了避免工作油缸活塞的惯性冲击，降低其工作噪声，油缸内一般都装有缓冲装置。

大型推土机的液压元件尺寸较大，管路较长，若采用直接操纵的手动式换向控制阀，因受驾驶室空间的限制，布置比较困难，很难使控制元件靠近执行元件，这会增加高压管路的长度，导致管路沿程压力损失增加。现已广泛采用便于布置的先导式操纵换向控制阀。先导阀布置在驾驶室内以便操纵，而换向阀布置在工作油缸附近。用先导阀分配的控制液压油来操纵换向阀换向，减少系统功率损失，提高传动效率。

在图 4-15 所示系统中，推土板和松土器升降油缸的控制阀，均采用先导式操纵换向控制阀。该阀为滑阀式结构，可实现换向、卸荷、节流调速和工作装置的微动控制。换向时，先操纵手动式先导阀，若将先导式阀芯向左拉，先导阀则处于右位工作状态，来自变矩器、变速器油泵 25 的压力油分别进入伺服油缸的大腔和小腔，由于活塞承压面积差，活塞杆将右移外伸，并通过连杆拉动推土板或松土器工作油缸的换向控制阀右移。当换向控制阀阀芯右移时，连杆机构将以伺服油缸活塞杆为支点，带动先导阀阀体左移，使先导阀复位，回到

“中立”位置。此时，主换向控制阀就处于左位工作，而伺服油缸活塞因其大腔被关闭，小腔压力油向左推压活塞，故活塞被固定在确定的位置上，主换向控制阀也固定在相应的左位工作状态。

先导式操纵换向控制阀具有伺服随动助力作用，操纵伺服阀比直接操纵手动式换向控制阀要轻便省力，可减轻驾驶人员的疲劳。

铲刀工作时有“上升”、“固定”、“下降”和“浮动”四种不同的操纵要求，其控制回路有四个相应的工作位置。当换向阀处于“浮动”位置时，油缸大、小腔连通，铲刀为“浮动”状态，可随地面起伏自由浮动，便于仿形推土作业，也可在推土机倒行时利用铲刀平地。

大型推土机铲刀的升降高度可达2m以上，提高铲刀的下降速度，可缩短铲刀作业循环时间，提高生产效率。为此，在推土板升降回路上装有铲刀快速下降阀8，用于降低铲刀升降油缸9排油腔（小腔）回油阻力。铲刀在快速下降过程中，回油背压增大，速降阀在压差作用下自动开启，小腔回油即通过速降单向阀直接向铲刀升降油缸进油腔补充供油，从而加快了铲刀的下降速度。

推土板在速降过程中，推土装置的自重对其下降速度起加速作用。但铲刀下降速度过快有可能导致升降油缸进油腔供油不足，形成局部真空，产生汽蚀现象，影响升降油缸工作的平稳性。为此在油缸的进油道上均设有推土板升降油缸单向补油阀6、7，在进油腔出现负压时，补油阀6、7迅速开启，进油腔可直接从油箱中补充吸油。

在作业过程中，松土器的升降与倾斜不需同时进行，在液压操纵系统中，其升降和倾斜油缸共用一个先导式操纵换向控制阀，另外设置一个选择工作油缸的松土器换向阀15。作业时，可根据需要操纵手动先导阀来改变松土器换向阀的工作位置；再分别控制松土器的升降与倾斜。松土器换向阀15的控制压力油由变矩器、变速器的齿轮油泵提供。

松土器液压回路也具有快速补油功能，松土机构补油阀12、13在松土器快速升降或快速倾斜时可迅速开启，直接从油箱中补充供油，实现松土机构快速平稳动作，提高松土作业效率。

由于松土器作业阻力大，经常出现冲击超载荷，在其液压回路上装有松土机构安全过载阀14和控制单向阀（锁紧阀）18。

安全过载阀14可在松土器突然过载时起安全保护作用。当松土器固定在某一工作位置作业时，其升降油缸闭锁，油缸活塞杆受拉，如遇突然载荷，过载腔（小腔）油压将瞬时骤增，当油压超过安全阀调定压力时，安全阀即开启卸荷，油缸闭锁失效，从而起到保护系统的作用。为了提高安全阀的过载敏感性，应将该阀安装在靠近升降油缸的位置上。通常，松土机构安全阀的调定压力要比系统主溢流阀3的调定压力高15%～25%。

松土器倾斜油缸控制单向阀（锁紧阀）18安装在倾斜油缸大腔的进油道上。松土作业时，倾斜油缸处于闭锁状态，油缸活塞杆受压，大腔承受载荷较大，该腔闭锁油压相应较大。装设倾斜油缸锁闭控制单向阀（锁紧阀）18，可提高松土器控制阀11中位锁闭的可靠性。

采用单齿松土器作业时，松土齿杆高度的调整也可实现液压操纵。用液压控制齿杆高度固定拉销，只需在系统中并联一个简单的拉销回路，执行元件为拉销油缸31。

在推土板倾斜回路的进油道上，设有流量控制单向节流阀20，可调节和控制铲刀倾斜油缸的倾斜速度，实现铲刀稳速倾斜，并保持油缸内的恒定压力。

② 推土板自动调平装置　机电一体化现代控制技术的应用，极大地提高了自行式工程机械的自动化程度，减轻了驾驶人员的操作疲劳，提高了施工质量和作业速度。国外一些推土机上已采用激光导向和电-液伺服控制技术，自动控制铲刀的切土深度，减少了推土机往

返作业的遍数和行程，提高了大面积场地的平整精度和施工质量，加快了工程进度，降低了施工成本。

激光具有极强的方向性，控制精度高。激光用于定坡导向，其定坡误差可控制在0.01%以内；利用激光控制铲刀切土深度，其混匀地面垂直标高均方根偏差小于±30mm。

图 4-16 为装有激光导向装置的履带式推土机。

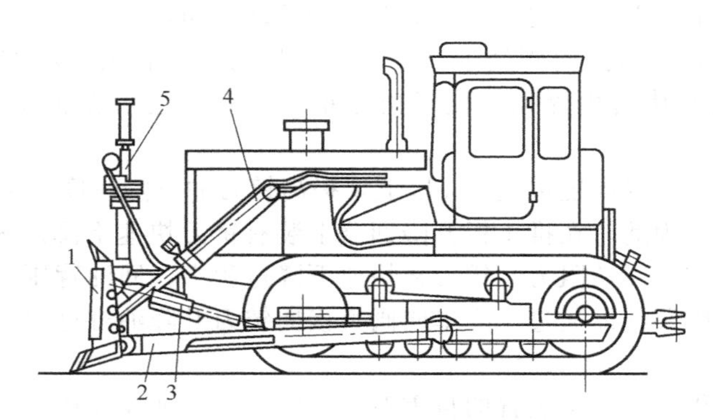

图 4-16　激光导向履带式推土机

1—推土板；2—顶推梁；3—铲刀倾斜油缸；4—升降油缸；5—激光跟踪调平装置

推土机推土装置的调平系统，具有发射、接收、跟踪激光和自动调平铲刀的功能，由激光发射装置、激光接收器及其高度位移装置、顶推梁纵坡角度传感器、光电转换器及电-液伺服跟踪控制回路等组成。

激光发射装置通常装设在作业区以外的适当地方，激光接收器及其高度位移调整装置安装在铲刀上方，用来搜索激光，检测铲刀的相对高度。铲刀自动调平原理如图 4-17 所示。

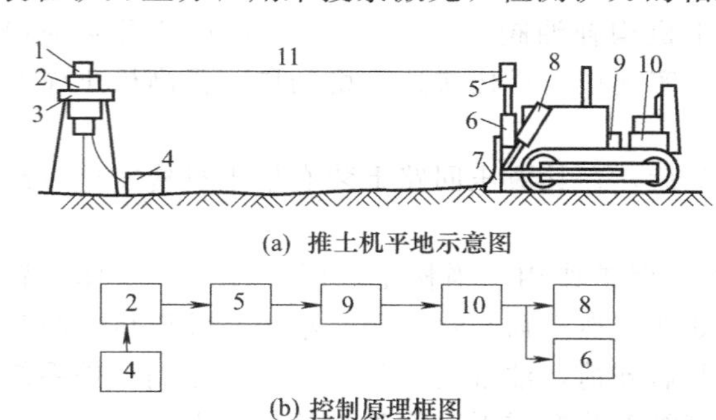

图 4-17　激光控制铲刀工作原理图

1—转动探头；2—激光辐射器；3—可调式三脚架；4—发电机；5—激光接收器；6—接收器液压油缸；7—推土铲刀；8—铲刀升降油缸；9—控制装置；10—液压油箱；11—激光束

当路面设计标高确定后，自动调平推土机应用多次推铲法，其切土深度应逐次递减，以确保平整精度，提高施工质量。每次确定切削深度后，都应重新调整激光发射器与激光接收器的相对高度，保证激光束对准接收系统。

装有激光导向自动调平系统的履带推土机，可沿直线路面进行往返推铲平地作业，也可在大面积场地沿任意方向或弯道行驶作业。当采用直线形推铲作业法时，可在作业区外安装固定式激光发射器。这种激光器固定发出一束定向激光，可被直线作业的推土机激光接收器有效接收。平整大面积场地，则可采用非定向推铲作业方式，用于提高推土机对施工场地的作业适应性，确保施工质量。推土机进行非定向平地作业，在作业区装设的激光器宜选用旋转扫描式激光辐射器。该激光器能使激光束连续旋转，形成一个高精度的激光辐射基准平面。安装和调整旋转扫描式激光器十分简便，缩短了作业辅助时间。推土机在任意方位，其激光接收器均可截获激光平面高度信号，并通过自动调平控制系统，及时调整铲刀切土深度，快速跟踪激光，提高平整精度。

激光器按激光工作物质可分为固体激光器、气体激光器、半导体激光器和液体激光器等几种，推土机激光导向普遍采用气体激光器。气体激光器以多种气体原子、离子、金属蒸气等作为工作物质，通过气体放电辐射激光。气体激光器具有结构简单、造价低、操作方便等优点。旋转式气体激光器的激光辐射半径可达数百米，旋转速度可达1200r/min，且激光平面稳定，不受气候条件影响，可以满足推土机高平整度施工作业的要求。

激光导向自动跟踪控制的液压回路如图4-18所示。该液压系统采用双泵双回路，具有手控和激光跟踪启动控制铲刀的功能。手控液压回路由油泵1、手动多路换向组合阀3、滤清器2、铲刀倾斜油缸4及其液压油锁5、铲刀升降油缸6、7和液压油箱13组成。

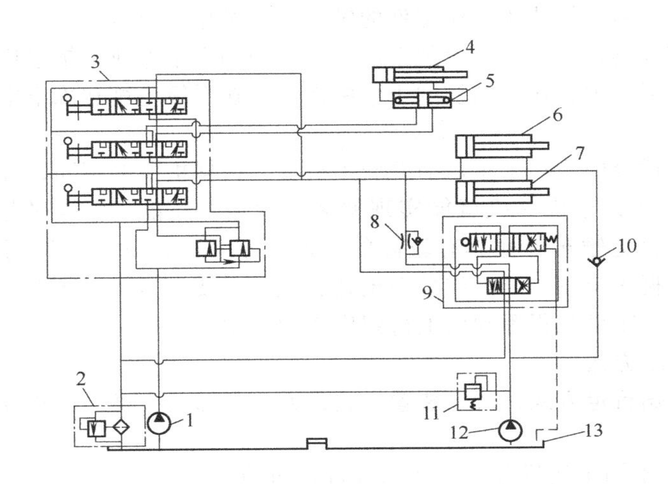

图4-18 带激光控制的液压回路

1,12—油泵；2—滤清器；3—手动多路换向组合阀；4—倾斜油缸；5—液压油锁；6,7—升降油缸；8—单向节流阀；9—电-液换向组合阀；10—单向阀；11—溢流阀；13—油箱

采用手控液压回路控制推土工作装置，可实现铲刀升降或倾斜。手动多路换向组合阀3由上、中、下三个手动式换向控制阀和溢流节流阀组合而成。三个手动阀均采用滑阀式结构，系四位五通阀。下阀为铲刀升降控制阀，具有“提升”、“下降”、“浮动”、“锁闭”四个工作位置，可实现铲刀升降、定位闭锁和浮动推土作业。中阀为铲刀倾斜控制阀，通过控制铲刀倾斜油缸，操纵铲刀前倾、后倾、倾斜定位（锁闭）或置铲刀于倾斜浮动状态。上阀为铲刀速降补油控制阀。当铲刀快速下降时，油泵1可直接向升降油缸大腔补充供油，确保系统工作平稳。将该阀置于左位时，接通升降油缸排油腔，可降低大腔的排油阻力，提高铲刀提升速度。

铲刀倾斜油缸液压油锁5，可双向锁定倾斜油缸，将铲刀固定在任意倾斜状态，保持固定的铲刀切削角或调定的侧倾角，用于提高推土机的作业稳定性。

推土机应用激光导向平地作业，可启动电-液自动控制回路，实现激光控制铲刀，提高地面平整度和施工质量。回路由油泵12、电-液换向组合阀9、单向节流阀8、单向阀10、系统安全溢流阀11、铲刀升降油缸6、7和液压油箱13组成。

电-液伺服控制回路由油泵12提供压力油，通过激光接收器检测的铲刀相对高度和顶推梁纵坡角度传感器转换的电信号，迅速输入电-液伺服系统，操纵电-液换向组合阀9（由电磁先导阀操纵液控换向阀），自动控制铲刀提升或下降，修正铲刀相对高度，跟踪激光束，实现铲刀自动调平。单向节流阀8可在铲刀下降时节流调速，缓慢平稳下降，达到铲刀渐近找平的目的，提高找平精度。单向阀10可防止推土工作装置自重引起铲刀自然坠落，确保铲刀定位的可靠性。溢流阀11在系统过载时开启卸荷，可保护自控液压系统的安全。

使用铲刀自动调平装置时，驾驶员应将激光导向控制仪表板上的“工作状态”旋转开关旋至“自动控制”位置，使控制系统处于自动调平工作状态。

4.2 铲运机

4.2.1 铲运机概述

(1) 用途

铲运机是以带铲刀的铲斗为工作部件的铲土运输机械，兼有铲装、运输、铺卸土方的功能，铺卸厚度能够控制，主要用于大规模的土方调配和平土作业。铲运机可自行铲装Ⅰ～Ⅲ级土壤，但不宜在混有大石块和树桩的土壤中作业，在Ⅳ级土壤和冻土中作业时要用松土机预先松土。

铲运机是一种适合中距离铲土运输的施工机械，根据机型的不同，其经济运距范围较大(100～2000m)。由于铲运机一机就能实现铲装、运输，还能以一定的层厚进行均匀铺卸，比其他铲土机械配合运输车作业具有较高的生产效率和经济性，广泛用于公路、铁路、港口、建筑、矿山采掘等土方作业，如平整土地、填筑路堤、开挖路堑以及浮土剥离等工作。此外，在石油开发、军事工程等领域也得到广泛的应用。

(2) 分类和表示方法

铲运机主要根据行走方式、行走装置、装载方式、卸土方式、铲斗容量、操纵方式等进行分类。

① 按行走方式不同铲运机分为拖式和自行式两种，见图 4-19。

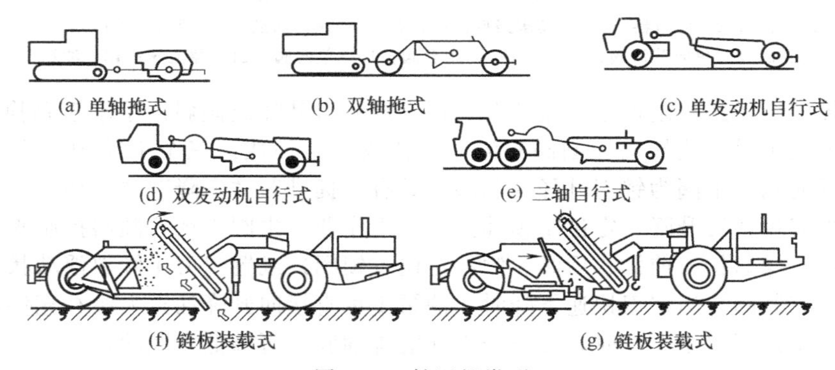

图 4-19 铲运机类型

a. 拖式铲运机：工作时常由履带式拖拉机牵引，具有接地比压小、附着能力大和爬坡能力强等优点，在短运距和松软潮湿地带工程中普遍使用。

b. 自行式铲运机：本身具有行走动力，行走装置有履带式和轮胎式两种，履带式自行铲运机又称铲运推土机，它的铲斗直接装在两条履带的中间，用于运距不长、场地狭窄和松软潮湿地带工作；轮胎式自行铲运机按发动机台数又可分为单发动机、双发动机和多发动机三种，按轴数分为双轴式和三轴式 [图 4-19(c)、(d)、(e)]，轮胎式自行铲运机由牵引车和铲运斗两部分组成，大多采用铰接式连接，铲运斗不能独立工作，轮胎式自行铲运机结构紧凑、行驶速度快、机动性好，在中距离的土方转移施工中应用较多。

② 按装载方式铲运机分为升运式与普通式两种。

a. 升运式：也称链板装载式，在铲斗铲刀上方装有链板运土机构，把铲刀切削下的土升运到铲斗内 [图 4-19 (f)]，从而加速装土过程，减小装土阻力，可有效地利用本身动力实现自装，不用助铲机械即可装至堆尖容量，可单机作业；土壤中含有较大石块时不宜使用，其经济运距在 1000m 之内。

b. 普通式：也称开斗铲装式，靠牵引机的牵引力和助铲机的推力，使用铲刀将土铲切起，在行进中将土屑装入铲斗，其铲装阻力较大。

③ 按卸土方式不同铲运机分为自由卸土式、半强制卸土式和强制卸土式，如图 4-20 所示。

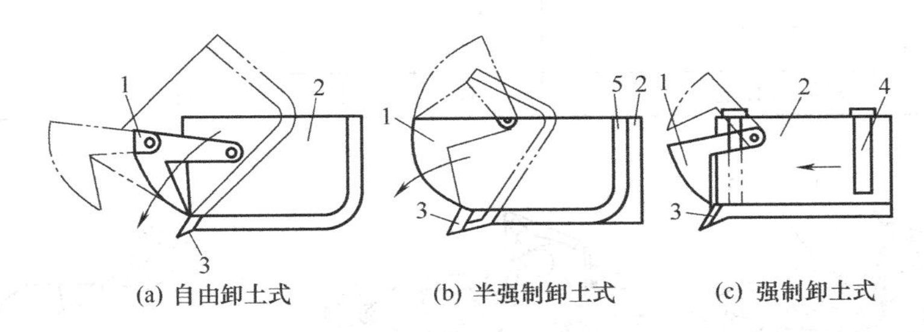

图 4-20 铲运机卸土方式

1—斗门；2—铲斗；3—刀刃；4—后斗壁；5—斗底后壁

a. 自由卸土式［图 4-20(a)］：当铲斗倾斜（有向前、向后两种形式）时，土壤靠其自重卸出；这种卸土方式所需功率小，但土壤不易卸净（特别是黏附在铲斗侧壁上和斗底上的土），一般只用于小容量铲运机。

b. 半强制卸土式［图 4-20(b)］：利用铲斗倾斜时土壤自重和斗底后壁沿侧壁运动时对土壤的推挤作用共同将土卸出；这种卸土方式仍不能使黏附在铲斗侧壁上和斗底上的土卸除干净。

c. 强制卸土式［图 4-20(c)］：利用可移动的后斗壁（也称卸土板）将土壤从铲斗中自后向前强制推出，卸土效果好，但移动后壁所消耗的功率较大，通常大中型铲运机采用这种卸土方式。

升运式铲运机因前方斜置着链板运土机构，只能从底部卸土。卸土时将斗底后抽，再将后斗壁前推，将土卸出。有的普通式大中型铲运机也采用这种抽底板和强制卸土相结合的方法，效果较好。

④ 按铲斗容量铲运机分为以下四类：

a. 小型铲运机，铲斗容量小于 $5m^3$；

b. 中型铲运机，铲斗容量 $5\sim15m^3$；

c. 大型铲运机，铲斗容量 $15\sim30m^3$；

d. 特大型铲运机，铲斗容量 $30m^3$ 以上。

⑤ 按工作机构的操纵方式铲运机分为机械操纵式、液压操纵式和电液操纵式三种。

a. 机械操纵式：用动力绞盘、钢索和滑轮来控制铲斗、斗门及卸土板的运动，结构复杂、技术落后，已逐渐被淘汰。

b. 液压操纵式：工作装置各部分用液压操纵，能使铲刀刃强制切入土中，结构简单，操纵轻便灵活，动作均匀平稳，应用广泛。

c. 电液操纵式：操纵轻便灵活，易实现自动化，是今后发展的方向。

我国定型生产的铲运机产品型号按类、组、型分类原则编制，一般由类、组、型代号与主参数代号两部分组成，如表 4-2 所示，如铲斗几何斗容为 $9m^3$ 的液压拖式铲运机标记为 CTY9。

近年来，我国引进了多种进口机型，很多都按照引进机型进行编号。

(3) 铲运机的作业过程

铲运机的作业过程包括铲土、运土、卸土和回程四道工序，如图 4-21 所示。

表 4-2　铲运机型号编制方法

<table>
<tr><th>类</th><th>组</th><th colspan="2">型</th><th>特性</th><th>代号</th><th>代号含义</th><th>主参数(单位)</th></tr>
<tr><td rowspan="5">铲土运输机械</td><td rowspan="5">铲运机C(铲)</td><td colspan="2" rowspan="2">拖式 T(拖)</td><td></td><td>CT</td><td>机械拖式铲运机</td><td rowspan="5">铲斗几何斗容(m^3)</td></tr>
<tr><td>Y(液)</td><td>CTY</td><td>液压拖式铲运机</td></tr>
<tr><td rowspan="3">自行式</td><td rowspan="2">履带式</td><td></td><td>C</td><td>履带机械铲运机</td></tr>
<tr><td>Y(液)</td><td>CY</td><td>履带液压铲运机</td></tr>
<tr><td>轮胎式 L(轮)</td><td></td><td>CL</td><td>轮胎液压铲运机</td></tr>
</table>

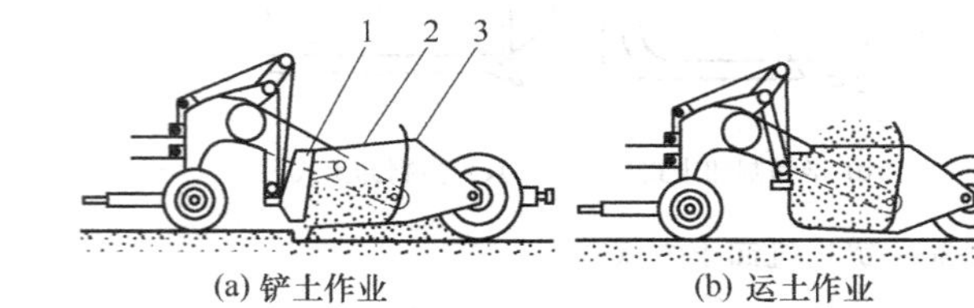

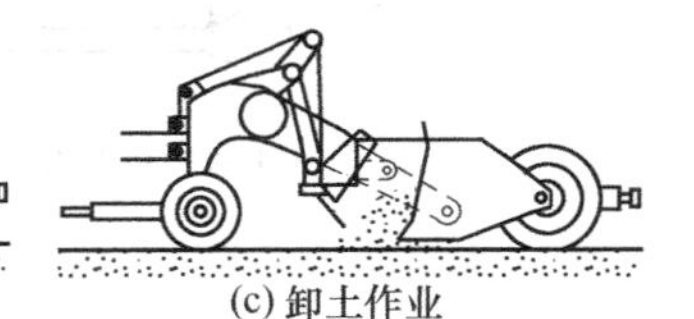

图 4-21　铲运机的作业过程
1—斗门；2—铲斗；3—卸土板

铲运机前驶，斗门 1 升起，铲斗 2 放下，刀片切削土壤，并将土装入斗内［图 4-21(a)］，这是铲土作业；待土装满后，关闭斗门，升起铲斗，机械重载运行［图 4-21(b)］，这是运土作业；当土运至卸土处，打开斗门，放下铲斗并使斗口距地面一定距离，卸土板 3 前移，机械在慢行中卸土［图 4-21(c)］，并利用铲刀将卸下的土壤推平，这是卸土作业；卸土作业完成后，铲斗升起，机械快速空驶回铲土处，准备进行下一个作业循环，这是回驶过程。

(4) 铲运机的技术性能参数

铲运机的主要技术性能参数有：铲斗的几何斗容（平装斗容）、堆尖斗容、发动机的额定功率、铲刀宽度、铲土深度、铺卸厚度、铲斗离地间隙、爬坡能力等，其中铲斗的斗容量是最主要参数，是选择铲运机的主要依据。

4.2.2　自行式铲运机构造

自行式铲运机多为轮胎式，一般由单轴牵引车（前车）和单轴铲运车（后车）组成，图 4-22 所示。

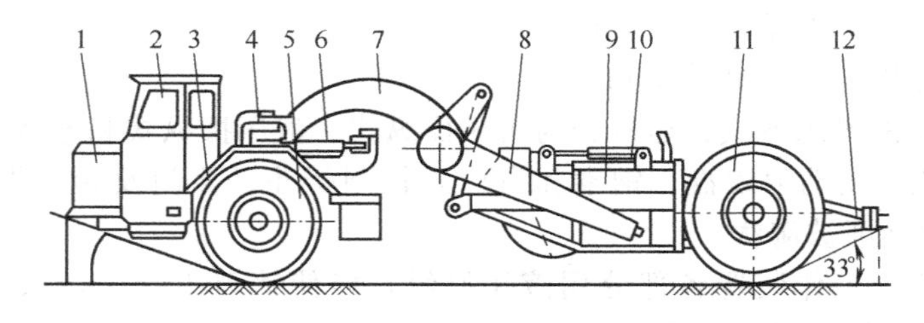

图 4-22　自行式铲运机外形
1—发动机；2—驾驶室；3—传动装置；4—中央枢架；5—前轮；6—转向油缸；7—曲梁；8—辕架；9—铲斗；10—斗门油缸；11—后轮；12—尾架

有的铲运机在后车上还装有一台发动机，称为双发动机式铲运机，如图 4-23 所示。它利用其前后发动机驱动前、后轮，提高附着牵引力，在铲装土方过程中能克服较大的铲土阻力，增加爬坡能力，适用于路面条件不好、铲装阻力和行驶阻力较大的场合。

单轴牵引车是自行式铲运机的动力部分，由发动机、传动系统、转向系统、制动系统、悬挂装置、车架等组成；铲运车是工作装置，由辕架、铲斗、尾架及卸土装置等组成。

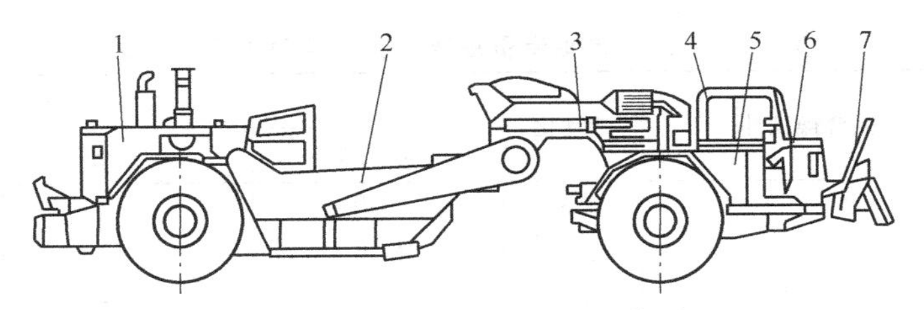

图 4-23 双发动机式铲运机外形

1—铲运发动机；2—铲斗；3—转向油缸；4—驾驶室；
5—液压油箱；6—牵引发动机；7—推拉装置

(1) 传动系统

自行式铲运机大多采用液力机械式传动或全液压传动。

在液力机械式传动中，广泛采用变矩器、动力换挡变速器、最终行星齿轮传动等元件。在铲运机作业过程中，采用液力变矩器能更好地适应外界载荷的变化，自动有载换挡和无级变速，从而改变输出轴的速度和牵引力，使机械工作平稳，可靠地防止发动机熄火及传动系统过载，提高了铲运机的动力性能和作业性能。

① CL9 型自行式铲运机传动系统 CL9 型铲运机是斗容量为 7～9m^3 的中型、液压操纵、普通装载、强制卸土的国产自行式铲运机。采用单轴牵引车的传动系统，动力由发动机、动力输出箱，经前传动轴输入液力变矩器、行星式动力换挡变速器、传动箱、后传动轴，输入到差速器、轮边减速器，最后驱动车轮使机械运行，其传动简图如图 4-24 所示。

CL9 型铲运机装有四元件单级三相液力变矩器，由两个变矩器特性和一个偶合器特性合成，高效率范围较广。当涡轮转速达 1700r/min 时，变矩器的锁紧离合器起作用，将泵轮和涡轮直接闭锁在一起，变液力传动为直接机械传动，提高了传动效率。

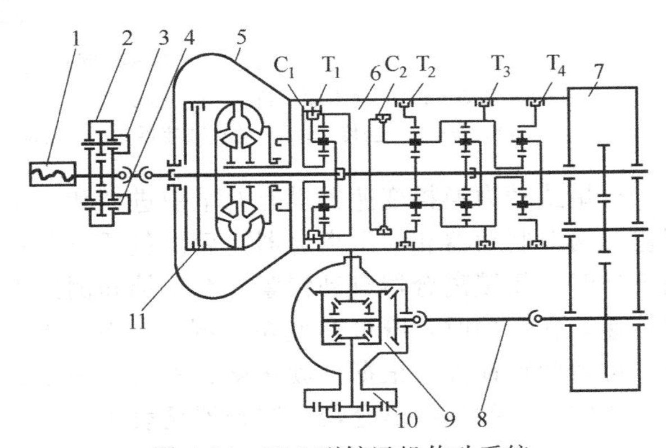

图 4-24 CL9 型铲运机传动系统

1—发动机；2—动力输出箱；3,4—齿轮油泵；5—液力变矩器；
6—变速器；7—传动箱；8—传动轴；9—差速器；
10—轮边减速器；11—锁紧离合器；
C_1,C_2—离合器；T_1～T_4—制动器

行星式动力换挡变速器由两个行星变速器串联组合而成，前变速器有一个行星排，后变速器有三个行星排。整个行星变速器有两个离合器 C_1、C_2 和四个制动器 T_1、T_2、T_3、T_4，这六个操纵件均采用液压控制。前后变速器各接合一个操纵件可实现一个挡位。前行星变速器接合 C_1 可得直接挡，接合 T_1 可得高速挡，再与后行星变速器操纵元件组合可实现不同的挡位。CL9 型行星动力变速器有四个前进挡，两个倒退挡。各挡位接合操纵件及传动比见表 4-3。

② WS16S-2 型自行式铲运机传动系统 日本小松公司生产的 WS16S-2 型铲运机为单发动机普通装载式铲运机，斗容 11～16m^3，最大载重量 22.4t。传动系统（图 4-25）由液力变矩器、行星式动力换挡变速器、主传动、差速器和行星齿轮式轮边减速器等组成。

WS16S-2 型铲运机的液力变矩器为 TCA43-2B 型三元件一级两相带闭锁离合器式，导轮随外转矩的变化可实现被单向离合器楔紧不转的变矩工况及导轮自由旋转的耦合工况。闭锁离合器为单片油压自动作用式。当控制闭锁离合器的电磁阀通电时，闭锁离合器接合，变

矩器的泵轮和涡轮锁紧在一起，变液力传动为机械直接传动，以提高传动效率。

表 4-3 CL9 型单轴牵引车变速器各挡动作及传动比

挡位		接合操纵件	传动比	液压操纵系统		
				调压阀	闭锁离合器	皮式油路
前进挡	1	C_1 T_3	3.81	作用		作用
	2	C_1 T_2	1.94	作用	结合	作用
	3	C_1 C_2	1.0	作用	结合	作用
	4	T_1 C_1	0.72	作用	结合	作用
倒挡	1	C_1 T_4	−4.35			作用
	2	T_1 T_4	−3.13			作用

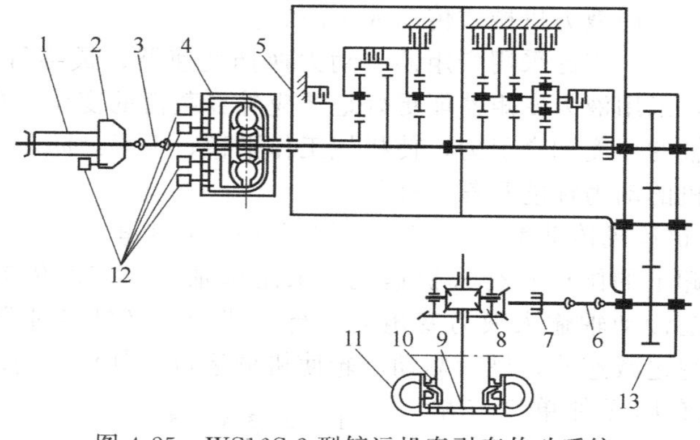

图 4-25 WS16S-2 型铲运机牵引车传动系统

1—发动机；2—动力输出箱；3,6—传动轴；4—液力变矩器；5—动力换挡变速器；7—停车制动器；8—主传动；9—轮边减速器；10—制动器；11—轮胎；12—油泵；13—传动箱

行星式动力换挡变速器设有八个前进挡和一个倒退挡。变速器由前、后两部分组成，前部包括两个制动器和一个离合器，后部包括三个制动器和一个离合器。当变速器在 3 挡到 8 挡工作时，闭锁离合器自动锁紧；在 1 挡和倒挡工作时，闭锁离合器解锁，动力经液力变矩器传递；在 2 挡时，既可在变矩工况下工作，也可在闭锁工况下工作。在 2 挡到 8 挡范围内，可由微型计算机根据行驶速度、外负荷和路面情况控制变速器实现自动换挡。变速器各挡位相应接合的换挡离合器、制动器见表 4-4。

表 4-4 各挡接合的离合器、制动器及传动比

挡位	R	N	F_1	F_2	F_3	F_4	F_5	F_6	F_7	F_8
前部	L	M	L	L	M	H	M	H	M	H
后部	R		1_{st}	2_{nd}	1_{st}	1_{st}	2_{nd}	2_{nd}	3_{rd}	3_{rd}
传动比	4.58		7.64	4.44	3.45	2.53	2.00	1.47	1.08	1.00

③ 627B 型自行式铲运机传动系统　美国卡特皮勒公司生产的 627B 型铲运机是双发动机开斗铲装轮式铲运机，配制两台额定功率为 166kW 的 3066 型涡轮增压直喷式柴油机，斗容量 11～16m³；其传动系统分为牵引车与铲运车两部分，均为液力机械式传动，利用电-液系统控制牵引车与铲运车的变速器同步换挡，整机系统全速同步驱动。

图 4-26 为 627B 型牵引车的传动系统简图。动力由发动机输出，经传动轴驱动液力变矩器泵轮转动，同时带动六个油泵工作。行星式动力换挡变速器有八个前进挡和一个倒退挡。倒挡、1 挡和 2 挡为手动换挡，动力经变矩器输出，以满足机械低速大转矩变负荷驱动的需

要。变速器在 3～8 挡之间为自动换挡，此时动力直接输出，不经过液力变矩器，以提高传动效率。差速器为行星齿轮式，并设有气动联锁离合器，以备一侧车轮打滑时锁住离合器，使另一侧车轮能发出足够转矩。动力经行星式轮边减速器后最终传给行走车轮。

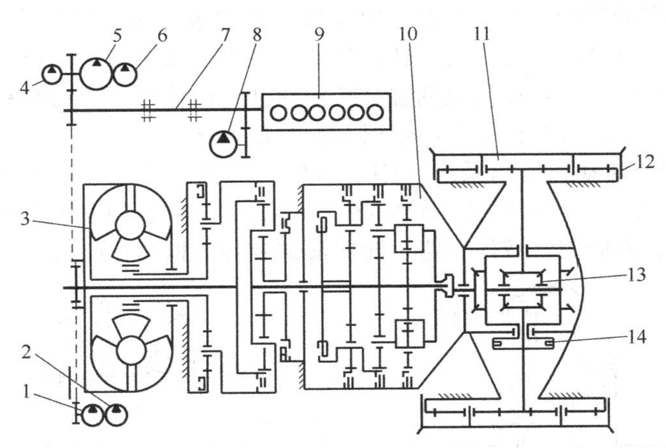

图 4-26 627B 型牵引车传动系统

1—回油油泵；2—牵引变速器工作油泵；3—液力变矩器；4—缓冲装置油泵；5—工作装置油泵；6—转向系统油泵；7—传动轴；8—飞轮室回油泵；9—牵引发动机；10—牵引变速器；11—轮边减速器；12—轮毂；13—差速器；14—差速锁离合器

铲运车传动系统中（图 4-27），动力经变矩器传递到行星式动力换挡变速器。变速器有四个前进挡和一个倒退挡。铲运车变速器通过电液控制系统与牵引车变速器同步换挡或保持空挡。铲运车的一个前进挡位对应于牵引车的两个前进挡位，见表 4-5。它利用液力变矩器在一定范围内可以自动变矩变速的特点，补偿前、后传动比的不同，保证前后传动系统同步驱动。铲运车采用牙嵌式自由轮差速器。轮边减速器与牵引车一样采用行星齿轮减速器。

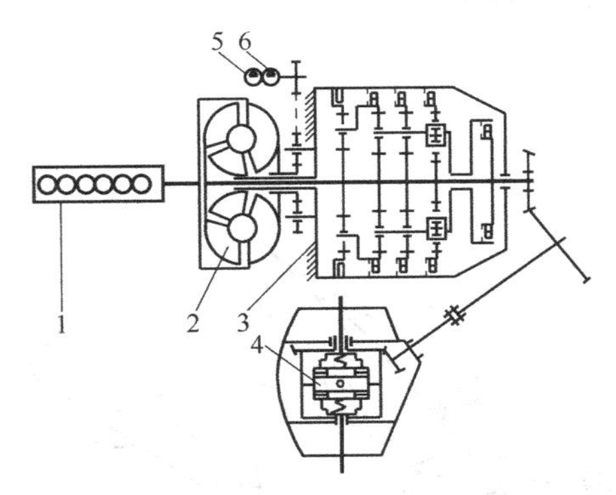

图 4-27 627B 型铲运车传动系统简图

1—铲运车发动机；2—液力变矩器；3—铲运车变速器；4—牙嵌式自由轮差速器；5—铲运车变速器工作油泵；6—回油油泵

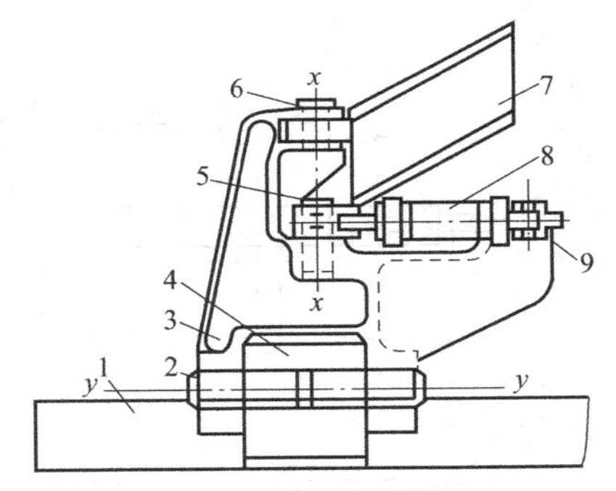

图 4-28 转向枢架

1—牵引车架；2—纵向水平销；3—转向枢架；4—牵引车水平销座；5，6—转向立销；7—辕架；8—转向油缸；9—转向枢架油缸支座

表 4-5 627B 型牵引车和铲运车变速器挡位配合

牵引车变速器	铲运车变速器	牵引车变速器	铲运车变速器
倒挡	倒挡	3 挡和 4 挡	2 挡
空挡	空挡	5 挡和 6 挡	3 挡
1 挡和 2 挡	1 挡	7 挡和 8 挡	4 挡

(2) 自行式铲运机的转向系统

现代轮胎自行式铲运机多采用铰接式双作用双油缸动力转向，有带换向阀非随动式和四杆机构随动式两类。随动式又有机械反馈和液压反馈之分。

牵引车和铲运车的连接由转向枢架（图 4-28）来实现。转向枢架是一个牵引铰接装置，起传递牵引力和实现机械转向的作用。转向枢架 3 以纵向水平销 2 铰接在牵引车架 1 上，上部以转向立销与辕架铰接。双作用双油缸（转向油缸）铰接在辕架的左右耳座和转向枢架油缸支座 9 上，通过油缸的推拉使铲斗与牵引车绕立销偏转而实现转向。

① 带换向阀的非随动式转向系统　CL9 型铲运机采用带换向阀的非随动式铰接转向。转向系统如图 4-29 所示，由转向器、转向泵、常流式非随动转向操纵阀、滤油器、液压油箱、双作用安全阀、换向阀、液压管路、转向油缸及转向枢架等组成。

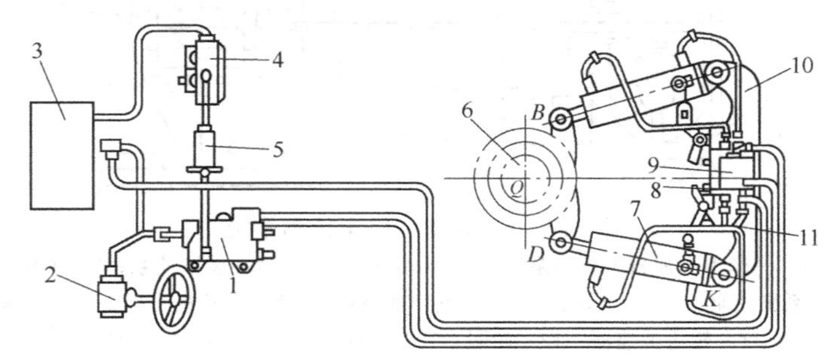

图 4-29　CL9 型自行式铲运机转向系统

1—转向操纵阀；2—转向器；3—油箱；4—转向泵；5—滤油器；6—辕架牵引座；7—转向油缸；8—换向阀；9—双作用安全阀；10—牵引车转向枢架；11—换向曲臂

图 4-30 为转向操纵液压系统图。转向器 20 采用球面蜗杆滚轮式，两个转向油缸 14 装在牵引车转向枢架和辕架曲梁的牵引座之间，油缸两端分别与转向枢架和牵引座铰接。转动方向盘通过转向垂臂及拉杆操纵分配阀 7，实现左、右转向或直线行驶。双作用安全阀 11

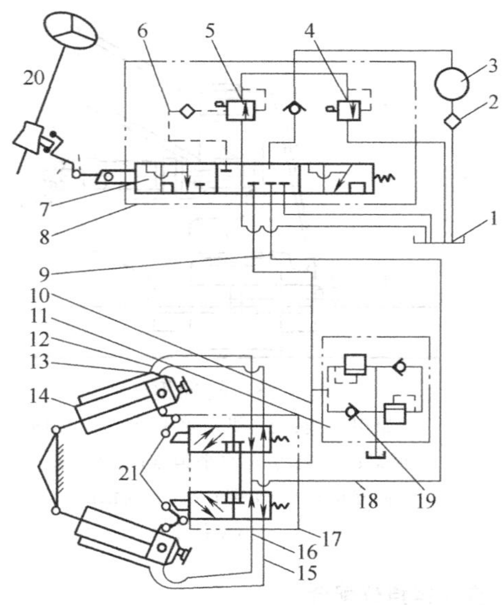

图 4-30　转向操纵液压系统图

1—油箱；2—滤油器；3—油泵；4—溢流阀；5—流量控制阀；6—控制油路；7—分配阀；8—分配阀组；9,10,12,13,15,16,18—外管路；11—双作用安全阀；14—转向油缸；17—换向阀；19—单向阀；20—转向器；21—换向曲臂

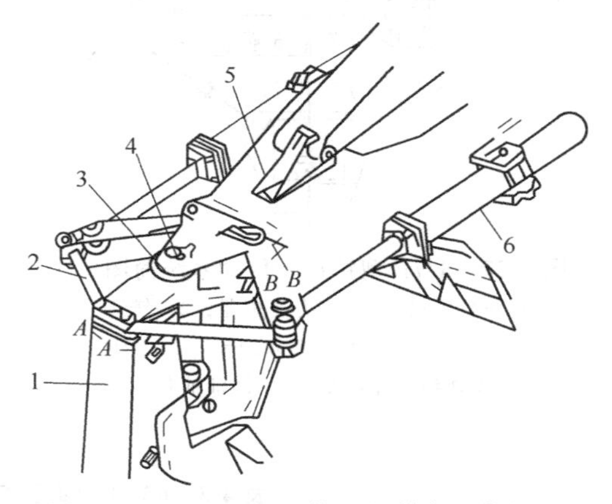

图 4-31　WS16S-2 型铲运机转向机构杆系

1—转向枢架；2—连杆；3—杠杆；4—牵引车与铲斗之间的垂直铰销；5—辕架；6—左转向油缸

用来消除由于道路不平、驱动轮碰到障碍物而引起的作用在液压缸内的冲击负荷。

② 机械式反馈四杆机构随动式转向系统　图 4-31 所示为 WS16S-2 型铲运机的转向机构杆系，铲斗绕上下垂直铰销 4 相对于牵引车回转实现铲运机的转向，转向系统如图 4-32 所示。

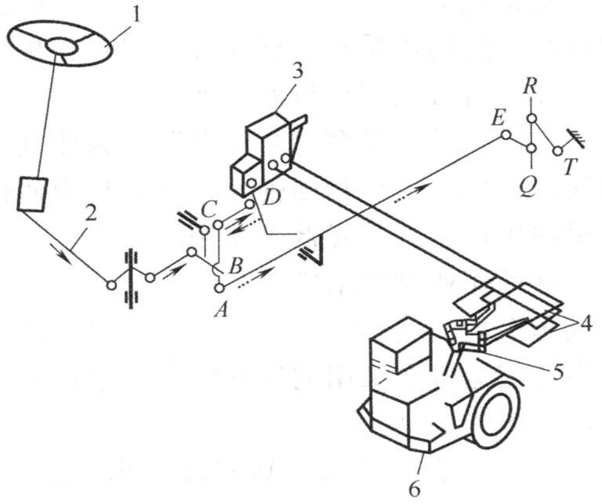

转向器为循环球齿条齿扇式，其转向垂臂的下端铰接于 AC 上的 B 点。RQ 轴经托架装在牵引车上，其上装有双臂杠杆，铰点 T 刚性地装在曲梁上，靠近垂直铰销左侧。

方向盘左转时，转向垂臂随着摆动（此时转向枢架与铲斗无相对运动，A 无法移动），使 AC 杆以 A 为支点向 C 点移动，经连杆 CD 和转向阀另一支点将转向阀组中的阀杆移到左转供油位置，使压力油进入右转向油缸无杆腔和左转向油缸活塞杆腔，实现铲运机的左转向，即曲梁绕垂直主销相对于牵引车作顺时针方向转动。此时 T 点拉着 AE 杆作图示方向移动，B 点因方向盘停止转动而不动。AC 杆以 B 为支点转动使转向阀杆回到中位，停止向转向油缸供油，铲运机就保持一定的转向位置，若要继续转向，必须不断地转动方向盘，从而实现机械反馈随动式动力转向。向右转可自行分析。

图 4-32　WS16S-2 型铲运机转向系统
1—转向器；2—随动杠杆系；3—转向控制阀组；4—铲运机；5—油缸六连杆机构；6—牵引车
→转向器左转引起的杆系运动方向；
…→随动杆系反馈运动方向（左转）

③ 液压式反馈机构随动式转向系统　图 4-33 所示为 627B 型铲运机的液压反馈随动式动力转向系统。

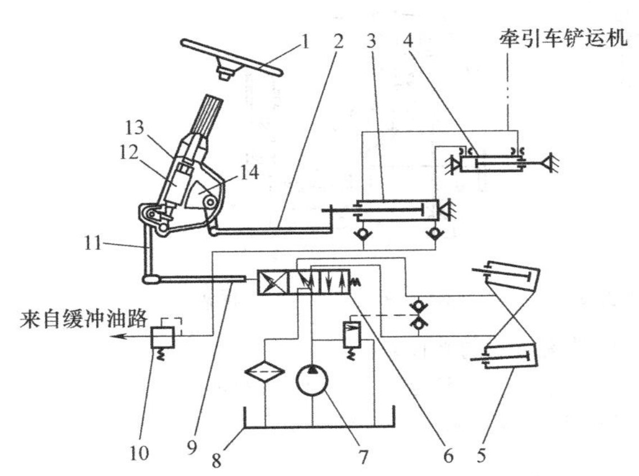

图 4-33　627B 型铲运机液压转向系统
1—方向盘；2—扇形齿轮连杆；3—输出随动油缸；4—输入随动油缸；5—转向油缸；6—转向阀；7—转向油泵；8—液压油箱；9—转向阀连杆；10—补油减压阀；11—转向垂臂；12—齿条螺母；13—转向螺杆；14—扇形齿轮

方向盘轴上有一左旋螺纹的螺杆，装在齿条螺母中。转动方向盘时，螺杆在齿条螺母中向上或向下移动。螺杆的移动带动转向垂臂摆动，将与之相连的转向操纵阀的阀杆移动到相应转向位置。转向操纵阀为三位四通阀，有左转、右转和中间三个位置，方向盘不动时阀处于中间位置。

输入随动油缸的缸体和活塞杆分别铰接于牵引车和铲运车上，装在转向枢架左侧。输出随动油缸的缸体铰接在牵引车上，活塞杆端通过扇形齿轮连杆与转向器杠杆臂相连。

转向时，输入随动油缸的活塞杆向外拉出或缩回，将油液从其小腔或大腔压入输出随动油缸的小腔或大腔，迫使输出随动油缸的活塞杆拉着转向器杠杆臂及扇形齿轮转动一角度，从而使与扇形齿轮啮合的齿条螺母及螺杆和转向垂臂回到原位，转向操纵阀阀杆在转向垂臂的带动下回到中间位置，转向停止。因此，方向盘转一角度，牵引车相对铲运车转一角度，以实现随动作用。

来自缓冲油路的压力油经减压阀进入随动油缸以补充其油量。

综上所述，带换向阀非随动式转向系统由于没有随动作用，操纵比较困难；机械式反馈四杆机构随动式转向系统操作性虽好，但其杆系复杂，铰点过多；液压式反馈机构随动式转向系统，结构质量轻，操作性能好，比机械式反馈更优越。

(3) 自行式铲运机的悬架系统

自行式铲运机在铲装作业时，为使其工作稳定，有较高的铲装效率，需要采用刚性悬架的底盘；但在运输和回驶时，刚性悬架使机械的振动较大，限制了运行速度，极大地影响铲运机的生产率，并降低了使用寿命。

这种作业时要求底盘为刚性悬架、高速行驶时要求底盘为弹性悬架的矛盾，通过借鉴重型汽车上的油气式弹性悬架得以解决。弹性悬架现有两种结构形式：一种是日本小松和美国通用的铲运机上采用的油气弹性悬架；另一种是美国卡特皮勒的铲运机上采用的弹性转向枢架，如图 4-34 所示。

① 油气弹性悬架　WS16S-2 型铲运机的全部车轮都经油气悬架装置悬挂在车架上。图 4-34(a) 为牵引车悬架部分原理图，铲运斗悬架部分与之相仿。

由图 4-34(a) 可见，车桥装在悬臂上，悬臂前端经悬架油缸与车架连接，后端和上端各用一个铰与车架铰接。悬架油缸下腔经止回阀与油箱接通，故下腔中的油液无压力。

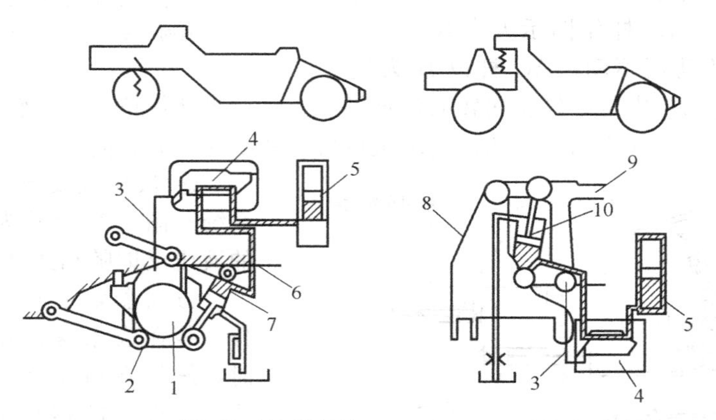

(a) WS16S-2型铲运机油气弹性悬架　　(b) 621E型铲运机弹性转向枢架

图 4-34　两种不同结构形式的弹性悬架

1—前桥；2—悬臂；3—随动杆；4—水平阀；5—储能器；6—牵引车机架；7—悬架油缸；8—转向枢架；9—辕架曲梁；10—减振油缸

WS16S-2 采用气控液压悬架，装有悬架锁定机构，可将弹性悬架装置锁住使机身稳定；还装有自动控制水平机构，无论载荷如何变化（如空斗和装载的铲斗），可保持铲运机离地间隙不变。图 4-35 为悬架系统原理图。

悬架锁定机构的工作原理：当悬架操纵阀 9 关闭时，电磁阀 10 电路被切断，气缸 14 使液压水准阀 5 在下降位置，悬架油缸 3 的大腔回油，关闭通向蓄能器 6 的油路，这时为刚性悬架。

悬架操纵阀开启，压缩空气使气缸 14 的活塞杆向外推出，液压水准阀 5 的阀杆换位，使悬架油缸 3 的大腔进油，水准阀 5 定位在将油泵来油泄回油箱位置。这时根据运输工况的需要，悬架油缸 3 的活塞给蓄能器 6 中的压缩氮气以不同的压力，形成有效的弹性，成为弹性悬架。

水平控制机构的工作原理：当悬架油缸 3 的活塞杆在某一负荷作用下缩回到某种程度，车架 7 和悬臂 20 之间的距离随之减小，随动杆 13 上移，带动摇臂 18 压向上水平控制阀 19，

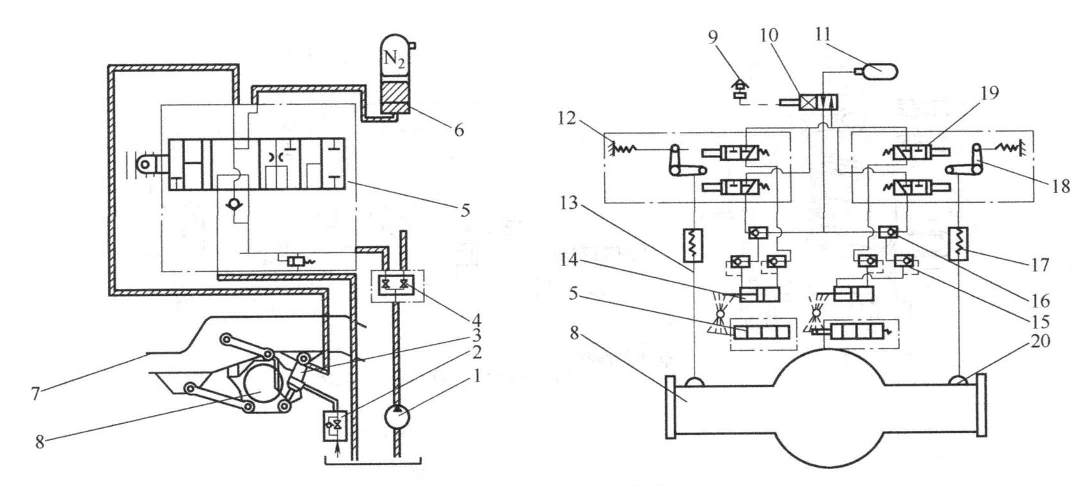

图 4-35 WS16S-2 型铲运机悬架系统

1—油泵；2—单向节流阀；3—悬架油缸；4—分流阀；5—液压水准阀；6—蓄能器；7—车架；8—前桥；
9—悬架操纵阀；10—电磁阀；11—储气罐；12—控制箱；13—随动杆；14—气缸；15—速放阀；
16—单向阀；17—弹簧衬套链节；18—摇臂；19—水平控制阀；20—悬臂

使之换位，压缩氮气进入气缸 14，使液压水准阀 5 在上升位置，压力油进入悬架油缸 3 的上腔，活塞杆外伸，使车架和悬臂之间的距离增加，随动杆 13 拉动摇臂逐渐离开左上水平控制阀。当悬架油缸活塞杆回复到其原来位置时，随动杆也回复到原来位置，左上水平控制阀又恢复右位工作，气缸 14 在右腔密封气体压力的作用下复位，液压水准阀 5 也回复到"定位"位置。由刚性悬架变弹性悬架时也有这样一个动作过程。

当铲运机卸铺土壤时，因铲运机减载，悬架油缸的活塞杆外伸（压力油从蓄能器中补入），车架和悬臂之间的距离增加。随动杆向下拉动，导致液压水准阀的阀杆向内移动到另一位置。这时，阀内的油路使得悬架油缸大腔中的油流回油箱，悬架油缸中的活塞杆逐渐缩回。如此循环往复，使铲运机始终处于一定的高度。

由于采用了弹性悬架，缓冲减振性能得到了改善，行驶平稳，缩短了作业循环时间，延长了轮胎的使用寿命。铲运机在铲装作业时又可以实现刚性悬架，防止铲斗出现摇摆现象。

② 弹性转向框架　由于转向枢架与牵引车之间用一个水平铰销铰接，使牵引车与铲斗可有一定的横向摆动。在铲运机高速行驶时，存在牵引铰接装置的冲击振动。

美国卡特皮勒公司生产的 627B 型自行式铲运机在牵引车和铲运车之间设有氮气-液压缓冲连接装置，可减缓车辆运行时的振动冲击，减轻司机疲劳，降低对道路的要求，提高车辆行驶速度，其结构原理如图 4-36 所示。

在前转向枢架和后转向枢架之间，用两个连杆 1 和 7 相连，构成了具有一个自由度的平行四连杆机构。由缓冲油缸 2 控制这个自由度的运动。缓冲油缸的下腔为工作腔，和装有氮气的蓄能器 4 通过节流孔口相连。蓄能器中的氮气如同弹簧，受压时吸收振动，弹回时氮气膨胀使液流停止并回流，节流孔口起阻尼作用。选择阀 19 置于司机室右侧，有升斗/弹性、升斗/锁定、降斗/锁定三个位置。选择阀位于锁定位时，液压缸大腔和蓄能器的油液接通油缸的小腔，铲运机为刚性连接，用于铲装或卸土作业，保证强制控制铲刀位置。选择阀位于弹性位时，液压泵向氮气蓄能器和液压缸大腔供油，液压缸的活塞杆推出，铲斗的前部被顶起，这时铲斗前部支承在油气弹性悬架系统上。

水平控制阀组由先导组合阀（其上有主溢流阀、单向节流阀、放油阀、先导阀、油缸单向阀和溢流阀）和定位组合阀（其上有定位阀、锁定单向阀和先导活塞）用螺栓组成一体，

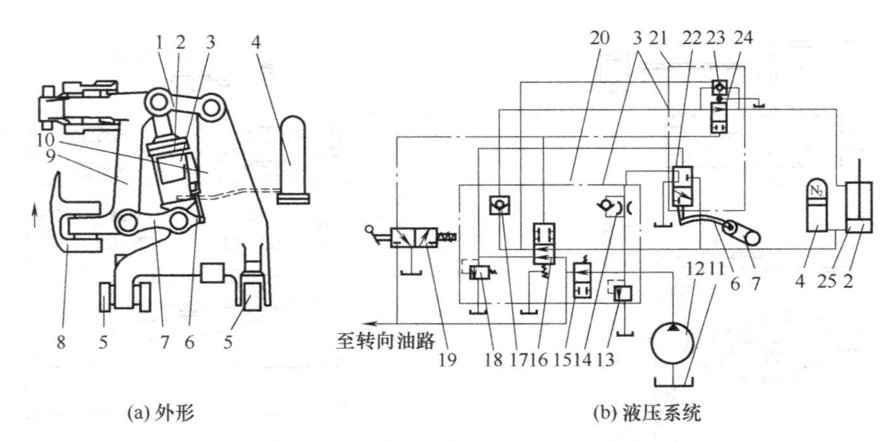

图 4-36　627B 型铲运机连接缓冲装置

1—上连杆；2—缓冲油缸；3—水平控制阀组（包括 20、21 两部分）；4—蓄能器；5—牵引车架；6—板弹簧；7—下连杆；8—铲运车枢架；9—后转向枢架；10—前转向枢架；11—油箱；12—油泵；13—主溢流阀；14—单向阀；15—放油阀；16，24—先导阀；17—油缸单向阀；18—溢流阀；19—选择阀；20—先导阀组；21—定位组合阀；22—定位阀；23—锁定单向阀；25—节流孔口

装在弹性连接处，起控制油液通向蓄能器及液压缸各腔的作用。

弹性悬架与弹性转向枢架两者的结构，若从原理上分析，前者的缓冲减振性能应优于后者，但其零部件数较多，结构较复杂。

（4）自行式铲运机工作装置

① 开斗铲装式工作装置　开斗铲装式工作装置由辕架、斗门及其操纵装置、斗体、尾架、行走机构等组成。工作时，铲斗前端的刀刃在牵引力的作用下切入土中，铲斗装满后，提斗并关闭斗门，运送到卸土地点时打开斗门，在卸土板的强制作用下将土卸出，CL9 型铲运机工作装置与一般的铲斗有所不同，其斗门可帮助向铲斗中扒土，其结构如图 4-37 所示。

a. 辕架。辕架为铲运车的牵引构件，主要由曲梁和“门”形架两部分组成，如图 4-38 所示。辕架由钢板卷制或弯曲成形后焊接而成。曲梁 2 前端焊有牵引座 1，与转向枢架相连，后端焊在横梁 4 的中部。横梁两端焊有铲运斗液压缸支座 3，与铲斗液压缸相连。臂杆 5 前部焊在横梁 4 两端，后端有球销铰座 6，与铲斗相连。

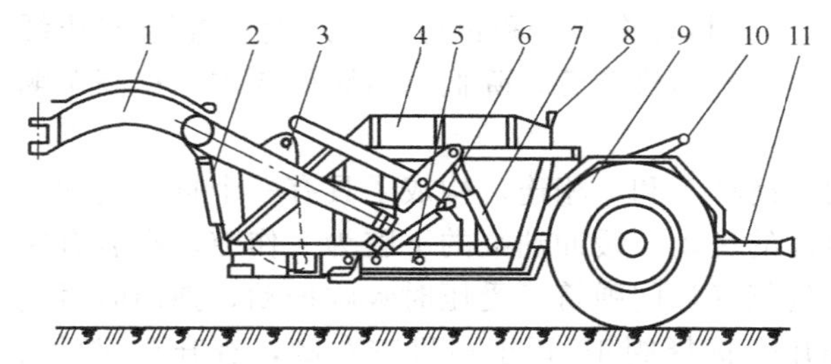

图 4-37　CL9 型工作装置

1—辕架；2—铲斗升降油缸；3—斗门；4—铲斗；5—斗底门；6—斗门升降油缸；7—斗门扒土油缸；8—后斗门；9—后轮；10—卸土油缸及推拉杠杆；11—尾架

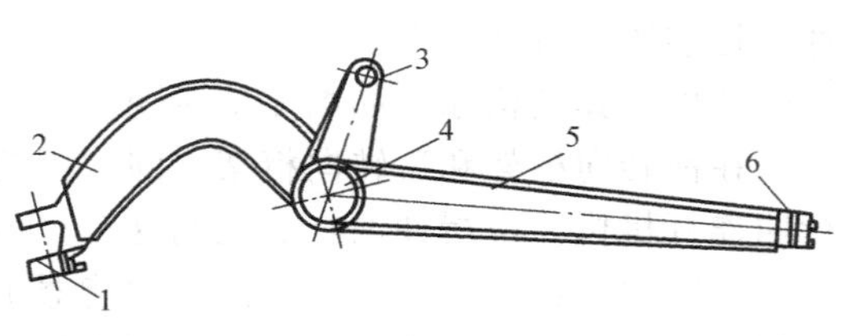

图 4-38　CL9 型铲运机辕架

1—牵引座；2—曲梁；3—液压缸支座；4—横梁；5—臂杆；6—铲斗球销铰座

b. 斗门。如图 4-39 所示，CL9 型铲运机斗门部分主要由斗门 1、拉杆 2、斗门臂 3 及摇臂 4 组成。轴孔与铲斗板上的轴销连接。该机斗门具有帮助扒土的功能，其运动由 A、B 两

油缸完成，如图 4-40 所示。

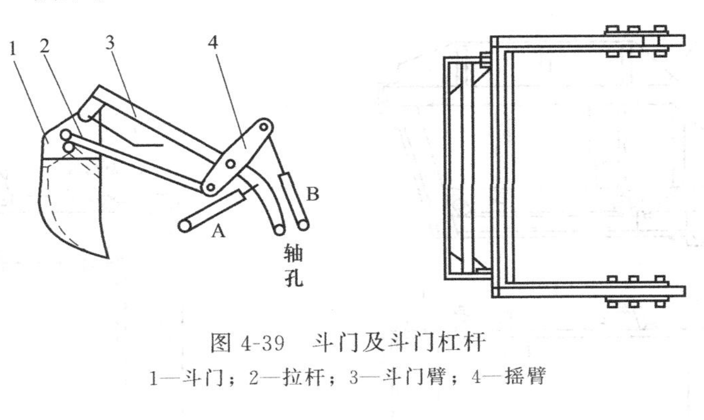

图 4-39 斗门及斗门杠杆

1—斗门；2—拉杆；3—斗门臂；4—摇臂

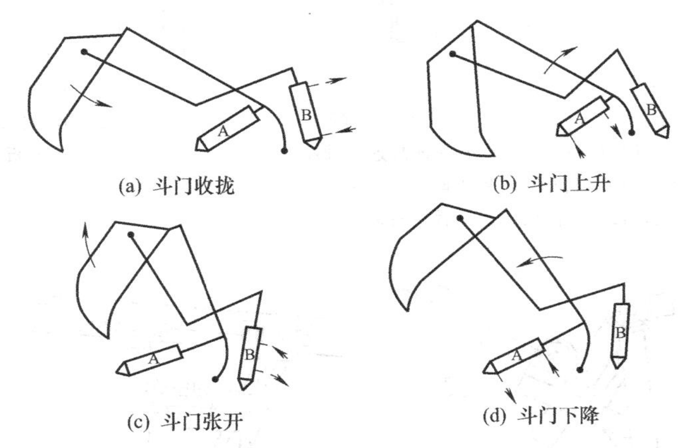

图 4-40 斗门工作原理

A 缸活塞杆伸缩使斗门绕轴孔转动而升降。B 缸活塞杆缩进，通过摇臂 4 和拉杆 2 使斗门张开，反之，活塞杆伸出，斗门收拢。其动作过程分四步，当斗门在最下位置时，斗门张开。第一步，油缸 B 下端进油，斗门收拢，扒土 [图 4-40(a)]；第二步，油缸 A 下端进油，斗门上升 [图 4-40(b)]；第三步，斗门上升到顶后，油缸 B 上端进油，斗门张开 [图 4-40(c)]；第四步，油缸 A 上端进油，斗门下降 [图 4-40 (d)]。在斗门上升过程中，斗门保持收拢状态；下降过程中，斗门保持张开状态。斗门收拢与上升是通过顺序阀控制连续完成的，而斗门张开与下降通过压力阀控制而连续完成。

c. 斗体。斗体为工作装置的主体部分，结构如图 4-41 所示，由左右侧壁 6 和前、后斗底板 3、13 及后横梁 12 组焊而成。斗体两侧对称地焊有辕架连接球轴 9、斗门升降臂连接轴座 10、斗门升降油缸连接轴座 8 和斗门扒土油缸连接轴座 11、铲斗升降油缸连接吊耳 5。铲斗前端的铲刀片 2、斗齿 1 和侧刀片 4 为可拆式，磨损后可以更换。撞块 7 的作用是当斗底活动门向前推动时，活动门两侧的杠杆碰到撞块 7 后关闭。反之斗底门后退，活动板就打开。

d. 卸料机构。卸料机构由斗底门和卸土板（后斗门）组成。斗门自装式铲运机的斗底门是活动部件，如图 4-42 所示。它由四个悬挂轮系 2 挂在铲斗两侧的槽子内。轮轴是偏心的，可调整与铲斗底板的间隙。斗底门的前部是一个活动板 1，可以转动。推拉杆 4 与铲运机后面的推拉杠杆连接（见图 4-43）。斗底门的主要作用是卸土，活动板 1 在卸土时可以刮平卸下的土。

推拉杠杆是两组 V 形杠杆，在其上端用同一轴心的两铰接销连接，下端销轴分别与斗底门和后斗门铰接，两 V 形杠杆中间的孔分别与油缸活塞杆和缸体连接。

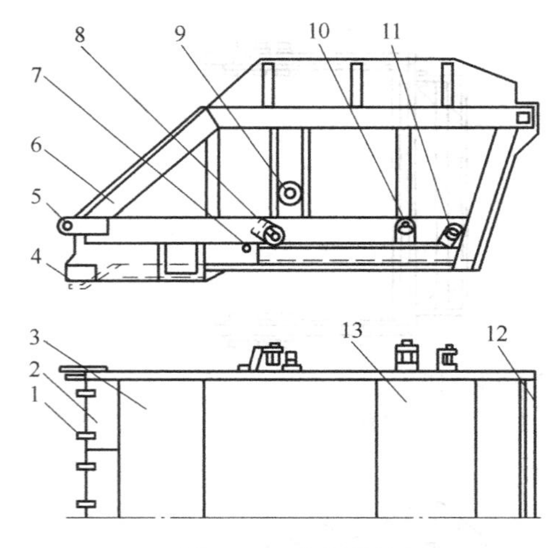

图 4-41　斗体结构

1—斗齿；2—铲刀片；3—前斗底板；4—侧刀片；5—铲斗升降油缸连接吊耳；6—侧壁；7—斗底门撞块；8—斗门升降油缸连接轴座；9—辕架连接球轴；10—斗门升降臂连接轴座；11—斗门扒土油缸连接轴座；12—后横梁；13—后斗底板

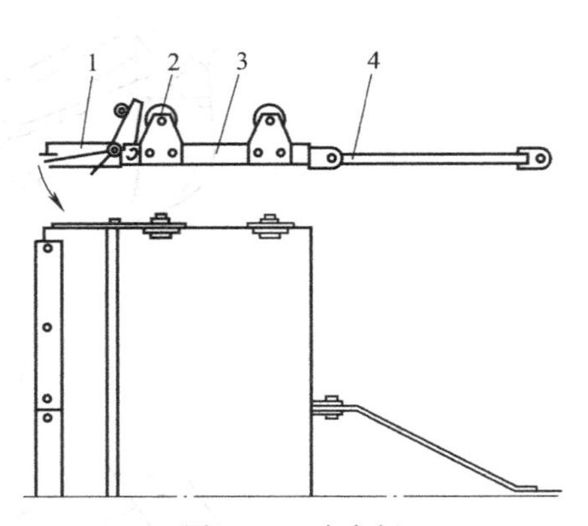

图 4-42　斗底门

1—活动板；2—悬挂轮系；3—底板；4—推拉杆

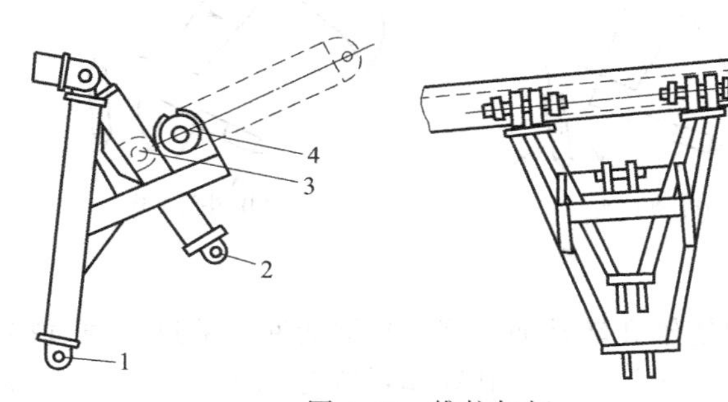

图 4-43　推拉杠杆

1—斗底门铰接孔；2—后斗门铰接孔；3—油缸活塞杆铰接销；4—油缸体铰接销

卸土工作原理见图 4-44。斗底门与后斗门是联动的，由卸土油缸 4 驱动。斗底门 2 与杠杆 ae 连接，后斗门 3 与杠杆 ad 连接，a、b、c、d、e 为铰接点。当卸土油缸 4 的大腔进油时（左图），油缸 4 的缸体向右移，拉动 ae 杠杆向右，斗底门打开。同时活塞杆通过 b 点推动 ad 杠杆向左移，后斗门向左运动把土推到卸土口。油缸 4 的小腔进油时（右图），ae 杠杆把斗底门 2 向左推，关闭卸土口，同时 ad 杠杆把后斗门向右拉回到铲斗的后端。在这一联动过程中，由于斗底门 2 的移动力小于后斗门 3 的移动力，所以总是斗底门先动，后斗门

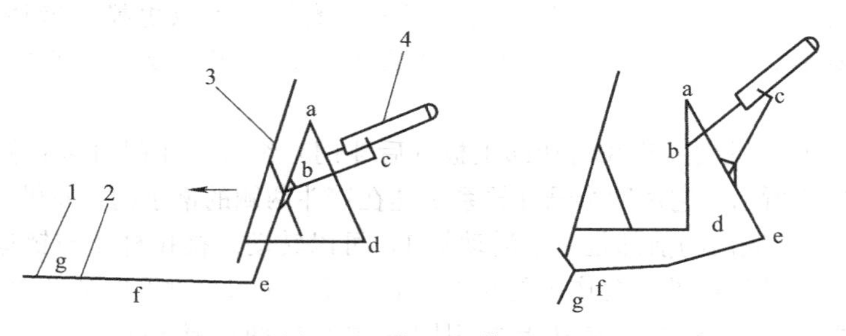

图 4-44　卸土工作原理

1—活动板；2—斗底门；3—后斗门；4—卸土油缸

后动。

② 其他形式铲运机的工作装置

a. 履带自行式铲运机的工作装置。这种铲运机的工作装置如图 4-45 所示，铲运斗直接安装在两条履带中间，铲运斗也作机架用，前面装有辅助推土板，后部装发动机和传动装置。上部是驾驶室，司机座位横向安放，以便前后行驶时观察方便。

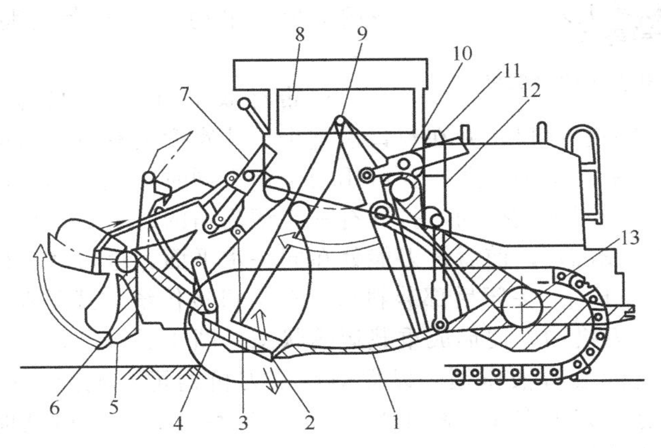

图 4-45 履带自行式铲运机的工作装置

1—铲斗；2,6—刀片；3—斗门支点；4—活动斗门；5—推土板；7—斗门油缸；8—驾驶室；9—活动后斗壁支点；10—活动后斗壁油缸；11—缓冲储气筒；12—铲斗油缸；13—铲斗支点

铲运斗由后轴铰接在左右履带架上，两侧经起升油缸和铰支承在履带架上。靠左右铲斗油缸油路的连通保证履带贴靠在不平地面上。与轮胎式铲运机相比，附着牵引力大，接地比压低，纵向尺寸小，作业灵活，进退均可卸土，可填深沟。因发动机装置较高，也可涉水作业。但铲运斗宽度受履带的限制，一般用于容量为 $7m^3$ 以下的铲运机。

b. 链板升运式铲运机工作装置。该机在铲运斗前部刀刃上方装链板升送装置，用来把切削下的土壤输送到铲斗内，可加快装载过程和减小装土阻力，故可单机作业，不用推土机助铲。但也因安装了升运装置而无法设置斗门，必须通过活动斗底卸土。因此，多用于运距短、路面平坦的工程。

c. 串联作业的自行式铲运机工作装置。如图 4-46 所示，在两台自行式铲运机的前后端加装一套牵引顶推装置，以实现串联作业。当前机铲土作业时，后机为助铲机，后机铲土作业时，前机可给后机强大的牵引力，从而使铲土时间大大缩短，降低土方成本。

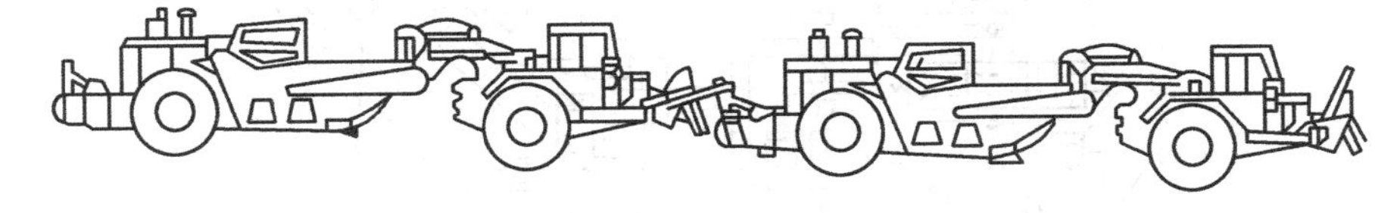

图 4-46 串联作业的自行式铲运机

d. 螺旋装载自行式铲运机工作装置。这种铲运机是在铲运斗中垂直安装一个螺旋装料器，如图 4-47 所示。它把标准式铲运机与链板式铲运机结合起来，结构简单，更换迅速，易于在一般铲运机上改装。

螺旋装料器有一套独立的高压小流量液压系统，包括油泵、液压马达、冷却器、滤油器、加压油箱及电子气动控制器，可在一定转速范围内获得较大转矩。液压马达经行星齿轮减速器驱动螺旋旋转，提升刀刃切削下来的物料，并均匀地撒在整个铲斗内。

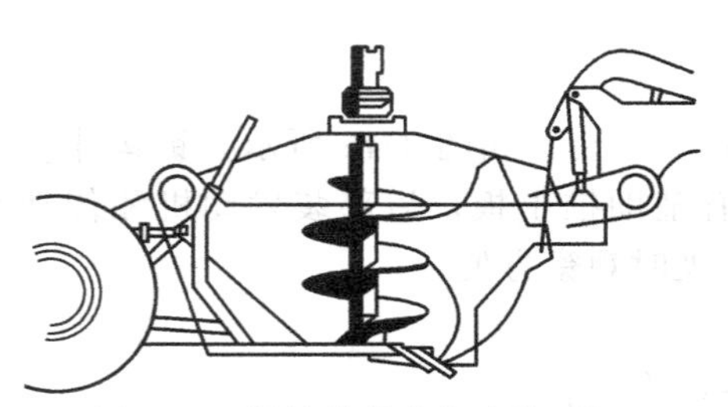

图 4-47 螺旋装载自行式铲运机

螺旋式铲运机能在较短的时间里自己装满铲斗，作业时尘土较少，由于斗门关闭，运输时不致撒漏物料。它的生产率比斗容量相等的链板式或推拉作业的铲运机高 10%～30%，而铲装距离减少一半。其运动零件比链板式少，维修保养的时间和费用也少，驱动轮胎寿命是助铲式铲运机的 2～3 倍。

e. 带有双铲刀机构的铲运机工作装置。这种铲运机在铲斗后部另设一装料口，并在料口沿整个铲斗宽度装有直刀刃的第二铲刀，称为双铲刀铲运机，既可用前铲刀单独作业，也可用两个铲刀同时作业。当用两个铲刀作业时，用液压缸控制后铲刀相对于固定铰摆动，打开有一定切削角的装料口，铲刀切入土表面，同时土进入后部铲斗 [图 4-48(a)]，前后铲刀能处在同一水平面，也可在不同的水平面。当只用前铲刀铲装时 [图 4-48(b)]，关闭后部装料口，铲运机按传统方式作业。

关闭前斗门和后铲刀机构，便形成重载运输状态 [图 4-48(c)]，在液压系统中控制铲刀机构的液压缸和油管之间装有液压锁，以保证后铲刀机构可靠地固定在举升位置上。卸土时，后铲刀机构也可进行卸土作业 [图 4-48 (d)]。这种形式的铲运机提高了铲装效率，同时保持了普通式铲运机结构简单、工作可靠的优点。

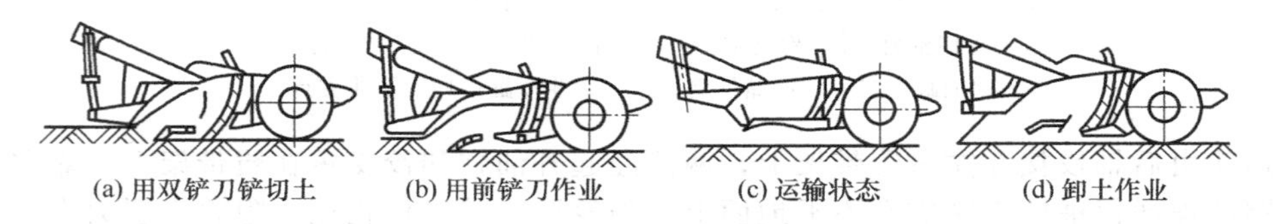

图 4-48 双铲刀铲运机的工作循环图

③ 工作装置的液压系统

a. CL9 型铲运机工作装置的液压系统。如图 4-49 所示，液压系统主要由手动控制和自动控制两大部分组成。

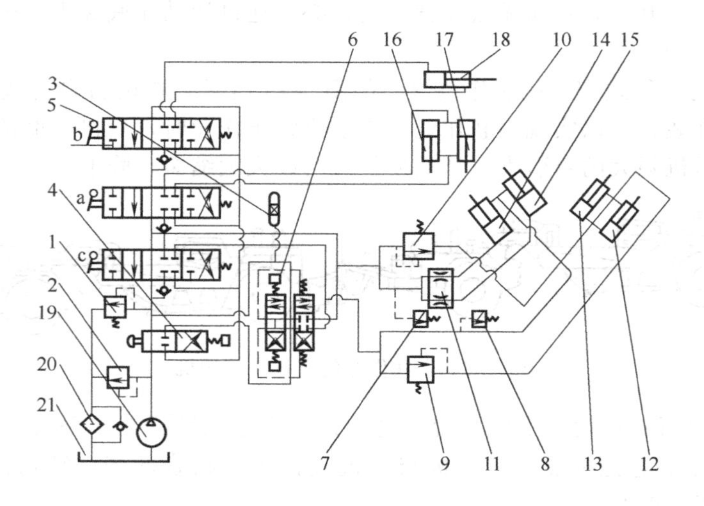

图 4-49 CL9 型铲运机工作装置液压系统

1—先导式溢流阀；2—直动式溢流阀；3—缓冲器；4—电-液切换阀；5—手动三联多路阀；6—电-液换向阀；7,8—压力继电器；9,10—顺序阀；11—同步阀；12,13—斗门开闭油缸；14,15—斗门升降油缸；16,17—铲斗升降油缸；18—卸土油缸；19—齿轮泵；20—回油路过滤器；21—油箱

操纵系统的液压油由齿轮泵 19 供给，齿轮泵由动力输出箱的一个从动齿轮驱动。有七个工作油缸：铲斗升降油缸 16、17，斗门升降油缸 14、15，斗门开闭油缸 12、13 及卸土油缸 18，用手动三联多路阀 5 控制。因斗门升降及扒土的动作频繁，故增设了自动控制。

斗门液压控制原理如下：油泵压力油先流经二位四通电-液切换阀 4，此阀不通电时，压力油进入手动三联多路阀 5，该阀三个手柄都处于中位时，压力油直接回到油箱，形成卸荷回路；当手动阀 c 左移时，压力油就进入顺序阀 10 和同步阀 11，由于顺序阀 10 调定压力为 7MPa，所以压力油先经同步阀 11 进入斗门开闭油缸 12、13 的下端，活塞上移，斗门就收拢扒土；油缸 12、13 的活塞上移到顶，油压增高到大于 7MPa 时，压力油冲开同步阀 11，进入斗门升降油缸 14、15 的下端，活塞上移，斗门上升，斗门上升到顶后，将手动阀换向，压力油就进入油缸 12、13、14、15 上端；由于油缸下端的回油要经过顺序阀 9（调定压力为 2MPa），所以压力油先进入油缸 12、13 的上端，活塞下移，斗门张开，当此活塞下移到底后，油缸 12、13、14、15 上端油压增高，促使油缸 14、15 下端的油压也增高，当油压大于 2MPa 时，回油就冲开顺序阀 9 流回油箱，油缸 14、15 的活塞下移，斗门下降；由于顺序阀的作用，手动阀 c 每一次换向，斗门就可完成扒土到上升或张开到下降两个动作。

铲运机装满一斗土，斗门需扒土 5～6 次，手动阀换向就需 10～12 次，动作频繁。为改善操作性能，液压系统中采用了电-液换向阀 6 和压力继电器 7、8，实现自动控制。其工作原理如下。

当电-液切换阀 4 励磁后，油泵来油被切换到电-液换向阀 6，向油缸 12、13、14、15 供油。油缸动作顺序与手动阀控制相同。当斗门上升到顶时，油压升高，压力继电器 8 动作，产生电信号，使电-液换向阀 6 自动换向。反之，斗门下降到底后，压力继电器 7 动作，电信号使电-液换向阀 6 又自动换向。如此循环 5～6 次后自动停止。

铲斗的升降及卸土板的前后移动由手动阀 a、b 控制。当电-液切换阀不通电时，油泵来油就进入手动三通多路阀 5，操纵阀 a，压力油进入铲斗升降油缸实现升降；操纵阀 b，压力油进入卸土油缸 18 实现强制卸土。回油均从多路阀 5 流回油箱。

该系统在油泵出口处并联了两个溢流安全阀。大通径先导式溢流阀 1 可实现大流量的卸荷式溢流。因其灵敏度低，所以并联一个小通径直动式溢流阀 2。

为了减小系统中电-液换向阀换向时的压力脉冲，系统中装有气囊式缓冲器 3。同步阀 11 的作用是使斗门扒土油缸活塞的伸缩在两侧负载不同时能基本同步。

b. 627B 型铲运机工作装置液压系统。如图 4-50 所示，控制工作装置运动的油路有 3 种。

铲斗控制油路。铲斗操纵阀 8 共有四个工位，快落铲斗，压力油送入铲斗油缸大腔，此时小腔的回路通过单向速降阀 7 直接送入油缸大腔，实现铲斗快落，铲斗下降；中位；锁定铲斗，提升铲斗；放下斗门，铲斗操纵阀杆向前推，可控制气阀使铲斗提升的同时斗门放下，这样可以用同一手柄控制铲斗和斗门。

斗门控制油路。斗门浮动：此时斗门油缸的两腔相通，斗门可以自由升降。斗门下降：此工位也可由压缩空气作用于操纵阀实现，此时由铲斗操纵杆控制，由于压力油作用于顺序阀，使其不能开启，不会由顺序阀回油。中位：斗门固定不动，若此时铲斗提升迫使斗门上升时，由于此时顺序阀的开启压力较低（7030kPa），油缸小腔压出的油液可经顺序阀排至油缸大腔；斗门上升。

卸土板控制油路。卸土板操纵阀 2 共有四个工位，卸土板收回，在此工位操纵阀杆可以锁定，卸土板完全收回后阀杆可自动复位；卸土板收回；中位，卸土板固定不动；卸土板推土卸料。

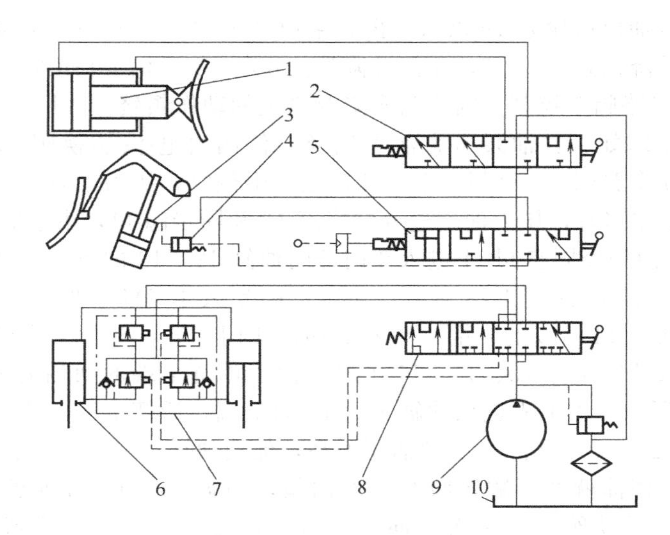

图 4-50　627B 型铲运机工作装置液压系统

1—卸土板油缸；2—卸土板操纵阀；3—斗门油缸；4—顺序阀；5—斗门操纵阀；6—铲斗油缸；7—单向速降阀；8—铲斗操纵阀；9—油泵；10—油箱

4.3　平地机

4.3.1　平地机概述

(1) 用途

平地机的主要工作装置为装有刀片的刮刀，可配备其他多种可换作业装置，主要完成土壤平整和整形作业。平地机的刮刀比推土机的铲刀具有更大的灵活性，它能连续改变刮刀的平面角和倾斜角，也可以横向伸出机体。因此，平地机是一种多功能的连续作业式的土方施工机械。

平地机主要用于公路路基基底处理，整修路堤的断面；开挖路槽和边沟；修刷边坡；清除路面积雪；松土；拌和、摊铺路面基层材料等各类施工和养护工程中。现代平地机具备有铲刀自动调平装置，采用电子控制技术，控制精度高，并装有防倾翻和防落物的驾驶室。

(2) 分类及代号表示方法

平地机有拖式和自行式两种，拖式平地机由牵引车牵引，自行式平地机由发动机驱动行驶和作业。其主要分类方式如下。

① 按车轮分类　平地机均为轮胎式，按车轮布置形式（即总轮对数×驱动轮对数×转向轮对数）分类如下（图 4-51）。

a. 六轮平地机有：3×2×1 型——前轮转向，中后轮驱动；
3×2×1 型——前轮转向，全轮驱动；
3×3×3 型——全轮转向，全轮驱动。

b. 四轮平地机有：2×1×1 型——前轮转向，后轮驱动；
2×2×2 型——全轮转向，全轮驱动。

驱动轮对数越多，在工作中所产生的附着牵引力越大；转向轮对数越多，平地机的转弯半径越小。国内外大多数平地机多采用 3×2×1（铰接式机架）。目前，由于转向轮装有倾斜机构，平地机在斜坡上工作时，车轮的倾斜可提高平地机工作时的稳定性；在平地上转向时，能进一步减小转弯半径。

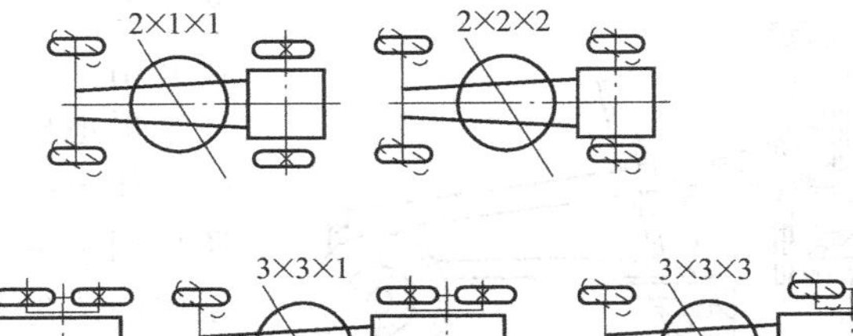

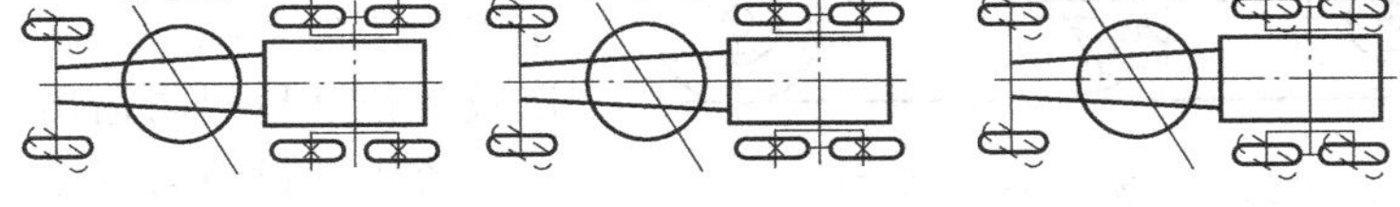

图 4-51　平地机按车轮分类示意图（车轮上带“×”者为驱动轮）

② 按机架结构形式分类　可分为整体式机架和铰接式机架。整体式机架有较大的整体刚度，但转弯半径较大，传统的平地机多采用这种机架结构。与整体式机架相比，铰接式机架具有转弯半径小、作业范围大和作业稳定性好等优点，所以，现代平地机大都采用此种机架。

③ 按刮刀长度和发动机功率分类　可分为轻型、中型、重型三种，见表 4-6。

表 4-6　平地机按刮刀长度和发动机功率分类

类型	刮刀长度/m	发动机功率/kW	质量/kg	车轮数/个
轻型	<3.0	44～66	5000～9000	4
中型	3.0～3.7	66～110	9000～14000	6
重型	3.7～4.2	110～220	14000～19000	6

④ 按操纵方式分类　可分为机械操纵和液压操纵两种。目前，自行式平地机的工作装置（刮刀）和行走装置多采用液压操纵。

平地机的类代号为 P，Y 表示液压式，主参数为发动机的额定功率，单位为 kW（马力）。如：PY180 表示发动机功率为 132kW（180 马力）的液压式平地机。

(3) 平地机的主要技术参数

平地机的主要技术参数有发动机的额定功率、刮刀的宽度和高度、提升高度和切土深度、最大牵引力、前轮的摆动、转向和倾斜角、最小转弯半径以及整机质量等。

4.3.2　平地机构造

(1) 总体构造

自行式平地机主要由发动机、机架、动力传动系统、行走装置、工作装置以及操纵控制系统等组成。图 4-52 和图 4-53 分别示出了 PY180 型平地机和 PY160B 型平地机的整机外形

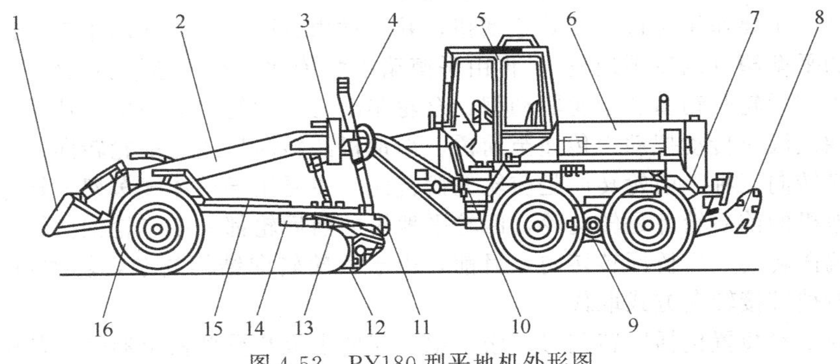

图 4-52　PY180 型平地机外形图

1—前推土板；2—前机架；3—摆架；4—刮刀升降油缸；5—驾驶室；6—发动机罩；7—后机架；8—后松土器；9—后桥；10—铰接转向油缸；11—松土耙；12—刮刀；13—铲土角变换油缸；14—转盘齿圈；15—牵引架；16—转向轮

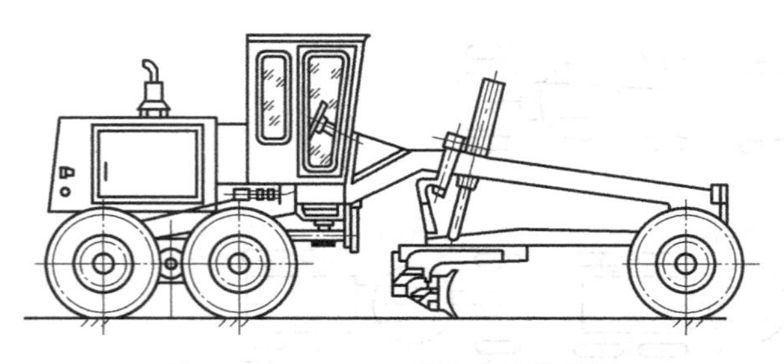
图 4-53 PY160B 型平地机外形图

及主要组成。下面主要以 PY180 型为例介绍平地机的构造。

平地机一般采用工程机械专用柴油机，如风冷或水冷柴油机，多数柴油机还采用了废气涡轮增压技术，以适应施工中的恶劣工况，在高负荷低转速下可以较大幅度地提高输出转矩。通常在传动系统中装设液力变矩器，使发动机的负荷比较平稳。

机架是连接前桥与后桥的弓形梁架。在机架上安装有发动机、传动装置、驾驶室和工作装置等。在机架中间的弓背处装有油缸支架，上面安装刮刀升降油缸和牵引架引出油缸。PY160B 型平地机采用整体式机架，PY180 型平地机则采用铰接式机架。图 4-54 示出了最普通的箱形结构的整体式机架，它是一个弓形的焊接结构。平地机的工作装置及其操纵机构悬挂或安装在弓形纵梁 2 上。机架后部由两根纵梁和一根后横梁 5 组成，机架上面安装发动机、传动机构和驾驶室；机架下面则通过轴承座 4 固定在后桥上；机架的前鼻则以钢座支承在前桥上。PY180 型平地机的前后机架采用铰接方式连接，并设有左右转向油缸，用于改变和固定前后机架的相对位置。前机架为弓形梁架，它的前端支承在摆动式前桥上，后端与后机架铰接。前机架弓形梁的下端装有刮刀和松土耙，前端装有推土板。

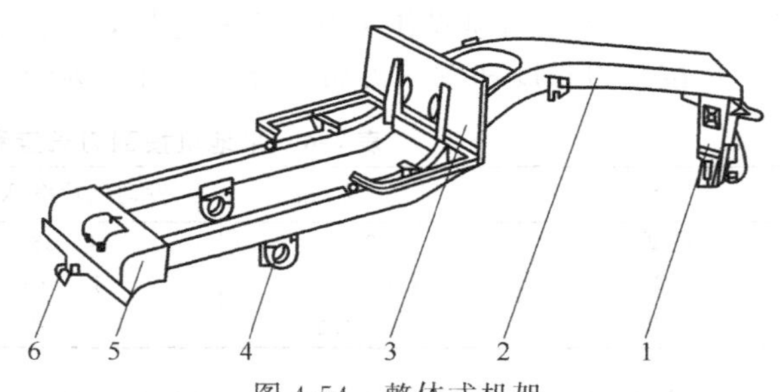

图 4-54 整体式机架
1—铸钢座；2—弓形纵梁；3—驾驶室底座；
4—轴承座；5—后横梁；6—拖钩

动力传动系统一般由主离合器（或液力变矩器）、变速器、后桥传动、平衡箱串联传动装置等组成。

主离合器的作用是在机械起步时使所传递的动力接合柔顺，机械起步平稳；换挡时齿轮间产生的冲击减小；能在过载时通过打滑保护传动系统。

液力变矩器可以根据外负荷的变化，调整发动机转速，使机械在挡位速度范围内实现无级变速，自动适应外阻力的变化，它可以取代主离合器。

后桥传动的主要作用是进一步减速增扭，并将动力分配传至两侧的车轮（四轮平地机），或传给两侧的平衡箱（六轮平地机），再由平衡箱串联传动装置传递给驱动轮。

行走装置有后轮驱动型和全轮驱动型，全轮驱动时，后轮的动力由变速器输出，并由万向节和传动轴或液压传动把动力传递至前桥。平地机的转向形式有前轮转向、全轮转向、前轮转向与铰接转向三种。前轮转向是前轮偏摆转向，主要用于整体式车架，转弯半径大；全轮转向时平地机的前后轮都是转向轮，四轮平地机的前后轮都采用车轮偏摆转向，六轮平地机采用前轮偏摆转向，后桥回转转向，目前，由于后轮转向结构复杂，转动角较小，所以，后轮转向逐渐被铰接转向方式取代。

平地机的工作装置包括回转刮刀、松土耙、前推土板和重型松土器等，其中，刮刀是主要工作装置。多数平地机将耙土器装在刮刀与前轮之前，用来帮助清除杂物和疏松表层土壤。此外，通常在平地机尾部安装松土器，而在机器前面安装推土板，用来配合刮刀作业。耙土器、松土器和推土板均属平地机的附属工作装置，根据实际需求，可加装其中一种或两种。

操纵控制系统包括作业装置操纵系统和行驶操纵系统。作业装置操纵系统用来控制刮刀、耙土器、松土器和推土板的运动，完成作业过程。

(2) 动力传动系统

PY180型平地机传动系统采用发动机-液力变矩器-动力换挡变速器的传动形式。它的传动原理简图如图4-55所示。发动机输出的动力经液力变矩器，进入动力换挡变速器，由变速器输出轴输出，经万向节和传动轴输入三段型驱动桥的中央传动。中央传动设有自动闭锁差速器，左右半轴分别与左右行星减速装置的太阳轮相连，动力由齿圈输出，然后输入左右平衡箱轮边减速装置，通过重型滚子链轮减速增扭，再经车轮轴输出到左右驱动轮。

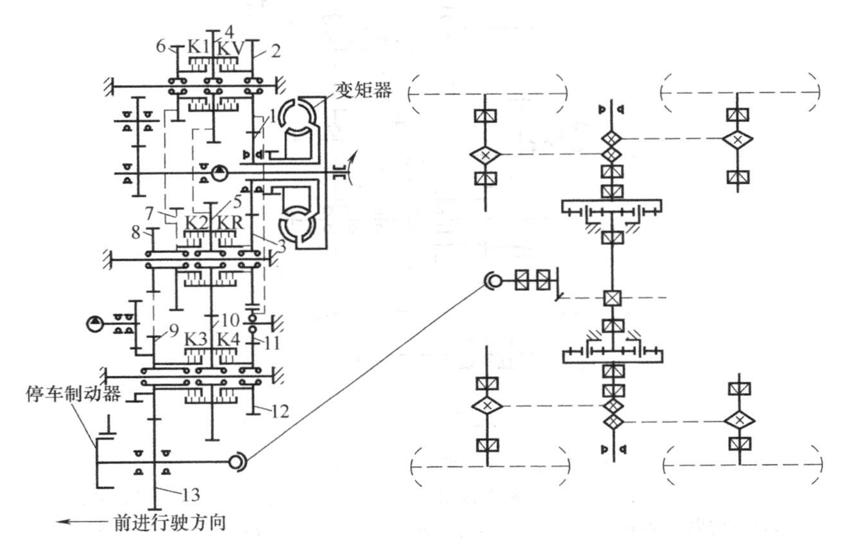

图4-55 PY180型平地机传动系统示意图

1—涡轮轴齿轮；2～13—常啮合传动齿轮；

KV,K1,K2,K3,K4—换挡离合器；KR—换向离合器

PY180型自行式平地机采用ZF液力变矩器-变速器或采用Clack液力变矩器-变速器，与发动机共同工作。液力变矩器与动力换挡变速器共壳体，前端与发动机飞轮壳体用螺栓连接。ZF液力变矩器-变速器和Clack液力变矩器-变速器均为组成式变速器，由主、副变速器串联组成。前者采用高、低挡副变速器，具有6个前进挡和3个倒退挡，后者采用倒、顺挡副变速器，设有6个前进挡和6个倒退挡；两者的换挡（换向）控制原理相同。图4-56示出了ZF液力变矩器-变速器的传动简图。

液力变矩器为单级向心式变矩器，具有一定的正透性。变矩器泵轮通过弹性盘（非金属材料）与发动机飞轮连接，涡轮轴为变速器的动力输入轴。

变速器为定轴式动力换挡变速器，变速齿轮均为常啮合，操纵换挡离合器换挡，并由变速油泵供给压力油。变速齿轮油泵安装在变速器内的后上方。除向换挡离合器提供压力油外，变速泵也同时向液力变矩器供油，然后经冷却器冷却，再向变速器的压力润滑系统供油。

变速器设有K1、K2、K3、K4、K5等5个换挡离合器和1个换向离合器（KR），换挡离合器为多片式双离合器结构，“KV-K1”、“KR-K2”和“K4-K3”换挡离合器均为单作用双离合器，即左、右离合器可以单独接合，也可以同时接合传递动力。左、右离合器共用一

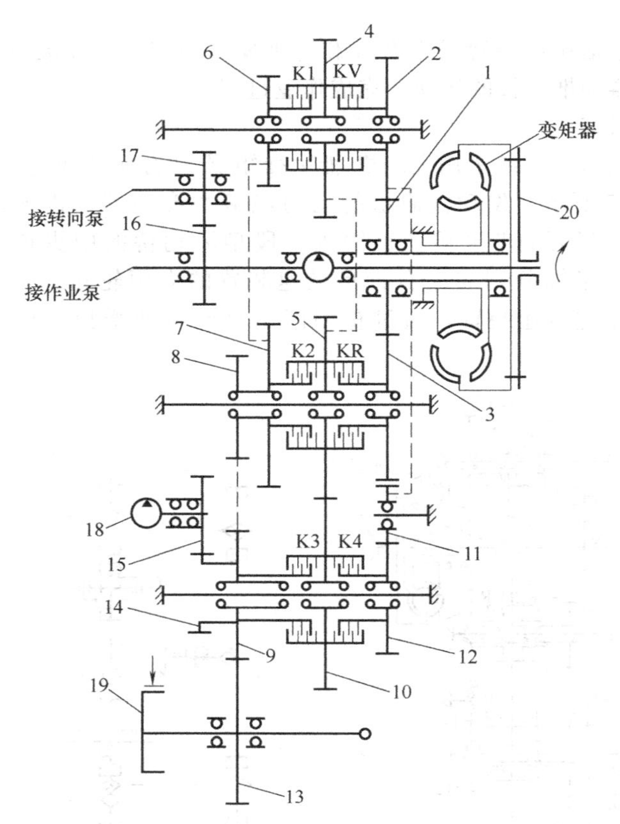

图 4-56 ZF 液力变矩器-变速器传动简图

1—涡轮轴齿轮；2～13—常啮合传动齿轮；14,15—紧急转向油泵驱动齿轮；
16,17—转向油泵驱动齿轮；18—紧急转向泵；19—停车制动器；20—发动机飞轮
KV,K1,K2,K3,K4—换挡离合器；KR—换向离合器

个油缸，分别有各自的压紧活塞。

在变速器后端伸出的泵轮轴上，装有平地机工作装置的驱动油泵。变速器输出的动力一部分用于驱动转向油泵和紧急转向油泵。变速器输出轴前端装有停车制动器，后端通过传动轴将动力传至后桥行走驱动装置。

变速器采用电液系统控制换挡。电液控制系统由变速泵、换挡压力控制阀、电磁换挡液压信号阀、液压换挡阀、换挡（换向）离合器组以及滤清器、安全阀、油箱等液压元件和挡位选择器等电气元件所组成。

在电液换挡控制系统中，变速泵主油路提供电磁换挡信号阀的信号油压和通过液压换挡阀进入换挡（换向）离合器的接合油压。换挡时，手动操纵电控挡位选择器选择挡位，即接通与选择器相关的电磁信号阀，并通过电磁信号阀输出信号油压，再控制液压换挡阀实现动力换挡。平地机换向时，应将挡位降至Ⅰ挡进行。

液控液压换挡换向阀设有缓冲装置，可使换挡（换向）离合器接合平稳、换挡无冲击。另外，变速器的电液换挡电气线路中设有空挡保险装置，只有在变速器处于空挡位置时，才能启动发动机，这样可以避免发动机负载启动。

变速器的各挡传动路线如下（参见图 4-55、图 4-56）。

前进挡：

Ⅰ挡　涡轮轴齿轮→齿轮 2→KV→齿轮 6→齿轮 7→齿轮 8→齿轮 9→齿轮 13→输出轴；

Ⅱ挡 涡轮轴齿轮 1→齿轮 2→齿轮 11→齿轮 12→K4→齿轮 10→齿轮 5→齿轮 4→K1→齿轮 6→齿轮 7→齿轮 8→齿轮 9→齿轮 13→输出轴；

Ⅲ挡 涡轮轴齿轮 1→齿轮 2→KV→齿轮 4→齿轮 5→K2→齿轮 8→4 齿轮 9→齿轮 13→输出轴；

Ⅳ挡 涡轮轴齿轮 1→齿轮 2→齿轮 11→齿轮 12→K4→齿轮 10→齿轮 5→K2→齿轮 8→齿轮 9→齿轮 13→输出轴；

Ⅴ挡 涡轮轴齿轮 1→齿轮 2→KV→齿轮 4→齿轮 5→齿轮 10→K3→齿轮 9→齿轮 13→输出轴；

Ⅴ挡 涡轮轴齿轮 1→齿轮 2→齿轮 11→齿轮 12→K4→K3→齿轮 9→齿轮 13→输出轴。

倒退挡：

Ⅰ挡 涡轮轴齿轮 1→齿轮 3→KR→齿轮 5→齿轮 4→K1→齿轮 6→齿轮 7→齿轮 8→齿轮 9→齿轮 13→输出轴；

Ⅱ挡 涡轮轴齿轮 1→齿轮 3→KR→K2→齿轮 8→齿轮 9→齿轮 13→输出轴；

Ⅲ挡 涡轮轴齿轮 1→齿轮 3→KR→齿轮 5→齿轮 10→K3→齿轮 9→齿轮 13→输出。

(3) 后桥平衡箱串联传动

为了提高机械的行驶牵引性能和作业性能，并满足两侧车轮的结构布置要求，六轮平地机一般都采用一个后桥。平衡箱串联传动的作用就是将后桥半轴输出的动力，分别传给中、后车轮。由于驱动轮可随地面起伏迫使左右平衡箱做上下摆动，因此，能保证两侧的中后轮同时着地，均衡前后驱动轮的载荷，提高平地机的附着牵引性能。另外，平衡箱可以大大提高平地机的作业平整性。

平衡箱串联传动有链条传动和齿轮传动两种形式。链条传动结构简单，并且有减缓冲击的作用，缺点是链条磨损大，寿命短，需要及时调整链条的张紧度。齿轮传动可以实现较大的减速比，所以，采用这种形式的平衡箱，后桥主传动通常只用一级螺旋齿轮减速。目前，大多数平地机上采用链条传动形式的平衡箱。典型的后桥平衡箱串联传动的结构如图 4-57 所示。

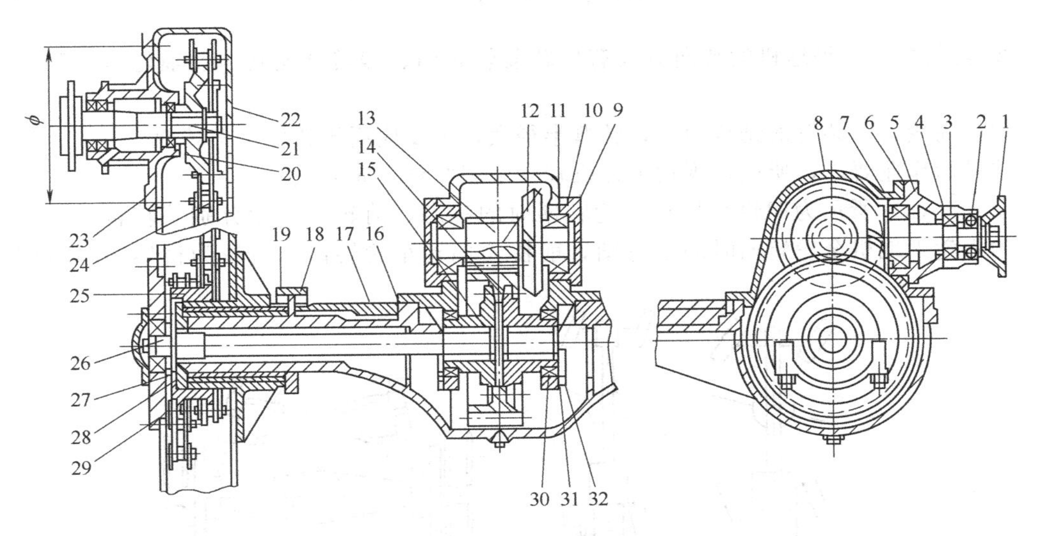

图 4-57 后桥及平衡箱结构

1—连接盘；2—主动锥齿轮轴；3,7,11,30—轴承；4,6,10,19,28,31—垫片；5—主动锥齿轮座；8—齿轮箱体；9—轴承盖；12—从动锥齿轮；13—直齿轮；14—从动直齿轮；15—轮毂；16—壳体；17—托架；18—导板；20—链轮；21—车轮轴；22—平衡箱体；23—轴承座；24—链条；25—主动链轮；26—半轴；27—端盖；29—钢套；32—压板

(4) 行走装置

① 前后桥结构　对于小型四轮平地机，一般前桥与机架铰接，后桥与机架固接，以保证四轮同时着地；对于六轮平地机，一般前桥与机架铰接摆动，后桥与机架固接，后轮通过平衡箱对于后桥摆动，这样保证全部车轮同时着地，后四轮平均承载，目前，平地机普遍采用这种结构形式。

PY180 型平地机前桥的结构如图 4-58 所示。前桥横梁与前机架铰接，可绕铰接轴上下摆动，提高前轮对地面的适应性。前桥为转向桥，车轮通过转向油缸推动左右转向节偏转而实现平地机转向。通过倾斜油缸和倾斜拉杆的作用使前轮左右倾斜，这样，平地机横坡作业时，前轮可以处于垂直状态，有利于提高前轮的附着力和整机的作业稳定性。

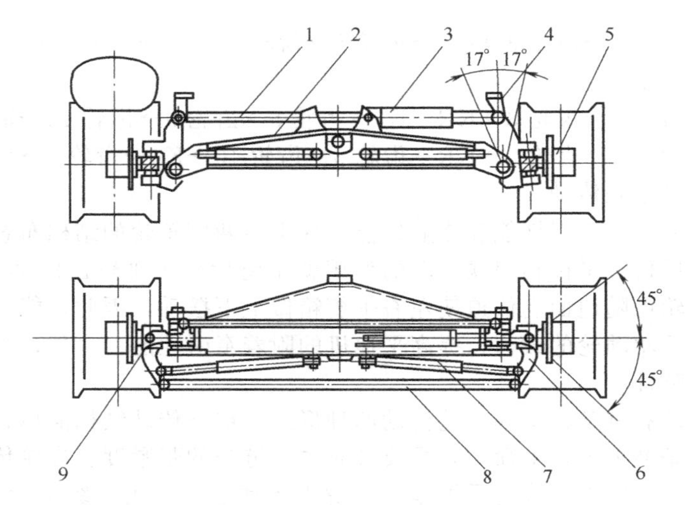

图 4-58　PY180 型平地机的前桥

1—倾斜拉杆；2—前桥横梁；3—倾斜油缸；4—转向节支承；5—车轮轴；6—转向节；7—转向油缸；8—梯形拉杆；9—转向节销

② 转向装置　平地机的转向方式有偏转前轮转向、偏转全轮转向及前轮转向和铰接转向三种。

偏转前轮转向装置的结构简单，转弯半径大，主要应用于整体机架转向，有时不适应平地机的灵活作业要求，所以，现代平地机较少采用此种转向方式。

图 4-59(a) 所示为四轮平地机全轮转向时的状态，前轮和后轮分别偏转转向。图 4-59(b) 为六轮平地机全轮转向时的示意图，前桥为偏转车轮转向，后桥为桥体回转转向。如

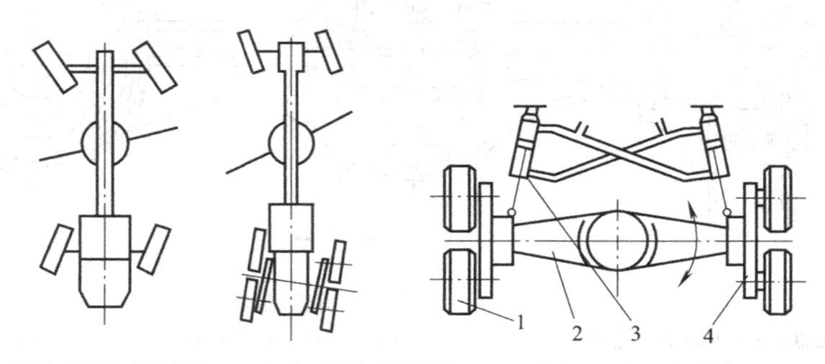

(a) 四轮平地机全轮转向　(b) 六轮平地机全轮转向　(c) 六轮平地机后桥转向

图 4-59　全轮转向示意图

1—后轮；2—后桥壳体，3—转向油缸；4—平衡箱

图 4-59(c) 所示，后桥体上部与机架铰接，可绕铰接点水平回转，转向油缸的缸体端与机架铰接，活塞杆端与后桥铰接。转向时，一侧油缸伸出，另一侧油缸缩回，实现后桥回转转向。全轮转向时，可采用前后轮独立操纵转向方式，也可以操纵全液压转向器，由分配阀实现前后轮转向分配控制。

前轮转向和铰接转向方式是目前普遍采用的转向方式，主要应用于铰接式机架。前桥仍为偏转车轮转向，前后机架铰接，由转向油缸驱动实现铰接转向。

(5) 平地机的工作装置

① 刮刀　刮刀是平地机的主要工作装置，结构如图 4-60 所示。刮刀安装在弓形梁架下方牵引架的回转圈上。回转圈是一个带内齿的大齿圈，它支承在牵引架上，可在回转驱动装置的驱动下绕牵引架转动，从而带动刮刀回转。牵引架的前端是一球形铰，与车架前端铰接，使得牵引架可绕球铰在任意方向转动和摆动。刮刀背面的上下两条滑轨支承在两列角位器的滑槽上，在侧移油缸活塞杆的推动下，刮刀可以侧向伸出。松开角位器的固定螺母，可以调整角位器的位置，即调整刮刀的切削角（也称铲土角)。

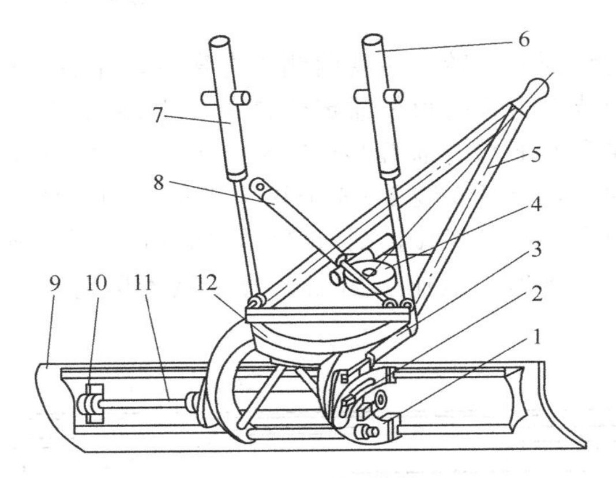

图 4-60　刮刀工作装置

1—角位器；2—角位器紧固螺母；3—切削角调节油缸；4—回转驱动装置；5—牵引架；6—右升降油缸；7—左升降油缸；8—牵引架引出油缸；9—刮刀；10—油缸头铰接支座；11—刮刀侧移油缸；12—回转圈

平地机的刮刀在空间的运动形式比较复杂，可以完成六个自由度的运动，即沿空间三个坐标轴的移动和转动。具体说来，刮刀可以有如下七种形式的动作：刮刀升降；刮刀倾斜；刮刀回转；刮刀侧移（相对于机架左右侧伸)；刮刀直移（沿机械行驶方向)；刮刀切削角的改变；刮刀随回转圈一起侧移，即牵引架引出。

其中刮刀升降、刮刀倾斜、刮刀侧移、刮刀随回转圈一起侧移一般通过油缸控制；刮刀回转采用液压马达或油缸控制；刮刀直移通过机械直线行驶实现；而刮刀切削角的改变一般由人工调节或通过油缸调节，调好后再用螺母锁定。

不同结构的平地机，刮刀的运动也不尽相同，例如有些小型平地机为了简化结构设有角位器机构，切削角是固定不变的。

a. 牵引架及转盘。牵引架在结构形式上可分为 A 形和 T 形两种。A 形与 T 形是指从上向下看牵引杆的形状。图 4-61 所示的 A 形牵引架为箱形截面三角形钢架，其前端通过球铰与弓形前机架前端铰接，后端横梁两端通过球头与刮刀提升油缸活塞杆铰接，并通过两侧刮刀提升油缸悬挂在前机架上。牵引机架前端和后端下部焊有底板，前底板中部伸出部分可安装转盘驱动小齿轮。

转盘的结构如图 4-62 所示，它通过托板悬挂在牵引架的下方。驱动小齿轮与转盘内齿

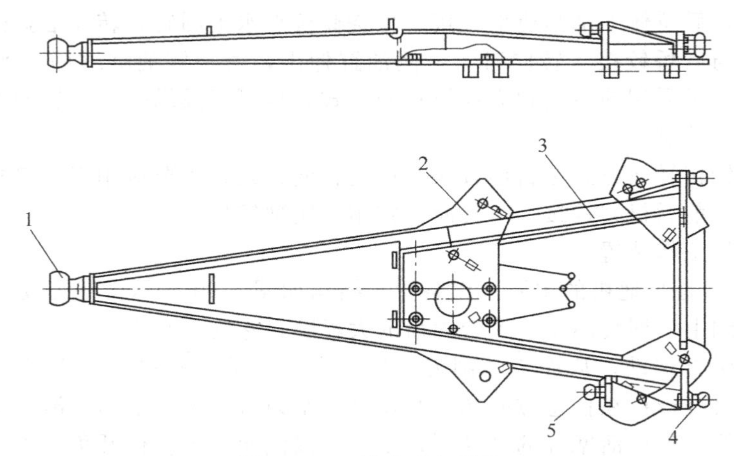

图 4-61　A 形牵引架结构
1—牵引架铰接球头；2—底板；3—牵引架体；4—刮刀升降油缸铰接球头；5—刮刀摆动油缸铰接球头

圈相啮合，用来驱动转盘和刮刀回转。转盘两侧焊有弯臂，左右弯臂外侧可安装刮刀液压角位器。角位器弧形导槽套装在弯臂的角位器定位销上，上端与铲土角变换油缸活塞杆铰接。刮刀背面的下铰座安装在弯臂下端的刮刀摆动铰销 4 上。刮刀可相对弯臂前后摆动，改变其铲土角。刮刀后面弯臂的铰轴上可安装 1～6 个松土耙齿。刮刀背面上方焊有滑槽，刮刀滑槽可沿液压角位器上端的导轨左右侧移，刮刀可向左右两侧引出外伸或收回。刮刀背面还焊有刮刀引出油缸活塞杆铰接支座，液压引出油缸通过该铰接支承座将刮刀向左或向右侧移引出。

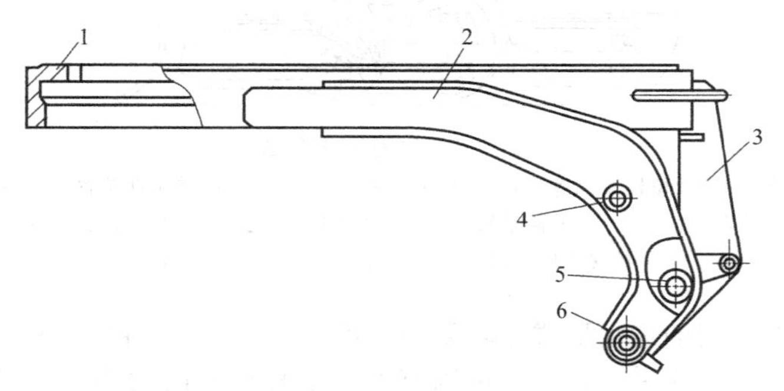

图 4-62　转盘结构
1—带内齿的转盘；2—弯臂；3—松土耙支承架；4—刮刀摆动铰销；
5—松土耙安全杆；6—液压角位器定位销

刮刀的回转由液压马达驱动，可通过蜗轮减速装置驱动转盘，使刮刀相对牵引架做 360°回转，若将刮刀回转 180°，则可倒退进行平地作业。

图 4-63 所示为 T 形牵引架结构，其牵引杆为箱形截面结构。这种结构的优点是在回转圈前面的部分只是一很小截面杆，横向尺寸小，当牵引架向外引出时不易与耙土器发生干涉。但它在回转平面内的抗弯刚度下降。

与 T 形牵引架相比，A 形牵引架水平面内的抗弯能力强，对于液压马达驱动蜗轮蜗杆减速器形式的回转驱动装置易于安装布置，所以 A 形结构比 T 形结构应用普遍。

回转圈（图 4-64）由齿圈 1、耳板 2、拉杆 3、4、5 等焊接而成。耳板承受刮刀作业时的负荷，因此它应有足够的强度。回转圈在牵引架的滑道上回转，它与滑道之间有滑动配合间隙且应便于调节。

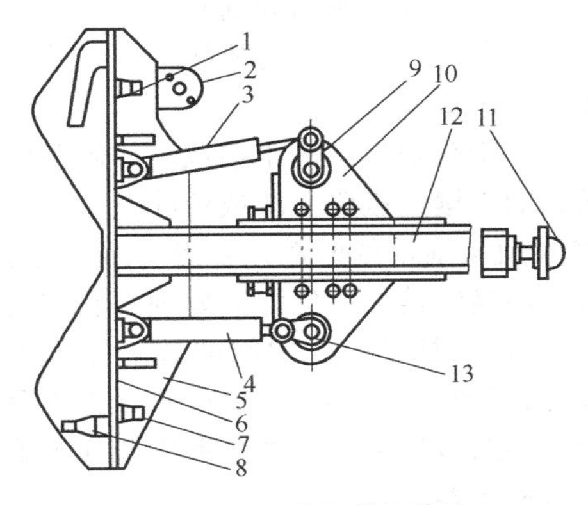

图 4-63 T形牵引架结构

1,7—刮刀升降油缸球铰头；2—回转圈安装耳板；3,4—回转驱动油缸；5,10—底板；6—横梁；8—牵引架引出油缸球铰头；9,13—回转齿轮摇臂；11—球铰头；12—牵引杆

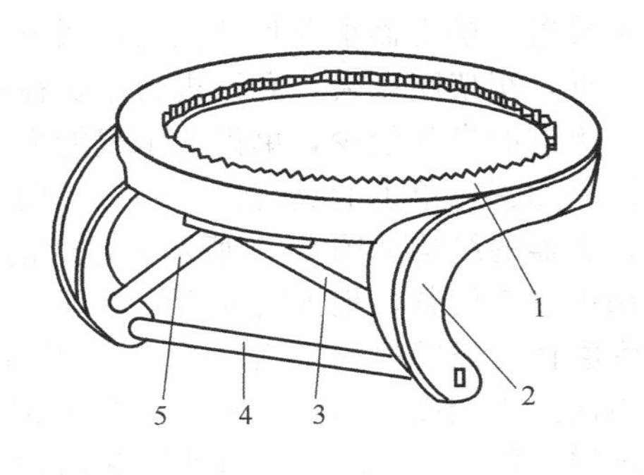

图 4-64 回转圈结构

1—齿圈；2—耳板；3,4,5—拉杆

如图 4-65 所示的回转支承装置为大部分平地机所采用的结构形式。这种结构的滑动性能和耐磨性能都较好，不需要更换支承垫块。转圈的上滑面与青铜合金衬片接触，衬片上有两个凸圆块卡在牵引架底板上，青铜合金衬片有两个凸方块卡在支承块上，通过调整垫片调节上下配合间隙。

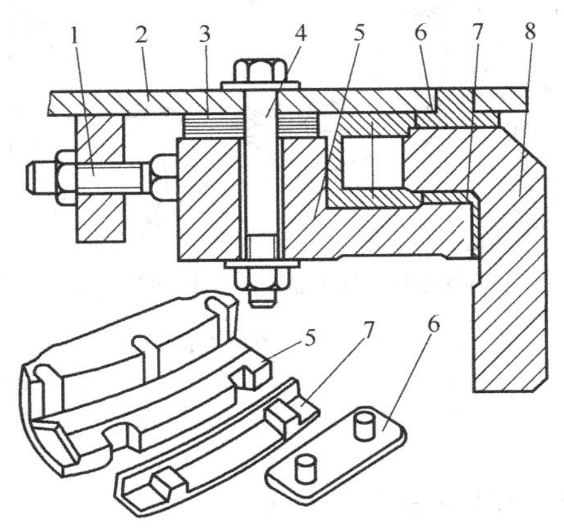

图 4-65 回转支承装置

1—调节螺栓；2—牵引架；3—垫片；4—紧固螺栓；5—支承垫块；6,7—衬片；8—回转齿圈

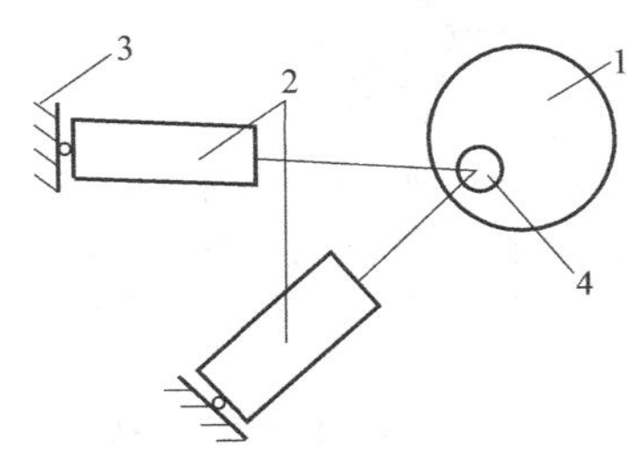

图 4-66 双回转油缸驱动机构示意图

1—回转小齿轮；2—回转油缸；3—牵引架底板；4—偏心轴

b. 回转驱动装置。副刀的回转驱动装置主要是连续回转驱动型，即液压马达驱动蜗轮蜗杆减速器，然后驱动回转小齿轮。由于这种传动结构尺寸小，驱动力矩恒定、平稳，目前多数平地机采用这种驱动形式。但是，这种结构的蜗轮蜗杆减速器的输出轴朝下，很容易漏油，因此对密封要求高。另一种是双油缸交替随动控制驱动小齿轮。工作原理如图 4-66 所示：偏心轴与两个油缸的活塞杆连接；回转油缸的缸体分别铰接在牵引架底板上。在两个油缸活塞杆伸缩和缸体绕其铰点摆动的联合运动下，小齿轮由偏心轴带动回转。

② 松土工作装置 平地机的松土工作装置主要用于疏松比较坚硬的土壤，对于不能用刮刀直接切削的地面，可先用松土装置疏松，然后再用刮刀切削、平整。松土装置按作业负

荷大小分为耙土器和松土器。耙土器承受负荷较小，一般布置在刮刀和前轮之间，属于前置式松土装置。松土器承受负荷较大，属于后置式松土装置，布置在平地机尾部，安装位置离驱动轮近，车架刚度大，允许进行重负荷松土作业。

松土器的齿数较少，单齿的承载能力大，一般适应于疏松较硬的土壤或破碎硬路面。耙土器齿多而密，单齿的负荷比较小，适用于疏松松软的土壤、破碎土块或清除杂草。

耙土器的结构如图 4-67 所示，弯臂的头部铰接在机架前部的两例，耙齿 7 插入耙子架 6 内，用齿楔 5 楔紧，耙齿磨损后可往下调整。耙齿用高锰钢铸成，经淬火处理，有较高的强度和耐磨性。摇臂机构 2 有三个臂：两侧的两个管与伸缩杆铰接，中间的臂（位于机架正中）与油缸 1 铰接。油缸为单缸，作业时油缸推动摇臂机构 2，通过伸缩杆 4 推动耙齿入土。这样，作业时的阻力通过弯臂和油缸就作用于机架的弓形梁上，使弓形机架处于不利的受力状况，所以在这个位置一般不宜设重负荷作业的松土器。

松土器的结构有双连杆式和单连杆式两种（见图 4-68）。双连杆式近似于平行四边形机构，这种结构的优点是松土齿在不同的切土深度下松土角基本不变，这对松土有利。另外，双连杆同时承载，改善了松土器架的受力状态。单连杆式松土器的松土齿在不同的入土深度下的松土角变化较大，但结构简单。

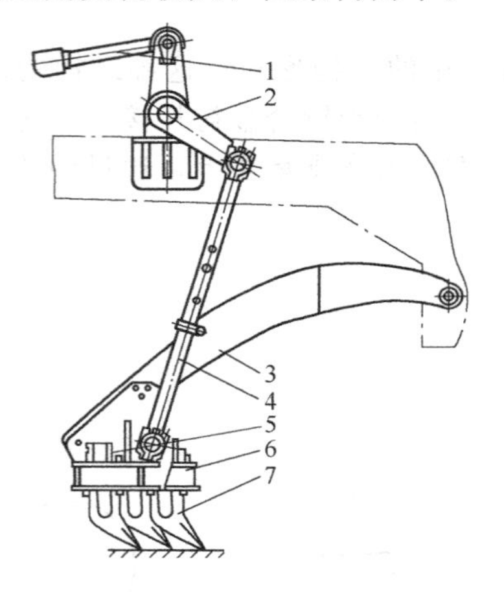

图 4-67　耙土装置

1—耙子收放油缸；2—摇臂机构；3—弯臂；4—伸缩杆；5—齿楔；6—耙子架；7—耙齿

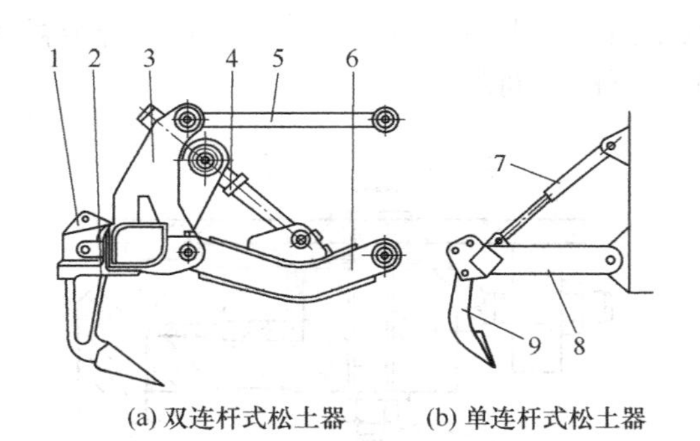

图 4-68　松土器的结构形式

1,9—松土器；2—齿套；3,8—松土器架；4—控制油缸；5—连杆；6—下连杆；7—油缸

松土器的松土角一般为 40°～50°左右，松土器作业时松土齿受到水平方向的切向阻力和垂直于地面方向的法向阻力。法向阻力一般向下，这个力使平地机对地面的压力增大，使后轮减少打滑，增大了牵引力。

松土器的松土齿一般为单齿或 3 齿。轻型松土器可安装 5 个松土齿和 9 个耙土齿。作业时可根据需要选用安装松土齿。

（6）液压控制系统

PY180 型平地机的液压控制系统包括工作装置液压系统、转向液压系统和制动液压系统。图 4-69 示出了其液压控制系统原理图。

① 工作装置液压系统　如图 4-69 所示，工作装置液压系统由高压双联齿轮泵 13、刮刀回转液压马达、操纵控制阀、动作油缸和油箱等液压元件组成。

PY180 型平地机工作装置的液压油缸和液压马达均为双作用液压油缸和双作用液压马达。泵Ⅰ和泵Ⅱ分别向两个独立的工作装置液压回路供油，两液压回路的流量相同。当泵Ⅰ和泵Ⅱ两个液压回路的多路操纵阀组都处于“中位”位置时，则两回路的油流将通过油路转

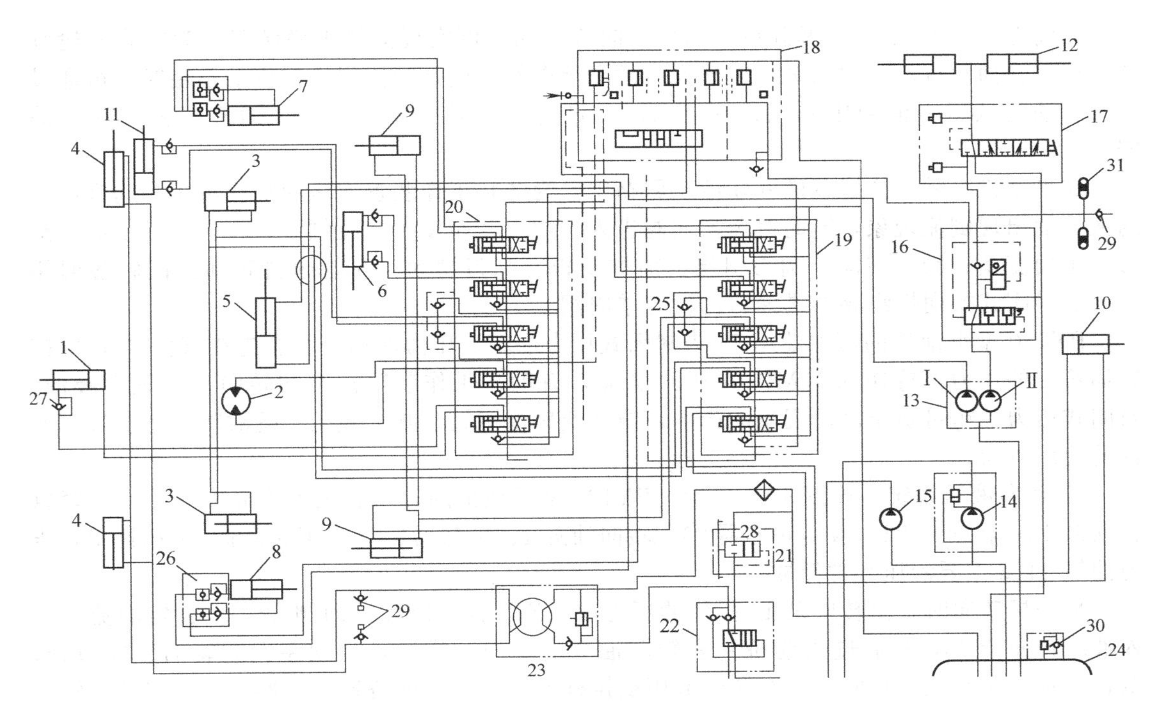

图 4-69 PY180 型平地机液压控制系统原理图

1—前推土板升降油缸；2—刮刀回转液压马达；3—铲土角调整油缸；4—前轮转向油缸；5—刮刀引出油缸；6—刮刀摆动油缸；7,8—右、左刮刀升降油缸；9—转向油缸；10—后松土器升降油缸；11—前轮倾斜油缸；12—制动分泵；13—双联齿轮泵（Ⅰ，Ⅱ）；14—转向泵；15—紧急转向泵；16—限压阀；17—制动阀；18—油路转换阀组；19—多路操纵阀（上）；20—多路操纵阀（下）；21—旁通指示阀；22—转向阀；23—液压转向阀；24—压力油箱；25—补油阀；26—双向液压锁；27—单向节流阀；28—冷却器；29—微型测量接头；30—进排气阀；31—蓄能器

换阀组 18 中与之对应的溢流阀，并经滤清器直接卸荷流回封闭式的压力油箱 24。此时，工作装置液压油缸和液压马达均处于闭锁状态。

双联齿轮泵中的泵Ⅱ通过多路操纵阀（下）20 向前推土板升降油缸 1、刮刀回转液压马达 2、前轮倾斜油缸 11、刮刀摆动油缸 6 和右刮刀升降油缸 7 提供压力油。泵Ⅰ可向制动单回路液压系统提供压力油，当两个蓄能器的油压达到 15MPa 时，限压阀 16 将自动中断制动系统的油路，同时接通连接多路操纵阀（上）19 的油路，并可通过 19 分别向后松土器升降油缸 10、铲土角调整油缸 3、铰接转向油缸 9、刮刀引出油缸 5 和左刮刀升降油缸 8 提供压力油。

双回路液压系统可以同时工作，也可单独工作。调节刮刀升降位置时，则应采用双回路同时工作，这样可以保证左右刮刀升降油缸同步动作，提高工作效率。

当系统超载时，双回路均可通过设在油路转换阀组 18 内的安全阀开启卸荷，保证系统安全（系统安全压力为 13MPa）。因刮刀回转液压马达 2 和前推土板升降油缸 1 工作时所耗用的功率较其他工作油缸大，故在泵Ⅱ液压回路中，单独增设一个刮刀回转和前推土板升降油路的安全阀，其系统安全压力为 18MPa。

油路转换阀组 18 左位工作时，泵Ⅰ和泵Ⅱ的双液压回路可以合流，流量提高一倍，工作装置的运动速度也可提高一倍，有利于提高平地机的生产率。在刮刀左右升降油缸上设有双向液压锁 26，可以防止牵引架后端悬挂重量和地面垂直载荷冲击引起闭锁油缸产生位移。

在前轮倾斜油缸 11 的两腔设有两个单向节流阀，可实现前轮平稳倾斜。为防止前轮倾斜失稳，在前轮倾斜换向操纵阀上还设有两个单向补油阀，当倾斜油缸供油不足时，可通过单向补油阀从压力油箱中补充供油，以防汽蚀造成前轮抖动，确保平地机行驶和转向的安全。

在平地机各种工作装置的并联液压回路中，为防止工作装置液压油缸或液压马达进油腔的液压油出现倒流现象，同时避免换向阀进入“中位”时发生油液倒流，故在后松土器、刮刀铲土角变换、铰接转向、刮刀引出、前推土板、刮刀摆动、前轮倾斜和刮刀回转各回路中，负封闭式换向操纵阀的进油口均设有单向阀。

PY180 型平地机的压力油箱 24 为封闭式压力油箱。压力油箱上装有进排气阀 30，可控制油箱内的压力保持在 0.07MPa 的低压状态，有助于工作装置油泵和转向油泵正常吸油。封闭式压力油箱可防止汽蚀现象的产生，防止液压油污染，减少液压系统故障，延长液压元件的使用寿命。

② 转向液压系统　如图 4-69 所示，PY180 型平地机的转向液压系统由转向泵 14、紧急转向泵 15、转向阀 22、液压转向器 23、转向油缸 4、冷却器 28、旁通指示阀 21 和封闭式压力油箱 24 等主要液压元件组成。

平地机转向时，由转向泵 14 提供的压力油经流量控制阀和转向阀 22，以稳定的流量进入液压转向器 23，然后进入前桥左右转向油缸的反向工作腔，推动左右前轮的转向节臂，偏转车轮，实现左右转向。左右转向节用横拉杆连接，形成前桥转向梯形，可近似满足转向时前轮纯波动对左右偏转角的要求。

转向器安全阀（在液压转向器 23 内）可保护转向液压系统的安全。当系统过载（系统油压超过 15MPa）时，安全阀即开启卸荷。

当转向泵 14 出现故障无法提供压力油时，转向阀 22 则自动接通紧急转向泵 15，由紧急转向泵提供的压力油即可进入前轮转向系统，确保转向系统正常工作。紧急转向泵由变速器输出轴驱动，只要平地机处于行驶状态，紧急转向泵即可正常运转。当转向泵或紧急转向泵发生故障时，旁通指示阀 21 接通，监控指示灯即显示信号，提醒驾驶操作人员。

(7) 自动调平装置　现代较为先进的平地机上安装有自动调平装置。常用的自动调平装置有电子型和激光型两种。平地机上应用的自动调平装置是按照施工人员给定的要求，如斜度、坡度等，预设基准，机器按照给定的基准自动地调节刮刀作业参数。采用自动调平装置，除了能大大地减轻司机作业的疲劳外，还能提高施工质量和经济效益；由于作业精度高，作业循环次数减少，节省了作业时间，从而降低了机械使用费用。又由于路面的刮平精度或物料铺平的精度提高，因而物料的分布比较均匀。

4.4 挖掘机械

4.4.1 挖掘机械概述

(1) 用途

挖掘机械是用来进行土、石方开挖的一种工程机械，按作业特点分为周期性作业式和连续性作业式两种，前者为单斗挖掘机，后者为多斗挖掘机。由于单斗挖掘机是挖掘机械的一个主要机种，也是各类工程施工中普遍采用的机械，可以挖掘Ⅵ级以下的土层和爆破后的岩石，因此，本章着重介绍单斗挖掘机。

单斗挖掘机的主要用途是：在筑路工程中用来开挖堑壕，在建筑工程中用来开挖地基，在水利工程中用来开挖沟渠、运河和疏通河道，在采石场、露天采矿等工程中用于矿石的剥离和挖掘等；此外还可对碎石、煤等松散物料进行装载作业；更换工作装置后还可进行起重、浇筑、安装、打桩、夯土和拔桩等工作。

(2) 分类及表示方法

单斗挖掘机可以按以下几个方面来分类：

① 按动力装置分为电驱动式、内燃机驱动式、复合驱动式等；

② 按传动装置分为机械传动式、半液压传动式、全液压传动式；

③ 按行走机构分为履带式、轮胎式、汽车式；

④ 按工作装置在水平面可回转的范围分为全回转式（360°）和非全回转式（270°）。

挖掘机的类代号用字母 W 表示，主参数为整机的机重。如 WLY 表示轮胎式液压挖掘机，WY100 表示机重为 10t 的履带式液压挖掘机。不同厂家，挖掘机的代号表示方法各不相同。

(3) 挖掘机械的工作过程

单斗挖掘机的工作装置主要有正铲、反铲、拉铲和抓斗等形式（图 4-70），它们都属于循环作业式机械。每一个工作循环包括挖掘、回转、卸料和返回四个过程。

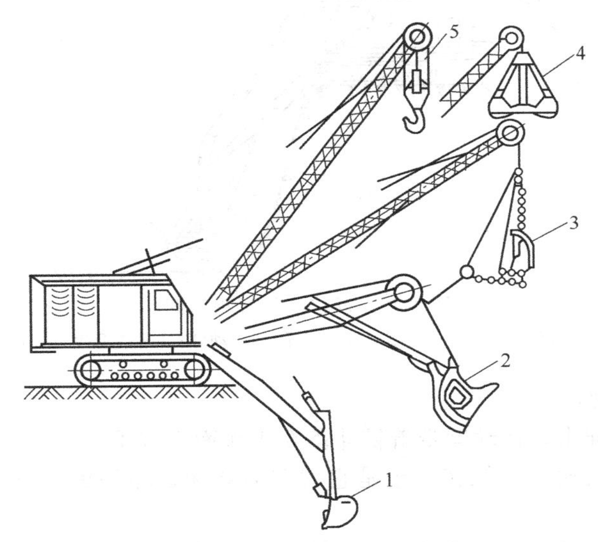

图 4-70　单斗挖掘机工作装置类型

1—反铲；2—正铲；3—拉铲；4—抓斗；5—起重

① 机械式单斗挖掘机的工作过程　正铲挖掘机（图 4-71）的工作装置由动臂 2、斗杆 5 和铲斗 1 组成。

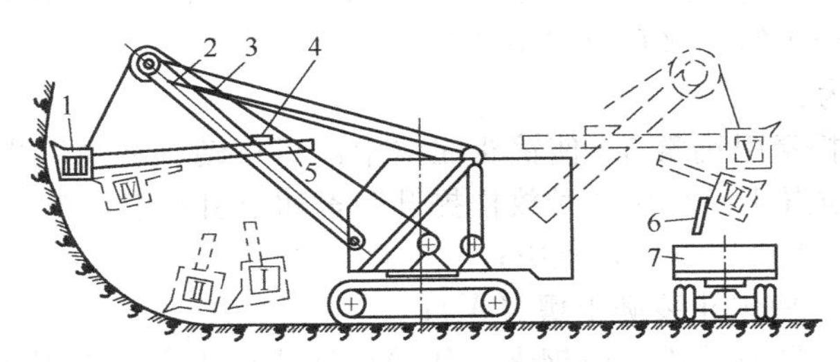

图 4-71　正铲过程简图

1—铲斗；2—动臂；3—铲斗提升钢索；4—鞍形座；5—斗杆；6—斗底；7—运输车辆

正铲的工作过程如下。

a. 挖掘过程：先将铲斗下放到工作面底部（Ⅰ），然后提升铲斗，同时使斗杆向前推压（有的小型挖掘机依靠动臂下降的重力来施压），完成挖掘（Ⅱ-Ⅲ）。

b. 回转过程：先将铲斗向后退出工作面（Ⅳ），然后回转，使动臂带着铲斗转到卸料位置（Ⅴ），同时可适当调整斗的伸出度和高度适应卸料要求，以提高工效。

c. 卸料过程：开启斗底卸料（Ⅵ）。

d. 返回过程：回转挖掘机转台，使动臂带着空斗返回挖掘面，同时放下铲斗，斗底在惯性作用下自动关闭（Ⅵ-Ⅰ）。

机械传动式正铲挖掘机适宜挖掘和装载停机面以上的Ⅰ～Ⅳ级土壤和松散物料。

机械传动的反铲挖掘机（图 4-72）的工作装置由动臂 5、斗杆 4 和铲斗 2 组成。动臂由前支架 7 支持。

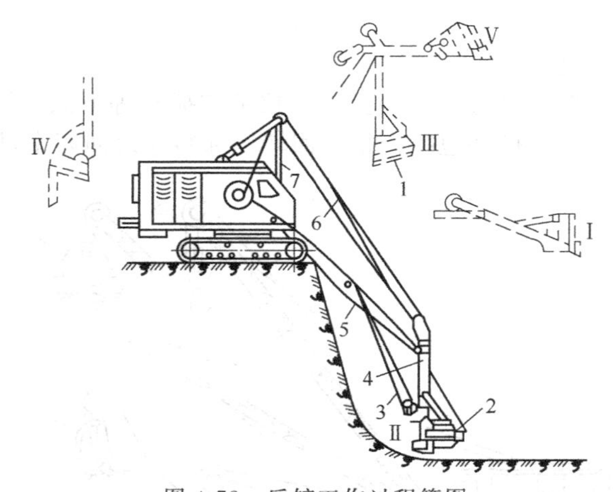

图 4-72　反铲工作过程简图

1—斗底；2—铲斗；3—牵引钢索；4—斗杆；5—动臂；6—提升钢索；7—前支架

反铲的工作过程为：

a. 先将铲斗向前伸出，让动臂带着铲斗落在工作面上（Ⅰ）；

b. 将铲斗向着挖掘机方向拉转，于是它就在动臂和铲斗等重力以及牵引索的拉力作用下完成挖掘（Ⅱ）；

c. 将铲斗保持Ⅱ所示状态连同动臂一起提升到Ⅲ所示状态，再回转至卸料处进行卸料。

反铲有斗底可开启式（Ⅵ）与不可开启式（Ⅴ）两种。

反铲挖掘机适宜于挖掘停机面以下的土，例如挖掘基坑及沟槽等。机械传动的反铲挖掘过程由于只是依靠铲斗自身重力切土，所以只适宜于挖掘轻级和中级土壤。

机械传动的拉铲挖掘机（图 4-73）的工作装置没有斗杆，而是由格栅型动臂与带钢索的悬挂铲斗 1 组成。铲斗的上部和前部是敞开的。

拉铲的工作过程为：

a. 首先拉收和放松牵引钢索 3，使铲斗在空中前后摆动（视情况也可不摆动），将铲斗以提升钢索 2 提升到位置Ⅰ，然后同时放松提升钢索和牵引钢索，铲斗被顺势抛掷在工作面上（Ⅱ-Ⅲ），铲斗在自重作用下切入土中；

b. 拉动牵引钢索，使铲斗装满土壤（Ⅳ）；

c. 然后提升铲斗，同时放松牵引钢索，使铲斗保持在斗底与水平面成 8°～12°仰角，防止铲斗倾翻卸料；

d. 在提升铲斗的同时将挖掘机回转至卸料处，放松牵引钢索使斗口朝下卸料；

e. 挖掘机转回工作面进行下一次挖掘。

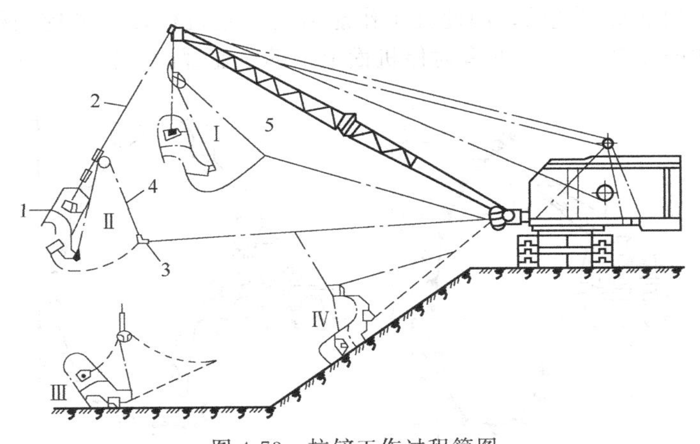

图 4-73　拉铲工作过程简图

1—铲斗；2—提升钢索；3—牵引钢索；4—卸料钢锁；5—动臂

拉铲挖掘机适宜挖掘停机面以下的土，特别适宜于开挖河道等工程。由于拉铲靠铲斗自重切土进行挖掘，所以只适宜挖掘一般土料和砂砾等。

抓斗挖掘机（图 4-74）的工作装置是一种带两瓣或多瓣的蚌形抓斗 1，抓斗用提升索 2 悬挂在动臂 4 上，斗瓣的启闭由闭合索 3 来执行。为了不使爪斗在空中旋转，用一根定位索 5 来定位。定位索的一端与抓斗固定，另一端与动臂连接。

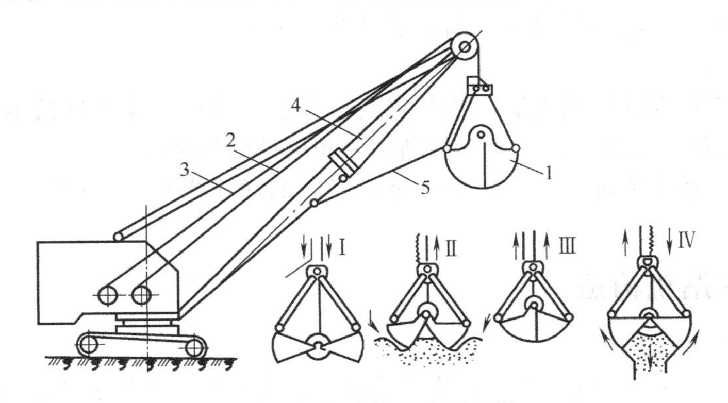

图 4-74　抓斗的工作原理图

1—抓斗；2—提升索；3—闭合索；4—动臂；5—定位索

抓斗的工作过程为：

a. 放松闭合索 3，固定提升索，使斗瓣张开；

b. 同时放松提升索和闭合索，让张开的抓斗落在工作面上，并借自重切入土中（Ⅰ）；

c. 逐渐收紧闭合索，抓斗在闭合过程中装满土料（Ⅱ）；

d. 当抓斗完全闭合后，提升索和闭合索收紧，并以同一速度将抓斗提升（Ⅲ），同时将挖掘机转至卸料位置；

e. 放松闭合索，使斗瓣张开，卸出土料（Ⅳ）。

抓斗挖掘机适宜挖掘停机面以上和以下的土，卸料时无论是卸在车辆上或弃土堆上都很方便，特别适合挖掘垂直而狭窄的桥基桩孔、陡峭的深坑以及水下土方等作业。但抓斗受自重的限制，只能挖取一般土料、砂砾和松散料。

② 液压传动式单斗挖掘机的工作过程　液压传动式单斗挖掘机一般只带正铲、反铲、抓斗和起重工作装置，其工作循环和机械传动式的挖掘机基本相同。由于其挖掘、提升和卸

料等动作是靠液压油缸来实现的，因此其工作能力比同级机械传动的挖掘机要高。其正铲、反铲的作业范围如图 4-75 所示，两者对停机面上下的作业都能挖掘。

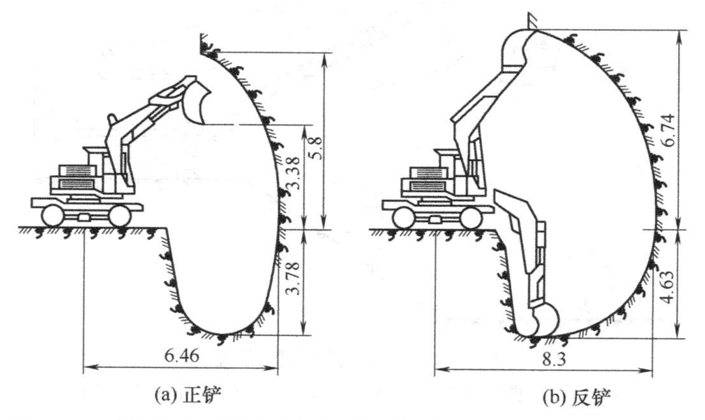

图 4-75 液压传动式单斗挖掘机的工作情况示意图（尺寸单位：m）

（4）挖掘机的主要技术参数

单斗液压挖掘机的技术参数有：斗容量、机重、额定功率、最大挖掘半径、最大挖掘深度、最大卸载高度、最小回转半径、回转速度和液压系统的工作压力等。其中主要参数有标准斗容量、机重和额定功率三个，用来作为液压挖掘分级的标志性参数，反映液压挖掘机级别的大小。

① 标准斗容量　指挖掘Ⅳ级土壤时，铲斗堆尖时的斗容量（m^3），它直接反映了挖掘机的挖掘能力。

② 机重　指带标准反铲或正铲工作装置的整机质量（t），反映机械本身的级别和实际工作能力，影响挖掘能力的发挥、功率的利用率和机械的稳定性。

③ 额定功率　指发动机正常工作条件下，飞轮的净输出功率（kW），反映了挖掘机的动力性能。

4.4.2 单斗挖掘机构造

（1）工作原理和总体构造

单斗挖掘机主要由发动机、机架、传动系统、行走装置、工作装置、回转装置、操纵控制系统和驾驶室等部分组成。

机架是整机的骨架，它支承在行走装置上。除行走装置外，发动机、变速器和工作装置等零部件均安装在机架上。传动系统将发动机的动力传递给工作装置、回转机构和行走装置，可分为机械传动和液压传动。机械传动广泛应用于老式挖掘机，而现代挖掘机主要采用液压传动传递动力。单斗液压挖掘机由液压泵、液压马达、液压油缸、控制阀以及液压管路等液压元件组成。工作装置可以根据施工要求和作业对象的不同进行更换。

图 4-76 所示为单斗液压挖掘机的总体结构简图，工作装置主要由动臂 8、斗杆 4、铲斗 1、连杆 2、摇杆 3、动臂油缸 7、斗杆油缸 6 和铲斗油缸 5 等组成。各构件之间的连接以及工作装置与回转平台的连接全部采用铰接，通过三个油缸的伸缩配合，实现挖掘机的挖掘、提升和卸土等作业过程。

（2）传动系统

① 机械传动　履带式单斗挖掘机传动系统示意图如图 4-77 所示，它是一个机械传动系统。发动机 1 输出的动力经主离合器 2 与链式减速器 3 传给换向机构水平轴 48。然后分成两条传动路线：一路由圆柱齿轮 4、5、11 将动力传递至主卷扬轴 12，驱动主卷筒回转，控

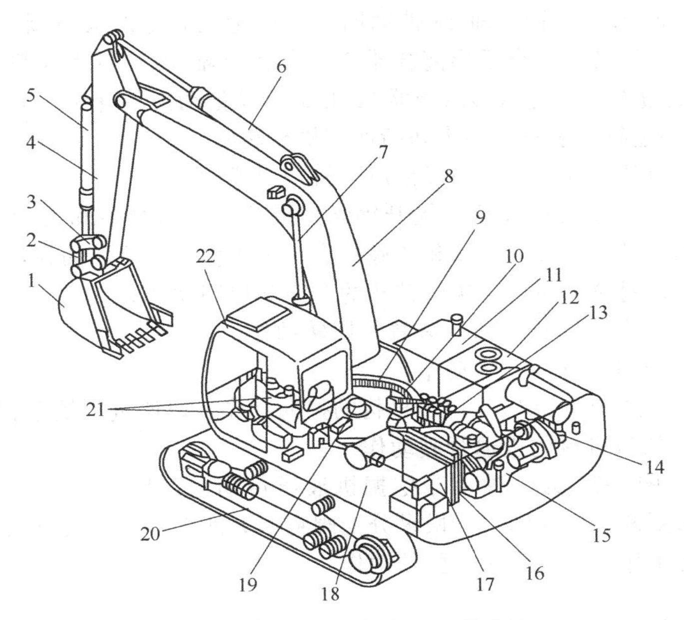

图 4-76 单斗液压挖掘机的总体结构

1—铲斗；2—连杆；3—摇杆；4—斗杆；5—铲斗油缸；6—斗杆油缸；7—动臂油缸；8—动臂；9—回转支承；10—回转驱动装置；11—燃油箱；12—液压油箱；13—控制阀；14—液压泵；15—发动机；16—水箱；17—液压油冷却器；18—回转平台；19—中央回转接头；20—行走装置；21—操作系统；22—驾驶室

制铲斗的动作；另一路由换向机构经垂直轴 42、一个两挡变速器 43，通过圆柱齿轮 28、26 分别将动力传递给回转立轴 29 和行走立轴 30。

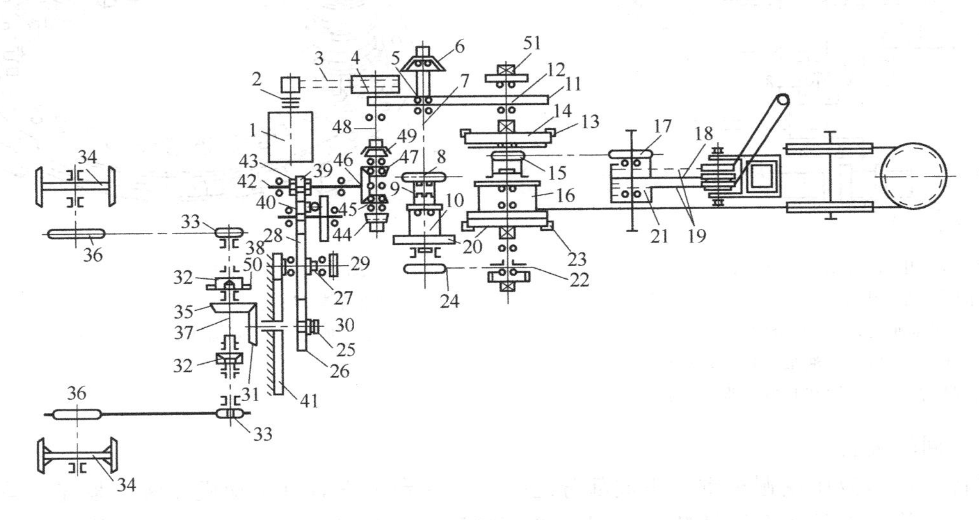

图 4-77 单斗挖掘机的机械传动系统

1—发动机；2—主离合器；3—链式减速器；4,5,11,26,28,39,40—圆柱齿轮；6,44,49—锥形离合器；7—变幅卷筒轴；8,15,17—推压机构传动链轮；9—双面爪形离合器；10—变幅卷筒；12—主卷扬轴；13,23,24,50—带式制动器；14,20—主卷筒离合器；16—右主卷筒；18—回缩钢索；19—推压钢索；21—推压卷筒；22—超载离合器；25,27,32—爪形离合器；29—回转立轴；30—行走立轴；31,35—行走锥形齿轮；33,36—行走传动链轮；34—驱动轮；37—行走水平轴；38—回转小齿轮；41—大齿圈；42—垂直轴；43—两挡变速器；45～47—换向锥形齿轮；48—换向机构水平轴；51—斗底开启卷筒

结合爪形离合器 27，回转立轴 29 带动回转小齿轮绕固定的大齿圈 41 回转，从而带动回转平台向右或向左回转。结合爪形离合器 25，行走立轴 30 经锥形齿轮传动将动力传给行走水平轴 37，再通过左右行走爪形离合器 32 和链传动把动力传递给左右驱动链轮，左右爪形离合器 32 可将一边行走装置的动力切断而使机械转向。

机械单斗挖掘机的传动系统，一般由以下机构组成。

a. 主卷扬机构。它主要由卷筒、提升钢索、链传动、离合器和制动器等组成。对正铲而言，执行铲斗的提升、斗杆的伸缩和斗底的启闭等动作；对反铲而言，执行铲斗的伸出和牵引（拉回）动作；对拉铲而言，执行铲斗的升降和启闭动作。

b. 回转机构。执行转台以上所有装置的回转动作。

c. 变幅机构。执行动臂的升降动作。

d. 换向机构。执行转台回转与行走机构的换向动作，以便进行挖掘和卸料作业。

e. 行走机构。执行机械的进退行驶动作。

② 液压传动　图 4-78 为一种单斗挖掘机液压传动示意图。柴油机驱动两个油泵 11、12，把压力油输送到两个分配阀中。操纵分配阀将压力油再送往有关液压执行元件，这样就可驱动相应的机构工作，以完成所需要的动作。

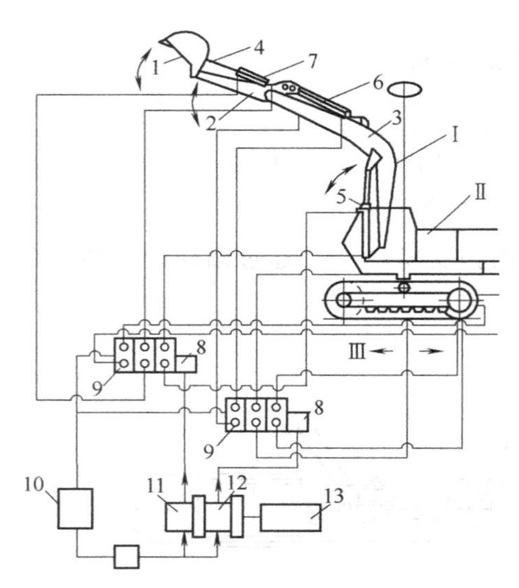

图 4-78　单斗挖掘机液压传动示意图
1—铲斗；2—斗杆；3—动臂；4—连杆；
5,6,7—液压油缸；8—安全阀；9—分配阀；
10—油箱；11,12—油泵；13—发动机；
Ⅰ—挖掘装置；Ⅱ—回转装置；Ⅲ—行走装置

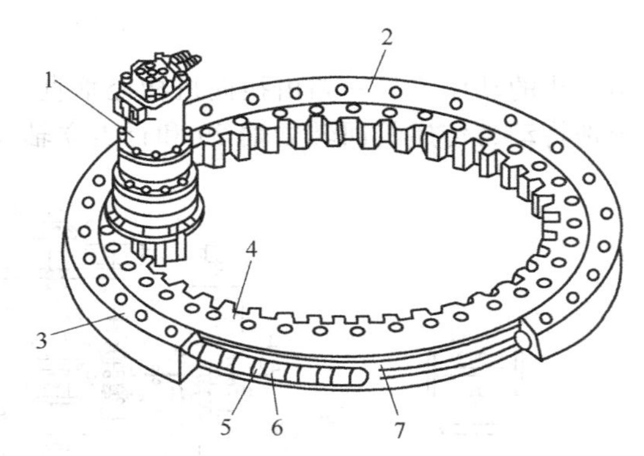

图 4-79　液压挖掘机的回转装置
1—回转驱动装置；2—回转支承；3—外圈；4—内圈；
5—钢球；6—隔离体；7—上下密封圈

（3）回转装置

回转平台是液压挖掘机重要组成部分之一。在转台上安装有发动机、液压系统、操纵系统和驾驶室等，另外还有回转装置。回转平台中间装有多路中心回转接头，可将液压油传至底座上的行走液压马达、推土板液压缸等执行元件上。

液压挖掘机的回转装置由回转支承装置（起支承作用）和回转驱动装置（驱动转台回转）组成。图 4-79 为液压挖掘机的回转装置示意图。

工作装置铰接在平台的前端。回转平台通过回转支承与行走装置相连，回转驱动装置使平台相对于行走装置作回转运动，并带动工作装置绕其回转中心转动。

挖掘机回转支承的主要结构形式有转柱式回转支承和滚动轴承式回转支承两种。

滚动轴承式回转支承是一个大直径的滚动轴承，与普通轴承相比，它的转速很慢，常用的结构形式有单排滚球式和双排滚球式两种。单排滚球式回转支承（图 4-80）主要由内圈、外围、隔离体、滚动体和上下密封装置等组成。钢球之间由滚动体隔开，内圈或外圈被加工成内齿圈或外齿圈。内齿圈固定在行走架上，外圈与回转平台固联。回转驱动装置与回转平台固联，一般由回转液压马达、行星减速器和回转驱动小齿轮等组成。通过驱动小齿轮与内齿圈的啮合传动，回转驱动装置在自转的同时绕内齿圈作公转运动，从而带动平台作 360°转动。

转柱式回转支承的结构中回转体与支承轴组成转柱，插入轴承座的轴承中。轴承座用螺栓固定在机架上。摆动油缸的外壳也固定在机架上，它的输出轴插入下轴承中。驱动回转体相对于机架转动。工作装置铰接在回转体上，随回转体一起回转，回转角度不大于 180°。

（4）行走装置

行走装置是挖掘机的支承部分，它承载整机质量和工作载荷并完成行走任务，一般有履带式和轮胎式两种，常用的是履带式行走底盘。单斗液压挖掘机的履带式行走装置都采用液压传动，且基本构造大致相同。图 4-80 所示是目前挖掘机履带式行走装置的一种典型形式。

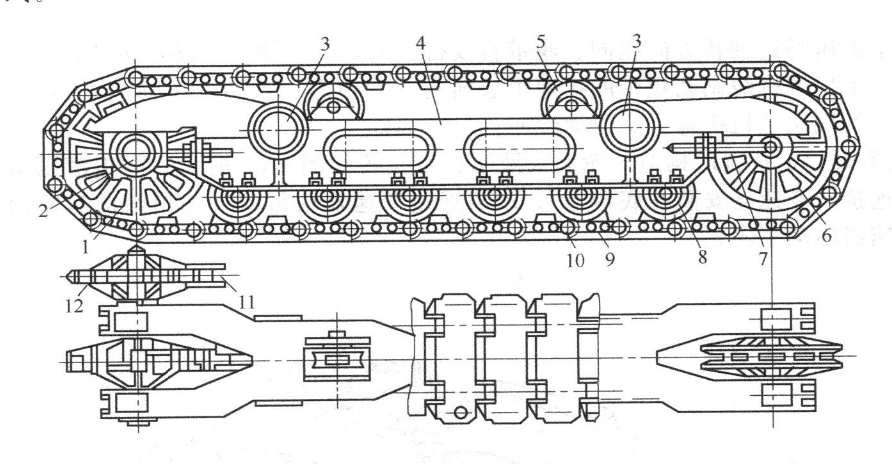

图 4-80 履带式行走装置

1—驱动轮；2—驱动轮轴；3—下支承架轴；4—履带架；5—托链轮，6—引导轮；7—张紧螺杆；8—支重轮；9—履带；10—履带销；11—链条；12—链轮

① 履带式行走装置的构造 履带式行走装置主要由行走架、中心回转接头、行走驱动装置、驱动轮、引导轮和履带及张紧装置等组成。

行走架（图 4-81）由 X 形底架、履带架和回转支承底座组成。压力油经多路换向阀和中央回转接头进入行走液压马达。通过减速箱把马达输出的动力传给驱动轮。驱动轮沿着履带铺设的轨道滚动，驱动整台机器前进或后退。

驱动轮大都采用整体铸件，其作用是把动力传给履带，要求能与履带正确啮合，传动平稳，并要求当履带因连接销套磨损而伸长后仍能保证可靠地传递动力。

引导轮用来引导履带正确绕转，防止跑偏和脱轨。国产履带式挖掘机多采用光面引导轮，它采用直轴式结构及浮动轴封。每条履带设有张紧装置，调整履带保持一定的张紧度，现代液压挖掘机都采用液压张紧装置。

行走驱动多数采用高速小扭矩马达或低速大扭矩液压马达驱动，左右两条履带分别由两个液压马达驱动，独立传动。图 4-82 所示为液压挖掘机的行走驱动机构，它有双速液压马达经一级正齿轮减速，带动驱动链轮。

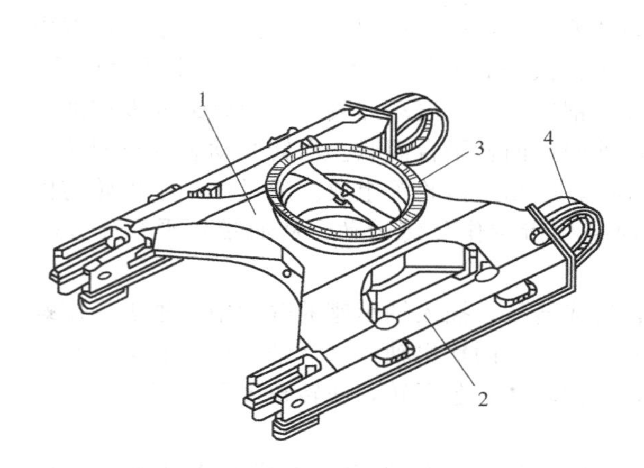

图 4-81 行走架结构

1—X 形底架；2—履带架；3—回转支承底座；
4—驱动装置固定座

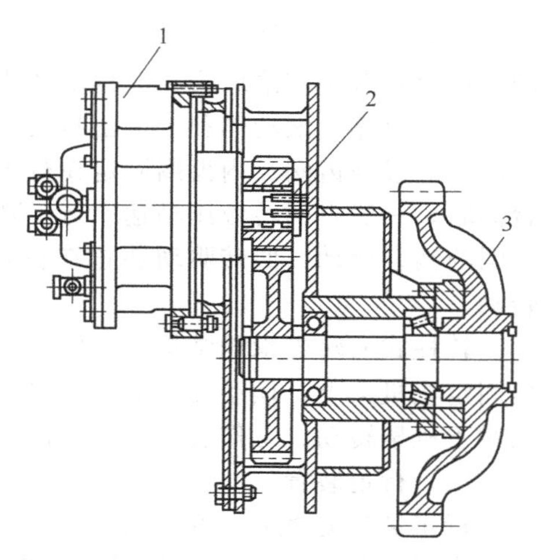

图 4-82 履带式挖掘机的行走机构

1—液压马达；2—减速齿轮；3—链轮

当两个液压马达旋转方向相同、履带直线行驶时，如一侧液压马达转动，并同时制动另一侧马达，则挖掘机绕制动履带的接地中心转向；若使左、右两液压马达以相反方向转动，则挖掘机可实现绕整机接地中心原地转向。

② 轮胎式行走装置的构造　轮胎式液压行走装置如图 4-83 所示。行走液压马达直接与变速器相连接（变速器安装在底盘上），动力通过变速器由传动轴输出给前后驱动桥，或再经轮边减速器驱动车轮。

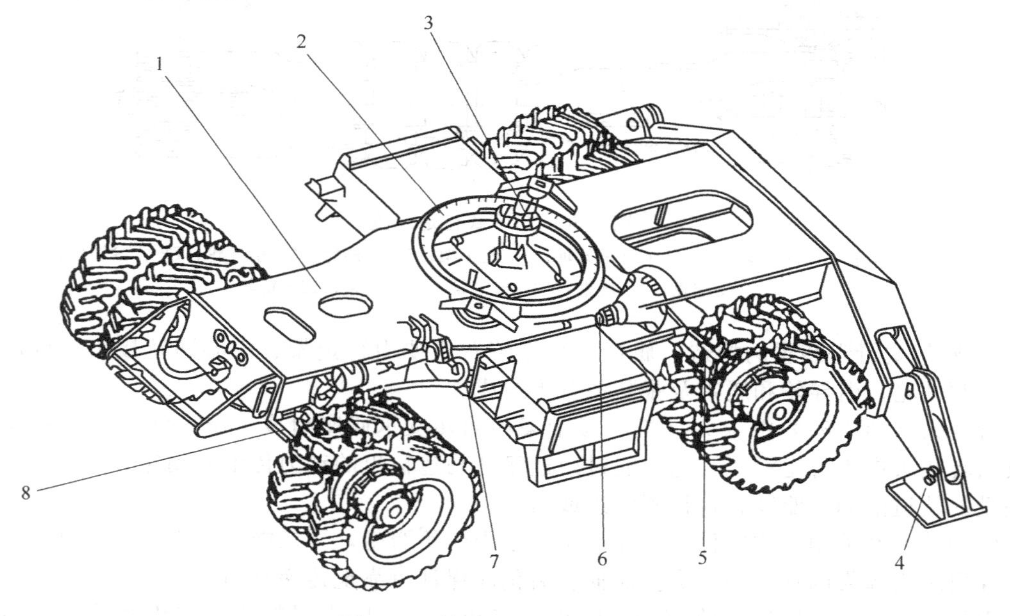

图 4-83 轮胎式液压行走装置

1—车架；2—回转支承；3—中央回转接头；4—支腿；5—后桥；
6—传动轴；7—液压马达及变速器；8—前桥

轮胎式单斗液压挖掘机的行走速度不高，其后桥常采用刚性连接，结构简单。前桥轴可以悬挂摆动，如图 4-84 所示。车架与前桥 4 通过中间的摆动铰销铰接。铰销的两侧设有两个悬挂液压油缸 2，它的一端与车架 5 连接，活塞杆端与前桥 4 连接。挖掘机工作时，控制阀 1 把两个液压缸的工作腔与油箱的通路切断，此时液压缸将前桥的平衡悬挂锁住，减少了摆动，提高了作业稳定性；行走时控制阀 1 左移，使两个悬挂液压缸的工作腔相通，并与油箱接通。前桥便能适应路面的高低坡度而上下摆动，使轮胎与地面保持足够的附着力。

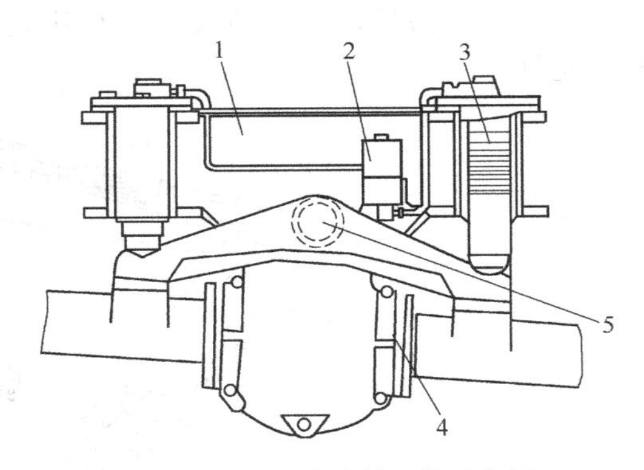

图 4-84 摆动前桥机构示意图
1—控制阀；2—悬挂液压油缸；3—摆动铰销；4—前桥；5—车架

（5）工作装置

① 机械单斗挖掘机的工作装置

a. 机械式正铲。图 4-85 所示为机械单斗挖掘机的正铲工作装置，它主要由动臂、斗柄、铲斗和机械操纵系统等组成。机械操纵系统由动力绞盘和钢索滑轮系统组成。动臂为箱形截面，上下两端均成叉形，上叉内装提升钢索的定滑轮，下叉与回转平台上的耳座铰接。变幅卷筒引出的变幅钢索操纵动臂变幅；主卷扬筒引出的提升钢索操纵铲斗升降。动臂中部装有推压轴，轴上装有左右两个鞍形座和推压驱动小齿轮。斗柄的左右两杆插在鞍形座内，推压齿轮通过链传动装置驱动，并与推压齿条相啮合。齿轮正反旋转时，可以使斗柄的左右两杆来回伸缩，以适应铲斗工作的需要。

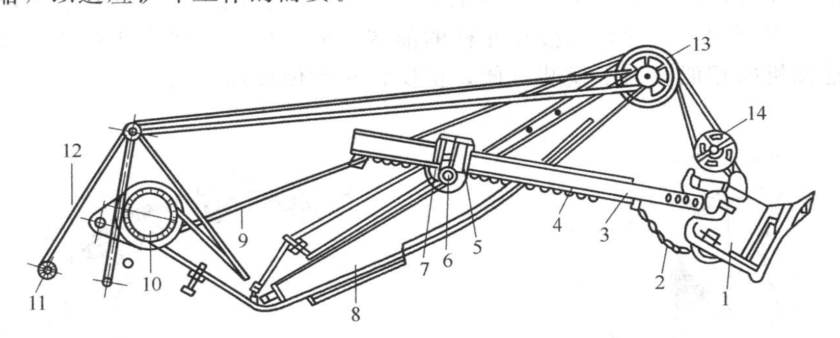

图 4-85 机械正铲工作装置
1—铲斗；2—斗底开启索链；3—斗柄；4—推压齿条；5—鞍形座；6—推压轴；7—推压齿轮；8—动臂；9—提升钢索；10—主卷扬筒；11—变幅卷筒；12—变幅钢索；13—定滑轮；14—动滑轮

b. 机械式反铲。反铲工作装置由铲斗、斗柄、动臂和钢索滑轮系等组成。钢索和滑轮安装在前支架上，前支架的下端铰接在转台上，上端由可调节的拉杆或钢索支持。动臂有单杆和双杆两种，杆的中部安装有牵引钢索的导向滑轮，顶部与斗柄铰接。斗柄的尾部装有动滑轮和升降索。斗柄的下端装有铲斗，斗柄与铲斗铰接处装有牵引索，牵引索和升降索都卷绕在主卷扬机构的左右两个卷筒上，同时操纵两索能实现挖掘和卸料作业。

② 液压单斗挖掘机的工作装置　液压挖掘机的工作装置最常用的是反铲和正铲，也可以更换抓斗和拉铲工作装置。

a. 反铲工作装置。图 4-86 为反铲工作装置简图。如图所示，工作装置主要由动臂、斗杆、连杆和铲斗组成，分别由动臂油缸、斗杆油缸和铲斗油缸驱动，完成挖掘、回转等作业过程。三个液压油缸配合工作可以使铲斗在不同的位置挖掘，组合成许多铲斗挖掘位置。动臂和斗杆是工作装置的主要构件，由高强度钢板焊接而成，多采用整体式结构等强度设计。另外，工作装置的结构决定了挖掘机的工作尺寸，并影响整机的工作性能和稳定性。

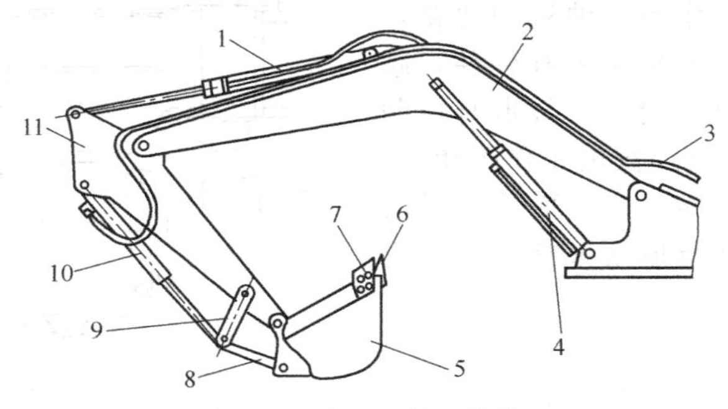

图 4-86 液压反铲工作装置

1—斗杆油缸；2—动臂；3—液压管路；4—动臂油缸；5—铲斗；6—斗齿；7—切齿；8—连杆；9—摇杆；10—铲斗油缸；11—斗杆

铲斗的结构如图 4-87 所示，它的形状和大小与作业对象有很大关系，在同一台挖掘机上可以配装不同形式的铲斗。常用的反铲斗的斗齿结构普遍采用橡胶卡销式和螺栓连接式。

b. 正铲工作装置。单斗液压挖掘机的正铲结构如图 4-88 所示，主要由动臂 2、动臂油缸 1、铲斗 5、斗底油缸 4 等组成。铲斗的斗底利用液压缸来开启，斗杆 6 铰接在动臂的顶端，由双作用的斗杆油缸 7 使其转动。斗杆油缸的一端铰接在动臂上，另一端铰接在斗杆上。其铰接形式有两种：一种是铰接在斗杆的前端；另一种是铰接在斗杆的后端。其铲斗的结构与反铲挖掘机的相似。为了换装方便，正反铲斗常做成通用的。

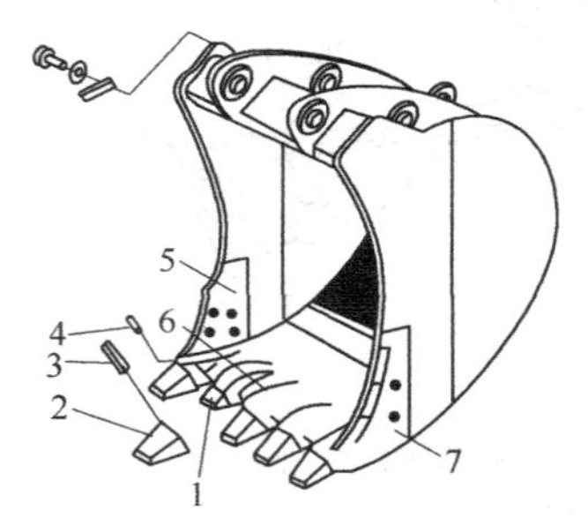

图 4-87 反铲常用铲斗结构

1—齿座；2—斗齿；3—橡胶卡销；4—卡销；5,6,7—斗齿板

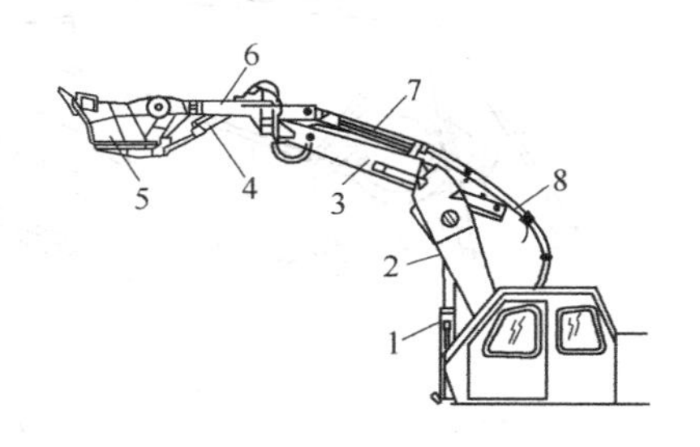

图 4-88 液压正铲工作装置

1—动臂油缸；2—动臂，3—加长臂；4—斗底油缸；5—铲斗；6—斗杆；7—斗杆油缸；8—液压软管

c. 抓斗工作装置。液压抓斗根据作业对象的不同，其结构形式主要有梅花抓斗和双颚式抓斗两种形式，双颚式抓斗多用于土方作业。

图 4-89、图 4-90 分别为梅花抓斗和双颚式抓斗的结构外形示意图。梅花抓斗是多瓣的（4 瓣或 5 瓣），每一瓣由一只油缸来执行启闭动作。油缸缸体端和活塞杆端分别铰接在上铰链和斗瓣背面的耳环上。每个油缸并联在一条供油回路上，以使斗瓣的启闭动作协调统一。双颚式抓斗是由一个双作用油缸来执行抓斗的启闭动作。

与钢丝绳式抓斗相比，液压式抓斗的抓取力大很多，生产率高，作业质量好。但其挖掘深度受动臂和斗杆的限制，因此挖掘深度较小。但可以在斗杆端部和抓斗之间加几节加长杆，以满足挖掘深度的要求。

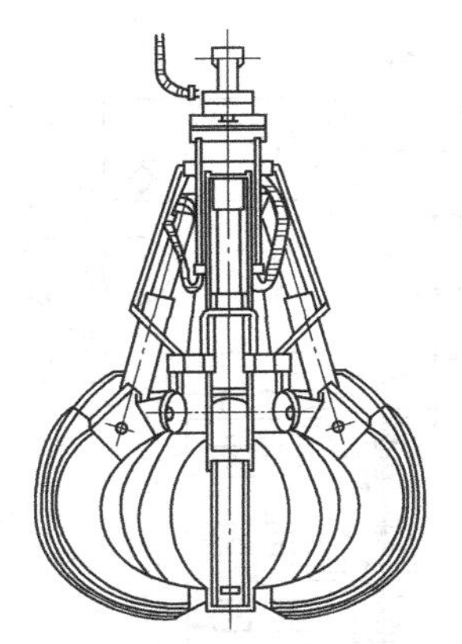

图 4-89 梅花抓斗结构示意图

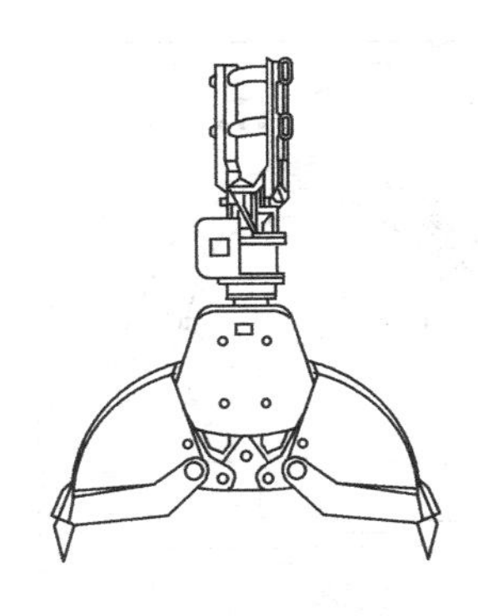

图 4-90 双颚式抓斗结构示意图

(6) 液压控制系统

单斗液压挖掘机的传动系统将柴油机的动力传递给工作装置、回转装置和行走装置等机构进行工作，它的多种动作都是由各种不同液压元件所组成的液压传动系统来实现的。

液压传动系统常按主泵的数量、功率、调节方式和回路的数量来分类。单斗液压挖掘机上的液压控制系统一般有单泵或双泵单回路定量系统、双泵双回路定量系统、双泵双回路分功率调节变量系统和双泵双路全功率调节变量系统等形式，按油液循环方式的不同还可分为开式系统和闭式系统。

在定量系统中，液压泵的输出流量不变，各液压元件在泵的固定流量下工作，泵的功率按固定流量和最大工作压力确定。在变量系统中，最常见的是双泵双回路恒功率变量系统，可分为分功率变量与全功率变量调节系统。分功率调节是在系统的各个工作回路上分别装一台恒功率变量泵和恒功率调节器，发动机的功率平均输出到每个工作泵。全功率调节是控制系统中所有泵的流量变化只用一个恒功率调节器控制，从而达到同步变量。

单斗液压挖掘机一般采用开式系统，原因是单斗液压挖掘机的油缸工作频繁，发热量大。该系统的各执行元件的回油直接返回油箱，系统组成简单，散热条件好，但油箱容量大，使低压油路与空气接触，空气易渗入管路造成振动。闭式系统中的执行元件的回油直接返回油泵，该系统结构紧凑，油箱小，进回油路都有一定的压力，空气不易进入管路，运转比较平稳，避免了换向时的冲击，但系统较复杂，散热条件差，一般应用在液压挖掘机回转机构等局部系统中。

WY100 型全液压挖掘机采用双泵双回路定量液压系统，其原理图如图 4-91 所示，径向柱塞泵 18 出来的高压油分成两个回路，分别进入两组四路组合阀，形成两个独立的回路。

进入第一组四路组合阀的高压油，可以分别驱动回转马达 16、铲斗油缸 3、辅助油缸及右行走马达 26。由执行元件返回到四路组合阀的油进入合流阀 13，当四个动作元件全部不工作时通过零位串联的油道直接进入合流阀，该阀是液控的二位三通阀（由工况选择阀及与之串联在一个油路上的二位三通电磁阀联合控制）。通过操纵合流阀可以将第一分路的高压油并入第二分路的进油阀，进行合流，也可以直接通到第二分路的四路组合回油部分的限速阀 5，经过限速阀后通入背压阀 22、油冷却器 21、滤清器 27，再回到油箱 19。

进入第二组四路组合阀的高压油，可以分别控制动臂油缸 4、斗杆油缸 2、左行走马达 10 及推土油缸 7。油液由执行元件返回到回路组合阀，并进入限速阀 5 中，当四个动作元件全部不工作时，则通过阀内的零位串联通道直接进入限速阀 5。油液由限速阀再进入背压阀流回油箱 19。

此液压系统的特点如下。

a. 双泵双回路液压系统满足了挖掘机的两个执行元件同步动作的要求（如斗杆与铲斗

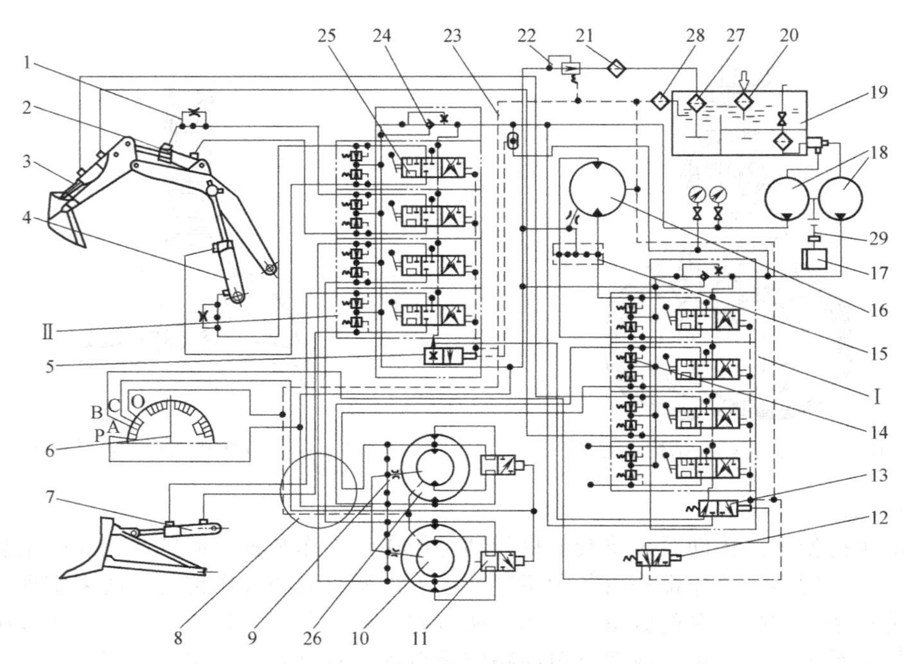

图 4-91 WY100 型全液压挖掘机液压系统原理图

Ⅰ—带合流阀组（后组阀）；Ⅱ—带限速阀组（前组阀）；
1—单向节流阀；2—斗杆油缸；3—铲斗油缸；4—动臂油缸；5—液压限速阀；6—工况选择阀；7—推土油缸；
8—多路回路接头；9—节流阀；10—左行走马达；11—双速阀；12—电磁阀；13—液控合流阀；
14—限压阀；15—补油阀；16—回转马达；17—柴油机；18—径向柱塞泵；19—油箱；
20—加油滤清器；21—油冷却器；22—背压阀；23—梭形阀；24—进油阀；25—分配阀；26—右行走马达；27—主回油滤清器；28—磁性滤清器；29—十字联轴节；
A—限速；B—合流；C—行走；P—进油；O—回油

缸同时挖掘，动臂提升与转台回转同时动作等）。

b. 系统采用双泵合流，通过工况选择阀出来的液控油经过二位三通电磁阀进入合流阀的液控口。需要合流时，踩下脚踏板即可实现。

c. 液压回路中设有限速阀，可以在挖掘机下坡时起限速作用，但在作业时不起限速作用，它是一个双信号液控节流阀，由两组来自换向阀的压力信号进入限速阀的液控口，当两路进口压力低于 1.2～1.5MPa 时，限速阀自动开始对回油节流，起限速作用。因此，限速阀对挖掘机挖掘作业不起限速作用。

d. 设有补油回路是为了防止液压马达由于回转制动或机器下坡而造成的行驶超速和在回油路中产生吸空现象。液压油经背压油路进入补油阀，向马达补油，以保证马达工作可靠及有效制动。

e. 液压系统的总回路上设有背压阀，使液压系统的回油管中保持 1.2～1.5MPa 的压力，防止液压系统吸空。

4.5 装载机

4.5.1 装载机概述

(1) 用途

装载机是一种广泛用于公路、铁路、矿山、建筑、水电、港口等工程的土石方工程机械。它的作业对象主要是各种土壤、砂石料、灰料及其他筑路用散状物料等，主要完成铲、装、卸、运等作业，也可对岩石、硬土进行轻度铲掘作业，如果换装不同工作装置，还可以扩大其使用范围，完成推土、起重、装卸等工作（图4-92）。在道路特别是高等级公路施工中，它主要用于路基工程的填挖、沥青和水泥混凝土料场的集料、装料等作业。由于它具有作业速度快、效率高、操作轻便等优点，因而装载机在国内外得到迅速发展，成为土、石方工程施工的主要机种之一。

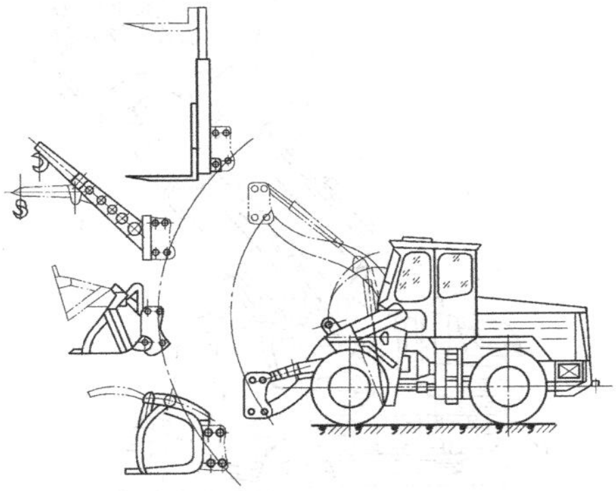

图4-92　装载机的可换工作装置

（2）分类及表示方法

装载机可以按以下几方面来分类：按行走方式分为轮胎式和履带式；按机架结构形式的不同可分为整体式和铰接式；按使用场合的不同可分为露天用装载机和井下用装载机。

国产装载机的型号用字母Z表示，第二个字母L代表轮胎式装载机，无L表示履带式装载机，后面的数字代表额定载重量。如ZL50，代表额定载重量为5t的轮胎式装载机。

（3）装载机的主要技术参数

装载机的主要技术参数有发动机额定功率、额定载重量、铲斗容量、机重、最大掘起力、卸载高度、卸载距离、铲斗的收斗角和卸载角等。

4.5.2　装载机构造

（1）装载机的总体构造

装载机以柴油发动机或电动机为动力装置，行走装置为轮胎或履带，由工作装置来完成土石方工程的铲挖、装载、卸载及运输作业。如图4-93所示，轮胎式装载机是由动力装置、车架、行走装置、传动系统、转向系统、制动系统、液压系统和工作装置等组成。轮胎式装载机采用柴油发动机为动力装置，大多采用液力变矩器、动力换挡变速器的液力机械传动形式（小型装载机有的采用液压传动或机械传动），以及液压操纵、铰接式车架和反转连杆机构的工作装置等。

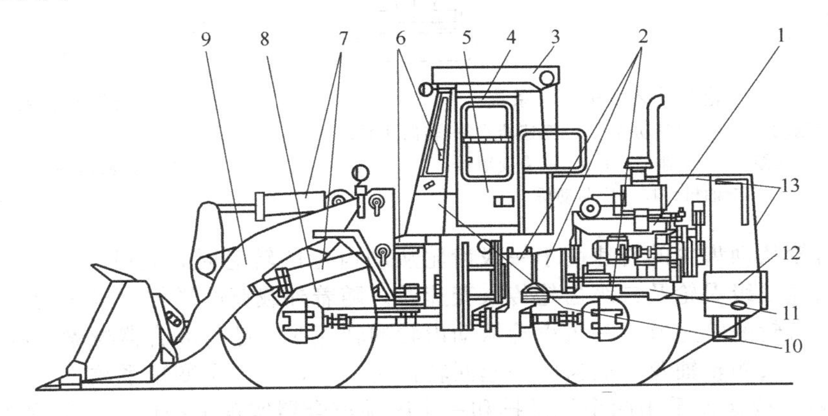

图4-93　轮胎式装载机结构简图

1—柴油机；2—传动系统；3—防滚翻与落物保护装置；4—驾驶室；5—空调系统；6—转向系统；7—液压系统；8—前车架；9—工作装置；10—后车架；11—制动系统；12—电器仪表系统；13—覆盖件

履带式装载机是以专用底盘或工业拖拉机为基础车，装上工作装置并配装适当的操纵系

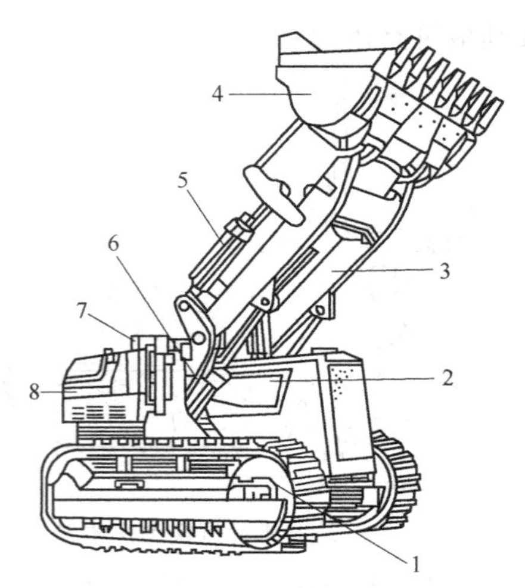

图 4-94 履带式装载机结构简图

1—行走机构；2—发动机；3—动臂；4—铲斗；5—转斗油缸；6—动臂油缸；7—驾驶室；8—燃油箱

统而构成的，其结构见图 4-94。

履带式装载机也采用柴油机为动力装置，机械传动采用液压助力湿式离合器、湿式双向液压操纵转向离合器和正转连杆工作装置。

(2) 传动系统

轮胎式装载机传动系统如图 4-95 所示，履带式装载机传动系统如图 4-96 所示。

如图 4-95 所示，装载机的动力传递路线为：发动机→液力变矩器→变速器→传动轴→前、后驱动桥→轮边减速器→车轮。

① 变矩器。ZL 型装载机采用双涡轮液力变矩器，能随外载荷的变化自动改变变矩工况，相当于一个自动变速器，提高了装载机对外载荷的自适应性。变矩器的第一和第二涡轮输出轴及其上的齿轮将动力输入变速器，在两个输入齿轮之间安装有超越离合器。

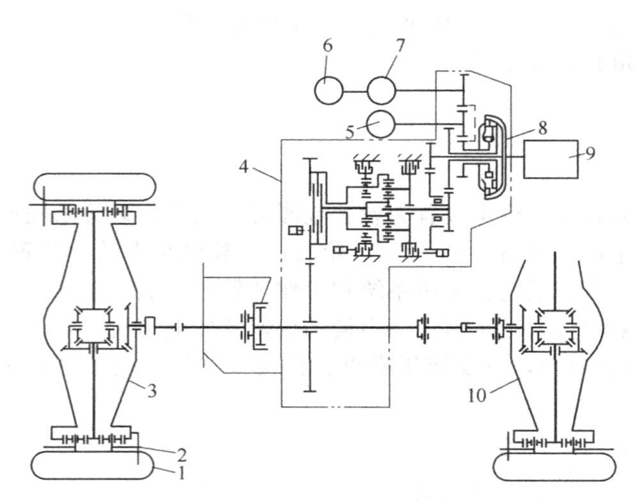

图 4-95 轮胎式装载机传动系统

1—轮胎；2—脚制动器；3—前驱动桥；4—变速器；5—转向油泵；6—工作油泵；7—变速油泵；8—液力变矩器；9—柴油机；10—后驱动桥

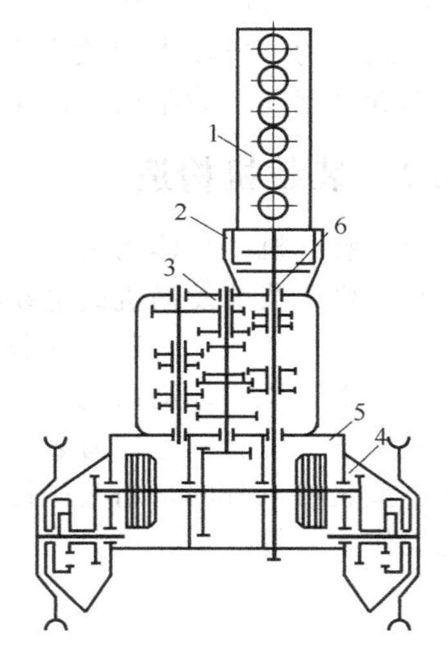

图 4-96 履带式装载机传动系统

1—发动机；2—主离合器；3—变速器；4—最终传动箱；5—中央传动箱；6—万向轴

当二级齿轮从动齿轮的转速高于一级齿轮从动齿轮的转速时，超越离合器将自动脱开，此时，动力只经二级涡轮及二级齿轮传入变速器。随着外载荷的增加，涡轮的转速降低，当二级齿轮从动齿轮的转速低于一级齿轮从动齿轮的转速时，超越离合器楔紧，则一级涡轮轴及一级齿轮与二级涡轮轴及二级齿轮一起回转传递动力，增大了变矩系数。

② 变速器。变速器采用两个行星排和一个闭锁离合器实现个挡位（参见图 4-95）。

当结合前进Ⅰ挡的摩擦离合器时，可实现Ⅰ挡传动；前进Ⅱ挡（直接挡）通过结合闭锁离合器实现；当结合倒挡离合器时，可实现倒挡传动。

③ 驱动桥。采用四轮驱动时前后驱动桥主传动副的螺旋锥齿轮的旋向不同。前桥的主动螺旋锥齿轮为左旋，后桥为右旋。主传动采用一级螺旋锥齿轮减速器左右半轴为全浮式。

轮边减速器为一级行星传动减速（参见图 4-95）。

(3) 转向系统

转向系统能够使装载机根据作业要求改变行驶方向或保持直线行驶方向。

轮胎式装载机转向系统主要由转向液压泵、滤油器、全液压转向器、分流阀、转向液压缸等组成。

履带式装载机转向系统由转向液压泵、左右转向离合器、转向控制阀（包括单向阀、减压阀、溢流阀、转向操纵阀）等组成。

全液压转向器主要由随动转阀和计量马达组成。转向油缸由缸体、缸盖、活塞杆、活塞等组成。油缸的活塞杆端与后车架相连，另一端与前车架相连接，两个转向油缸进出油管路采用交叉连接，即一个转向油缸的大腔与另一个转向油缸的小腔相连，转向时使前后车架相对转动，实现铰接式装载机的左右转向。

目前我国轮胎式装载机已普遍采用全液压转向系统。为使操纵轻便，一般都采用先导操纵油路控制，全液压流量放大转向系统。图 4-97 为 ZL40 型装载机转向原理图，该系统油路由先导油路与主油路组成。所谓流量放大，是指通过全液压转向器以及流量放大阀，可保证先导油路流量变化与主油路中进入转向缸的流量变化具有一定的比例，达到低压（一般不大于 2.5MPa）小流量控制高压大流量的目的。

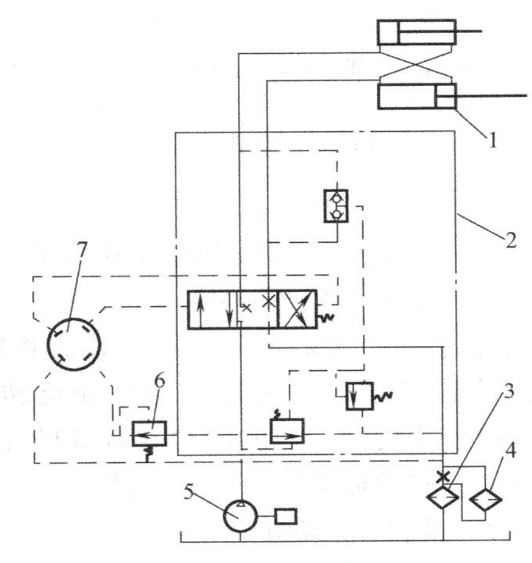

图 4-97 ZL40 型装载机转向系统原理图
1—转向油缸；2—流量放大阀；3—精滤油器；4—散热器；5—转向泵；6—减压阀；7—全液压转向器

不转向时，转向器 7 的两个出口关闭，流量放大阀 2 的主阀杆在复位弹簧作用下保持在中位，转向泵 5 与转向油缸 1 的油路被断开，主油路经过流量放大阀 2 中的流量控制阀卸荷回油箱；驾驶员操纵方向盘时，转向器 7 排出的油与方向盘的转角成正比，先导油进入流量放大阀 2 后，通过主阀杆上的计量小孔控制主阀杆位移，即控制开口大小，进而控制进入转向油缸 1 的流量。通过全液压转向器的先导小流量去操纵流量放大阀 2 的阀杆左右移动，使转向泵 5 的大流量通过流量放大阀进入左右转向油缸，使装载机完成左右转向，即流量放大转向；停止转向后，主阀杆一端先导压力油经计量小孔卸压。两端油压趋于平衡，在复位弹簧的作用下，主阀杆回复到中位，从而切断到油缸的主油路。另外，该系统还增设了液压油散热器，降低了系统油温，对液压元件及密封件起保护作用。

(4) 制动系统

装载机的制动系统按功能分为行车制动和驻车制动两大系统。行车制动用于经常性的一般行驶中的车速控制，驻车制动仅供机械长时间制动使用。履带式装载机因为速度较低，一般不设专门的制动系统，由转向机构兼顾实现制动功能。

① 行车制动系统 轮胎式装载机行车制动（又称脚制动）系统一般用气压、液压或气液混合方式进行控制。图 4-98 所示为气顶油、四轮制动的双管路行车制动系统，该系统属于气液混合方式控制，由空气压缩机、油水分离器、储气筒、双管路气制动阀、加力器和盘式制动器等组成。

系统工作时，空压机排出的压缩空气经油水分离器过滤后，经压力控制器、单向阀进入储气罐。制动时，踩下制动踏板。由气制动阀出来的压缩空气经两路分别进入前、后加力器，使制动液产生高压，进入盘式制动器制动车轮。

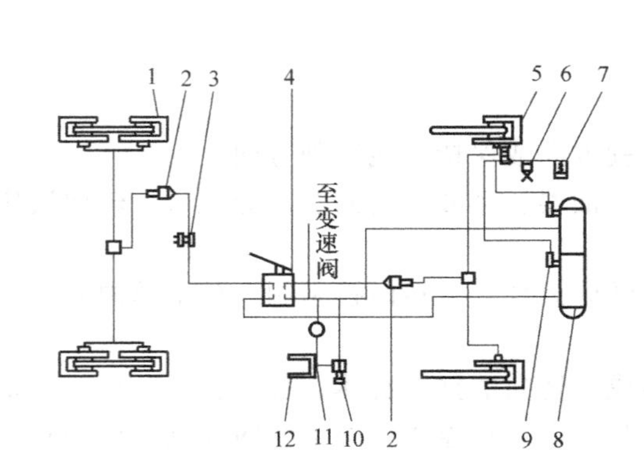

图 4-98　行车制动系统
1—盘式制动器；2—加力器；3—制动灯开关；4—双管路气制动阀；5—压力控制器；6—油水分离器；7—空气压缩机；8—储气罐；9—单向阀；10—气喇叭开关；11—气压表；12—气喇叭

② 驻车制动系统　驻车制动（又称手制动）系统用于装载机在工作中出现紧急情况时制动，以及当装载机的气压过低时起保护作用，也可以使装载机在停车后保持原位置，不致因路面坡度或其他外力作用而移动。

轮胎式装载机的驻车制动有两种形式：一种是机械操纵式，主要由操纵杆、软轴、制动器等组成，多用在小型轮胎式装载机上；另一种是气制动式，主要由储气罐、制动控制阀、制动气室、制动器等组成，有人工控制和自动控制两种。人工控制是司机操纵制动控制阀上的控制按钮，使制动器结合或脱开；自动控制是当制动系统气压过低时，控制阀会自动关闭，制动器处于制动状态。驻车制动系统中的制动器多安装在变速箱的输出轴前端。

（5）工作装置及液压系统

① 工作装置　装载机的铲掘和装卸物料作业通过其工作装置的运动来实现，轮式装载机的工作装置广泛采用正转八连杆和反转六连杆机构，常用的装载机工作装置结构见图4-99。美国卡特皮勒公司的轮胎式装载机普遍采用正转八连杆和反转Z形六连杆两种形式的工作装置。国产ZL系列轮胎式装载机的工作装置一般采用反转Z形六连杆机构。图4-100所示为国产轮胎式装载机的工作装置，由铲斗、动臂、摇臂、连杆及其液压控制系统所组成。整个工作装置铰接在车架上。铲斗1通过连杆2和摇臂3与转斗油缸10铰接。动臂4与车架、动臂油缸11铰接。铲斗的翻转和动臂的升降采用液压操纵。

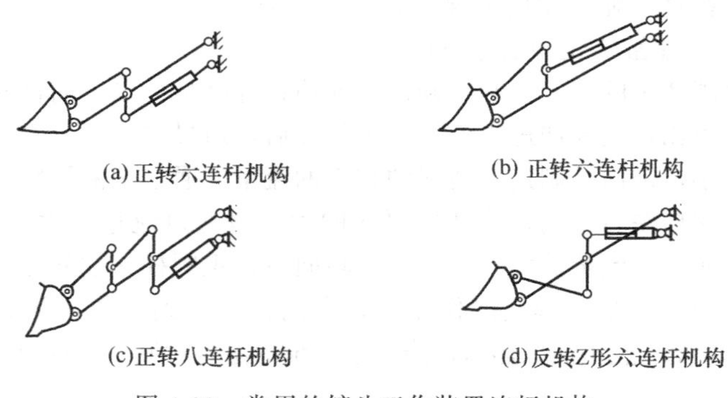

图 4-99　常用的铲斗工作装置连杆机构

履带式装载机工作装置多采用正转八连杆转斗机构，它主要由铲斗、动臂、摇杆、拉杆、弯臂、转斗油缸和动臂油缸等组成，如图4-101所示。

装载机作业时工作装置应能保证铲斗的举升平移和自动放平性能。当转斗油缸闭锁、动臂油缸举升或降落时，连杆机构使铲斗上下平动或接近平动，以免铲斗倾斜而撒落物料；当动臂处于任意位置、铲斗绕与动臂的铰点转动进行卸料时，铲斗卸载角不小于45°，保证铲斗物料的卸净性；卸料后动臂下降时，又能使铲斗自动放平。

a. 铲斗。装载机的铲斗主要由斗底、后斗壁、侧板、斗齿、上下支承板、主刀板和侧刀板等组成，如图4-102所示。

后斗壁1和斗底4为斗体，呈圆弧形弯板状，圆弧形铲斗有利于铲装物料。斗体两侧与

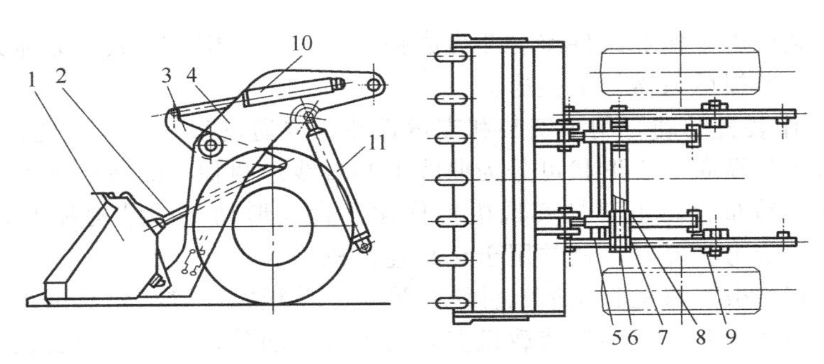

图 4-100　轮胎式装载机工作装置结构

1—铲斗；2—连杆；3—摇臂；4—动臂；5—连接板；6—套管；7—铰销
8—贴板；9—销轴；10—转斗油缸；11—动臂油缸

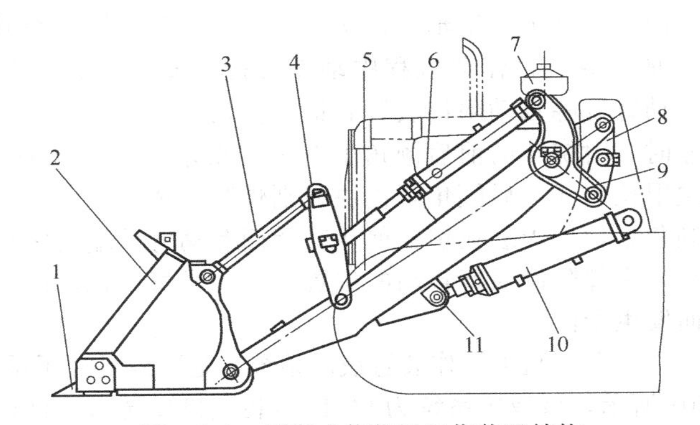

图 4-101　履带式装载机工作装置结构

1—斗齿；2—铲斗；3—拉杆；4—摇杆；5—动臂；6—斗油缸，7—弯臂；
8—销臂装置；9—连接板；10—动臂油缸；11—销

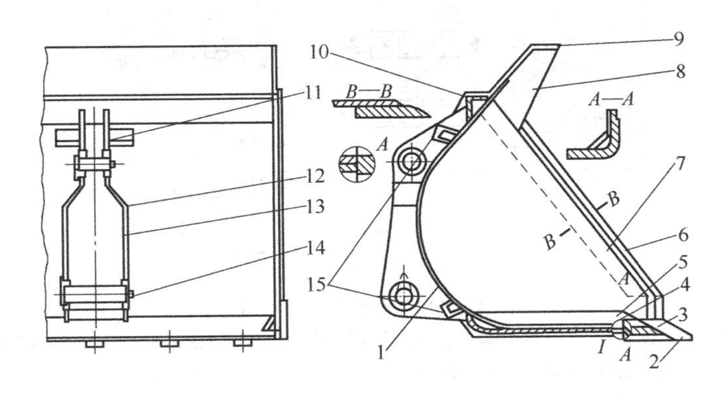

图 4-102　装载机铲斗

1—后斗壁；2—斗齿；3—主刀板；4—斗底；5,8—加强板；6—侧刀板；7—侧板；9—挡板；
10—角钢；11—上支承板；12—连接板；13—下支承板；14—销；15—限位块

侧板 7 常用低碳、耐磨、高强度钢板焊接制成。斗底前缘焊有主刀板 3，侧板 7 上缘焊有侧刀板 6。斗齿 2 用螺栓紧固在主刀板上，可以减小铲掘阻力，减轻主刀板磨损，延长使用寿命。斗齿采用耐磨的中锰合金钢材料，侧齿和加强角板都用高强度耐磨钢材料制成。

铲斗斗齿分为四种。选择齿形时应考虑其插入阻力、耐磨性和易于更换等因素。齿形分尖齿和钝齿，轮胎式装载机多采用尖形齿，而履带式装载机多采用钝形齿。斗齿数由斗宽而定，斗齿距一般为 150～300mm。斗齿结构分整体式和分体式两种，中小型装载机多采用整体式，而大型装载机由于作业条件差、斗齿磨损严重，常采用分体式。分体式斗齿分为基本齿和齿套两部分，磨损后只需要更换齿套。

b. 动臂。工作装置的动臂用来安装和支承铲斗，并通过举升油缸实现铲斗升降。

动臂的结构按其纵向中心形状可分为曲线形和直线形两种。曲线形动臂常用于反转式连杆机构，其形状容易布置，也容易实现机构优化。直线形动臂的结构和形状简单，容易制造，生产成本低，受力状况好，通常用于正转连杆机构。

动臂的断面有单板、双板和箱形三种结构形式。单板式动臂结构简单，工艺性好，制造成本低，但扭转刚度较差。中小型装载机多采用单板式动臂，而大中型装载机则多采用双板形或箱形断面结构的动臂，用于加强和提高抗扭刚度。图 4-100 中所示是单板双梁式动臂。

工作装置的摇臂有单摇臂和双摇臂两种。单摇臂铰接在动臂横梁的摇臂铰销上，双摇臂则分别铰接在双梁式动臂的摇臂铰销上。在动臂下侧，焊有动臂举升油缸活塞杆铰接支座，油缸活塞杆铰接在支座内的销轴上，销轴和铰接支座承受举升油缸的举升推力。

c. 限位机构。为保证装载机在作业过程中动作准确、安全可靠，在工作装置中常设有铲斗前倾、后倾限位、动臂升降自动限位装置和铲斗自动放平机构。

在铲装、卸料作业时，对铲斗的前后倾角度有一定要求，对其位置进行限制，铲斗前、后倾限位常采用限位块限位方式。后倾角限位块分别焊装在铲斗后斗臂背面和动臂前端与之相对应的位置上；前倾角限位块焊装在铲斗前斗臂背面和动臂前端与之相对应的位置上，也可以将限位块安装在动臂中部限制摇臂转动的位置上。这样可以控制前倾、后倾角，防止连杆机构超过极限位置而发生干涉。

② 工作装置液压系统　装载机的工作装置液压系统，是装载机液压系统的重要组成部分，它的工作原理如图 4-103 所示，该液压系统为 966D 型装载机反转六连杆机构工作装置的液压控制系统。它主要由工作油泵、分配阀、安全阀、动臂油缸、转斗油缸和油箱、油管等组成。

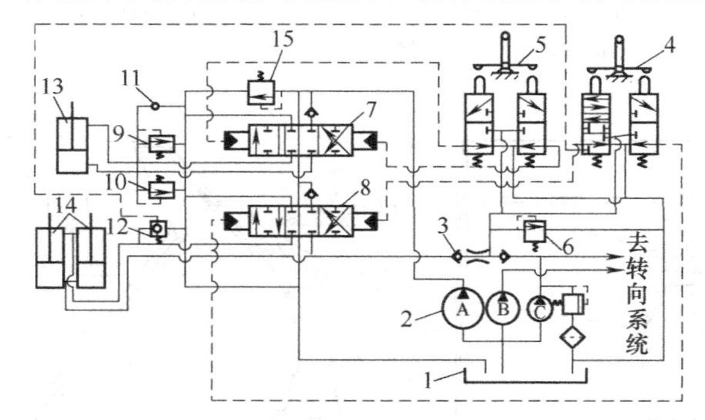

图 4-103　966D 型装载机工作装置液压系统

1—油箱；2—油泵组；3—单向阀；4—举升先导阀；5—转斗先导阀；6—先导油路调压阀；7—转斗油缸换向阀；8—动臂油缸换向阀；9，10—安全阀；11—补油阀；12—液控单向阀；13—转斗油缸；14—举升油缸；15—主油路限压阀；A—主油泵；B—转向油泵；C—先导油泵

液压系统应保证工作装置实现铲掘、提升、保持和翻斗等动作，因此，要求动臂油缸操纵阀必须具有提升、保持、下降和浮动四个位置，而转斗油缸操纵阀必须具有后倾、保持和前倾三个位置。

966D 型装载机的工作装置液压系统采用先导式液压控制，由工作装置主油路系统和先导油路系统组成。主油路多路换向阀由先导油路系统控制。

先导控制油路是一个低压油路，由先导油泵 C 供油。手动操纵举升先导阀 4 和转斗先导阀 5，分别控制动臂油缸换向阀 8 和转斗油缸换向阀 7 的主阀芯左右移动，使工作油缸实现铲斗升降、转斗或闭锁等动作。

在先导控制油路上设有先导油路调压阀6，在动臂举升油缸无杆腔与先导油路的连接管路上设有单向阀3。在发动机突然熄火，先导油泵无法向先导控制油路供油的情况下，动臂油缸依靠部分工作装置的自重作用，无杆腔的油液可通过单向阀3向先导控制油路供油，同样可以操纵举升先导阀4和转斗先导阀5，使铲斗下降、前倾或后转。

先导油路的控制压力应与先导阀操纵手柄的行程成比例，先导阀手柄行程大，控制油路的压力也大，主阀芯的位移量也相应增大。由于工作装置多路换向阀（或称主阀）主阀芯的面积大于先导阀阀芯的面积，故可实现操纵力放大，使操纵省力。通过合理选择和调整主阀芯复位弹簧的刚度，还可实现主阀芯的行程放大，有利于提高主控制回路的速度微调性能。

在转斗油缸13的两腔油路上，分别设有安全阀9和10，当转斗油缸超载时，两腔的压力油可分别通过安全阀9和安全阀10直接卸荷，流回油箱。

当铲斗前倾卸料速度过快时，转斗油缸可能出现供油不足。此时，可通过补油阀11直接从油箱向转斗油缸补油，避免气穴现象的产生，消除机械振动和液压噪声。同理，动臂举升油缸快速下降时，也可通过液控单向阀12直接从油箱向动臂油缸上腔补油。

966D型装载机的工作装置设有两组自动限位机构，分别控制铲斗的最高举升位置和铲斗最佳切削角的位置。自动限位机构设在先导操纵杆的下方，通过动臂油缸举升定位传感器和转斗油缸定位传感器的无触点开关，自动实现铲斗限位。当定位传感器的无触点开关闭合时，对应的定位电磁铁即通电，限位连杆机构产生少许位移，铲斗回转定位器或举升定位器与支承辊之间出现间隙，在先导阀回位弹簧的作用下，先导阀操纵杆即可从“回转”或“举升”位置自动回到“中立”位置，停止铲斗回转或升举。

4.6 夯实机械

4.6.1 夯实机械概述

夯实机械是一种适用于对黏性土壤和非黏性土壤进行夯实作业的冲击式机械，夯实厚度可达1～1.5m，在公路、铁路、建筑、水利等工程施工中应用广泛。在公路修筑施工中，可用于夯实桥背涵侧路基、振实路面坑槽以及夯实、平整路面养护维修，是筑路工程中不可缺少的设备之一。

夯实机械可按冲击能量、结构和工作原理进行分类：按夯实冲击能量大小分为轻型（0.8～1kN·m）、中型（1～10kN·m）和重型（10～50kN·m）三种；按结构和工作原理分为自由落锤式夯实机、振动平板夯实机、振动冲击夯实机、爆炸式夯实机和蛙式夯实机。

冲击式压路机是一种不同于传统的静碾压实、振动压实和打夯机压实原理的新型压实设备。这种20世纪90年代才实际投入使用的压路机，特别适用于湿陷性黄土压实和大面积深填土石方的压实工作。

4.6.2 夯实机械结构及工作原理

（1）振动平板夯实机

利用激振器产生的振动能量进行压实作业的振动平板夯，广泛应用于工程量不大的狭窄场地。振动平板夯的结构如图4-104所示。它由发动机、夯板、激振器、弹簧悬挂系统等组成。

振动平板夯分非定向和定向两种形式。动力通过发动机经皮带传递给偏心块式激振器。由激振器产生的偏心力矩带动夯板以一定的振幅和激振力振实被压材料。非定向振动平板夯是利用激振器产生的水平分力自动前移；而定向振动平板夯是利用两个激振器壳体中心（两

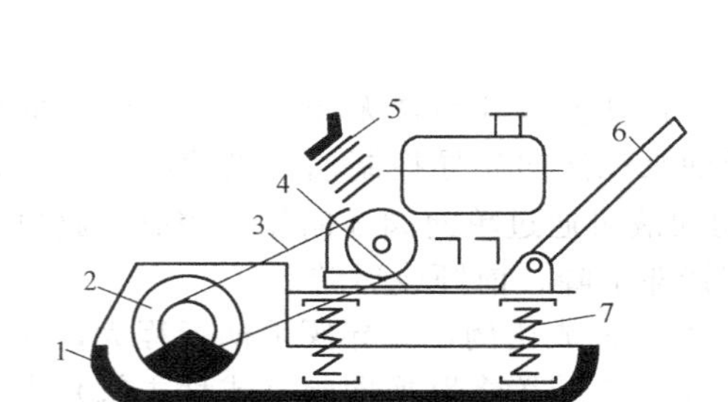

(a) 非定向振动式

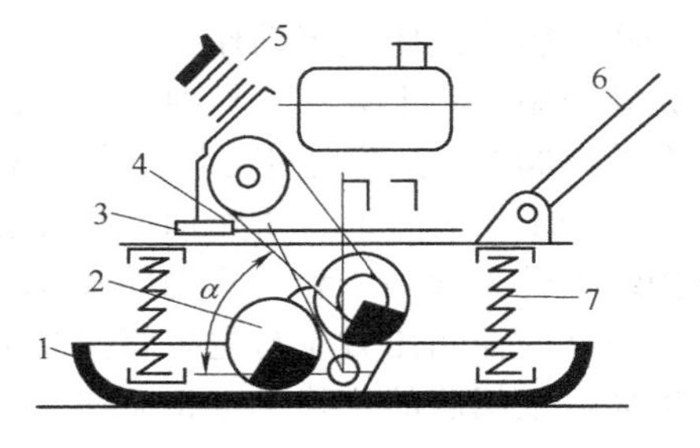

(b) 定向振动式

图 4-104　振动平板夯的结构原理图

1—夯板；2—激振器；3—V 带；4—发动机底架；5—操纵手柄；6—扶手；7—弹簧悬挂系统

激振器中心）所处位置的不同，使振动平板原地垂直振动或在总离心力的水平分力作用下水平移动。振动平板夯的隔振元件是弹簧减振器。

（2）振动冲击夯实机

振动冲击夯包括内燃式振动冲击夯和电动式振动冲击夯两种形式。前者动力是内燃发动机，而后者动力是电动机，都是由动力源（发动机、电机）、激振装置、缸筒和夯板等组成。振动冲击夯的工作原理是由发动机（电机）带动曲柄连杆机构运动，产生上下往复作用力使夯实机跳离地面。在曲柄连杆机构作用力和夯实机重力作用下，夯板往复冲击被压实材料，达到夯实的目的。

振动冲击夯实的冲击频率为 7～11Hz，跳起高度为 45～65mm，通过夯板对被夯实材料的快速冲击使材料颗粒产生位移，获得很好的夯实效果。

内燃式冲击夯的结构如图 4-105 所示，它由发动机、离合器、减速机构、内外缸体、曲柄连杆机构、活塞、弹簧、夯板和操纵机构等组成。发动机动力经离合器 12、小齿轮 11 传给大齿轮 6，使安装在大齿轮偏心轴上的连杆 16、活塞头 17、活塞杆 19 作上下往复运动，在弹簧力（压缩和伸张）作用下，使机器和夯板跳动，对被压材料产生高频冲击振动作用。

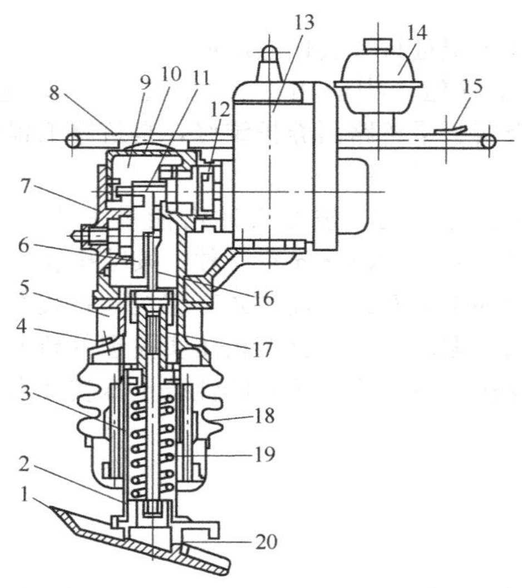

图 4-105　内燃式快速冲击夯的结构

1—夯板；2—内缸体；3—工作弹簧；4—加油塞；5—外缸体；6—大齿轮；7—箱盖；8—手把；9—曲轴箱；10—减振块；11—小齿轮；12—离合器；13—发动机；14—油箱；15—油门控制器；16—连杆；17—活塞头；18—防尘罩；19—活塞杆；20—放油塞

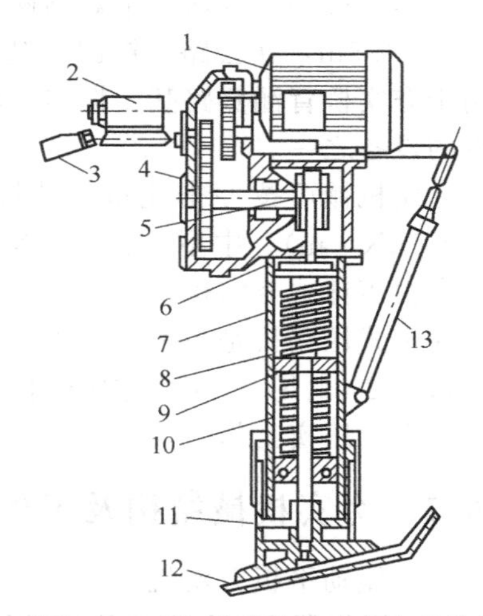

图 4-106　电动式快速冲击夯的结构

1—电动机；2—电气开关；3—操纵手柄；4—减速器；5—曲柄；6—连杆；7—内套筒；8—机体；9—滑套活塞；10—螺旋弹簧组；11—底座；12—夯板；13—减振器支承器

电动式冲击夯的结构如图 4-106 所示，它的结构与内燃式振动冲击夯基本类似，仅动力装置为电动机。

(3) 爆炸式夯实机

爆炸式夯实机利用燃料燃烧爆炸产生的冲击力来进行夯实作业，又被称为火力夯或内燃式打夯机。爆炸夯实机的工作原理与两冲程内燃机相同。在结构上，爆炸式夯实机由缸体、缸盖、活塞（上、下）、汽油器、夯轴、夯锤、夯板、油箱等组成。HB120 型爆炸式夯实机结构如图 4-107 所示。

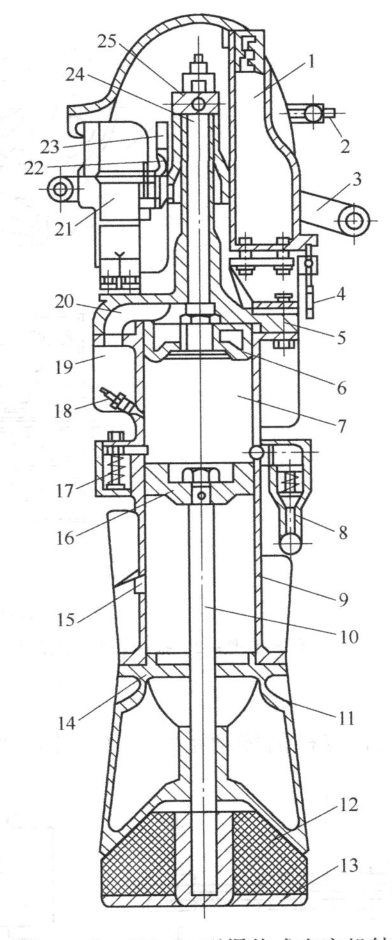

图 4-107　HB120 型爆炸式夯实机结构

1—油箱；2—停火按钮；3—操纵手柄；4—油管；5—气缸盖；6—上活塞；7—气缸；8—进气阀；9—气缸套；10—夯轴；11—夯锤；12—胶垫；13—夯板；14—密封接盘；15—排气孔；16—下活塞；17—排气阀；18—火花塞；19—散热片；20—主排气管；21—磁电机；22—凸轮；23—点火碰块；24—主排气门杆；25—弓形架

HB120 型爆炸式夯实机有上、下两个活塞，上活塞 6 装在主排气门杆 24 的下端，弓形架 25 与主排气门杆 24 上端连接，而弓形架又与环状的操纵手柄 3 连成一体，弓形架上装有点火碰块 23。主排气门杆上还装有弹簧拉板并连接着两根弹簧，弹簧置于气缸盖上的套筒里，其端部由螺栓固定在套筒的上方。

启动时，压下环状手柄，弓形架带动主排气门杆和上活塞下移，上活塞中部的主排气门开启，气缸 7 中的废气通过主排气管 20 排除。当上活塞下移到接触下活塞 16 时，减小下压力，主排气门杆便在两根弹簧拉力作用下带着上活塞上升，同时关闭主排气门。此时，混合气体经进气阀 8 吸入气缸，上活塞到最高点时，弓形架上的磁块拨动磁电机凸轮 22 使磁电机发电，通过火花塞 18 点燃缸内混合气体，气体燃烧膨胀使夯身向上运动。

当气缸套上升到排气孔 15 露出下活塞顶部时，废气由排气孔 15 排出，排气阀 17 开启，缸内压力骤然下降。此时夯身在惯性力作用下继续上升，下活塞底部空气被压缩，当压缩弹力大于夯板部分的重力时，下活塞将带动夯板向上运动，直至与夯锤接合一起上升到惯性力为零处，然后以自由落体下降夯击铺筑材料。在夯击铺筑材料的同时，上活塞在下降惯性作用下到达最低位置，排出缸内残留废气，再由弹簧拉起，进行到第二个工作循环。

(4) 蛙式打夯机

蛙式打夯机是利用偏心块旋转产生离心力的冲击作用进行夯实作业的一种小型夯实机械，它具有结构简单、工作可靠、操作容易等优点，因而在公路、建筑、水利等施工工程中广泛采用。

如图 4-108 所示，蛙式打夯机由夯头架、拖盘、传动装置、前轴装置、操纵手把以及电气控制设备（电动机、输电缆、电控盒）等部分组成。夯头架由夯板 8、立柱 9、斜撑 11、轴销铰接头 3、动臂 5 和前轴 7 焊接而成。拖盘采用钢板冲压形成，拖盘上焊接有电动机支架、传动轴支承座、手把铰接支承座等。传动装置由传动轴、大小带轮、轴承座等组成。

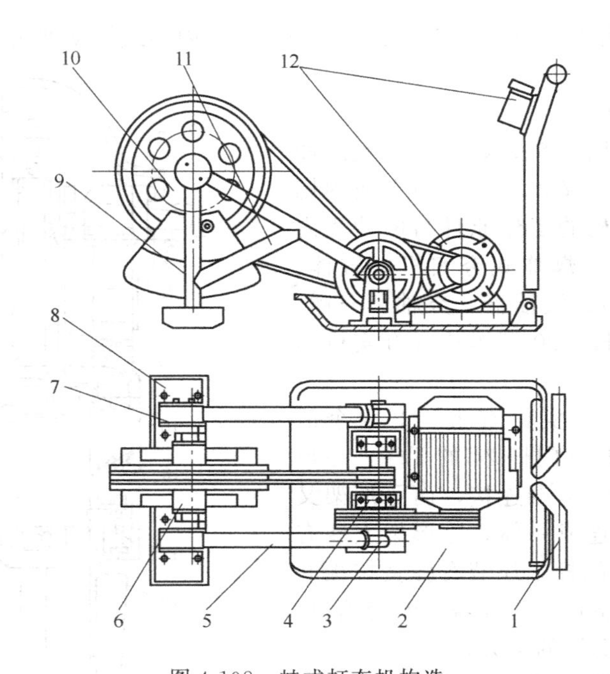

图 4-108　蛙式打夯机构造

1—操纵手把；2—拖盘；3—销铰接头；4—传动装置；5—动臂；6—前轴装置；7—前轴；8—夯板；9—立柱；10—夯头架；11—斜撑；12—电气设备

蛙式打夯机的传动系统如图 4-109 所示。电动机 1 通过两级传动 2、3 驱动偏心块 4 旋转，产生离心力带动夯板夯实铺筑材料和夯机向前移动。

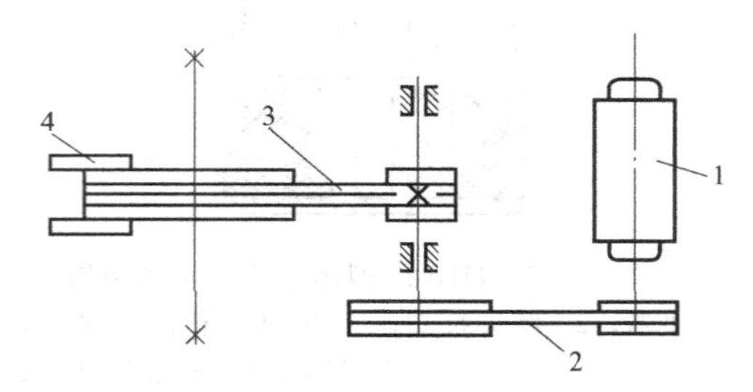

图 4-109　蛙式打夯机的传动系统

1—电动机；2—一级传动；3—二级传动；4—偏心块

（5）冲击式压路机

① 主要结构及工作原理　冲击式压路机由牵引车和压实装置两部分组成，中间通过缓冲架连接组件连接，如图 4-110 所示。

5YCT18 型冲击式压路机牵引车分前、后车架，中间用转向铰连接作为液压油缸转向机构的回转中心。前车架放置发动机、液力变速器、前桥及驾驶室等部件。

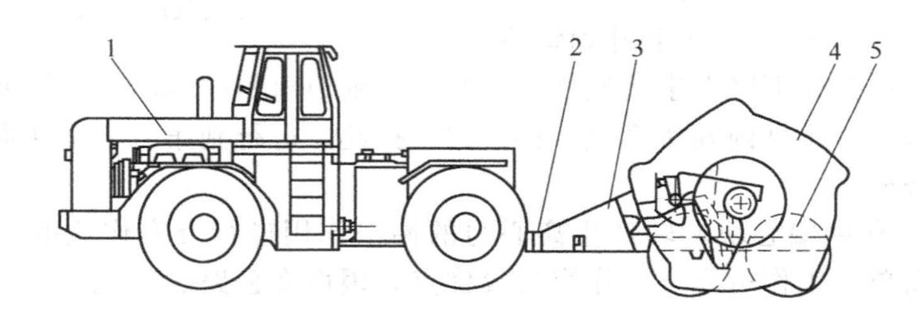

图 4-110　5YCT18 型冲击式压路机结构图

1—牵引车；2—缓冲架连接组件；3—机架；4—五边压实轮；5—机架行走轮胎

如图 4-111 所示，压实装置主要由压实轮组件 7、机架 2、连杆架 8、行走车轮 5、连接头 1、防转器 9 和液压油缸 6 等组成。由连杆、限位橡胶块和缓冲液压油缸等部分组成的缓冲机构是为了防止和减少冲击轮对机架的冲击。冲击压实轮是工作部件，为两个由几段曲线组成的非圆柱形滚筒，分布于机架两侧，中间通过轮轴相连，滚筒用厚钢板焊接而成。由提升油缸、防转器、连杆架、行走车轮等组成的提升机构和行走机构，主要是用来短途转移和更换施工场地。当提升液压缸伸长时，两个冲击轮离开地面，这时全部质量由四个行走车轮承担，在牵引车的拖动下实现场地转移。防转器目的是防止在工地短途转移时冲击轮自由转动。

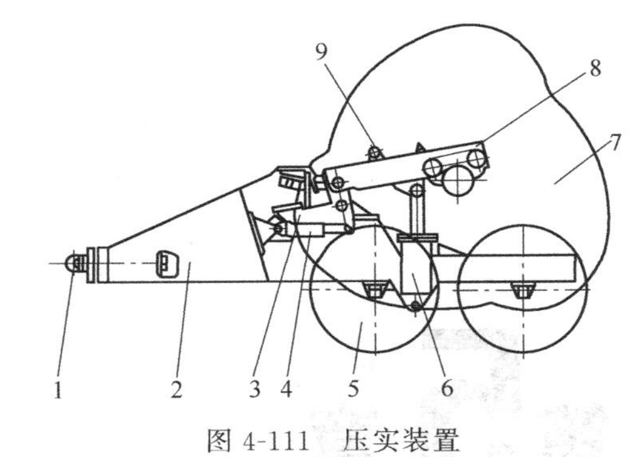

图 4-111　压实装置

1—连接头；2—机架；3—摆杆；4—油缸；5—行走车轮；6—提升油缸；7—压实轮组件；8—连杆架；9—防转器

压实装置与牵引车通过连接装置相连接，连接装置由牵引板、十字接头、销轴、牵引轴、法兰盘和缓冲橡胶套组成，可缓冲冲击轮对牵引车的冲击，并在牵引过程中改善其受力状况，可保证牵引车与压实装置之间具有三个转动自由度。当牵引车拖动压实轮向前滚动时，压实轮重心离地面的高度上下交替变化，产生的势能和动能集中向前、向下碾压，形成巨大的冲击波，通过多边弧形轮子连续均匀地冲击地面，使土体均匀致密。

② 主要技术参数　冲击式压路机的主要技术参数有工作质量、冲击轮尺寸、冲击轮质量、最大冲击力、工作速度、压实频率、冲击能量等。

③ 特点及适用范围　新型滚动冲击压实技术突破了传统的压实方式，将往复夯击与滚动压实技术相结合，以压实能量高、影响深度大、机动性能好等特点日益受到重视。冲击式压路机对高填方路段、松沙土源地基的土质压实和石质挤密非常有效。对于那些原地基土质不好的工程，可直接压实而不需换土和分层填方与压实；对于含水量范围的要求很宽，可大大减少干性土的加水量并能将湿的地基排干，加速软土地基的稳定；对于填方层的压实，每次填方厚度可达 0.5m，压实速度高达 12km/h。冲击式压路机还可以用于破碎旧水泥路面或沥青路面。冲击压路机的压实能量与冲击面的宽度、铺层厚度、工作装置质量、作业速度等有关。

第5章 石方工程机械

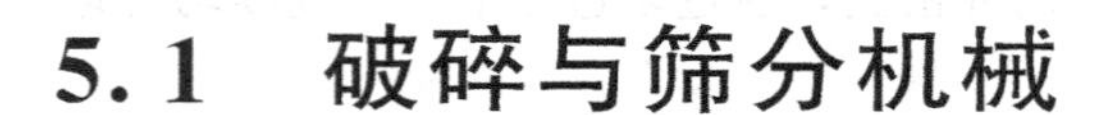

5.1 破碎与筛分机械

5.1.1 破碎与筛分机械概述

破碎与筛分机械是加工生产各种规格的碎石及砂料的机械设备，广泛应用于公路、建筑、水利和矿业等领域的施工中。

在道路的路面和基层修筑工程中，需要大量的碎石材料作为各种混凝土的骨料，或直接作为铺路材料。例如，在水泥混凝土中骨料的质量占到总质量的80%以上。因此，破碎及筛分机械是公路工程材料生产的基本设备之一。

筛分机械主要用于各种碎石料的分级，以及脱水、脱泥、脱介等作业。在公路石料生产中，筛分机械常与各种碎石机配套使用，组成联合碎石设备。

破碎与筛分机械的工作对象是各种硬度不同的岩石材料及砂料，适用的岩石材料抗压强度一般不超过250MPa。

5.1.2 破碎机械

(1) 破碎机械概述

为了获得各种规格的用来铺筑路面和配制混凝土材料的碎石，还必须将大的块石破碎成碎石。破碎机就是一种用来破碎石块的机械。

① 破碎方式及特点　破碎是一种使大块物料变成小块物料的过程。这个过程是用外力（人力、机械力、电力、化学能、原子能或其他方法等）施加于被破碎的物料上，克服物料分子间的内聚力，使大块物料分裂成若干小块。岩石是脆性材料，它在很小的变形下就发生毁坏。

目前在工业上主要是利用机械力来破碎岩石，利用机械力破碎岩石的方法有以下几种。

a. 压碎［图5-1(a)］，将岩石置于两个破碎表面之间，施加压力后，岩石因压应力达到其抗压强度而破碎。

b. 劈碎［图5-2(b)］，用一个平面和一个带有尖棱的工作表面挤压岩石时，岩石将沿压力作用线的方向劈裂。劈裂的原因是由于劈裂平面上的拉应力达到或超过岩石的抗拉强度。

岩石的抗拉强度比抗压强度小很多。

c. 折断［图5-1(c)］，岩石是受弯曲作用而破坏。被破碎的岩石就是承受集中载荷的两支点或多支点梁。当岩石内的弯曲应力达到岩石的抗弯强度时，岩石即被折断。

d. 磨碎［图5-1(d)］，岩石与运动的表面之间受一定的压力和剪切力作用后，其剪应力达到岩石的剪强度时，岩石即被粉碎。磨碎的效率低，能量消耗大。

e. 冲击破碎［图5-1(e)］，岩石受高速回转机件的冲击力而破碎。它的破碎力是瞬时作用的，其破碎效率高，破碎比大，能量消耗少。

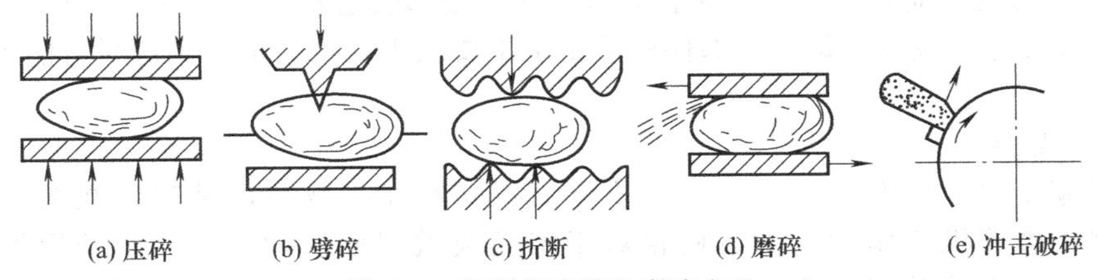

图5-1　岩石的破碎和磨碎方法

实际上，任何一种破碎机和磨碎机都不能只用前面所列举的某一种方法进行破碎，一般都是由两种或两种以上的方法联合起来进行破碎的，例如压碎和折断、冲击和磨碎等。

岩石的破碎方法主要是根据岩石的物理力学性能、被破碎岩石块的尺寸和所要求的破碎比来选择。

岩石分为坚硬岩石（硬岩）、中等坚硬岩石和软岩石；也可分为黏性岩石和脆性岩石。根据岩石的物理力学性能，岩石的抗压强度最大，抗弯强度次之，抗磨强度再次之，抗拉强度最小。对于坚硬岩石最好采用压碎、劈碎和折断（弯曲）的破碎方法，而对黏性岩石则采用压碎和磨碎方法破碎，脆性岩石和软岩石采用劈碎和冲击破碎的方法为宜。随着耐磨材料质量的提高和使用寿命的增长，对于硬而脆的岩石也可以采用冲击破碎的方法。

② 破碎机分类及其工作特点　破碎机按工作原理和结构特征可分为4种。

a. 颚式破碎机［图5-2(a)］。其工作部分由固定颚和可动颚组成，当可动颚周期性地靠近固定颚时，则借压碎作用将装于其间的岩石破碎；由于装在固定颚和可动颚上的破碎板表面具有波纹状牙齿，因此对岩石也有劈碎和折断作用。

b. 旋回破碎机和圆锥破碎机［图5-2(b)］：其破碎部件是由两个几乎成同心的圆锥体——不动的外圆锥和可动的内圆锥组成的，内圆锥以一定的偏心半径绕外圆锥中心线作偏心运动，岩石在两锥体之间受压碎和折断作用而破碎。

c. 辊式破碎机［图5-2(c)］：岩石在两个平行且相向转动的圆柱形辊子中受压碎（光辊）或受压碎和劈碎作用（齿辊）而破碎。如果两个辊子的转速不同，还有磨碎作用。

d. 冲击式破碎机-锤式破碎机和反击式破碎机［图5-2(d)］：利用机器上高速旋转的锤子的冲击作用和岩石本身以高速向固定不动的衬板上冲击而使岩石破碎。

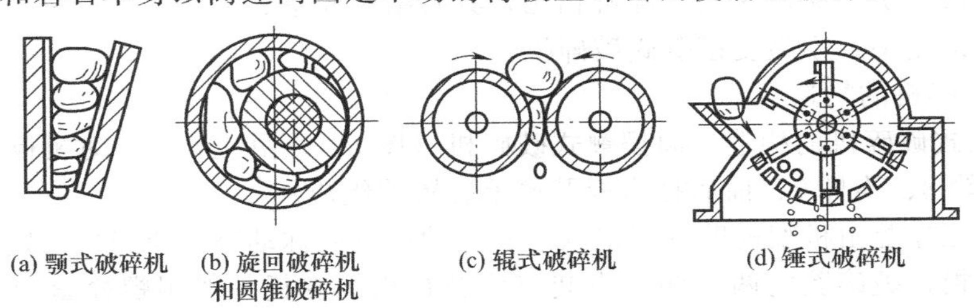

图5-2　破碎机的主要形式

破碎机的形式是根据所采用的破碎工艺流程、岩石的物理力学性能、破碎比及影响岩石可碎性的其他一些因素进行选择的。

破碎机经常在繁重负荷的条件下和灰尘密布的恶劣环境中进行工作，为了保证破碎机在运转过程中的安全性和可靠性，每一种破碎机必须满足以下要求：

a. 破碎机的传动装置、排料口必须要有安全保护装置；

b. 破碎机必须备有可靠的防尘装置和除尘装置；

c. 破碎机都应当有简单而有效的保险装置；

d. 破碎机的构造应当保证迅速而容易地更换其全部被磨损了的部件，特别是破碎部件，这些部件的数目应当最少，每一个部件的质量也不要太大，而其形状则应尽可能地便于制造和检修。

(2) 颚式破碎机

① 颚式破碎机的工作原理与分类　在颚式破碎机中，物料的破碎是在两块颚板之间进行的。颚式破碎机工作时，动颚板相对于定颚板做周期性的摆动。当动颚板向定颚板靠拢时，为破碎机的破碎行程，石料就在动颚板与定颚板之间受到挤压、剪切、弯曲等作用而碎裂；当动颚板与定颚板相离时，为破碎机的排料行程，破碎了的物料在重力作用下排出。

根据动颚板运动特性的不同，常用的颚式破碎机可分为简单摆动式和复杂摆动式两种基本类型。

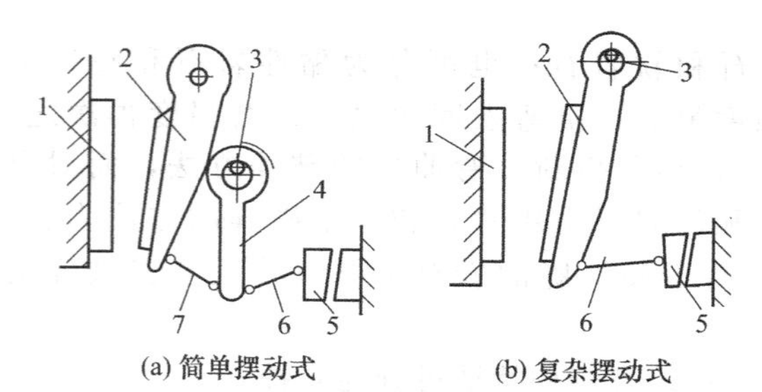

图 5-3　颚式破碎机工作简图

1—定颚板；2—动颚板；3—偏心轴；4—连杆；5—调节机构；6,7—推力板

简单摆动颚式破碎机（简称为简摆颚式破碎机）为动颚板做简单摆动的曲柄双摇杆机构的颚式破碎机，如图 5-3(a) 所示。这种颚式破碎机动颚板 2 上每一点都绕悬挂轴，相对定颚板 1 做周期性的圆弧运动。连杆 4 上端悬挂在偏心轴 3 上，下端的前后两面各连接一块推力板 6、7。后推力板 6 后端支承在调节机构 5 上。当偏心轴转动时，就驱动连杆上下运动，通过推力板使动颚板摆动，两颚板之间的石块在不断下溜过程中被多次破碎，等到它们最后被破碎到尺寸小于两颚板的下隙口尺寸时，成品石料就从下隙口漏出。调整机构 5 可以调整下隙口的宽度，以便破碎出不同规格的成品石料。

复杂摆动颚式破碎机（简称为复摆颚式破碎机）为动颚板做复杂摆动的曲柄单摇杆机构的颚式破碎机，如图 5-3(b) 所示。这种颚式破碎机的动颚板 2 是直接悬挂在偏心轴 3 上的，它没有单独的连杆，只有一块推力板。动颚板由偏心轴带动，其工作表面上每点的运动轨迹都是一个封闭曲线，上部轨迹接近圆形，下部轨迹接近椭圆形。

复摆颚式破碎机与简摆颚式破碎机相比，具有结构简单、紧凑、生产率高的优点。在碎石生产中普遍采用中、小型复摆颚式破碎机。

② 颚式破碎机的构造

a. 简摆颚式破碎机的构造。简摆颚式破碎机（图 5-4）由机架 1、动颚板 5、悬挂轴 4、偏心轴 6、飞轮 8、连杆 7、前后推力板及调整装置等组成。

破碎机的工作腔由机架前壁（即定颚）和活动颚（简称动颚）所组成。定颚和动颚上都衬有耐磨的颚板，破碎腔的两个侧面也装有耐磨衬板。颚板一般用螺栓紧固在定额和动颚上，为防止颚板与颚之间因贴合不紧密而造成作业时过大的冲击，其间通常装有可塑性材料制成的衬垫，衬垫材料一般为锌合金或铝板。

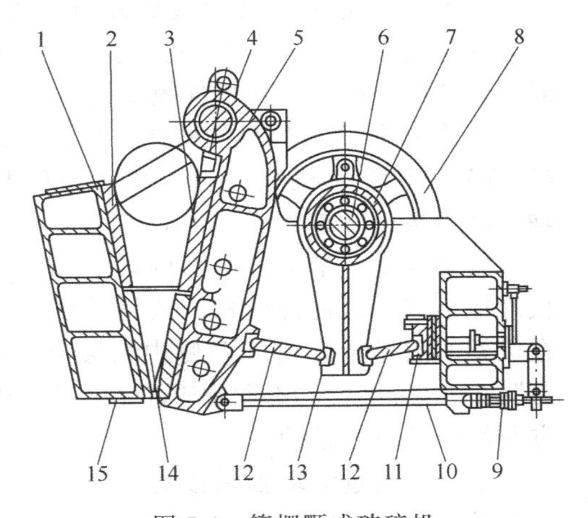

图 5-4 简摆颚式破碎机

1—机架；2—定颚；3,5—动颚；4—悬挂轴；6—偏心轴；7—连杆；8—飞轮；9—弹簧；10—拉杆；11—楔形铁块；12—推力板；13—推力板座；14—侧板；15—底板

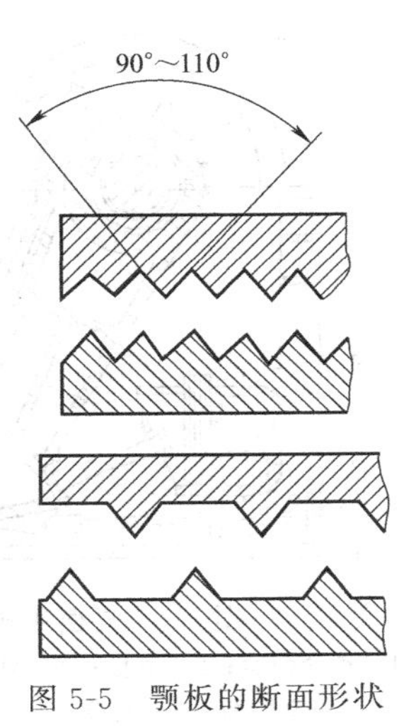

图 5-5 颚板的断面形状

颚板用高锰钢等抗冲击、耐磨损材料制造。颚板的表面通常设计为齿状（图 5-5），以在破碎岩石时产生各种作用应力。

动颚上端固定在悬挂轴上，悬挂轴则用轴承支承在机架上，这样，动颚可以绕悬挂轴的中心做摆动。偏心轴也用轴承支承在机架上，偏心轴的偏心部分装在连杆的上端。偏心轴转动时，可带动连杆做偏心运动。连杆的下端通过前后推力板与动颚和机架相连。为防止磨损，推力板所支撑的部位都装有耐磨的支承座。

颚式破碎机在工作时，偏心轴每转动一周，就有一次破碎和一次排料的过程。破碎岩石时，需要消耗较大的能量；排料时，动颚依靠自重向后摆动而不消耗能量。因此，偏心轴上配置有质量较大的飞轮，储存动颚排料行程产生的能量，尽量保证偏心轴的转速恒定。

推力板在工作时，由于惯性作用，其有离开支座的趋势，这就将使机器受到冲击作用。为防止出现这种情况，动颚下端用拉杆、弹簧等元件连接在机架后壁上。在动颚破碎行程中，弹簧受到压缩；在动颚卸料行程中，弹簧恢复长度。弹簧的预紧力保证了推力板与其支座间始终处于接触状态。

简单摆动颚式破碎机排料口宽度的调整机构采用液压式调节装置（图 5-6）。

调整卸料口宽度时，先将高压油压入液压缸 4，推动调节柱塞 3 向前，柱塞又推动挡块 2，然后增减调整垫片 8，以得到相应的排料口宽度。调整结束，将油液排出，再将固定螺栓上紧。

简单摆动式破碎机大多数是大型破碎机，作业时受冲击力较大，各转动部位一般采用巴氏合金制成的滑动轴承，轴承采用静压稀油润滑，其润滑系统需要专门设置。推力板的支撑部位和动颚上的轴承则

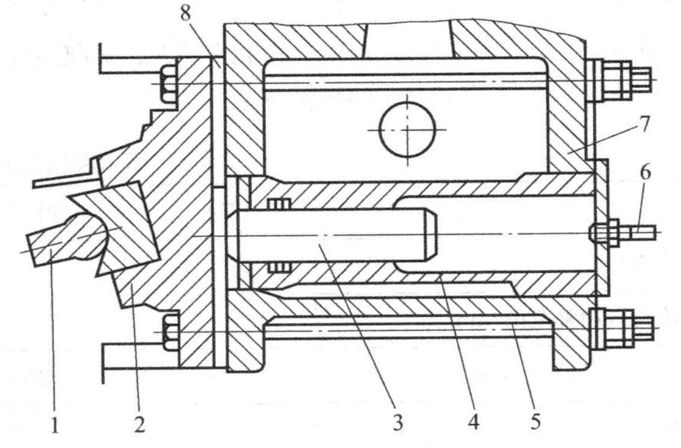

图 5-6 液压式调节装置

1—推力板；2—挡块；3—调节柱塞；4—液压缸；5—挡块紧固螺栓；6—油管；7—机架；8—垫片

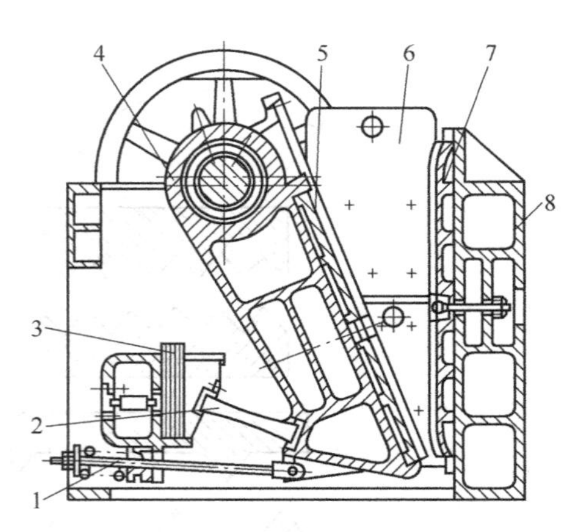

图 5-7　复摆颚式破碎机
1—锁紧弹簧；2—肘板；3—调整垫片；4—动颚部；5—动颚板；6—侧板；7—定颚板；8—机架

可采用润滑脂润滑。

后推力板也是简摆颚式破碎机的保险装置。当破碎腔内落入难以破碎的异物时，推力板首先断裂，从而保护了其他机件免受损坏。

b. 复摆颚式破碎机的构造。复摆颚式破碎机（图 5-7）主要由机架、动颚板、定颚板、偏心轴、推力板、飞轮和调节机构等组成。

机架 8 是一个上下开口的四方斗，有采用钢板焊接结构、铸钢件结构的或铸铁的。定额板装在机架的前壁上，机架两侧内壁装有侧板 6，作为防止斗壁的磨损和紧固定颚板之用。机架后上方两侧安装偏心轴的轴承座。

偏心轴通过滚动轴承或滑动轴承支承在机架的轴承座上，其两端分别装着直径相同的传动皮带飞轮。飞轮是用来平衡带轮的，两轮对称地旋转，可以储存及释放能量，使偏心轴运转均匀。偏心轴由电动机或内燃机通过 V 带传动装置来驱动。

动颚板 5 的上部为一圆筒，通过轴承悬挂在偏心柱上，下部为矩形板面，正面装有动颚齿板，背面有加强筋条。动颚板的后下端有安装推力板（为矩形板）的横槽，槽内通过圆柱销装有肘板座，而推力板则装在肘板座之间，用来支撑动颚板 5 的下端进行摆动，并起保护作用。因推力板在动颚板下端的摆动中也上下摆，其前后端面制成圆弧形，以便与肘板座形成圆面接触而减少磨损。在推力板中部开挖有数个椭圆孔或圆孔以降低其强度。当破碎斗内偶尔落入过硬而难以破碎的石块或其他铁器等物时，推力板先被切断，从而避免了其他主要零件的损坏。

动颚板后面最下端被一根带弹簧的拉杆连接于机架的后壁，使动颚板下端既能向前动，又能向后拉复原位。

矩形的定颚板 7 和动颚齿板都是由高锰钢铸成的，它们的工作表面都铸有纵向齿，而且两种板的齿与槽相对，破碎过程中对石块既有压碎作用，又有弯曲作用，从而提高了破碎效率。两颚（齿）板都是上下对称的，当下部磨损过多后可倒头使用。

调整机构可用来调整卸料口的宽度，使破碎机加工出不同规格的碎石成品。对楔铁式调整机构，借调整螺栓及螺母可使楔铁沿机架后壁上升或下降，则前楔铁可在机架内侧的滑槽内前后滑动，通过推力板使卸料口的宽度改变。

复摆颚式破碎机的基本参数见表 5-1。

表 5-1　复摆颚式破碎机的基本参数

规　　格	PE-90	PE-60	PE-40	PE-25	PE-15
给料口尺寸/mm	900×1200	600×900	400×600	250×400	150×250
给料口调整范围/mm	100～200	75～200	40～100	20～80	10～40
最大给料尺寸/mm	750	480	350	210	125
生产率/(t·h^{-1})	150～300	35～120	8～20	4～14	1～3
偏心轴转速/(r·min^{-1})	200～250	230～280	250～300	280～320	300～340
电动机功率/kW	95～110	75～80	30	5～17	5.5

(3) 圆锥破碎机

① 圆锥破碎机的工作原理与分类 圆锥破碎机早在1880年就用于工业生产中，1953年我国自行开始设计制造。至今仍广泛地用来破碎各种硬度不同的岩石和矿石。

圆锥破碎机的主要类型如下。

a. 按破碎流程中的用途可分为：粗碎圆锥破碎机，又称旋回破碎机，给料粒度可为1200～1300mm，排料口宽为220～75mm，生产能力约为2100～160t/h；中碎圆锥破碎机，它以标准型、中间型、颚旋式为代表，有时旋回破碎机也作中碎，给料粒度为350～150mm，排料口宽度为60～10mm，生产能力约为790～50t/h；细碎圆锥破碎机，以中间型、短头型为代表，给料粒度在100～45mm之间，排料口宽度为15～3mm，生产能力约为300～18t/h。后两类一起统称圆锥破碎机。

b. 按动锥竖轴支承方式可分为：悬轴式，即动锥竖轴（主轴）悬挂在上部支承点O上，旋回破碎机属于这种类型；另一种是支撑式，即动锥竖轴支撑在球面轴承上，标准型、中间型及短头型圆锥破碎机属于这种类型。

圆锥破碎机工作原理如图5-8所示。它由两个截头的圆锥体-活动圆锥1（破碎圆锥）和固定圆锥2（中间圆锥体）所组成。活动圆锥的心轴理论上支承在球铰链O上，并且偏心地安置在中空的固定圆锥体内。活动圆锥与固定圆锥之间的空间为破碎腔。电动机经过皮带传动，使圆锥齿轮3和4、偏心套5、主轴6、活动圆锥1转动，在转动过程中，由于偏心套的作用，活动圆锥的素线依次靠近及离开中空固定圆锥的素线。当活动圆锥靠近固定圆锥时，处于两者之间的岩石就被破碎。活动圆锥离开固定圆锥时，破碎产品则借自重经排料口排出。破碎作用是以挤压（压碎）为主，同时碎石也兼有弯曲作用而折断。

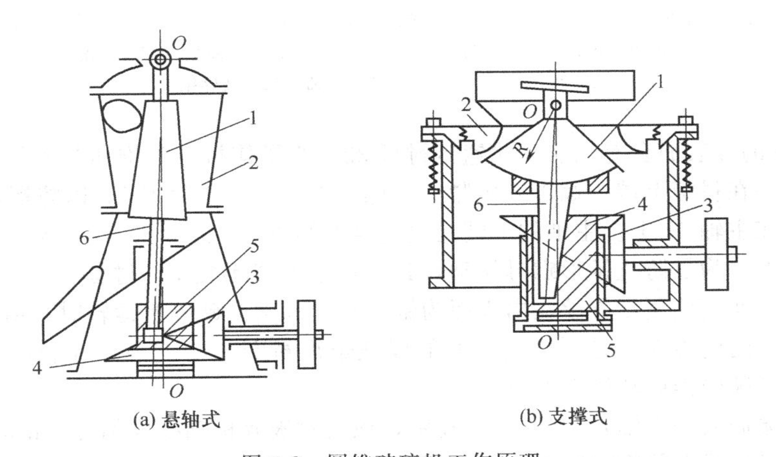

图5-8 圆锥破碎机工作原理

1—活动圆锥；2—固定圆锥；3—小圆锥齿轮；4—大圆锥齿轮；5—偏心套；6—主轴

② 旋回破碎机的构造 旋回破碎机基本上有三种形式：固定轴式、斜面排料式和中心排料式。由于前两种存在许多缺点，因此，我国仅生产中心排料式旋回破碎机。

中心排料式900/160旋回破碎机（图5-9）的机架由机座14、中部机架10和横梁9组成，它们彼此用螺栓固紧。破碎机的机座14安装在钢筋混凝土的基础上。

旋回破碎机的工作机构是破碎锥32和固定锥（中部机架）10。中部机架10的内表面镶有三行平行的锰钢衬板11。最下面的一行衬板支承在机架下端凸出部分上，而上面一行则插入中部机架10上部的凸边中。这样，就能承受破碎岩石时由于摩擦而产生的推力和破碎力的垂直分力。中部机架与衬板间用锌合金（或水泥）浇铸。

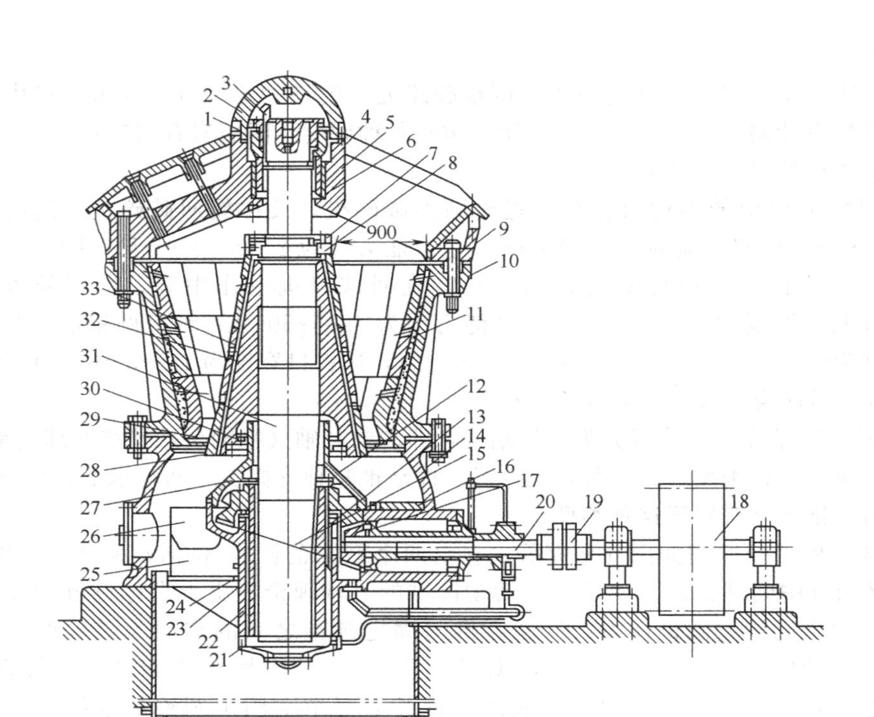

图 5-9　中心排料式 900/160 旋回破碎机

1—锥形压套；2—锥形螺母；3—楔形键；4,23—衬套；5—锥形衬套；6—支撑环；7—锁紧板；8—螺母；9—横梁；10—固定锥（中部机架）；11,33—衬板；12—挡油环；13—青铜止推圆盘；14—机座；15—大圆锥齿轮；16,26—护板；17—小圆锥齿轮；18—V 带轮；19—联轴器；20—传动轴；21—机架下盖；22—偏心轴套；24—中心套筒；25—筋板；27—压盖；28,29,30—密封套环；31—主轴；32—破碎锥

破碎锥 32 的外表面套有三块环状锰钢衬板 33，为了使衬板与锥体紧密接触，在两者间浇铸锌合金，并在衬板上端用螺母 8 压紧。在螺母上端装以锁紧板 7，以防螺母松动。

破碎锥装在主轴 31 上。主轴的上端是通过锥形螺母 2、锥形压套 1、衬套 4 和支承环 6 悬挂在横梁 9 上。为了防止锥形螺母松动，其上还装有楔形键 3、衬套 4，以其锥形端支承在支承环 6 上，而其侧面则支承在内表面为锥形衬套 5 上。破碎机运转时，由于衬套 4 的下端与锥形衬套 5 的内表面都是圆锥面，故能保证锥形衬套 5 沿支承环 6 和锥形衬套 5 上滚动，从而满足了破碎锥旋转摆动的要求。

主轴的下端插入偏心轴套 22 的偏心孔中，该孔对破碎机轴线成偏心。偏心轴套旋转时，破碎锥的轴就以横梁上的固定悬点为锥顶圆锥面运行，从而产生破碎作用。

偏心轴套是通过 V 带轮 18、弹性联轴器 19，并由圆锥齿轮 15、17 带动。

偏心轴套 22 在机座的中心套筒 24 的钢衬套 23 中转动，套筒利用四根筋板 25 与机座连接。在筋板 25 和传动轴套筒的上面，敷设有锰钢护板 26 和 16，以免落下的岩石砸坏筋板和套筒。偏心轴套的整个内表面和偏心轴套比较厚的一边约 3/4 的外表面（即承受破碎压力的一边），都浇铸巴氏合金。为使巴氏合金牢固地附着在偏心轴套上，在轴套的内壁上布置有环状的燕尾槽。

偏心轴套的止推轴承由三片止推圆盘组成。上面的钢圆盘与固定在偏心轴套上的大圆锥齿轮连接在一起。它回转时，就沿中间的青铜止推圆盘 13 转动，而青铜止推圆盘又沿下面的钢圆盘转动。下面的钢圆盘用销子固定在中心套筒的上端，以防止其转动。

为了防止粉尘进入破碎机内部的各摩擦表面和混入润滑油中去，在破碎锥下端装有由三个具有球形型面的套环28、29和30构成的密封装置。套环28用螺钉固定在破碎锥上。套环29装在中心套筒的压盖27的颈部上，它们之间装有骨架式橡胶油封。上部套环30自由地压在套环29上。这种结构的密封装置比较可靠，粉尘不易透过各套环之间的缝隙进入破碎机的内部。

排料口的宽度用主轴上端的锥形螺母2来调节。调节时，首先用桥式起重机将主轴和破碎锥一起向上稍稍提起，然后将主轴悬挂装置上的螺母2旋出或旋入，将排料口调节到要求的宽度。这种装置的调节范围很小，而且调节时很不方便。

破碎机的保险零件是装在V带轮18轮毂上的四个有削弱断面的保险销轴，断面的尺寸通常按电动机负荷的两倍来计算。如果破碎机内掉入大块非破碎物，则小轴应被剪断，破碎机停止运转而使其他零件免遭破坏。这种保险装置虽然构造简单，但可靠性较差。

旋回破碎机用稀油和干油进行润滑。旋回破碎机所需的润滑油是由专用油泵站供给的，油沿输油管从机架下盖21上的油孔流入偏心轴套的下部空间内，由此再沿主轴与偏心轴套之间的间隙，以及偏心轴套与衬套之间的间隙上升。润滑这些摩擦表面后，一股油上升的途中与挡油环12相遇而流至圆锥齿轮；另一股油上升到偏心轴套的止推圆盘13上。润滑油润滑了各部件以后，经排油管流出。破碎机的传动轴20的轴承有单独的进油与排油管。

主轴的悬挂装置通过手动干油润滑装置定期用干油进行润滑。

以上介绍的这种旋回破碎机的缺点是没有可靠的保险装置，调节排料口的装置不仅操作不方便，而且调节范围也很小。所以，目前开始在旋回破碎机中采用液压调整和液压保险。液压调整和液压保险装置可使排料口宽度的调节工作容易进行，使机器的保险装置可靠。图5-10是我国生产的1400液压旋回破碎机的结构图。

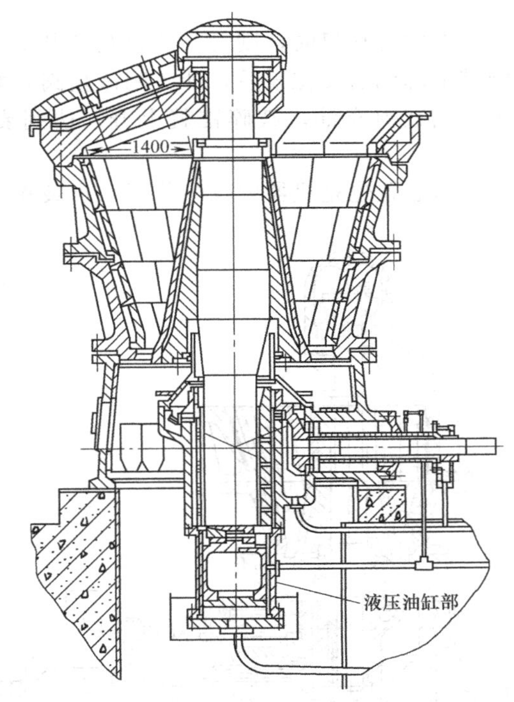

图5-10　1400液压旋回破碎机

1400液压旋回破碎机的结构与普通旋回破碎机基本相同，不同的仅是在机座的下部装有油缸，破碎锥支承在油缸的上部。油缸的上部有三个摩擦盘，上摩擦盘固定在主轴下端，下摩擦盘固定在柱塞上，中摩擦盘上表面是球面，下表面是平面。破碎机工作时，中摩擦盘的上球面和下平面与上下摩擦盘都有相对滑动。改变油缸内的油量即可调整排料口的大小。

旋回破碎机的液压系统如图5-11所示。系统中的蓄能器起保险作用，内部充气压力一般为1.8MPa。单向节流阀具有启动动作快而复位动作慢的作用，以便减轻复位时对破碎机的强烈冲击。

启动破碎机前，首先要向油缸内充油。充油时，先打开截止阀8，关闭截止阀9，然后再启动油泵。当油压接近1MPa时，破碎锥开始上升，破碎锥升到工作位置后就关闭截止阀8，同时也停止油泵。液压系统的压力保持在1MPa左右，破碎机可开始工作。破碎机工作之后，系统油压可达1.5～1.8MPa。

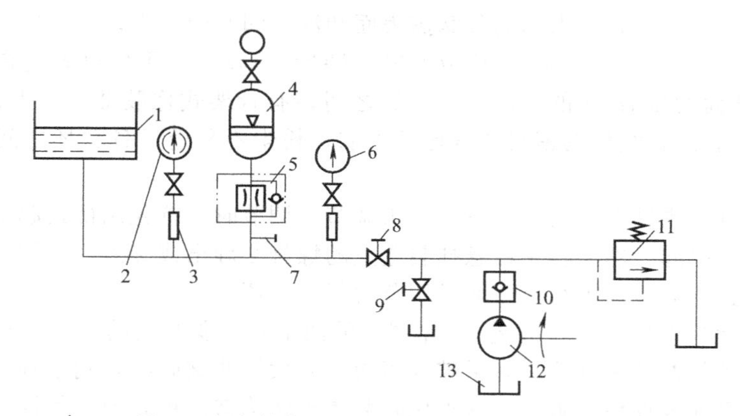

图 5-11　底部单缸液压旋回破碎机的液压系统

1—油缸；2—电接点压力表；3—减振器；4—蓄能器；5—单向节流阀；6—压力表；7—放气阀；8，9—截止阀；10—单向阀；11—溢流阀；12—单级叶片泵；13—油箱

当增大排料口时，则打开截止阀 8 和 9，油缸内的油在破碎锥自重的作用下流回油箱。破碎锥下降到需要位置后，即关闭截止阀 8 和 9。当减小排料口时，则打开截止阀 8，启动油泵向油缸内充油，破碎锥就上升，达到要求的排料口宽度时，即关闭截止阀 8 和停止油泵。

液压装置也是机器的保险装置。当破碎腔中进入非破碎物时，破碎力激增，而使破碎锥向下压柱塞，于是，油缸内的油压大于蓄能器内的气体压力，油缸内的油被挤入蓄能器中，因而破碎锥下降，排料口增大，非破碎物排出。非破碎物排出之后，由于蓄能器的作用，破碎锥比较缓慢地自动复位。

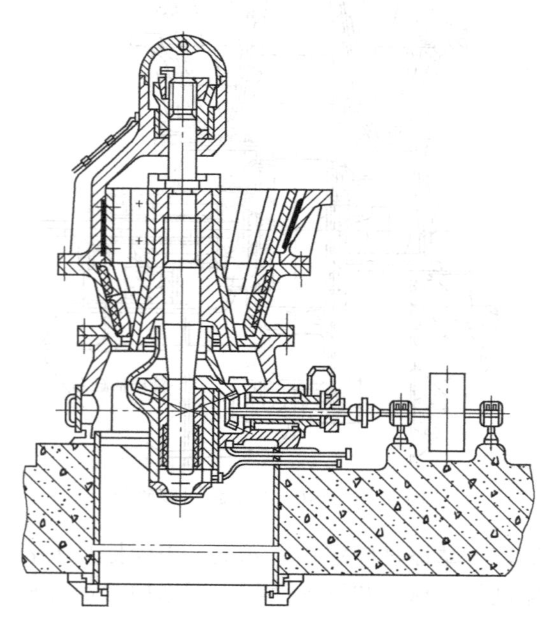

图 5-12　颚旋式破碎机

为了适应破碎中等硬度岩石的需要，我国还设计和生产了一种颚旋式破碎机（图 5-12）。它的构造基本上与旋回破碎机相同，其区别仅是上部给料口向一侧扩大，而另一侧为封闭式的。这样，在一台机器上就具有两个破碎腔，可以同时进行两次破碎。因此，这种机器具有破碎比大和生产率高等优点。

目前，国外旋回破碎机的发展方向如下：

a. 随着岩石粒度的增大，要求制造更大型的旋回破碎机，已有给料口宽度为 2130mm 的旋回破碎机；

b. 制造出一种无齿轮传动的旋回破碎机，其 V 带轮或电动机直接装在偏心轴套上；

c. 减小机器高度；

d. 为了提高破碎机的传动效率，全部采用滚动轴承；

e. 为了保证机器的安全可靠，排料口调整方便，国外制造了液压调整和保险的旋回破碎机，液压缸可置于机器的上部或底部；

f. 采用液力联轴器作为机器的保险装置；

g. 为了简化制造工艺，缩短制造周期，减轻机器质量，国外有将旋回破碎机的机架全部改为焊接结构。

③ 圆锥破碎机的构造 圆锥式破碎机是一种压缩型破碎机，主要用于各种硬度石料的中碎和粗碎。这种破碎机具有破碎比大、生产率高、功率消耗低、碎石产品粒度均匀等优点。

根据排料口的调整方式和过载保险装置不同，圆锥式破碎机可分为弹簧保险式和液压保险式两种形式。

a. 弹簧保险式圆锥破碎机的构造。弹簧保险式圆锥破碎机（图 5-13）由固定锥、活动锥、驱动机构、调整机构、保险机构、保险装置及给料装置组成。活动锥的锥体 17 压套在主轴 15 上，锥体 17 的表面镶有耐磨衬板 16。在衬板 16 和锥体 17 之间浇铸了一层锌合金，以保证它们之间有良好的贴合紧度。锥体 17 通过一个青铜球面轴承 20 支承于机架 7 上。主轴 15 的上端装有一个给料盘 13，主轴 15 的下部做成锥形，插入在偏心轴套 31 的锥形孔内。偏心轴套 31 的上部压装了一个大圆锥齿轮 5，该齿轮与传动轴 3 的小圆锥齿轮 4 啮合，将动力传递到偏心轴套 31 上。偏心轴套安装在机架的中心套筒 25 内，其下端通过青铜止推轴承 27 支承在机架 7 的下盖上。为了减少摩擦，偏心轴套 31 的锥孔内和机架中心的套筒内部都装有青铜衬套。

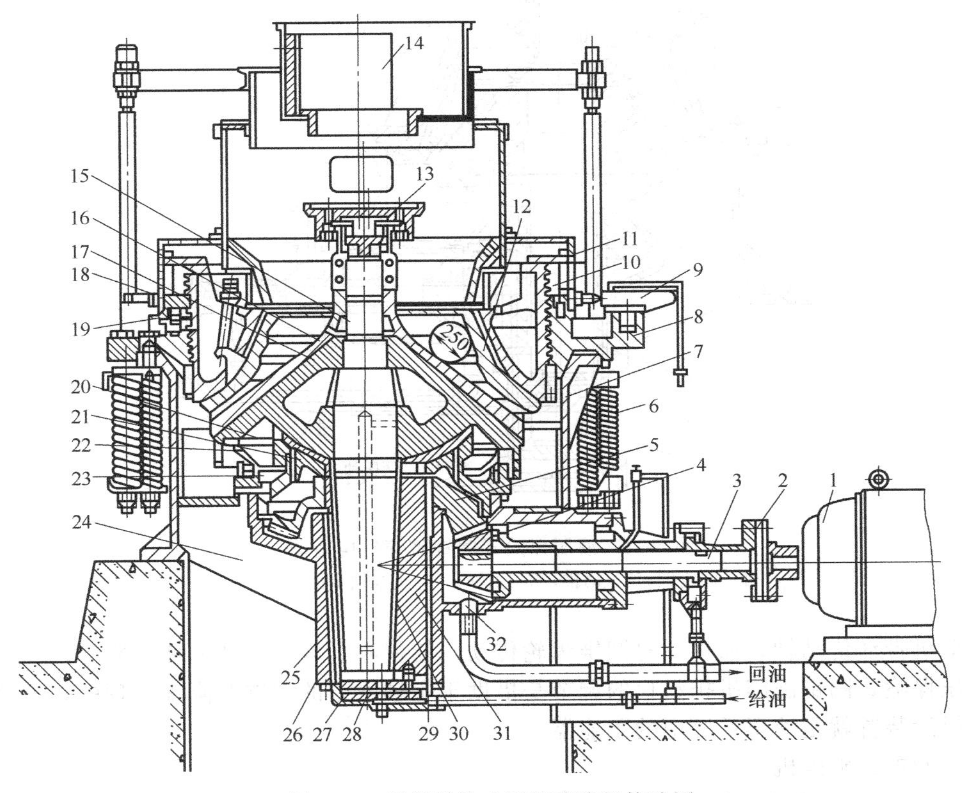

图 5-13 弹簧保险式圆锥破碎机构造图

1—电动机；2—联轴器；3—传动轴；4—小圆锥齿轮；5—大圆锥齿轮；6—弹簧；7—机架；8—支承环；9—推动油缸；10—调整环；11—防尘罩；12,16—衬板；13—给料盘；14—给料箱；15—主轴；17—锥体；18—锁紧螺母；19—活塞；20—球面轴承；21—球面轴承座；22—球形颈圈；23—环形槽；24—筋板；25—中心套筒；26—衬套；27—止推轴承；28—机架下盖；29—进油孔；30—锥形衬盖；31—偏心轴套；32—排油孔

固定锥是一个圆环状构件，环的内侧为圆锥面，锥面上镶有耐磨衬板 12，在衬板 12 与

本体之间也浇铸有锌合金。为确保安装可靠，衬板 12 还用螺栓固定在调整环 10 上。调整环 10 的外侧是一个圆柱面，表面车有梯形螺纹。支承环 8 安装在机架 7 的上部，靠四周的压缩弹簧使之与机架贴紧。由于调整环 10 外侧的梯形螺纹与支承环内表面的梯形螺纹相配合，所以当调整环向下拧时，排料口尺寸减小；反之，排料口尺寸增大。

当传动轴转动时，通过圆锥齿轮运动，使偏心轴承旋转。偏心套的转动带动主轴绕机架中心线作公转。由于主轴与活动锥是刚性连接的，这样，活动圆锥就随着主轴的转动作圆摆动。

弹簧 6 是弹簧保险式圆锥破碎机的保险装置，当破碎腔内落入不易破碎的异物时，固定锥向上抬起，将弹簧 6 压缩，使排料口增大，将异物排出，以防止损坏破碎机。

b. 液压保险式圆锥破碎机的构造。液压保险式圆锥破碎机（图 5-14）的结构与弹簧保险式圆锥破碎机的结构基本相同。液压保险式圆锥破碎机的主轴 3 的上部压在动锥 2 的中心，下部则穿过偏心套后，支承在球面止推轴承 4 上。止推轴承 4 的下方是调节油缸。

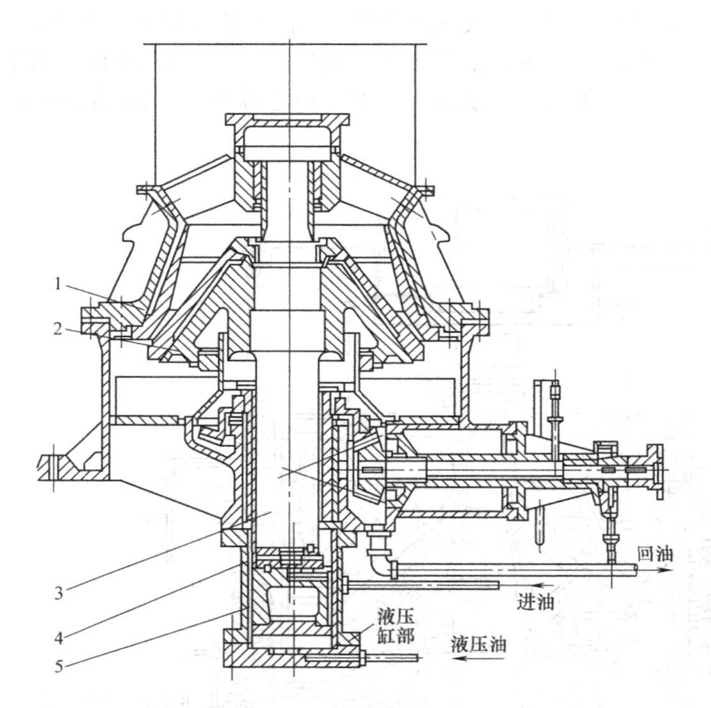

图 5-14　液压保险式圆锥破碎机构造图

1—固定锥；2—动锥；3—主轴；4—止推轴承；5—活塞

电动机带动传动轴，通过一对圆锥齿轮传动，使偏心套旋转，从而使动锥晃动。

液压保险式圆锥破碎机排料口的调节是借助于主轴下方的油缸升降来实现的，而这种破碎机的保险装置就是液压系统中的蓄能器。

（4）冲击式破碎机

① 冲击式破碎机的工作原理与分类　冲击式破碎机是利用高速回转的锤头冲击岩石，使其沿自然裂隙、层理面和节理面等脆弱部分而破碎。

冲击式破碎机的类型很多，但目前用得最广泛的是锤式破碎机（锤头铰接式）和反击式破碎机（锤头固定式）。

锤式破碎机的基本结构如图 5-15 所示。岩石进入破碎机后，即受到高速回转锤头的冲击而破碎，破碎了的岩石从锤头处获得动能以高速冲向破碎板和筛条，同时还有岩石之间相互撞击遭到进一步破碎。小于筛条缝隙的岩石从缝隙中排出，大于缝隙的岩石在筛条上再经锤头的附加冲击、研磨而破碎，达到合格粒度后从筛条缝隙中排出。

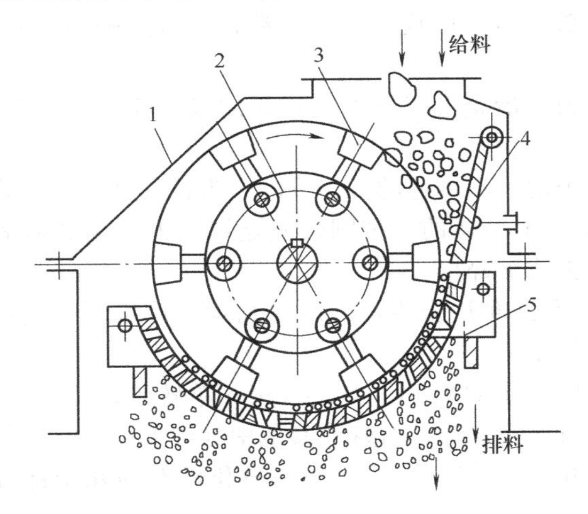

图 5-15 锤式破碎机的基本结构示意图
1—机架；2—转子；3—锤头；4—破碎板；5—筛条

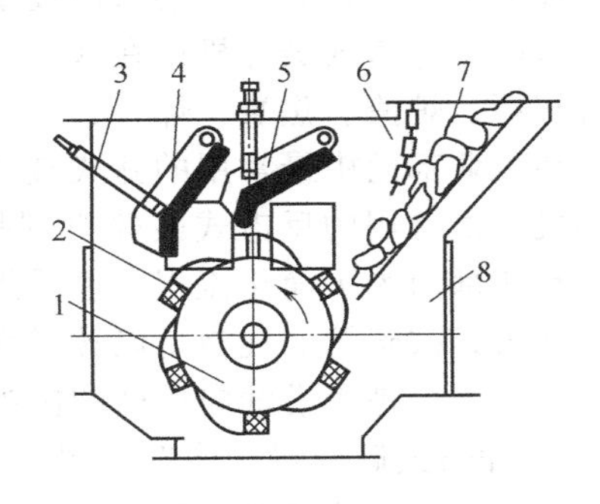

图 5-16 反击式破碎机的基本结构示意图
1—转子；2—锤头；3—拉杆；4—第二级反击板；5—第一级反击板；6—链条；7—进料口；8—机体

反击式破碎机的基本结构如图 5-16 所示。岩石从进料口沿导料板进入，受到锤头冲击而破碎后有两种不同的情况：小块物料受到锤头冲击后，将按切线方向抛出，此时，料块所受的冲击力可近似地认为通过料块的重心；大块物料则由于偏心冲击而使料块与切线方向偏斜抛出。物料被高速抛向反击板，再次受到冲击破碎，然后又从反击板弹回到锤头打击区来，继续重复上述破碎过程。岩石在锤头和反击板间的往返途中，还有相互碰撞的作用。岩石受到锤头、反击板的多次冲击和相互间的碰撞，使得岩石不断地沿本身的节理界面产生裂缝、松散而破碎。当破碎后的岩石粒度小于锤头与反击板之间的缝隙时，就从机内下部排出，即为破碎后的产品。

反击式破碎机的工作原理与锤式破碎机基本相同，但结构与破碎过程却各有差异。反击式破碎机的锤头是固定地安装在转子上，有反击装置和较大的破碎空间。破碎时，能充分利用整个转子的能量，破碎比较大，可作为岩石的粗、中、细碎设备。锤式破碎机的锤头是以铰接的方式固定在转子上，破碎过大的岩石时，会发生锤头后倒——失速现象，转子的能量得不到充分利用，因此不能击碎大块岩石。岩石的反击和相互碰撞次数也较少。当岩石没有被破碎到要求的粒度时，还要依靠锤头对卡在机器下部筛条上的岩石进行附加冲击和研磨破碎。由于反击式破碎机下部没有筛条，所以锤式破碎机的产品粒度较反击式破碎机均匀。通常，锤式破碎机用作岩石的中、细碎设备。

冲击式破碎机与其他形式的破碎机相比，具有下列优点：

a. 利用冲击原理进行破碎，使岩石沿节理、层理等脆弱面破碎，破碎效率高，能量消耗少，产量大，产品粒度均匀，过粉碎现象少；

b. 破碎比大，锤式破碎机一般 $i=10\sim15$，最高可达 40 左右，反击式破碎机的破碎比更大，可达 150 以上，因而破碎段数可以减少，简化生产流程，减少了基建投资；

c. 机器的构造简单，加工量少，因而便于制造，成本低，操作维修也较简便；

d. 具有选择性破碎的特点，即密度大的岩石，破碎后粒度小，密度小的岩石，破碎后粒度大；

e. 设备自重轻，工作时没有明显的不平衡振动，不需笨重的基础。

冲击式破碎机的最大缺点是：锤头的磨损较大，被破碎的岩石愈硬，则磨损就愈快，造成更换锤头的工作频繁。因此，不适于破坚硬岩石，当岩石中的水分大于9%或含有黏性物料时，对锤式破碎机，筛条易堵塞；对反击式破碎机，则反击表面易粘接，减少破碎空间，从而降低生产率，有时也会造成设备事故。

目前，冲击式破碎机已在水泥、化学、电力、冶金等工业部门广泛用来破碎各种物料，如石灰石、炉渣、焦炭、煤及其他中等硬度的岩石。

在工业部门中最常用的锤式破碎机是单转子的、不可逆的、多排的、带铰接锤头的锤式破碎机；最常用的反击式破碎机则是单转子的、不可逆的、带刚性固定锤头的反击式破碎机。有些部门为了简化流程，也采用双转子反击式破碎机。

冲击式破碎机的规格是以转子直径 D 和转子长度 L 来表示。D 是指锤头端部所绘出的圆周直径，L 是指沿轴向排列的锤头有效工作长度。

② 冲击式破碎机的构造　图5-17为我国生产的 ϕ1600mm×1600mm 单转子，不可逆、多排、铰接锤头的锤式破碎机。它适用于破碎石灰石、煤、石膏或其他中等硬度的岩石，待破碎物料的表面水分不得超过2%。这种机器由传动装置、转子、格筛和机架等几个部分组成。

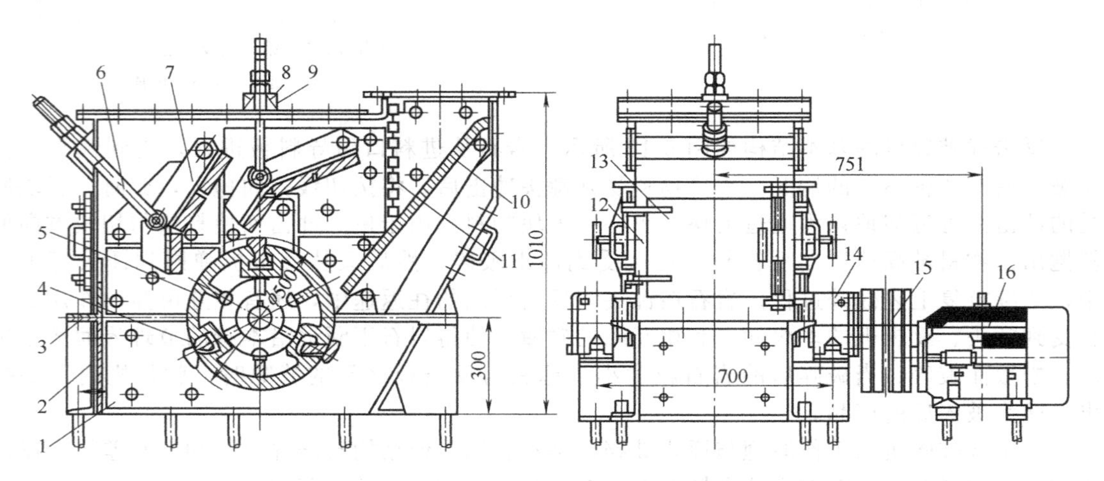

图5-17　ϕ1600mm×1600mm 锤式破碎机

1—弹性联轴器；2—球面调心滚柱轴承；3—轴承座；4—销轴；5—销轴套；6—锤头；7—检查门；8—主轴；9—间隔套；10—圆盘；11—飞轮；12—破碎板；13—横轴；14—格筛；15—下机架；16—上机架

电动机通过弹性联轴器直接带动主轴旋转。主轴转速为600r/min。主轴通过球面调心滚子轴承安装在机架两侧的轴承座中。轴承采用干油润滑。

为了避免破碎大块物料时锤头的速度损失不致过大和减小电动机的尖峰负荷，在主轴的一端装有飞轮。

转子由主轴、圆盘和锤头等零件组成。主轴8上装有11个圆盘10，并用键与轴刚性地连接在一起。圆盘间装有间隔套，为了防止圆盘的轴向窜动，两端用圆螺母固定。锤头位于两个圆盘的间隔内，铰接地悬挂在销轴上。销轴贯穿了所有圆盘，两端用螺母拧紧。在每根销轴上装有10个锤头。圆盘上配置了4根销轴，所以锤头的总数是40个。为了防止锤头的轴向移动，销轴上装有销轴套。圆盘上还配有第二组销轴孔，当锤头磨损20mm后，为了更充分地利用锤头材料，可将锤头及销轴移到第二组孔内安装，继续进行碎矿工作。

格筛设在转子的下方，它由弧形筛架和筛板组成。筛架分左右两部分。筛架上的筛板由数块拼成。筛板利用自重和相互挤压的方式固定在筛架上。筛板上持有筛孔，筛孔略呈锥形，内小外大，以利排料。弧形筛架的两端都悬挂在横轴上，横轴通过吊环螺栓悬挂在机架外侧的凸台上。调节吊环螺栓的上下位置可以改变锤头端部与筛板表面的间隙大小。格筛左端与机架内壁有一间隔空腔，便于非破碎物从此空腔排出机外，防止非破碎物在机器内损坏其他零件。格筛的右上方装有平面形破碎板。

锤式破碎机的机架是用钢板焊成的箱形结构。机架沿转子中心线分成上、下机架两部分，彼此用螺栓固定在一起。上机架的上方有给料口。在机架的内壁（与岩石可能接触的地方）装有锰钢衬板。为了便于维修，在上、下机架的两侧均设有检查门。

单转子锤式破碎机除了上述不可逆式以外，还有一种可逆式的，这种机器的特点是转子可以逆转，目的是减少机器因更换锤头所造成的停车时间。当锤头的一侧磨损后，可将转子反转，利用锤头未磨损的一侧继续工作。因此，机器的零部件需制成对称形，给料口必须设在机器的上方中部。这种机器多用于煤的破碎，其他物料的破碎则多用不可逆式锤式破碎机。

图 5-18 为我国生产的 ϕ500mm×400mm 单转子反击式破碎机的构造图。这种破碎机主要由上下机架、转子、反击板等部分组成。由电动机经 V 带传动而使转子高速回转，迎着岩石下落方向进行冲击而使岩石不断破碎至小颗粒后由机体下部排出。

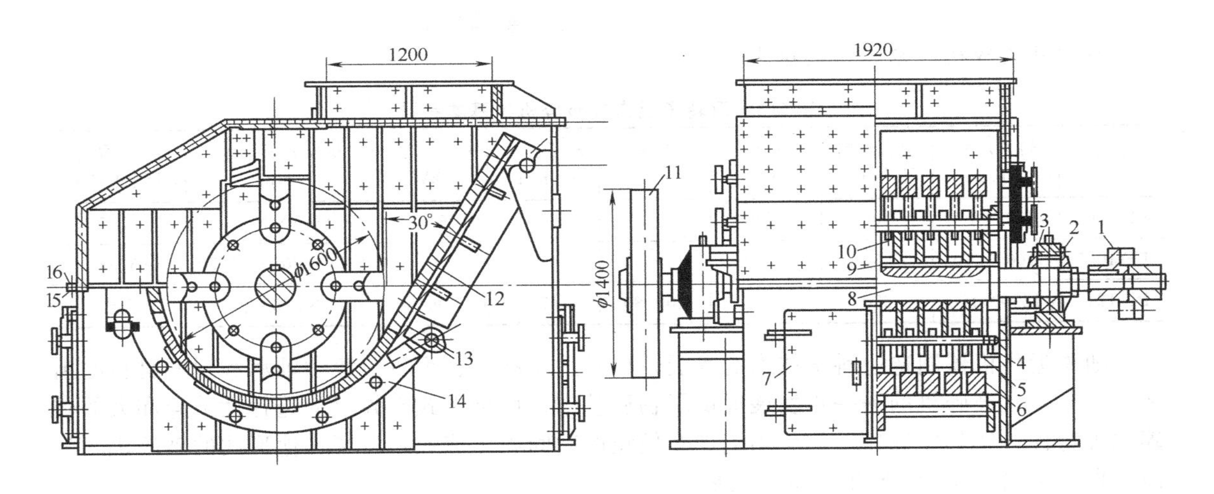

图 5-18　ϕ500mm×400mm 单转子反击式破碎机

1—防护衬板；2—下机体；3—上机体；4—锤头；5—转子；6—羊眼螺栓；7—反击板；8—球面垫圈；9—锥面垫圈；10—给矿溜板；11—链幕；12—侧门；13—后门；14—滚动轴承座；15—带轮；16—电动机

转子上固定着三块锤头。锤头用比较耐磨损的高锰钢材料铸造而成。转子本身用键固定在主轴上。主轴的两端借助滚动轴承支承在下机架上。

反击板的一端通过悬挂轴铰接于机架上部，另一端由羊眼螺栓利用球面垫圈支承在机架上的锥面垫圈上。反击板呈自由悬挂状态置于机体内部。调节羊眼螺栓上螺母的位置，可以改变反击板和转子间的间隙。当机器中进入不能破碎的铁块时，反击板受到较大的压力而使羊眼螺栓向上及向后移开，使铁块等物体排出，从而保证了机器不受破坏。反击板在自身重力的作用下，又恢复到原来的位置，以此作为机器的保险装置。

机架沿转子轴心线分成上、下机架两部分。下机架承受整个机器的质量，并借地脚螺栓固定于地基上。上、下机架在破碎区的内壁上装有锰钢衬板。上机架上装有便于观察和检修用的侧门及后门，在门上镶有橡皮防尘装置。机器的进料处置有链幕，用于防止物料破碎时飞出机外。

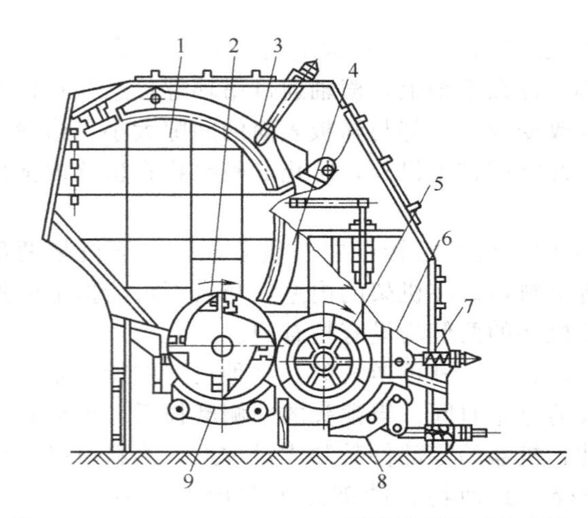

图 5-19　ϕ1250mm×1250mm 双转子反击式破碎机
1—机体；2—第二级转子；3—第一反击板；4—分腔反击板；5—第二级转子；6—第二反击板；7—调节弹簧；8—第二均整栅板；9—第一均整栅板

我国还生产了 ϕ1250mm×1250mm 双转子反击式破碎机，其结构如图 5-19 所示。这种破碎机相当于两个单转子反击式破碎机串联使用。第一个转子相当于粗碎，第二个转子相当于细碎。所以可同时为粗、中、细碎设备使用。这种设备的破碎比大，产量高，产品粒度均匀，但功率消耗多。

这种破碎机主要由平行排列、有一定高度差（两转子中心连线与水平线的夹角约 12°）的两个转子和上、下机体及第一级、第二级破碎腔的反击板等部分组成。两个转子分别由两台电动机经过弹性联轴器、液力联轴器、V 带组成的传动装置带动，按同向高速回转。第一级转子将岩石从 850mm 破碎至 100mm 左右排入第二级破碎腔，第二级转子继续将岩石破碎至 20mm，并从机体均整栅板处排出。

反击式破碎机的基本参数见表 5-2。

表 5-2　双转子反击式破碎机的基本参数

型号	转子尺寸 /mm	最大给料尺寸/mm	出料粒度 /mm	产量 /(t·h^{-1})	转子转速 /(r·min^{-1})	电动机功率 /kW	机器外形尺寸 /mm	机器质量 (不计电器)/t
PF-0504	ϕ500×400	100	<20	4～10	960	6.5	1305×1010	1.35
PF-1007	ϕ1000×700	250	<30	15～30	680	40	2170×2650×1850	5.54
PF-1210	ϕ1250×1000	250	<50	40～80	475	95	3357×2255×2460	15.24

随着近代机器制造业科学技术的发展，以及适于高速、重负荷滚动轴承和耐磨材料的出现，为反击式破碎机的进一步发展提供了物质基础，而反击式破碎机的选择性破碎和大的破碎比等特性，使其发展速度和使用范围在较短的时间内迅速地超过了其他形式的破碎机。目前，世界上各主要工业国家都已发展和生产了各种类型的反击式破碎机，其中包括给料粒度可达 2m 的粗碎用反击式破碎机和产品粒度小于 3mm 的细碎用反击式破碎机。

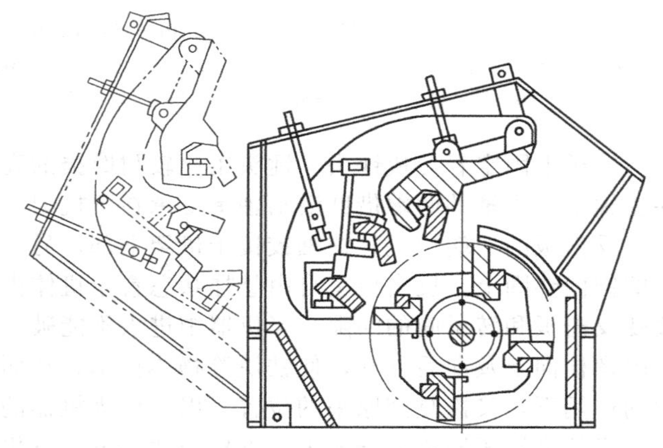
图 5-20　Hardopact 反击式破碎机

近年来，德国生产了一种新型的、适用于硬岩破碎的 Hardopact 反击式破碎机（图 5-20）。它的转子线速度约为 22～26m/s，比通常的反击式破碎机的转子线速度低 15%～20%。鉴于锤头的磨损与其线速度的二次方成正比，因此，降低锤头的线速度，可使锤头的磨损减少。此外，改进了锤头的结构，采用了特厚的、不需加工的合金钢。锤头的利用率可达 2/3（按质量计）。

为了在低速运转时仍能保证产品粒度，采用了三个反击板构成的三个破碎腔的结构。该破碎机可将400mm的给料一次破碎到0～35mm。其小时处理能力为30～240t。

冲击式破碎机的主要零件有锤头、转子、反击板等。

a. 锤头。锤头是冲击式破碎机中最易磨损的零件。它是以高速回转生产的冲击能来击碎岩石的，因而自身也受到岩石的撞击和研磨作用而磨损。锤头的磨损与很多因素有关，如锤头的结构、材料、制造质量、岩石的性质、处理量、转子的圆周速度等。

锤头的材料通常采用高锰钢或冷硬铸铁，这对破碎中等硬度的岩石是适用的，但对硬岩石来说，则使用寿命较短。目前，国外为了延长锤头的使用寿命，采用马氏体高铬铸钢制作锤头，取得了较好的效果。

锤头的形状有很多种形式，常用的几种形状见图5-21。

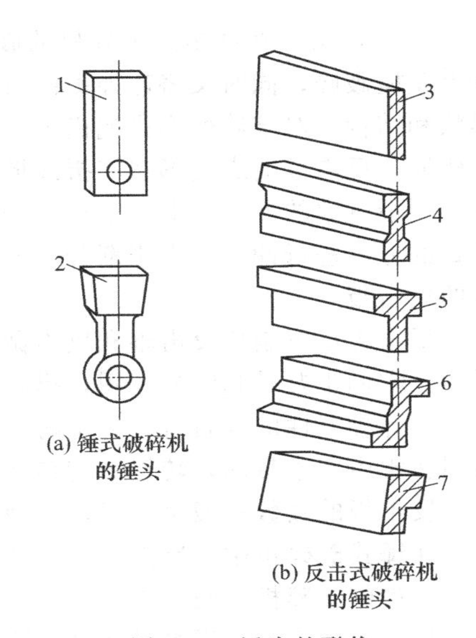

图5-21 锤头的形状

1—板状；2—块状；3—长条形；4—I形；5—T形；6—S形；7—斧形

图5-21中的板状和块状锤头用于锤式破碎机。它们都是通过销轴悬挂在转子上。块状锤头较板状锤头重，它主要用于破碎块度和硬度较大的物料。

反击式破碎机使用的锤头形状有长条形、I形、T形、S形和斧形。锤头在转子上的固定方法有以下三种。

螺钉固定法：用螺钉固定锤头，螺钉露在打击表面，易被打坏，螺钉受到的剪力也较大，严重时会被剪断，使锤头从转子中飞出，造成严重事故。

压板固定法：锤头从侧面插入转子的沟槽中，两端用压板压紧，防止左右窜动。采用这种结构形式的时候，锤头的制造尺寸必须严格控制。但由于高锰钢等耐磨材料不易加工，因此装配工作困难。用这种方法固定的锤头容易松动。

楔块固定法：目前国外大都采用楔块固定。工作时在离心力的作用下，锤头、楔块和转子便会愈转愈紧。用这种方法固定的锤头，其表面与背面都没有螺钉露出，工作可靠，拆换方便。

锤式破碎机的锤头数目根据被破碎物料的块度、硬度和转子长度而定。被破碎物料的块度和硬度较大时，锤头的质量应选用重一些，但数目要少一些；反之，锤头的质量应选用轻一些，数目可多一些。通常，沿圆周方向有3～6个锤头，沿转子长度方向有6～20个锤头。

反击式破碎机的锤头数目与转子直径有关。转子直径小于1m时，锤头可选用3个；直径为1～1.5m时，可选用4～6个；直径为1.5～2m时，可选用6～10个。岩石较硬和破碎比较大时，锤头数目要多些。

b. 转子。冲击式破碎机的转子结构形式有整体式、组合式和焊接式三种。

锤式破碎机的转子，由于要铰接悬挂锤头，因而采用组合式转子，它是由多个圆盘和间隔套组成的。

反击式破碎机的转子，必须具有足够的重量以适应破碎大块岩石的需要。若转子过轻，破碎时会使转子大大减速，降低破碎效果；如转子过重，则使启动困难。破碎机的转子大都采用整体式的铸钢结构。它的重量较大，可以满足破碎机的工作要求。这种结构的转子，坚固耐用，便于安放锤头，但也有采用数块铸钢或钢板做成的圆盘叠合而成的转子。这种组合式的转子，制造方便，容易得到平衡。小型的反击式破碎机也有采用钢板焊接的空心转子，它便于制造，但强度和耐用性较差。

c. 反击板。在冲击式破碎机的破碎过程中，反击板的作用是承受被锤头击出的岩石在其上碰撞破碎，同时又将碰撞破碎后的岩石重新弹回破碎区，再次进行冲击破碎。反击板的形状和结构，对破碎效率影响极大。为了获得最好的破碎效果，岩块与反击板的表面应呈垂直碰撞。反击板的表面形状有折线形和渐开线形等。折线形反击板结构简单，但不能保证岩石得到最有效的冲击。渐开线形反击板的破碎效率较高，因在反击板的各点上，岩石都是以垂直的方向进行冲击。由于渐开线形反击板制造困难，故采用多段圆弧组成的近似于渐开线形的反击板。

反击板也可制成反击辊和反击栅条的结构形式。这些反击装置也可以做成折线形或各种弧形。它们主要是起筛分作用，提高破碎机的生产能力，减少过粉碎和降低功率消耗。

破碎黏湿性的岩石时，为了防止破碎区和排料区被岩石堵塞，反击辊可采用回转式的。各回转辊由链条带动，转辊的旋转会将反击辊上的岩石排出。

反击板的级数一般是二级，大型的破碎机也可以是三级的。

在锤式破碎机中，反击板又称为破碎板。常用的破碎板有带齿的和不带齿的平板形两种。带齿的破碎板，破碎岩石的效果较好。

反击板和锤头一样极易磨损，因此，反击板也是用耐磨的高锰钢制造。

在反击式破碎机中，反击装置通常带有排料间隙调整机构。在破碎腔内进入铁块时，这种机构还起着过载保护的作用。常用的结构形式有自重式（图 5-18）、弹簧式（图 5-19）和液压式。液压式应用于大型冲击式破碎机，与液压启闭机壳油缸共同使用一个油压系统。

5.1.3 筛分机械

（1）筛分机械的用途和分类

从采石场开采出来的或经过破碎的石料，是以各种大小不同的颗粒混合在一起的，在筑路工程中，石料在使用前，需要分成粒度相近的几种级别。石料通过筛面的筛孔分级称为筛分。筛分所用的机械称为筛分机械。

根据筛分作业在碎石生产中的作用不同，筛分作业可有以下两种工作类型。

① 辅助筛分　这种筛分在整个生产中起到辅助破碎作业的作用。通常有两种形式：第一种是预先筛分形式，在石料进入破碎机之前，把细小的颗粒分离出来，使其不经过这一段的破碎，而直接进入下一个加工工序。这样做既可以提高破碎机的生产率，又可以减少碎石料的过粉碎现象。第二种是检查筛分形式，这种形式通常设在破碎作业之后，对破碎产品进行筛分检查，把合格的产品及时分离出来，把不合格的产品再进行破碎加工或将其废弃。检查筛分有时也用于粗碎之前，阻止太大的石块进入破碎机，以保证破碎生产的顺利进行。

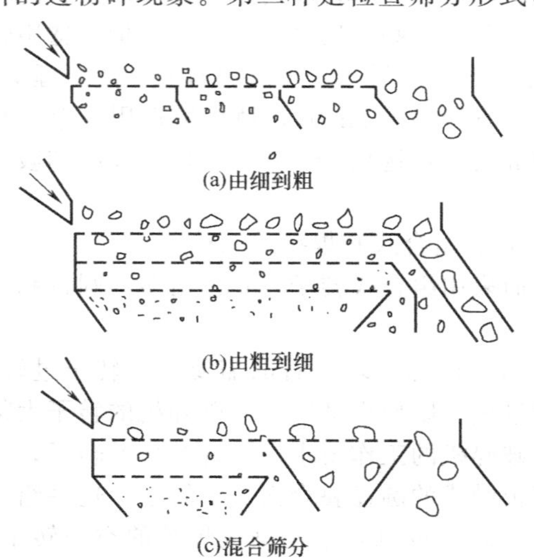

图 5-22　筛分作业的顺序

② 选择筛分　碎石生产中这种筛分主要用于对产品按粒度进行分级。选择筛分一般设置在破碎作业之后，也可用于除去杂质的作业，如石料的脱泥、脱水等。

选择筛分作业的顺序如下。

a. 由细到粗筛分［图 5-22(a)］。这种筛分顺序将筛面并列排布，便于出料，并能减少细颗粒夹杂。但是，采用这种筛分顺序时，机械的结构尺寸较大，并且由于所有物料都先通过细孔筛面，加快了细孔筛面的破损。

b. 由粗到细筛分［图 5-22(b)］。这种筛分顺序可将筛面按粗细重叠，筛子结构紧凑，同时，筛孔尺寸大的筛面布置在上面，不易磨损。其缺点是最细的颗粒必须穿过所有的筛面，增加了在粗级产品中夹杂细粒的机会。

c. 现代筛分工艺中，大都采用由粗到细的筛分顺序。在有些场合采用混合筛分顺序［图 5-22(c)］，这种顺序一般需要用两台筛分机。

(2) 筛分机械的构造

① 筛面

a. 筛面的构造。筛面是筛分机械的基本组成部分，其上有许多形状和尺寸一定的筛孔。在一个筛面上筛分石料时，穿过筛孔的石料为筛下产品，留在筛面上的石料称为筛上产品。

按筛面的结构形式，筛面可以分为棒条筛面、板状筛面、编织筛面和波浪形筛面等。

棒条筛面：棒条筛面是由平行排列的异形断面的钢棒组成的，各种棒条的断面形状如图 5-23 所示，这种筛面多用在固定筛或重型振动筛上，适用于对粒度大于 50mm 的粗粒级石料的筛分。

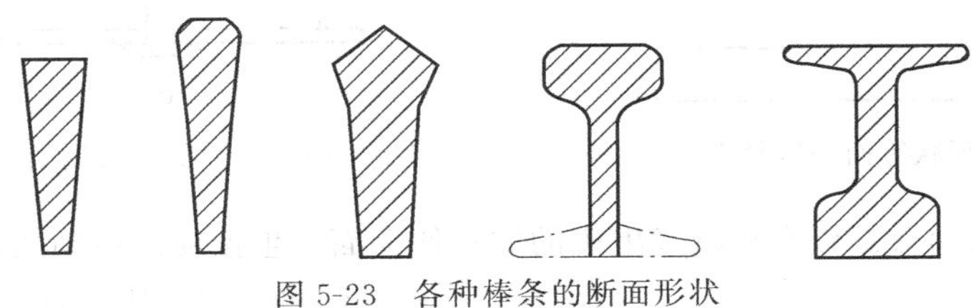

图 5-23 各种棒条的断面形状

板状筛面：板状筛面通常由厚度为 5～8mm 的钢板组成，钢板的厚度一般不超过 12mm。筛孔的形状有圆形、方形和长方形（图 5-24）；孔径或边长应不小于 0.75mm，孔与孔之间的间隙应大于或等于孔径或边长的 0.9 倍，这种筛面的优点是磨损较均匀，使用期限较长，筛孔不易堵塞；缺点是有效面积小。

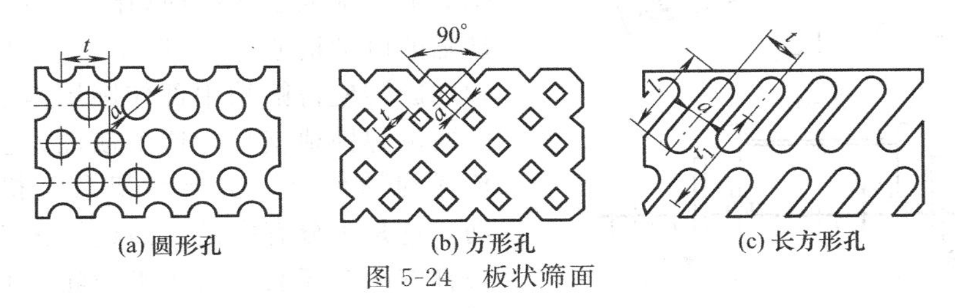

图 5-24 板状筛面

编织筛面：编织筛面用直径 3～16mm 的钢筋编成或焊成，筛孔的形状呈方形、矩形或长方形，方形筛孔的编织筛面如图 5-25 所示；编织筛面的优点是开孔率高、质量轻、制造方便；缺点是使用寿命较短；为了提高编织筛面的使用寿命，钢丝的材料应采用弹簧钢或不锈钢；编织筛面适用于中细级石料的筛分。

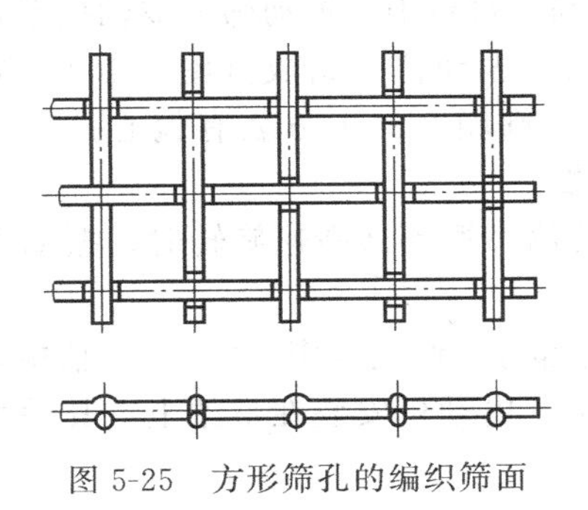

图 5-25 方形筛孔的编织筛面

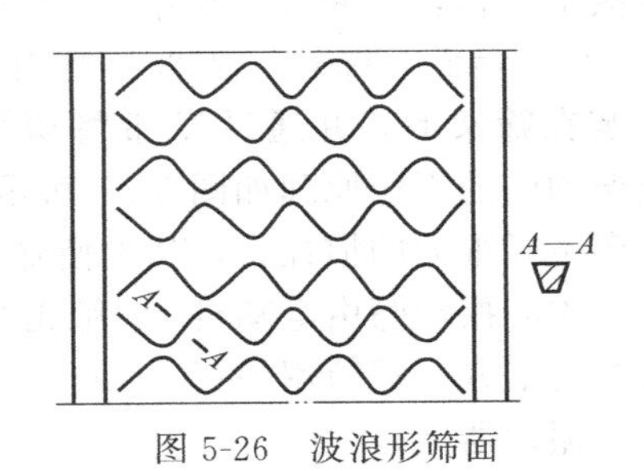

图 5-26 波浪形筛面

波浪形筛面：波浪形筛面由压制成波浪形的筛条组成，波浪形筛面的形状如图 5-26 所示，其相邻的筛条构成筛孔，波浪形筛面的筛孔尺寸大小由波浪波幅的大小决定，为使石料下落方便，筛条的横断面制成倒梯形，工作中，每一根筛条都产生一定的振动，这一方面可减少物料堵塞现象，另一方面则可加剧筛面上物料的振动，提高物料的透筛率。

b. 筛面的固定。板状筛面的紧固可在两侧用木楔压紧（图 5-27），木楔通水后膨胀，可把筛面压得很紧。筛面的中间用方头螺钉压紧。

编织筛面的两侧用钩紧装置钩紧（图 5-28），筛面的中间部分用 U 形螺栓压紧。

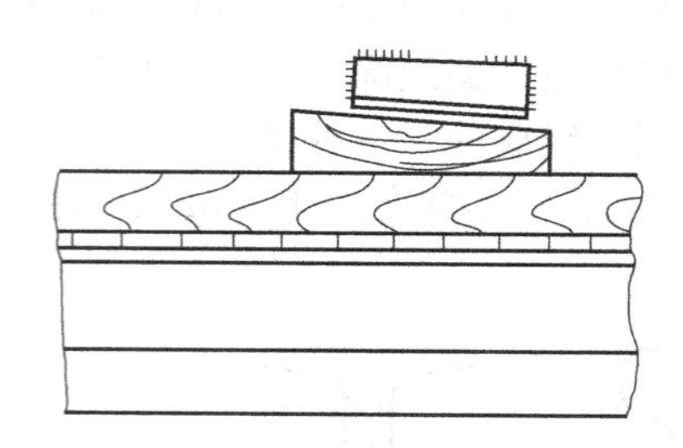

图 5-27 板状筛面的压紧方式

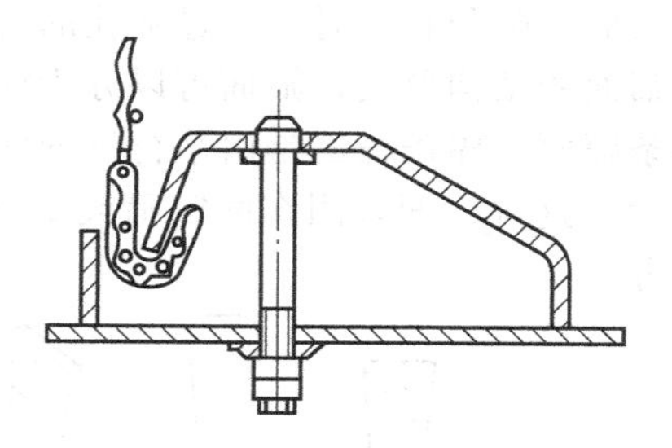

图 5-28 编织筛面的钩紧装置

② 振动筛 振动筛是依靠机械或电磁的方法使筛面发生振动的振动式筛分机械。

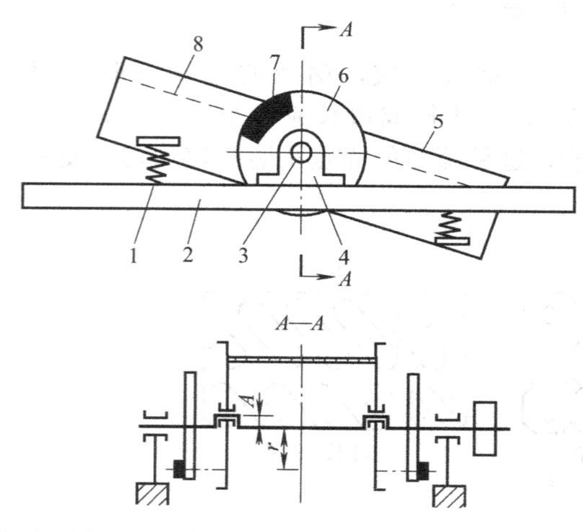

图 5-29 偏心振动筛的工作原理示意图
1—弹簧；2—筛架；3—主轴；4—轴承座；5—筛箱；6—平衡轮；7—配重；8—筛面

按照振动筛的工作原理和结构的不同，振动筛可分为偏心振动筛、惯性振动筛和电磁振动筛三种。

a. 偏心振动筛 偏心振动筛又称为半振动筛，它是靠偏心轴的转动使筛箱产生振动的。偏心振动筛的工作原理如图 5-29 所示。偏心振动筛的电动机通过 V 带驱动偏心轴转动，偏心轴的旋转使得筛箱中部作圆周运动。由于筛箱的两端弹性地支承，这个惯性力会通过偏心轴传递到筛架上，引起筛架乃至机架的强烈振动，这是十分有害的。因此，偏心振动筛在偏心轴的两端安装了两个平衡轮，利用平衡轮上设置的配重，抵消了偏心轴上的惯性力。

b. 惯性振动筛 惯性振动筛是靠固定在其中部的带偏心块的惯性振动器驱动而使箱产生振动。

按照筛子结构的不同，惯性振动筛可分为纯振动筛、自定中心振动筛和双轴振动筛。

纯振动筛由给料槽 1、筛箱 2、板弹簧 3、筛架 4、振动器 5 组成（图 5-30）。筛箱中装有 1～2 层筛面，筛箱 2 用板弹簧固定在筛架 4 上，筛箱 2 的上方装有偏心振动器，电动机安装在筛架上，并通过 V 带将动力传递给振动器。

纯振动筛的工作原理如图 5-31 所示。电动机带动偏心振动器高速旋转时，振动器上的偏心块产生了很大的惯性力，从而使筛箱振动。

自定中心振动筛由电动机 1、筛箱 2、振动器 3 等部分所组成（图 5-32）。单轴振动器固定在筛箱的上方，筛箱用弹簧 5、吊杆 4 固定在机架上。电动机安装在机架上，其动力通过 V 带传到振动器上。

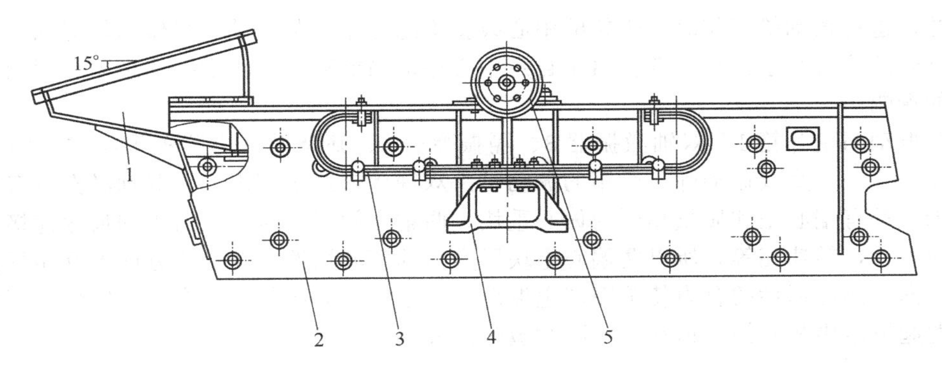

图 5-30　纯振动筛

1—给料槽；2—筛箱；3—板弹簧；4—筛架；5—振动器

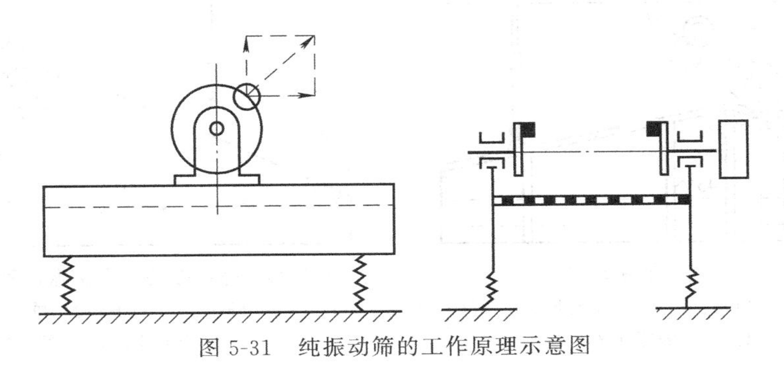

图 5-31　纯振动筛的工作原理示意图

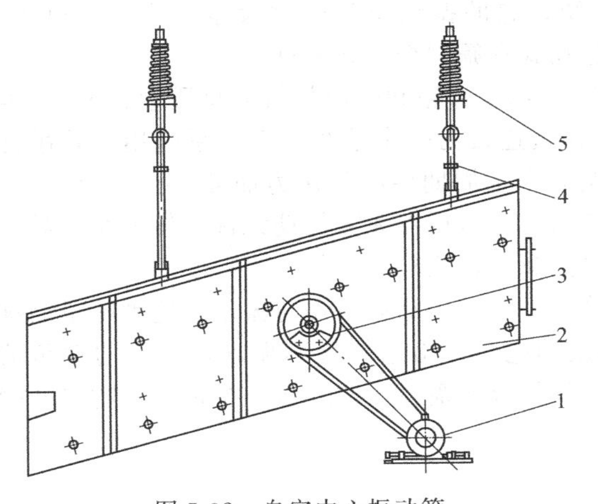

图 5-32　自定中心振动筛

1—电动机；2—筛箱；3—振动器；4—吊杆；5—弹簧

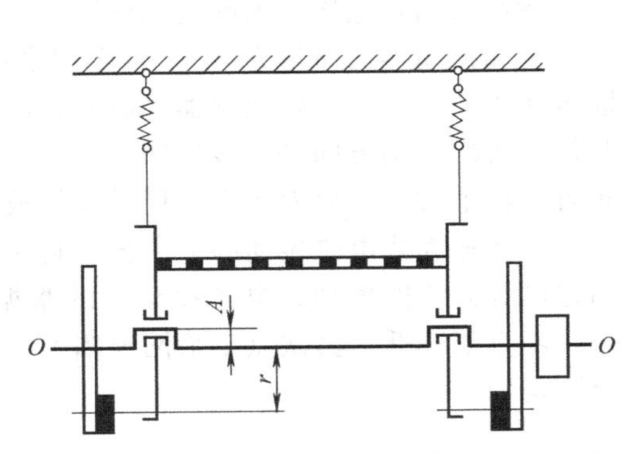

图 5-33　自定中心振动筛的工作原理示意图

自定中心振动筛的工作原理如图 5-33 所示。自定中心振动筛振动器的主轴是一个偏心轴，其轴承中心与带轮中心不在一条直线上，带轮上装平衡重。主轴旋转时，筛箱与带轮上偏心块都绕带轮中心作圆周运动，因此，只要满足下述条件，带轮中心将保持在一定的位置上：

$$mA = m_1 r$$

式中　m——筛箱和物料的总质量；

A——筛箱的振幅，偏心轴的偏心距；

m_1——配重块的质量；

r——配重块到带轮中心的距离。

因此，这种振动筛工作时，带轮的中心线就不随筛箱一起振动，只做回转运动，带轮的中心在空间的位置几乎保持不变。由于自定中心振动筛能克服带轮的振动现象，因而可以增大筛子的振幅。

双轴振动筛由筛箱1、双轴激振器3、隔振弹簧5、筛架及动力装置等组成（图5-34）。双轴振动筛是一种直线振动筛，筛箱的振动是由双轴激振器来实现的。双轴激振器有两根主轴，两轴上都有偏心距和质量相同的偏心重块。两轴之间用一对速比为1的齿轮连接。因两轴的旋向相反，转速相等，所以两偏心重块所产生的离心惯性力在一个方向上互相抵消，而在垂直方向上离心惯性的合力使筛箱产生振动。由于振动方向与筛面有一定倾角，石料在被激振力抛起下落中相对筛面运动，并同时被筛面分级。

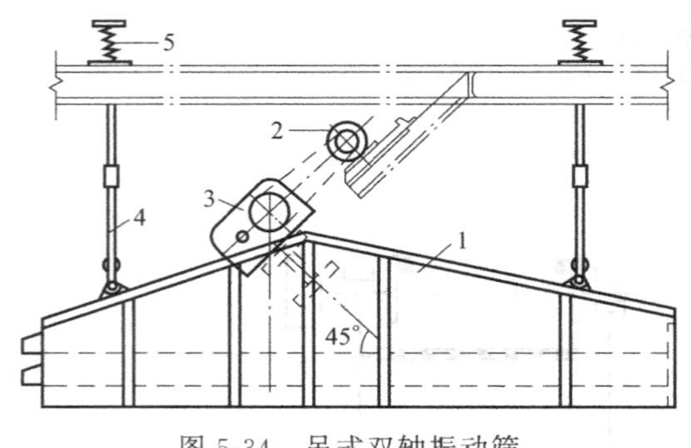

图5-34 吊式双轴振动筛
1—筛箱；2—电动机；3—双轴激振器；4—吊杆；5—隔振弹簧

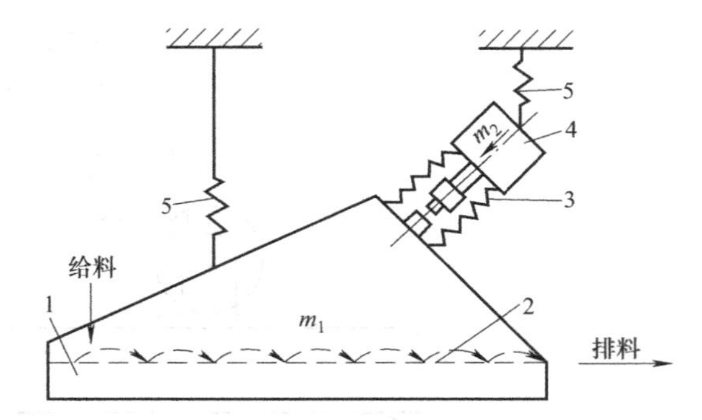

图5-35 筛箱振动式电磁振动筛的原理示意图
1—筛箱；2—筛面；3—弹簧；4—电磁激振器；5—弹簧吊杆

c. 电磁振动筛。电磁振动筛是一种振动系统，它的振动源是电磁激振器或振动电机。电磁振动筛按驱动筛子的部位不同可分为筛箱振动式和筛网振动式两种。

筛箱振动式电磁振动筛的工作原理如图5-35所示。筛箱和筛内物料的总质量为m_1，辅助重物和振动器的质量为m_2。两个质量系统用弹簧连接为一个系统，整个系统用弹簧吊杆固定在机架上。当电磁激振器通电时，电磁激振器产生周期性的作用力而使整个系统振动，其振动力的作用方向是直线方向。这种筛子结构简单，激振器无需传动元件，体积小，易于布置，耗电省，筛分效率高。但其振幅较小，只能筛分较细粒级物料。

筛网振动式电磁振动筛的激振器直接带动筛网振动，而筛箱不参与振动，这种筛子简称为振网筛。筛网振动式电磁振动筛的激振器是振动电机。由于筛箱不振动，筛子的动负荷小，功率消耗低。其缺点是筛网振幅不一致，中间部分振幅大，边缘部分振幅小，物料的筛分不均匀。

5.2 隧道掘进机械

5.2.1 隧道掘进机械概述

隧道的施工技术是通过施工方法和施工机械相互影响而发展的，现在隧道施工机械已进入大型化、多样化的时代，并向着自动化方向发展，隧道掘进有三种方法：钻爆法、掘进机法和盾构法。

(1) 钻爆法

钻爆法掘进以其灵活性和适应性较强、机械设备成本低等优势与机械掘进竞争，虽然采用液压凿岩机、深孔爆破、大型设备装运可以提高掘进速度，但近20年来掘进速度仍停留在 100～200m/月的速度上。

对于中硬以上的岩石，一般都采用深孔爆破（炮眼长度≥5m）和光面爆破，这就要求提高钻孔精度和速度。目前门式或履带式及轮胎式液压钻孔台车，其钻孔速度已达 1.5～2m/min，但钻孔精度仍靠人工控制，日本和欧洲一些国家已研制出全自动的数控钻孔台车，它由计算机控制钻孔位置和方向，操作人员可减少 50%，不需要对钻孔位置划线，操作人员接近危险开挖面机会减少了，提高了作业的安全性。但自动化设备投资高，整个掘进系统省力化的问题也没有得到彻底解决。

用钻爆法开挖时，装药和爆破仍以人工操作为主，欧洲有些国家虽已使用炸药自动装填机，但在未解决装药过程中可能出现的误爆现象之前，在更大范围内推广自动装填机还有一定难度。

近 20 年来，在出渣运输作业的机械化方面发展不快，一般大断面隧道中采用 1.5～2m^3的侧卸式轮胎装载机和 10～20t 的自卸式卡车。小断面隧道中采用蟹爪式装渣机和轨道运输，有些国家已试验无人驾驶的电瓶车运输和卸渣自动化。

（2）掘进机法

掘进机是靠旋转并推进刀盘，通过盘形滚刀破碎岩石而使隧道全断面一次成形的机器。隧道长度与隧道断面直径比超过 600 时，采用这种机器开凿隧道是十分合算的。

1880 年在英国由博蒙特研制出第一台全断面掘进机，1957 年在美国罗宾斯开发了硬岩掘进机。近 30 年来，应用于硬质地层的全断面掘进机发展很快，已成为一种完全成熟的、先进的快速隧道掘进设备。近年来应用于较松软地层带护盾式的全断面掘进机也有较大的发展。目前已有近 10 个国家生产出各种规格的掘进机 400 多台，掘进总长度超过 2550km，最大直径 11.87m。最著名的掘进机生产厂家要数美国的罗宾斯公司。

掘进机施工可将开挖、装渣、衬砌等工序同时作业，在较匀质和强度适中的围岩中可取得 2088m/月的掘进速度，且开挖出的隧道壁面光滑，超挖量仅为 5%，不损伤围岩，减少初次支护量。

掘进机的技术水平主要表现在以下几个方面。

① 规格系列化　随着掘进机数量的增多以及制造技术的成熟，到 20 世纪 80 年代末，掘进机系列已经形成，直径可分 11 种规格，推进行程分 7 个等级（0.6m、1m、1.2m、1.5m、1.8m、2m、2.45m）。

② 刀具大型化　目前最大滚刀直径为 430～480mm，在整机总推力不变或略微增加的情况下，刀具加大，可提高机器的破岩能力，延长刀具、轴承的使用寿命。

③ 断面形状多样化　通型掘进机左右各附加一个切削刀盘，可开挖成马蹄形断面；采用两只刀盘前后布置，可开挖出扁圆形双车道断面。

④ 扩大地质的适应性　在软弱地层和破碎带中，采用近期开发出的双护盾掘进机，可在已建成的衬砌上继续使机器前进。意大利是发展双护盾掘进机的先驱，美国诺宾斯公司对此也做了很多研究与改进。

我国有些大型工程采用 R1181-256 型双护盾掘进机，直径 5.5m，通过复杂的地质条件地区，也能达到日进尺 65.6m 的纪录。

目前我国掘进机已生产出第三代产品（直径 5m），并进行了工业性试验，日进尺达 12.7m。同时在刀具和刀座、大轴承及密封件、刀盘齿轮减速器及驱动电机等系列化方面做了很多研究工作，这对掘进机的国产化有很大推进。但我们在刀具寿命、振动噪声、生产周期、整机质量等方面还有待提高。

（3）盾构法

盾构掘进机是一种集开挖、支护、衬砌等多种作业于一体的大型隧道施工机械。使用这种机械施工的方法叫盾构法。从 1825 年在英国伦敦泰晤士河下首次使用盾构法，至今已有 180 多年的发展，已经能适应在各种复杂地层条件和施工环境中使用。当前已完工或正在施工的英法海峡隧道、丹麦海峡隧道、东京湾海底隧道，标志着盾构法的现实水平。英法海峡隧道采用的改进型盾构掘进机，其推进速度达到 1000m/月，单头推进长度达 21.2km。

总之，钻爆法首先需要在工作面上钻出炮眼，在炮眼内装入炸药进行爆破，然后用装载机械把爆破下来的岩块运走。钻爆法是隧道掘进的传统技术，它不受岩块物理力学特性的限制，但掘进速度较低。掘进法没有钻眼爆破工序，直接用掘进机上的刀具破落工作面上的岩石，形成所需形状的隧道，并同时将破落下来的岩块运走，实现落、装、运一体化。盾构法是一种集开挖、支护、衬砌等多种作业于一体的大型隧道施工方法，即用钢板做成圆筒形的结构，在开挖隧道时，作临时支护，在筒形结构内安装开挖、运渣、拼装隧道衬砌的机械及动力站等装置，其施工程序是：在盾构前部壳下挖土，在挖土的同时，用千斤顶向前顶进盾体，顶到一定长度后，再在盾尾拼装预制好的衬砌块，并以此作为下次顶进的基础，继续挖土顶进。盾构法也是现阶段世界上修建隧道最先进的施工方法之一。

5.2.2 凿岩机

（1）凿岩机的工作原理

钻爆法掘进巷道时，首先在工作面岩壁上钻凿出许多直径 34～42mm、深度 1.5～2.5m 的炮眼，然后在炮眼内装入炸药进行爆破。凿岩机就是一种在岩壁上钻凿炮眼用的钻眼机械，或称钻眼机具。凿岩机是按冲击破碎岩石的原理进行工作的，如图 5-36 所示。

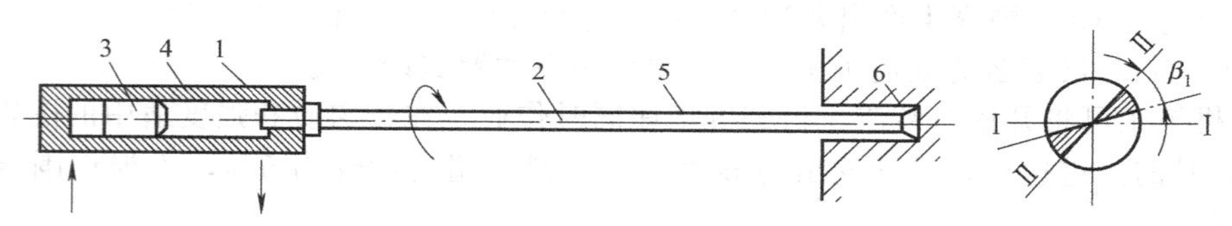

图 5-36 凿岩机的工作原理

1—凿岩机；2—钎子；3—活塞（冲击锤）；4—缸体；5—钎杆；6—钎头

凿岩机本身由冲击机构、转钎机构、除粉机构等组成。冲击机构是一个在缸体 4 内作往复运动的活塞（冲击锤）3，在气压力或液压力作用下，活塞不断冲击钎子 2 的钎杆 5 的尾端；每冲击一次，钎子的钎头 6 的钎刃凿入岩石一定深度，形成一道凹痕Ⅰ-Ⅰ，凹痕处岩石被粉碎。活塞返回行程时，在凿岩机的转钎机构（图中未表示）作用下，钎子回转一定角度 β_1，然后活塞再次冲击钎尾，又使钎刃在岩石上形成第二道凹痕Ⅱ-Ⅱ。同时，相邻凹痕间的两块扇形面积的岩石被剪切下来。凿岩机以很高的频率（≥1800 次/min）使活塞不断冲击钎尾，并使钎子不断回转，这样就在岩石上形成直径等于钎刃长度的钻孔。

随着钎子不断向前钻进，岩孔内的岩粉必需不断地及时清除，以防止钎头被卡住，凿岩机不能正常工作。为此，凿岩机设有除粉机构，一般靠压力水经钎子中心孔进入孔底，将岩粉变成泥浆从岩孔排出，这样既能清除岩粉，又能冷却钎头。

（2）钎子

钎子结构如图 5-37 所示。它由钎头 2、钎杆 1 两部分组成。钎杆与钎头连接方式有两

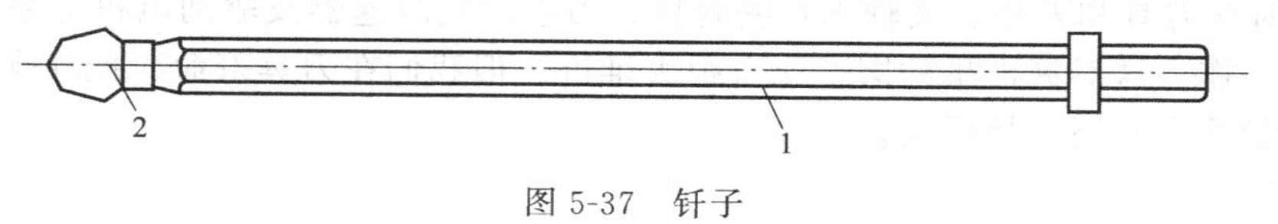

图 5-37 钎子

1—钎杆；2—钎头

种：一种是锥面摩擦连接（锥角 3°30′），另一种是螺纹连接。目前广泛采用前一种连接方式，因为锥形连接加工简单、拆装方便，只要锥面接触紧密，钎头和钎杆不会轻易脱落。

钎头按刃口形状不同，可分一字形、十字形和 X 形等，其中最常用的是一字形钎头，如图 5-38(a) 所示。一字形钎头的主要优点是凿岩速度快和容易修磨，但在有裂隙的岩石中钎子易被夹住。在钎刃处镶嵌 YG8C 硬质合金片，以提高钎刃耐磨性。

钎杆如图 5-38(b) 所示，钎杆由专用钎子钢（ZK8Cr、ZKSiMn 等）制成，断面呈有中心孔的六角形。钎杆尾部六方侧面需用锻钎机加工并经热处理，以便插入凿岩机的转动套内配合、传递扭矩。钎尾端面承受凿岩机活塞的频繁冲击，要求既有足够表面硬度，又有良好韧性。为防止活塞过早磨损，钎尾端面硬度应比活塞硬度要低。钎杆中心孔供通水或通压气用，以便清除岩孔内的岩粉。清除岩粉用的压气或水经此中心孔，由钎头两侧面小孔流入钻孔底部。

钎杆尾部插入凿岩机的钎套后，用钎卡卡住钎杆凸肩，防止拔钎子时与凿岩机脱开，或防止凿岩机空打时钎子由凿岩机的转动套中脱出。钎尾部的长度必须与凿岩机内转动套的长度相适应，以便活塞始终冲击钎尾，不致冲击转动套，这个尺寸一般在凿岩机技术特性中注明，以便配用所需尺寸的钎尾，如图 5-38(b) 所示。

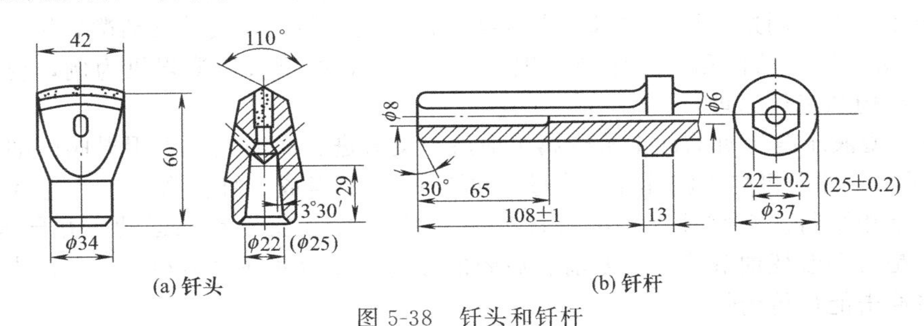

图 5-38 钎头和钎杆

(3) 凿岩机的种类

凿岩机的种类很多，按所用动力可分为气动、电动、内燃和液压四类。气动凿岩机工作较可靠，但需要辅助压气设备。电动凿岩机应用普遍，但工作可靠性有待再提高。内燃凿岩机需要解决废气净化等问题。液压凿岩机的效率较高，是最有发展前途的凿岩机械，我国正在推广使用。

凿岩机按支承和推进方式可分为手持式、气腿式、伸缩式和导轨式。

(4) 气动凿岩机

气动凿岩机广泛用于隧道掘进，其外形如图 5-39 所示。它主要由钎子 1、凿岩机 2、注

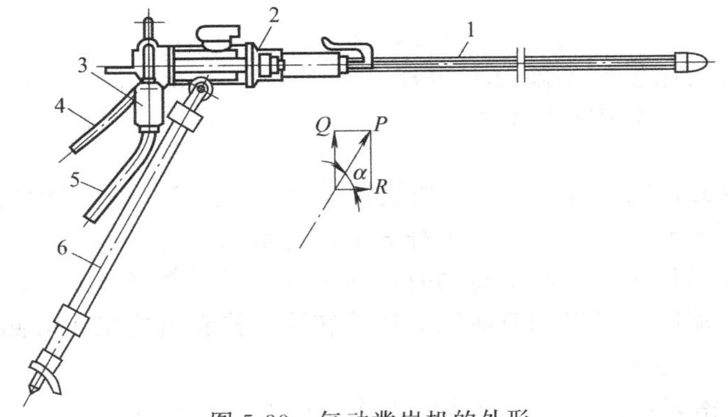

图 5-39 气动凿岩机的外形

1—钎子；2—凿岩机；3—注油器；4—水管；5—风管；6—气腿

油器 3、水管 4、风管 5 和气腿 6 所组成。钎子 1 的尾端装入凿岩机 2 的机头钎套内，注油器 3 连接在风管 5 上，使压气中混有油雾，对凿岩机内零件进行润滑，水管 4 供给清除岩粉用的水，气腿 6 支撑着凿岩机并给以工作所需的推进力。

（5）液压凿岩机

① 概述　液压凿岩机是在气动凿岩机的基础上发展起来的一种凿岩机。它以高压液体为动力，推动活塞在缸体内往复运动，冲击钎杆能克服气动凿岩机存在的问题和缺陷。与气动凿岩机相比，液压凿岩机具有以下优点：

a. 动力消耗少，能量利用率高，由于高压油工作压力可达 10MPa，是气动凿岩机的 20 倍以上，其能量利用率可达 30%～40%，而气动凿岩机只有 10%；

b. 凿岩速度高，液压凿岩机冲击功、扭矩和推进力大，钎子转速高，钻孔速度约为气动凿岩机的 2.5～3 倍；

c. 作业条件好，液压凿岩机没有排气噪声和无油雾造成的大气污染，改善了作业环境；

d. 液压凿岩机的运动件都在油液中工作，润滑条件好；

e. 操作方便，适应性强，液压凿岩机调速换向方便，易于实现自动化，对不同的岩石都具有良好的性能。

由于液压凿岩机制造和维护技术要求较高，目前还不能完全代替气动凿岩机。

② 液压凿岩机的结构和工作原理　现以国产 YYG-80 型液压凿岩机为例，说明液压凿岩机的基本结构和工作原理。

YYG-80 型液压凿岩机的冲击机构属于前后腔交替进、回油式，采用滑阀配油，其结构如图 5-40 所示。冲击机构由缸体 4、活塞 5 和滑阀 12 等组成。缸体做成一个整体，滑阀与活塞的轴线互相平行。在缸孔中，前后各有一个铜套 6、3 支承活塞运动，并导入液压油。滑阀的作用是自动改变油液流入活塞前、后腔的方向，使活塞往复运动，打击冲击杆 8 的尾部，从而将冲击能量传给钎子。

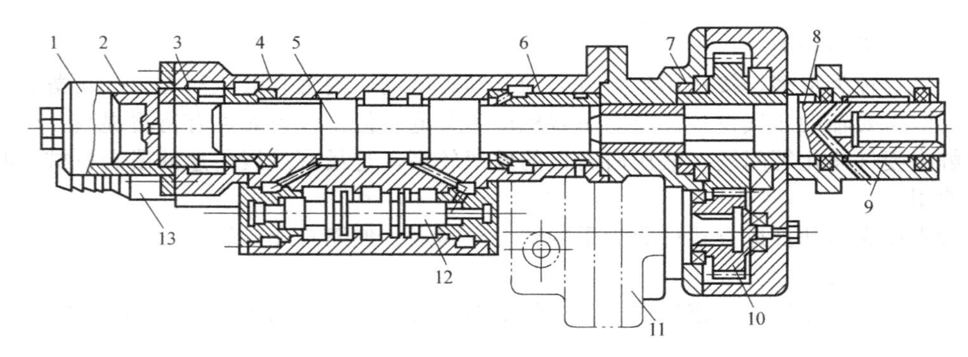

图 5-40　YYG-80 型液压凿岩机结构

1—回程蓄能器壳体；2,5—活塞；3,6—铜套；4—缸体；7,10—齿轮；
8—冲击杆；9—水套；11—液压马达；12—滑阀；13—进油管

YYG-80 型液压凿岩机的转钎机构由摆线转子液压马达 11、减速齿轮 10、7 及冲击杆 8 等组成。齿轮 7 中压装有花键套，与冲击杆 8 上的花键相配合，钎尾插入冲击杆前端的六方孔内。因此，当液压马达带动齿轮 7 转动时，冲击杆和钎子都将跟着一起转动。在液压马达的液压回路中装有节流阀，可以调节液压马达的转速。排粉机构采用旁侧进水方式。压力水经过水套 9 进入钎子中心孔内。

YYG-80 型液压凿岩机冲击配油机构的工作原理如图 5-41 所示。

如图 5-41(a) 所示，活塞冲程开始时油液经 e 孔、滑阀 K 腔和 Q 腔流入回油管 O 回

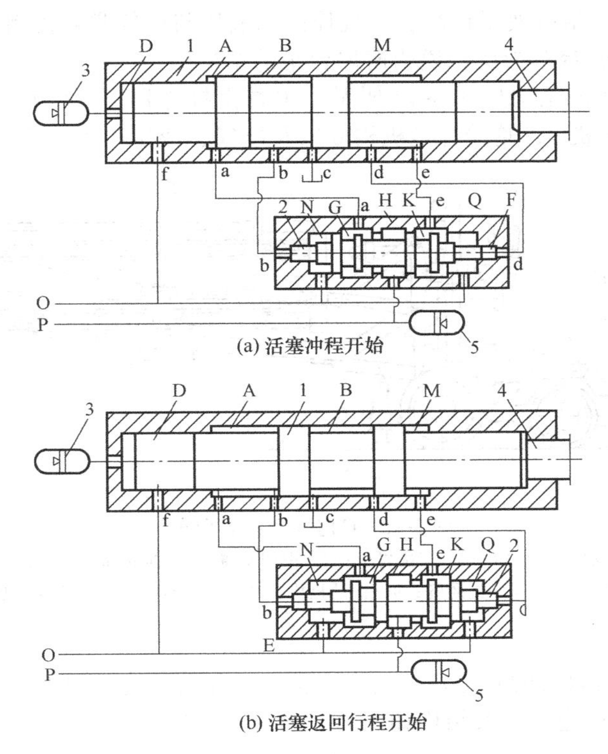

(a) 活塞冲程开始

(b) 活塞返回行程开始

图 5-41 YYG-80 型液压凿岩机冲击配油机构的工作原理图
1—活塞；2—滑阀；3—回程蓄能器；4—钎尾；5—主油路蓄能器

油箱。此时两端正腔、F 腔均通油箱，阀芯保持不动。当活塞运动到一定位置时，A 腔与 b 孔接通，部分高压油经 b 孔到阀芯左端 E 腔，而阀芯右端 F 腔经 d 孔、缸体 B 腔和 c 孔回油箱，在压力差作用下，阀芯右移，同时活塞冲击钎尾，完成冲击行程，开始返回行程。

图 5-41(b) 为活塞返回行程开始时的情况。此时压力油经滑阀 H 腔、e 孔进入活塞右端 M 腔，活塞左端 A 腔经 a 孔、滑阀 N 腔回油箱，活塞被推动左移。当活塞移动到打开 d 孔时，M 腔部分压力油经 d 孔作用在阀芯右端，推动阀芯左移，油流换向，回程结束并开始下一个循环的冲程。在活塞左移的过程中，当活塞左端关闭 f 孔后，D 腔内油液被压缩，使回程蓄能器 3 储存能量，同时还可对活塞起缓冲作用。当冲程开始时，该蓄能器就释放能量，以加快活塞向前运动的速度，提高冲击力。

在 YYG-80 型液压凿岩机上还装有一个主油路蓄能器 5，其作用是积蓄和补偿液流，减少油泵供油量，从而提高效率，并减小液压冲击。

YYG-80 型液压凿岩机的冲击机构采用独立的液压系统，由一台齿轮泵供油，而转钎机构则与配套的液压钻车的液压系统合并使用。

5.2.3 凿岩台车

凿岩台车是从 20 世纪 70 年代发展起来的一种钻孔设备。它是将一台或数台高效能的凿岩机连同推进装置一起安装在钻臂导轨上，并配以行走机构，使凿岩作业实现机械化。和凿岩机相比，凿岩台车工效可以提高 2～4 倍，而且可以改善劳动条件，减轻工人的劳动强度。

凿岩台车按钻臂多少，可分为双臂、三臂和多臂式；按行走机构分为轨轮式、轮胎式和履带式。凿岩台车的控制有液压控制、压气控制和液压与压气联合控制等三种。

现以 CTJ-3 型凿岩台车为例，说明凿岩台车的结构。

CTJ-3 型凿岩台车的结构如图 5-42 所示。主要由推进器 1、两侧相同的两个侧支臂 2、一个中间支臂 4、凿岩机 3、轮胎行走机构 6 以及压气、液压和供水系统组成。

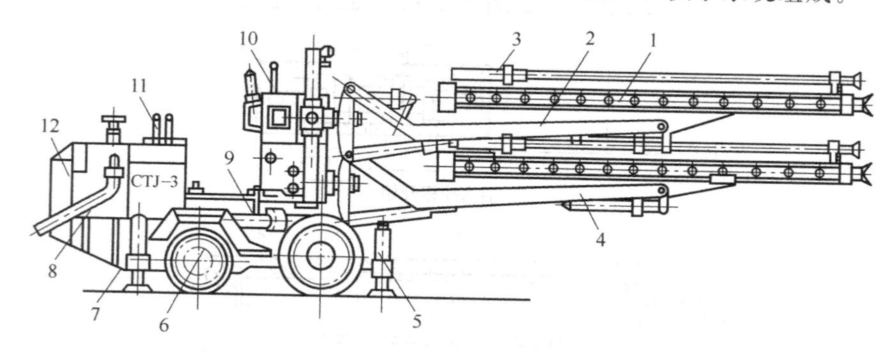

图 5-42　CTJ-3 型凿岩台车

1—推进器；2—侧支臂；3—YGZ-70 型凿岩机；4—中间支臂；5—前支撑液压缸；6—轮胎行走机构；7—后支撑液压缸；8—进风管；9—摆动机构；10—操纵台；11—司机座；12—配重

(1) 推进器

推进器是导轨式凿岩机的轨道，并给凿岩机以工作所需的轴向推进力。CTJ-3 型凿岩台车采用气动马达-丝杠推进器，其结构如图 5-43 所示。

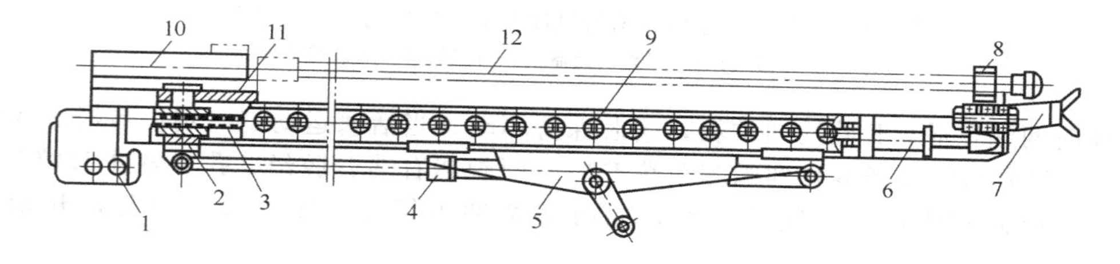

图 5-43　CTJ-3 型凿岩台车的推进器

1—风动马达；2—螺母；3—丝杠；4—补偿液压缸；5—托盘；6—扶钎液压缸；7—顶尖；8—扶钎器；9—导轨；10—凿岩机底座；11—YGZ-70 型凿岩机；12—钎子

YGZ-70 型导轨式风动凿岩机 11 用螺栓固定在底座 10 上，装在底座下的螺母 2 与推进器丝杠 3 相结合。当风动马达 1 驱动丝杠转动时，凿岩机就在导轨 9 上向前或向后移动。风动马达的功率为 0.75kW，推进器的推进力为 0.75kN，推进行程为 2.5m。调节风动马达进气量，可使凿岩机获得不同的推进速度。

推进器导轨 9 下面设有补偿液压缸 4，其缸体与导轨托盘 5 铰接，活塞杆与导轨铰接。伸缩补偿液压缸就可以调节推进器导轨在导轨托盘上的位置，使导轨前端的顶尖 7 顶紧岩壁，以减少凿岩机工作过程中钻臂的振动，增加推进器的工作稳定性。凿岩机底座与导轨间、导轨与导轨托盘间均有尼龙 1010 滑垫，以减少移动阻力的磨损。在导轨前端还装有剪式扶钎器 8，当凿岩机开始钻炮孔时，用扶钎器夹持钎子 12 的前端，以免钎子在岩面上滑动；钎子钻进一定深度后，松开扶钎器以减少阻力。扶钎器的两块卡爪平时由弹簧张开，扶钎时由扶钎液压缸 6 将其活塞杆上的锥形头插入两块卡爪之间，使其剪刀口合拢。

(2) 钻臂

钻臂是凿岩台车的主要部件，它的作用是支承推进器和凿岩机，并可调整推进器的方位，使之可在全工作面范围内进行凿岩。CTJ-3型凿岩台车的两个侧钻臂和中间钻臂结构基本相同，其工作原理如图5-44所示。

钻臂架3的前端与推进器导轨的托盘1铰接，利用俯仰角液压缸2可以调整导轨的倾角，故凿岩机钻出的炮孔倾角可以调整。利用钻臂液压缸4可以调整钻臂架的位置，亦即调凿岩机位置的高低，钻凿不同高度的炮孔。钻臂架3的后端与钻臂座6铰接，钻臂座安装在回转机构7的水平出轴上，此轴为一齿轮轴，在回转机构中的齿条液压缸带动下，可使钻臂座连同钻臂架一起绕此轴线在360°范围内回转。因此，由回转机构改变凿岩机的回转角度，钻臂液压缸改变凿岩机的回转半径，就可以确定炮孔位置，使凿岩机能在一定圆周范围内钻凿不同位置的炮孔。钻臂的此种调位方式称为极坐标调位方式，其主要优点是在炮孔定位时操作程序少，定位时间短，但对操作技术要求较高。

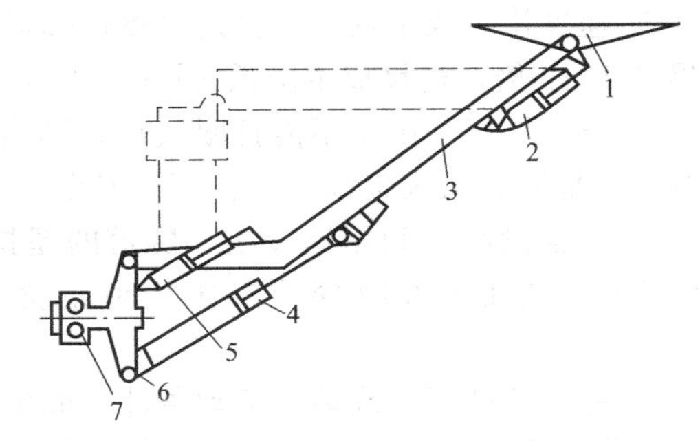

图5-44 CTJ-3型凿岩台车钻臂
1—托盘；2—俯仰角液压缸；3—钻臂架；4—钻臂液压缸；5—引导液压缸；6—钻臂座；7—回转机构

另外，利用摆动机构（图5-42中的9）还可以使各钻臂水平摆动，使凿岩机可以在隧道的转弯处进行凿岩作业。

为了适应直线掏槽法掘进的需要，CTJ-3型凿岩台车设有液压平行机构。利用液压平行机构，可以使钻臂在不同位置时导轨的倾角基本保持不变，凿岩机可以钻出基本平行的掏槽炮孔，这对于提高爆破效果和节省调整凿岩机位置的作业时间都有好处。液压平行机构的工作原理如图5-44所示。引导液压缸5与俯仰角液压缸2的缸径相同，它们的两腔对应相通，当钻臂液压缸4带动钻臂向上摆动时，迫使引导液压缸5也一起动作，引导液压缸活塞杆腔的油液被迫压入俯仰角液压缸的活塞杆腔，而俯仰角液压缸活塞腔的油液排入引导液压缸的活塞腔。因此，当钻臂向上摆动一个α角时，推进器托盘在俯仰角液压缸的作用下向下摆动一个α角，从而使推进器实现平行运动。同理，当钻臂向下摆动时，仍可使推进器实现平行运动。

适当的设计可以使钻臂在不同位置上时保持导轨的倾角基本不变。单独开动俯仰角液压缸调整推进器托盘和凿岩机的倾角时，因为钻臂液压缸未开动，钻臂液压缸被双向液压锁固定在原位不动，引导液压缸的长度不会变化，所以不会引起钻臂位置的变化。

三个钻臂的回转机构通过摆动机构（图5-42中9）与行走车架相连，凿岩台车用四个充气胶轮行走，前轮是主动轮，后轮是转向轮。前轮由活塞式风动马达经三级齿轮减速器驱动。如图5-42所示，台车后部设有配重12以保持稳定。当凿岩台车工作时，利用支撑液压缸5、7撑在底板上，使车轮离开底板，以增加机器工作的稳定性。

整个凿岩台车的动力是压缩空气，一台活塞式风动马达带动一台单级叶片泵为所有液压缸提供压力油。

5.2.4 掘进机

(1) 概述

随着隧道工作面机械化程度的提高，掘进速度大大加快，隧道掘进和工作面的准备工作也必须相应加快。只靠钻爆法掘进隧道已满足不了要求，采用掘进机法，使破落岩石、装载运输、喷雾灭尘等工序同时进行，是提高掘进速度的一项有效措施。与钻爆法相比，掘进机法掘进隧道具有许多优点。

① 速度快、成本低　用掘进机掘进隧道，可以使掘进速度提高1～1.5倍，工作效率平均提高1～2倍，进尺成本降低30%～50%。

② 安全性好　由于不需打眼放炮，围岩不易被破坏，既有利于隧道支护，又可减少冒顶等突发危险，大大提高了工作面的安全性。

③ 工程量小　利用钻爆法，隧道的超挖量可达20%，利用掘进机法，隧道超挖量可小到5%，从而大大减少了支护作业的充填量，减少了工程量，降低了成本，提高了速度。

④ 劳动条件好　改善了劳动条件，减少笨重的体力劳动。

按照工作机构切割工作面的方式，掘进机可分为部分断面隧道掘进机和全断面隧道掘进机两大类。部分断面隧道掘进机主要用于软岩和中硬岩隧道的掘进，其工作机构一般是由一悬臂及安装在悬臂上的截割头所组成，工作时，经过工作机构上下左右摆动，逐步完成全断面岩石的破碎。全断面隧道掘进机主要用于掘进坚硬岩石隧道，其工作机构沿整个工作面同时进行破碎岩石并连续推进。

(2) 部分断面隧道掘进机

由于部分断面隧道掘进机具有掘进速度快、生产效率高、适应性强、操作方便等优点，目前在隧道掘进工作中得到广泛的应用。下面以ELMB型隧道掘进机为例，说明断面隧道掘进机的结构和工作方式。

ELMB型隧道掘进机的结构如图5-45所示，它主要由截割头1、悬臂2、装运机构3、行走机构4、液压泵站5、皮带转载机10和若干液压缸等组成。

机器工作时，开动行走机构使机器移近工作面，截割头1接触岩壁时停止前进，开动截割头并摆动到工作面左下角，在伸缩液压缸7的作用下钻入岩壁，当截割头轴向推进500mm（伸缩液压缸的最大行程）时，使截割头水平摆动到隧道右端，这时在底部开出一深500mm的底槽，然后再使截割头向上摆动一截割头直径的距离后向左水平摆动。如此循环工作，最后形成所需断面，如图5-46所示。这种掘进机能掘出任意形状的隧道断面。这里截割头的左右上下摆动是形成连续破碎的必不可少的重要条件。截割头破碎下来的岩块，由蟹爪装载机的两个蟹爪扒入刮板输送机，再经连在后部的皮带转载机10卸入矿车或其他运输设备中。

① 工作机构　ELMB型隧道掘进机的工作机构采用悬臂式工作机构，这种工作机构的优点是：悬臂可以沿工作面的水平或垂直方向上作左右或上下摆动，对复杂的地质条件适应性较好，能掘出各种形状的断面，结构简单，便于维修和更换截齿，也可及时支护隧道。但由于悬臂较长，影响机器的稳定性。

截割头为一圆锥形钻削式截割头，如图5-47所示。它主要由中心钻1、截齿2、齿座4和锥体5等组成。齿座4成螺旋线焊在锥体5上，共装30个截齿。中心钻1用于超前钻孔，为镐形截齿开出自由面，以利截割。截割头上还布置有19个内喷雾灭尘的喷嘴3。

上述截割头采用纵轴式布置方式，即沿悬臂的中心轴纵向安装截割头，这种布置方式能截割出平整的断面，而且可以用截割头挖支架的柱窝和水沟。但在摆动截割时，机器受的侧向力较大，为了提高机器的稳定性，机器质量比较大。为了消除侧向力，有的隧道掘进机截割头采用横轴式布置方式（如AM50型掘进机）。横轴式布置的截割头多采用两个对称的半球形滚筒，截割时截割头的受力较好，截割阻力易被机体自重吸收。因此，掘进机的质量可以做得较轻，但在使用时不如纵轴式布置方便。

截割头上的截齿有径向扁截齿和镐形截齿两种。在煤巷中一般可采用镐形截齿或径向扁截齿；在中硬岩隧道中一般采用径向扁截齿。

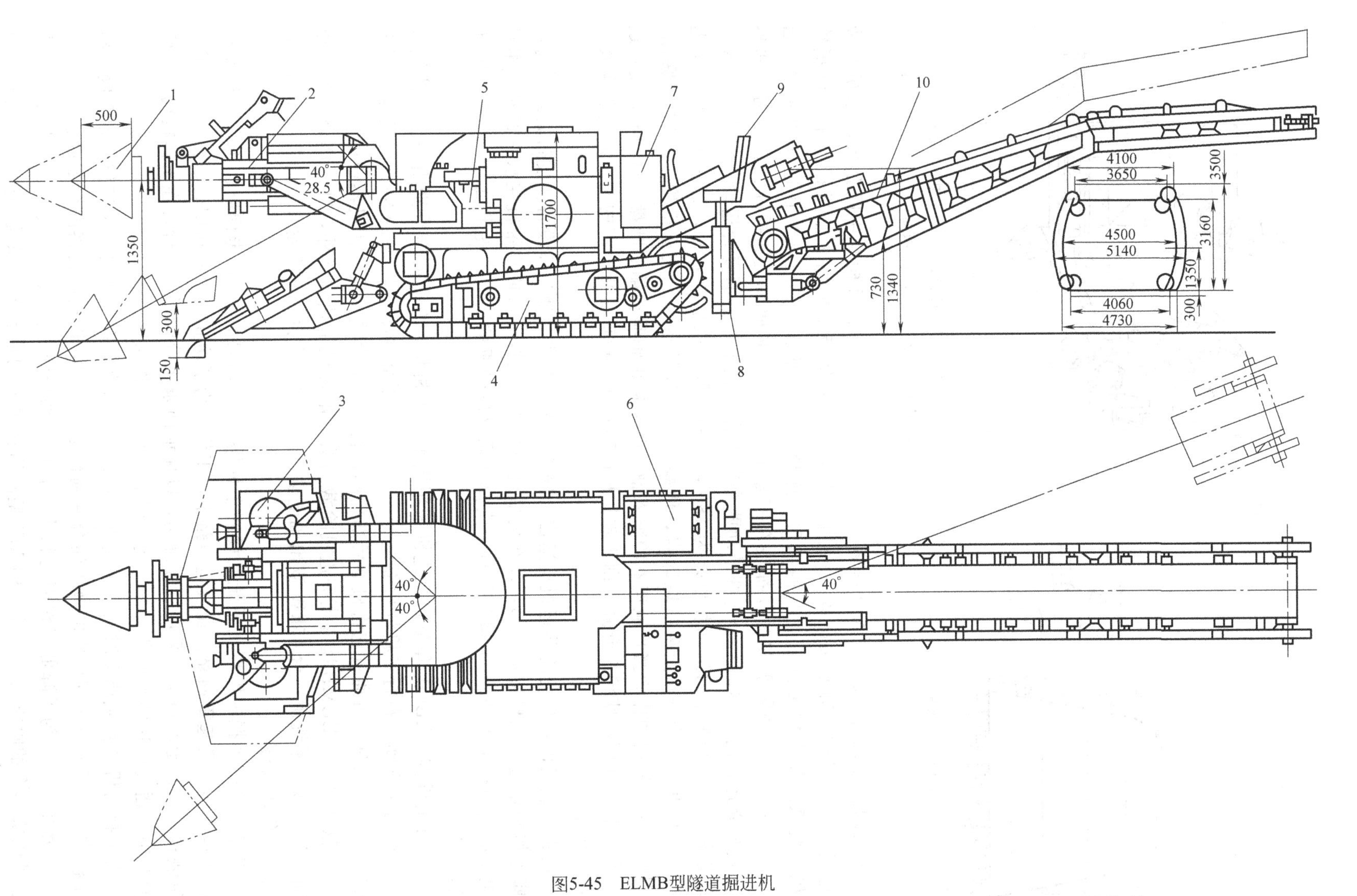

图5-45　ELMB型隧道掘进机

1—截割头；2—悬臂；3—装运机构；4—行走机构；5—液压泵站；6—电气箱；7—伸缩液压缸；8—支承液压缸；9—司机室；10—皮带转载机

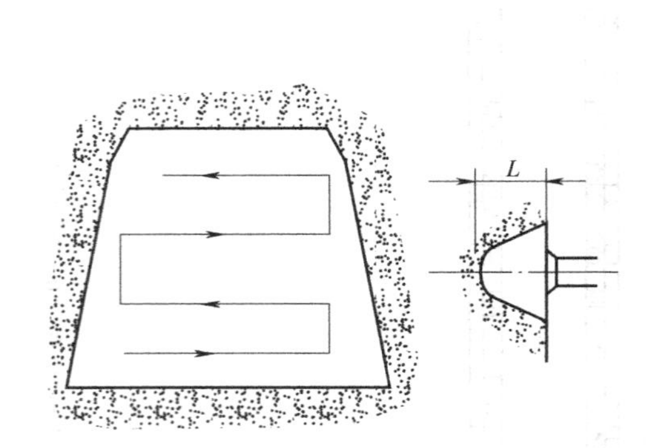

图 5-46　截割方式

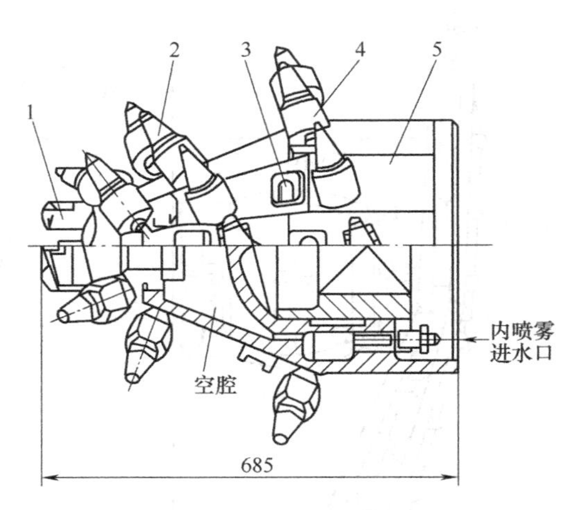

图 5-47　ELMB 型掘进机截割头
1—中心钻；2—截齿；3—喷嘴；4—齿座；5—锥体

② 装载与转运机构　ELMB 型隧道掘进机的蟹爪式装载机构与中间刮板输送机组成掘进机的装运机构。截割头破碎下来的碎岩由装载机铲板上的两个蟹爪扒入中间刮板输送机。蟹爪工作机构由蟹爪、曲柄圆盘、连杆和摇杆等组成。蟹爪装在连杆的前端，磨损后可以更换。曲柄圆盘和摇杆都装在铲板上，连杆与曲柄圆盘和摇杆铰接。两个曲柄圆盘做圆周运动时，驱动两个连杆带动两个蟹爪在铲板上做平面复合运动，将碎岩扒入刮板输送机上。两个蟹爪的运动相位差为 180°，当一个蟹爪扒取碎岩时，另一个蟹爪处于返回行程。因此，两个蟹爪交替扒取碎岩，使装载工作连续进行。装运机构采用装-运联动，由刮板输送机的尾轴作为蟹爪减速器的输入轴，减速器出轴驱动偏心圆盘，从而驱动蟹爪运动。升降液压缸可以使铲板升降。刮板输送机由布置在刮板输送机后部的两台低速摆线液压马达直接驱动。

皮带转载机的作用是将装运机构运出的碎岩装入汽车或其他运输设备。皮带转载机通过转座连接在掘进机主机架的后部，设在皮带机一侧的液压缸，可使皮带机在水平方向上相对机组中心左右摆动各 20°；升降液压缸可支撑和调整皮带机的高度。皮带机由一台摆线液压马达驱动。

③ 行走机构　ELMB 型隧道掘进机采用履带行走机构，左右履带分别由一台内曲线大扭矩液压马达驱动。在行走机构后部设有一组支承液压缸（图 5-45 中的 8），当机器因底板松软而发生下沉时，可通过它将机器后部抬起，在履带下面垫木块，让机器通过。

④ 液压系统　ELMB 型隧道掘进机除截割头为电动机单独驱动外，其余部分均为液压传动，整个液压系统由一台 45kW 双出轴电动机分别驱动两台双联齿轮泵，为各液压马达和液压缸提供压力油。

ELWB 型隧道掘进机液压系统共设四个回路，即装运回路、行走回路、工作机构及铲煤板回路和转载及起重回路。在装运回路中，工作时为了防止两个马达倒转，换向阀采用了定位装置，在行走回路中，采用了分流阀，以保证两条履带的同步运行；在工作机构及铲煤板回路中，通过调速阀来调节工作机构三组液压缸的工作速度。

为了提高机器空载调动时的行走速度，在机器空载调动时，通过一个二位三通转阀，将工作机构及铲板液压缸回路中的液压油合并到行走回路中，以提高机器的行走速度。

⑤ 除尘装置　为了降低工作面的粉尘，目前，部分断面隧道掘进机均设置有外喷雾或内、外喷雾结合的喷雾灭尘系统。ELMB 型隧道掘进机的喷雾灭尘系统如图 5-48 所示，设

有内喷雾、外喷雾和冷却-引射喷雾三部分，其工作过程为：

a. 水→水门→三通→工作臂→内喷雾装置；

b. 水→水门→三通→节流阀→外喷雾装置；

c. 水→水门→液压系统冷却器→水冷电动机→引射喷雾器。

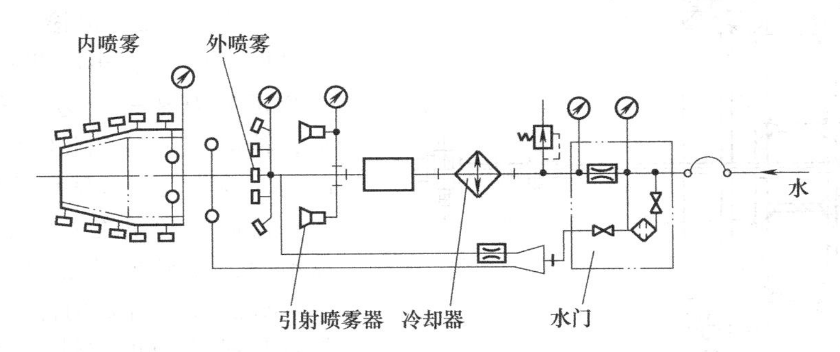

图 5-48 ELMB 型隧道掘进机内外喷雾灭尘系统

(3) 全断面隧道掘进机

全断面隧道掘进机是一种全断面岩石掘进机械，主要用于水利工程、铁路隧道、城市地下交通和矿山等部门。

① 全断面隧道掘进机的工作原理 岩石掘进机是在坚硬度系数 8～12 以上的条件下破碎岩石，岩石的抗压强度高达 200MPa，岩石掘进机一般采用盘形滚刀破岩。在驱动刀盘运动时，安装在刀盘心轴上的盘形滚刀沿岩壁表面滚动，液压缸将刀盘压向岩壁，从而使滚刀刃面将岩石压碎而切入岩体中。刀盘上的滚刀在岩壁表面挤压出同心凹槽，凹槽达到一定深度时，相邻两凹槽间的岩石被滚刀剪切成片状碎片剥落下来。在岩渣中，片状碎片约占 80%～90%，而岩粉的含量较少。

② 全断面隧道掘进机的结构 TBM32 型全断面隧道掘进机的总体结构如图 5-49 所示。

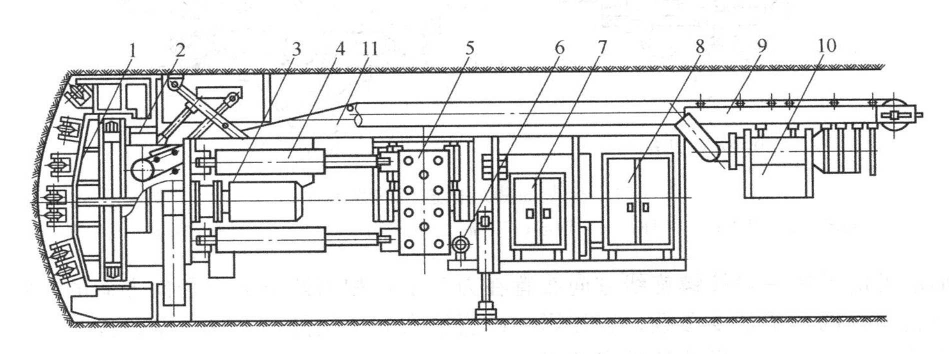

图 5-49 TBM32 型全断面隧道掘进机的总体结构

1—刀盘；2—机头架；3—传动装置；4—推进液压缸；5—水平支撑机构；6—液压传动装置；7—电气设备；8—司机室；9—皮带转载机；10—除尘风机；11—大梁

刀盘 1 在传动装置 3 的驱动下低速转动，刀盘支承在机头架 2 的大型组合轴承上。掘进机工作时，水平支撑机构 5 撑紧在隧道的两帮，铰接在机头架和水平支撑机构间的推进液压缸 4 以水平支撑为支承推动机头架，使刀盘迈步式推进。被滚刀剥落下来的岩渣由装在刀盘上的铲斗铲起装到皮带转载机 9 上。矿渣在运出工作面后，卸入矿车或其他转载设备。滚刀破碎岩石时生成的粉尘则由除尘风机抽出。

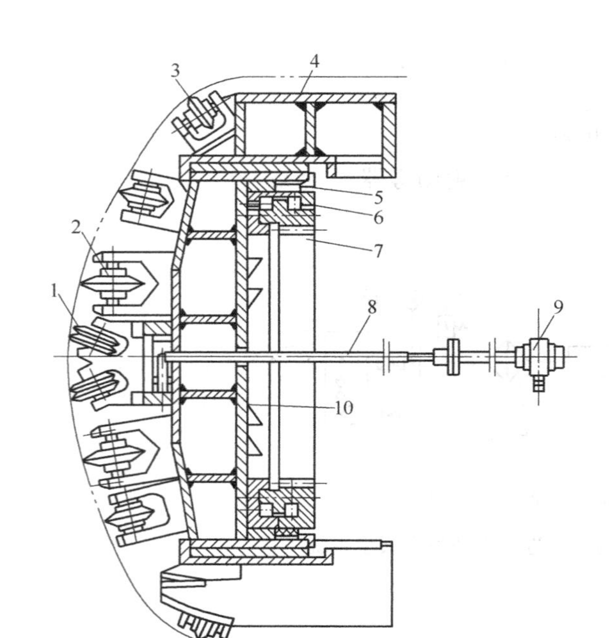

图 5-50　刀盘工作机构
1—中心滚刀；2—正滚刀；3—边滚刀；4—铲斗；5—密封圈；6—组合轴承；7—内齿圈；8—中心供水管；9—水泵；10—刀盘

a. 刀盘。刀盘工作机构的结构如图 5-50 所示。刀盘 10 是由高强度、耐磨损的锰钢板焊接成的箱形构件。刀盘前盘呈球形，分别装有双刃中心滚刀 1、正滚刀 2、边滚刀 3。铲斗装在刀盘的外缘，铲斗的侧壁上分别装有一个正滚刀和一个边滚刀。刀盘通过组合轴承 6 支承在机头架上，组合轴承的内外围分别与刀盘和机头架相连接。

盘形滚刀的结构如图 5-51 所示。盘形滚刀是破岩的工具，其质量直接影响机器破碎岩石的能力、掘进速度、效益和机器的可靠性。因此刀具是由强度高、韧性大、耐磨性能高并能承受冲击载荷的模具钢 6Cr4W2MoV 钢锻造的。为提高轴承的承载能力，刀圈直径较大并采用端面密封和永久润滑，刀圈磨钝后，取下卡环 9 即可将刀圈卸下。

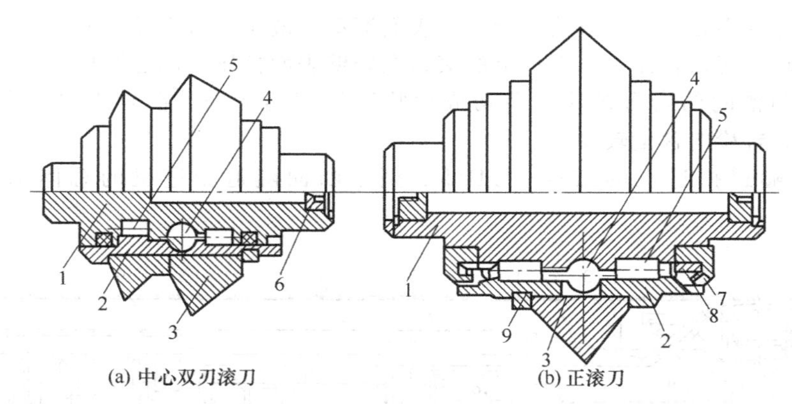

图 5-51　全断面隧道掘进机的盘形滚刀
1—心轴；2—刀体；3—刀圈；4—钢球；5—辊子；6—堵头；7,8—金属密封环；9—卡环

盘形滚刀的刀座一般按螺旋线方向布置在刀盘上，相邻两滚力在径向方向的间距称为截距。截距是刀盘的一个重要参数，直接影响破岩能力和单位能耗，在一定条件下，与刀盘的压力恰当配合，可以得到最佳的破岩效果。

b. 刀盘的传动系统。TBM32 型全断面隧道掘进机刀盘的传动系统如图 5-52 所示。

机头架两侧的两台电机，经两级行星齿轮减速器和一级内齿轮传动驱动刀盘转动。两台电动机中有一台电机是两端出轴的，右端出轴经摩擦离合器和液压马达相连，点动液压马达可实现刀盘的微动，以调整刀盘入口处的位置，使司机由入口进入刀盘前端检查和更换刀具。

c. 行走机构。掘进机的行走机构由水平支撑和推进液压缸两部分组成，以实现岩石掘进机的迈步行走，并使刀盘获得足够大的推进力。TBM32 型全断面隧道掘进机行走机构的结构如图 5-53 所示。

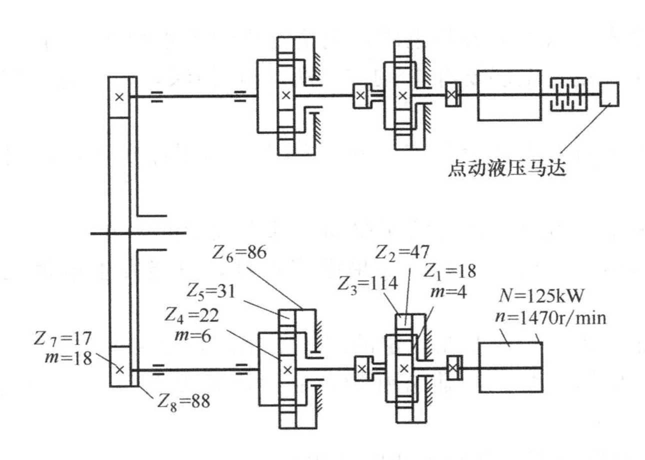

图 5-52 TBM32 型全断面隧道掘进机刀盘的传动系统

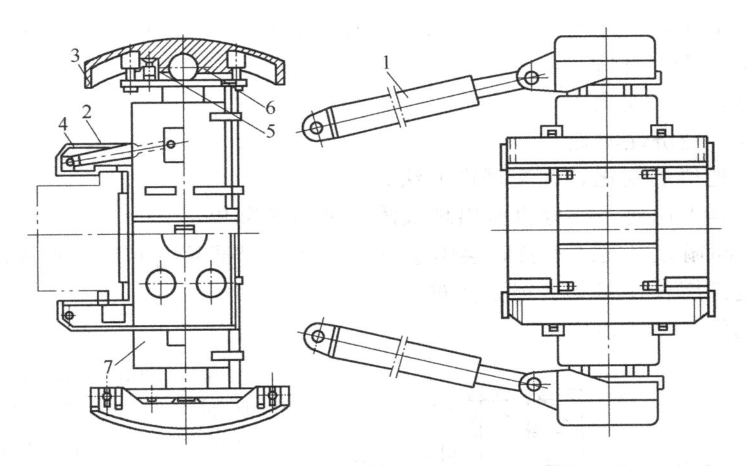

图 5-53 TBM32 型全断面隧道掘进机的行走机构

1—推进缸；2—斜缸；3—水平支撑板；4—鞍座；5—复位弹簧；6—球头压盖；7—水平支撑缸

推进缸 1 的缸体与机头架相连接，活塞杆则与水平支撑板 3 相连接，利用水平支撑缸将支撑板撑紧在隧道的侧帮上，当推进缸活塞腔进油时，便可推动刀盘前进；当刀盘推进一段距离后，利用支撑缸松开支撑板，向推进液压缸活塞杆腔供油即可将水平支撑机构拖向刀盘，这样，通过推进缸和水平支撑缸的交替动作，便可实现掘进机的迈步行走。

斜缸 2 的缸体和活塞杆端分别与鞍座 4 和水平支撑缸铰接，起着浮动支撑的作用，掘进机大梁的导轨和鞍座的导槽相配合，使水平支撑-推进机构以大梁为导向推进。掘进机采用激光导向装置，以确保按预定方向推进。

5.2.5 盾构机

盾构机是一种集开挖、支护、衬砌等多种作业于一体的大型隧道施工机械，即用钢板做成圆筒形的结构，在开挖隧道时，作临时支护，在筒形结构内安装开挖、运渣、拼装隧道衬砌的机械及动力站等装置。使用盾构机械来建筑隧道的方法称为盾构施工法。其施工程序是：在盾构前部壳下挖土，在挖土的同时，用千斤顶向前顶进盾体，顶到一定长度后，再在盾尾拼装预制好的衬砌块，并以此作为下次顶进的基础，继续挖土顶进。当然在挖土的同时，还需将土屑运出盾构。

采用盾构施工时，应考虑下面几方面因素。

① 地质条件　除岩石以外的各种土质，无论有无地下水均能采用。

② 覆盖土层要深　覆盖土层要有1～1.5倍盾构直径深，要避免与其他建筑物基础相互干扰。

③ 断面要大　由于盾构内部设备多，断面尺寸过小则操作不便，因此，一般断面直径多在4m以上。

④ 电源问题　无论是电驱动还是液压驱动，都需大量的电能。

⑤ 远离主要建筑物　盾构施工时，如果灌浆不良，可能发生地表沉陷，因此，要远离重要建筑物。

⑥ 水源　泥水加压式盾构需要在一定的水压下掘进，故要有可靠的水源。

⑦ 施工段要长　盾构安装一次非常麻烦，从经济角度考虑，一般施工隧道在1～2km以上才合算。

（1）机械化盾构的特点和几种施工法的适用范围

① 机械化盾构的特点　机械化盾构的特点是：

a. 工效高，工期短。日掘进能力与人工掘进相比较，砂质土壤为2倍，砂和亚黏土为3～5倍，黏性土为5～8倍；

b. 减少塌方，生产安全；

c. 降低成本，经济性明显；

d. 能随土层地质的变化，改变掘进方法；

e. 造价高，其中任何一部分机械出现故障，就得全部停工；

f. 掌子面局部塌方，发现不及时会引起沉陷，造成局部超挖和增大加固的难度；

g. 设计制造工期长，刀具磨损更换难。

② 几种盾构法的适用范围

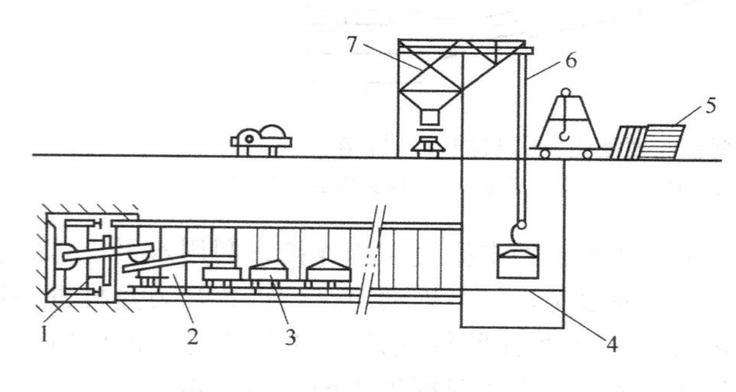

图5-54　盾构施工法示意图

1—盾构；2—管片台车；3—土斗车；4—轨道；5—材料场；6—起重机；7—弃土仓

a. 切削轮式盾构。用主轴旋转驱动切削轮挖土，随切削轮旋转的周边铲斗将挖下的土屑倾落于皮带输送机上，运输机将土运到盾构后部的运土斗车里，再由牵引车运往洞外。同时，推进千斤顶将盾构不断推进，当推进到一个衬砌管片宽度后，立即进行逐片拼装管片的拼装，整圈衬砌拼装完后，再开始继续挖土和盾构顶进，如图5-54所示。

b. 气压式盾构。图5-55为气压式盾构施工图。为了防止掌子面坍塌，将工作面密封在一定气压下，阻止地下水外流，以利于挖土。在较大的砂砾层地质中使用气

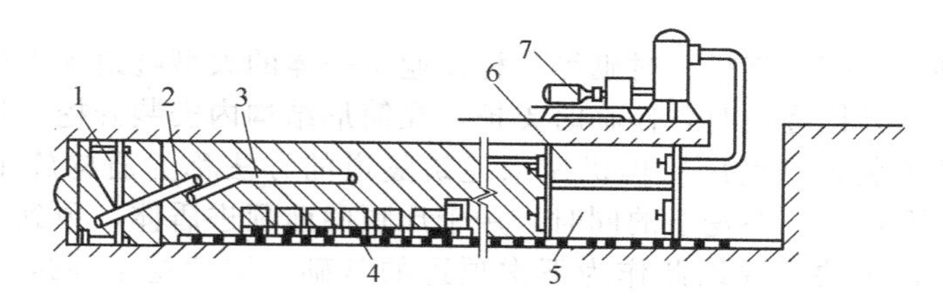

图5-55　气压式盾构施工

1—盾构卸土器；2，3—皮带机；4—运土车；5—气压工作区；6—气闸；7—压气机

压是无效的。

c. 泥水加压式盾构。在盾构前部设置一个密封区，注入一定压力的泥浆水，以平衡地下水压力，阻止地下水流出，防止塌方，如图 5-56 所示。密封区里有切削轮或者其他切削机具，还有泥浆搅拌器和泥浆泵吸头。由切削轮旋转切碎进入盾构内的土壤，切削下的泥土与灌入压力泥水，由搅拌器搅成泥浆，经排泥管输运至地面。盾构的顶进、衬砌管片的安装与上面一样。

泥水加压式盾构适用于软弱的地层或地下水位高，带水砂层、亚黏土、砂质亚黏土及流动性高的土质，冲击层、洪积层使用该种施工法效果尤为显著。

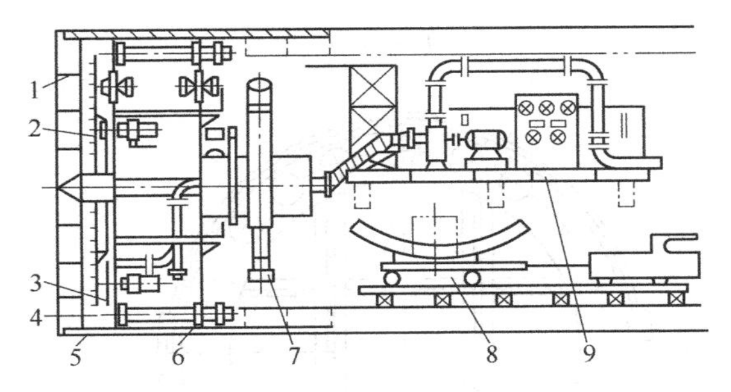

图 5-56 泥水加压式盾构
1—网格；2—切削轮；3—搅拌器；4—泥水腔；5—盾壳；6—盾构千斤顶；7—拼装器；8—管片台车；9—后工作平台

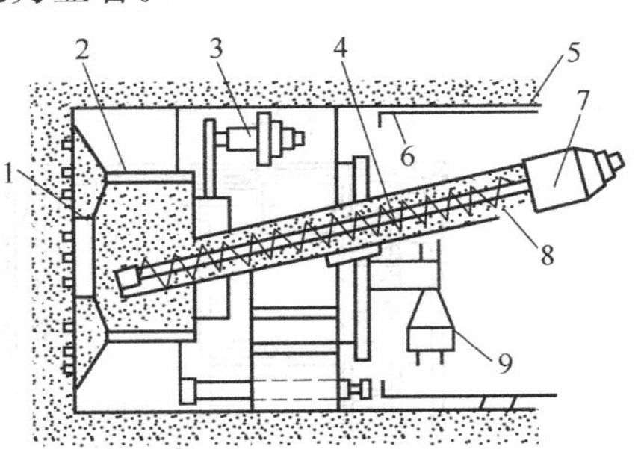

图 5-57 土压平衡式盾构
1—切削轮；2—切削轮机架；3—驱动马达；4—螺旋输送机；5—盾尾密封；6—衬砌管片；7—输送机马达；8—土屑出口；9—拼装器

d. 土压平衡式盾构。图 5-57 所示为土压平衡式盾构。在螺旋输送机和切削轮架内充满着土砂，利用螺旋的回转力压缩土壤，形成具有一定压力的连续防水壁，抵抗地下水压力，阻止流水和塌方。这种方法适用于亚黏土和黏性土地层。如果出现透水性大的砂土、砂砾土层，可在螺旋输送机卸料口处加装一个具有分离砾石的卸土调整槽，向槽内注入压力水以平衡地层水压，这就扩大了该方法的适用范围。

(2) 机械化盾构的主要结构及功能

机械化盾构有多种形式，按切削机构划分有切削轮式、挖掘式、铣削臂式等；按切削方式区分有旋转切削式和网格切削式等。不论是何种形式，都由以下几部分组成，即切削机构、盾壳、动力装置、拼装机、推进装置、出料装置和控制设备等。

① 切削部分

a. 切削刀。切削刀有三角形、螺旋形、片式、楔形、水力切割等几种形式。螺旋形刀刃适用于较硬的土壤，片式刀用于较软土壤的切削，楔形刀用于砂砾或较硬的黏土，水力切割适用于硬土或土层稳定性较好的地质。刀刃工作条件恶劣，承受荷载复杂，要求刀刃具有高强度、高韧性、耐磨性，多用工具钢、合金钢制造。

b. 切削面的形式。软地层中掌子面土壤不能直立，刀盘面各刀刃之间的空挡要安装挡土板，以防土砂流入；硬地层时，一般前面无需挡板，只用带刀臂的切削轮；切削面应向下适度倾斜，这样盾壳后的切口环上部向外伸出，使掌子面稳定，减少塌方。

c. 切削轮支承机构和顶进机构。切削轮的支承形式如图 5-58 所示，有中心支承

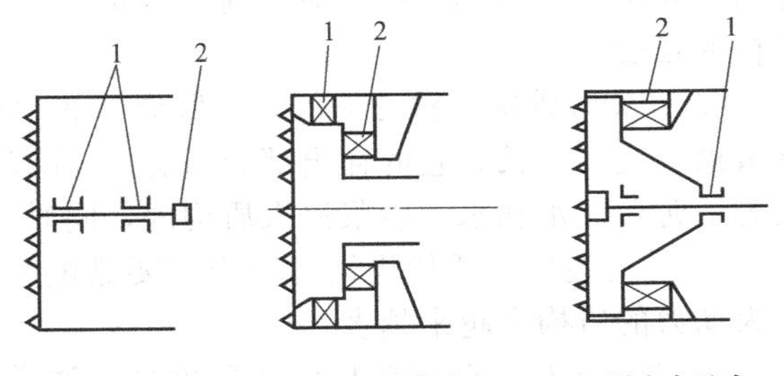

图 5-58 切削轮的支承方式
1—径向轴承；2—止推轴承

式、圆周分散支承式、混合支承式。切削轮一面切削，一面需要顶进。顶进方式有两种：随盾构的推进而前进；独立的顶进机构。

d. 切削轮的驱动机构。切削轮的驱动方式有：中心轴驱动式、切削轮驱动式、行星驱动方式、油缸直接驱动方式等。一般来说，刀盘直径大，驱动轮的转速就低；反之，刀盘直径小，转速就高。刀盘的线速度要低于 20m/min。

② 盾壳　盾壳即盾构的外壳或叫盾体，是盾构各机构的骨架和基础，用来承受地层压力，起临时支护作用，同时承受千斤顶水平推力，使盾构在土层中顶进。盾壳由切口环、支承环及钢板束铆接或螺栓连接起来，如图 5-59 所示。

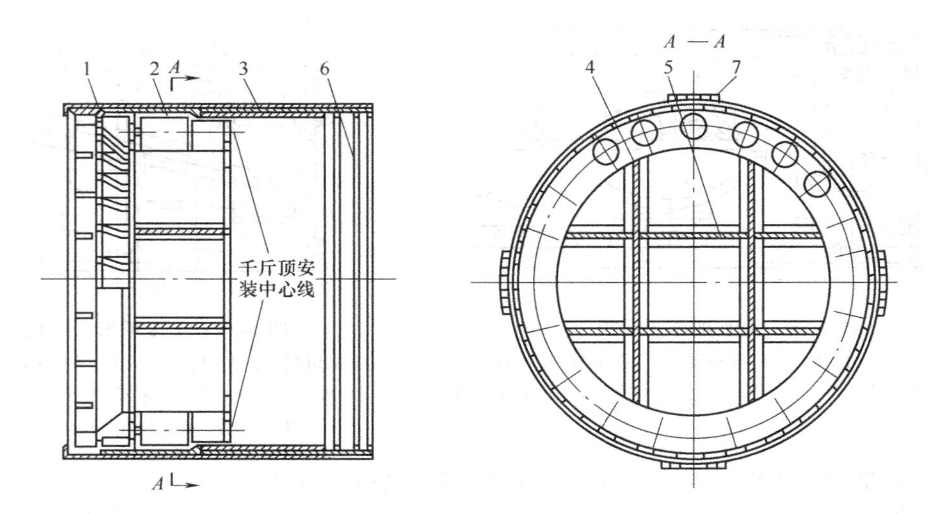

图 5-59　盾壳结构简图

1—切口环；2—支承环；3—钢板束；4—立柱；5—横梁；6—盾尾密封；7—盖板

a. 切口环结构。盾构最前面的一个具有足够刚度和强度的铸钢或焊接的环叫切口环。切口环前端做成锐角，便于切入地层，减小顶进阻力。在切口环上，对应于每一个千斤顶的中心线处有三角形肋板，通过这些三角形肋板，将千斤顶水平推力传至在它上面的钢壳上。

b. 支承环结构。支承环结构与切口环相似，但有环形肋板和纵向加强筋，环形肋板上开有安装千斤顶的圆孔，是有一定厚度的铸钢件，它与切口环之间采用螺栓连接。

c. 钢板束。钢板束由两层 16Mn 钢板铆接而成，根据盾构直径大小分块，包在支承环与切口环外面，它与支承环、切口环间用铆钉连接。

d. 立柱与横梁。在支承环内设两根宽度等于支承环长度的工字形断面垂直立柱，它的作用主要是支承盾体结构。横梁则是与立柱垂直相交的两根直梁，与立柱相交处断开，提高盾构的强度。

e. 盾头与盾尾。盾壳前部上顶做成 100～300mm 前突状，即盾头，它是为了防止塌方。钢板束较支承环长，它的伸出部分叫盾尾。除环状外壳，还应有安装在内侧的密封装置。它是为了防止泥水和水泥砂浆流入盾构内，同时也能阻止盾构内的气压向地层中泄漏。

③ 动力装置　盾构机械的动力主要是电力和液压动力，随着液压技术的发展，以全液压为动力的盾构会越来越多。

④ 拼装机构　随着盾构的向前推进，隧道的永久支护需要同时进行拼装，即将地面上预制好的钢筋混凝土管片，运输到盾构尾部，然后用拼装机构逐片拼装。隧道的永久支护多为圆形，如图 5-60 所示。

隧道的永久支护是由若干个弧形片组成的。相应的拼装机则需做提升管片、沿盾构轴向平行移动和绕盾构轴线回转等三个动作。也就是要有提升装置、平移装置和回转装置。

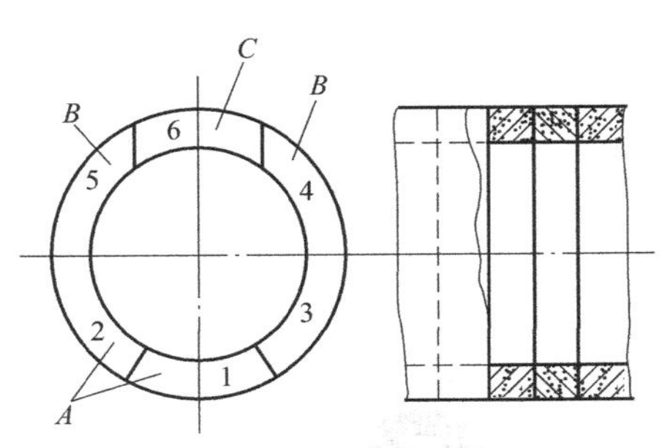

图 5-60 拱片拼装图
A—标准块；B—邻接块；C—封顶块
1～6—拼装顺序

⑤ 推进和调向装置 盾构在土层中推进，是靠在支承环内若干个千斤顶，依衬砌环为支座，将盾构向前推进。它要求液压千斤顶结构简单、体积小、质量轻、便于安装，千斤顶的行程略大于一个衬砌环宽度，同时由于施工条件要求千斤顶有必要的防护装置，各千斤顶之间同步性能要好。千斤顶的布置要与盾构中心线平行，等距分布左右对称。

盾构推进装置如图 5-61 所示。在盾壳支承环部装有四组 8 个推进油缸，若同时工作则盾构直线前进。

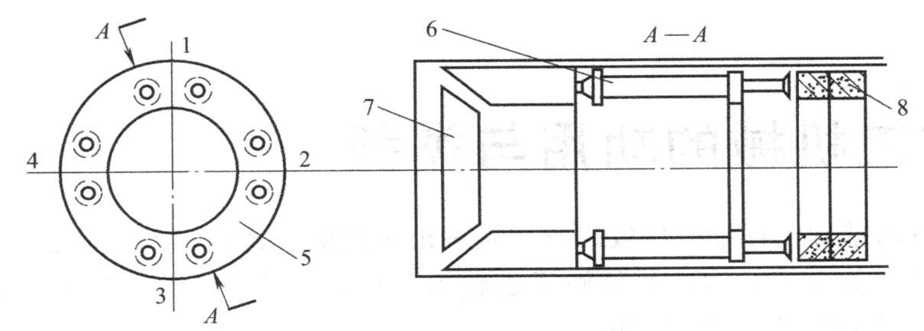

图 5-61 盾构推进装置
1～4—推进油缸组；5—盾壳；6—推进油缸；7—切削轮；8—衬砌环

⑥ 出料装置 盾构掘进的同时，需要将挖下来的土及时输送出去，无论哪种形式的盾构，都要有出渣装置。目前多数采用皮带输送机，也有用刮板输送机的。若是泥水加压式盾构，就必须采用真空管道输送出渣。

⑦ 控制装置 盾构在掘进中，由于地层阻力、刀盘切削反作用力以及推进千斤顶作用力等的不均，盾构随时有可能偏离既定的中心，这是不允许的，因此，盾构施工中必须具有控制其掘进方向的装置，或称导向装置。随着科学技术的发展，激光导向技术已经用于隧道掘进工程中。它是利用良好的直线性光束的激光，投射到盾构里，使操纵者及时了解盾构的偏离情况，随时纠正顶进方向，提高施工速度和质量。

第6章 桩工机械

6.1 桩工机械的功用与类型

桩基础是目前基础工程中应用较广泛、发展最迅速的一种基础形式。这种基础比其他形式的基础具有更大的承载能力，而且施工也较为方便，因此在工业与民用建筑、港口、桥梁、海上井台的基础工程中广泛应用。

用于完成预制桩的打入、沉入、压入、拔出或灌注桩的成孔等作业的机械称为桩工机械。

根据施工预制桩或灌注桩的不同而把桩工机械分为两大类。

6.1.1 预制桩施工机械

施工预制桩主要有三种方法：打入法、振动法和压入法。

（1）打入法

打入法是用打桩机靠桩锤冲击桩头，在冲击瞬间桩头受到一个很大的力，使桩贯入土中。

打桩机由桩锤和桩架组成。打入法的桩锤有四种型式：落锤，是最古老的桩工机械，构造简单，使用方便，但贯入力低，生产效率低，对桩的损伤较大；柴油桩锤，其工作原理类似柴油机，是目前最常用的打装设备，但公害（噪声及污染）较为严重；气动桩锤，过去以蒸汽为动力，当柴油桩锤发展起来后被逐渐淘汰，现在以压缩空气为动力又获新生，而且向大型方向发展，以满足许多大型基础施工的要求，液压桩锤，是一种新型打桩机械，由液压缸提升或驱动锤体产生冲击力沉桩，它具有冲击频率高、冲击能量大、公害少等优点，但构造复杂，造价高。

（2）振动法

振动法是用振动沉拔桩机，靠振动桩锤使桩身产生高频振动，使桩尖处和桩身周围的阻力大大减小，桩在自重或稍加压力的作用下贯入土中。

（3）压入法

压入法采用静力压拔桩机对桩施加持续静压力，把桩压入土中。这种施工方法噪声极小，桩头不受损坏。但是压桩机本身比较笨重，组装、迁移都较困难。

除以上几种施工方法外，还有钻孔插入法、射水沉拔法和空心桩的挖土沉桩法等。

6.1.2 灌注桩施工机械

灌注桩的施工关键在成孔。成孔方法有挤土成孔法和取土成孔法。

① 挤土成孔法　是把一根钢管打入土中，至设计深度后将钢管拔出，即可成孔。这种施工方法中常用振动桩锤，因为振动桩锤既可将钢管打入，还可将钢管拔出。

② 取土成孔法　取土成孔法主要采用的成孔机械有：全套管钻孔机、回转斗钻孔机、反循环钻孔机、螺旋钻孔机和钻扩机等。

6.2 振动沉拔桩机

6.2.1 振动沉拔桩机概述

振动沉拔桩机由振动桩锤和通用桩架或通用起重机械组成。

振动桩锤系利用机械振动法使桩沉入或拔出。振动桩锤按作用原理分为振动式和振动冲击式；按动力装置与振动器连接分为刚性式和柔性式；按振动频率分为低、中、高和超高频等。

由于振动桩锤是靠减小桩与土壤间摩擦力达到沉桩目的的，所以在桩和土壤间摩擦力减小的情况下，可以用稍大于桩和锤重的力即可将桩拔起。因此振动桩锤不仅适合于沉桩，而且适合于拔桩。沉桩、拔桩的效率都很高，故称这种桩机为振动沉拔桩机。

振动桩锤一般为电力驱动，因此必须有电源，且需要较大的容量。振动桩锤的优点是工作时不损伤桩头；噪声小，不排出任何有害气体；使用方便，可不用设置导向桩架，用普通起重机吊装即可工作；不仅能施工预制桩，而且也适合施工灌注桩，所以应用也很广泛。

6.2.2 振动桩锤的工作原理

振动桩锤是使桩身产生高频振动（频率一般为700～1800次/min）并传给桩周围的土壤，在振动作用下破坏桩和土壤的粘接力，减小阻力使桩在自重作用下下沉。振动桩锤的主要工作装置是一个振动器，它是产生振动的振源。

机械式振动器由两根带有偏心块的高速轴组成。两轴的转向相反，转速相等，如图6-1(b)所示。

对于一根带有偏心块的高速轴，如图6-1(a)所示，其旋转时偏心块产生的离心力为

$$F=mr\omega^2\times10^{-3}$$

式中　F——离心力，N；

m——偏心块的质量，kg；

ω——角速度，rad；

r——偏心块质心至回转中心的距离，mm。

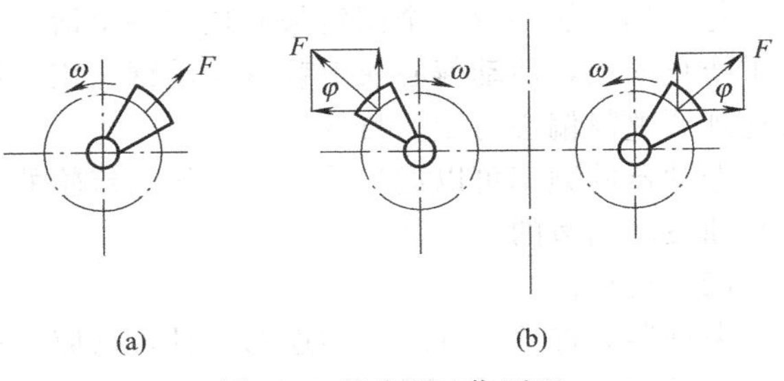

图6-1　振动器工作原理

由于离心力F的方向是变化的，形成一种圆振动。如果将两根带有偏心块的高速轴组合在一起，使其转向相反、转速相等，如图6-1(b)所示。这时两根轴上的偏心块所产生的离心力，在水平方向上的分

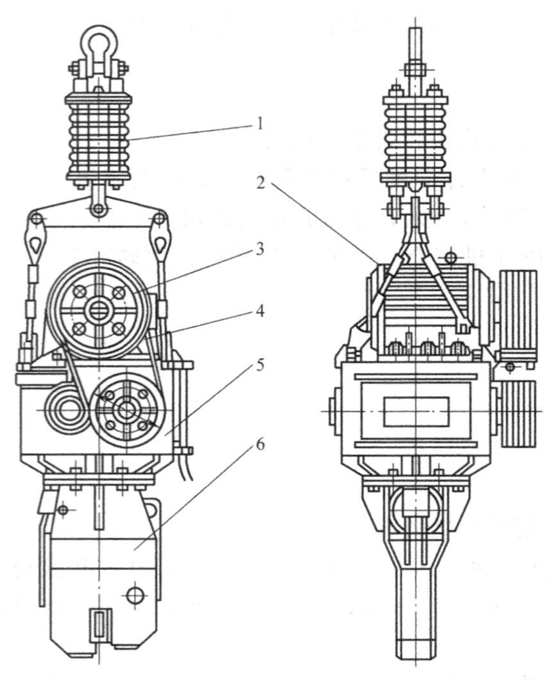

图 6-2 DZ_1-8000 型振动桩锤

1—吸振器；2—电动机；3—皮带轮；4—张紧机构；5—振动箱体；6—夹桩器

力互相抵消，而在其垂直方向上的分力则叠加起来。其合力为：

$$P=2mr\omega^2\sin\varphi\times10^{-3}$$

式中，φ 为离心力与水平方向的夹角。

这个力 P 一般称为"激振力"。激振力的方向是沿振动器两轴连线的垂直方向，大小随 φ 角而变化。它通过轴承、机壳传给桩，使桩身沿其轴向产生强迫振动。

6.2.3 振动桩锤的构造

振动桩锤主要由原动机、振动器、夹桩器和吸振器等组成。图 6-2 是国产 DZ_1-8000 型振动桩锤的外形图。

（1）振动器

DZ_1-8000 型振动桩锤系采用单电机驱动的双轴振动器，如图 6-3 所示。

振动器由耐振电动机通过 V 带，将动力传给振动箱内的一对相互啮合的圆柱齿轮的两根传动轴上，轴上装有可调节静偏心力矩的四组偏心块。偏心块旋转即产生激振力。

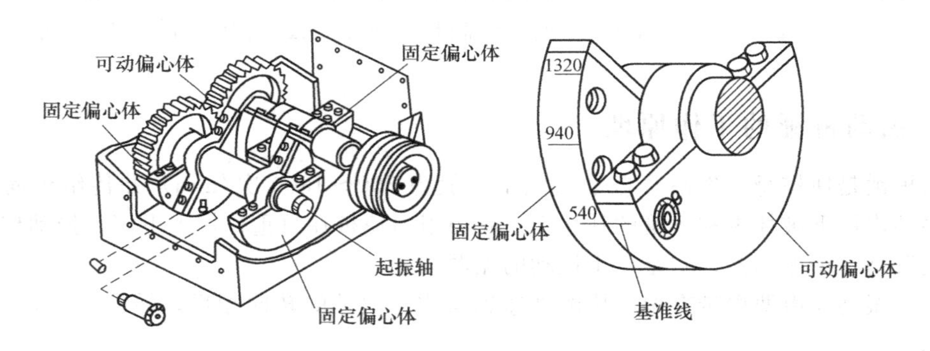

图 6-3 双轴振动器

每组偏心块均由一个固定偏心块与一个活动偏心块用定位销轴来固定它们的相互位置。为了防止松动，活动偏心块上装有止动臂，用于锁紧定位销。改变两偏心块的重合角度，即可达到调整静偏心力矩的目的。

振动器的频率可以通过改变主、从动带轮的直径来实现。箱体内的齿轮与轴承是靠偏心块打油飞溅润滑的。

（2）夹桩器

夹桩器为桩锤与桩刚性相连的夹具，它应将振动无滑动地传给桩。

夹桩器分为：液压式、气动式、手动（杠杆或液压）式等。DZ_1-8000 型采用液压夹桩器，其主要组成部分是油缸、倍率杠杆和夹钳。夹钳根据桩的形状能作相应的变换，图 6-2 所示的夹钳适用于夹持型钢、板桩等。液压夹桩器夹持力大，操纵迅速，相对质量轻。

(3) 吸振器

吸振器是为避免将振动桩锤的振动传给吊钩的一组弹性悬挂装置。吸振器一般由几组螺旋弹簧组成。如图 6-2 所示。

吸振器在沉桩时受力较小，但在拔桩时则受到较大的载荷。在拔桩时，超载会使螺旋弹簧被压密而失效，使振动传至吊钩。因此，吸振器应根据拔桩力的大小来设计。

6.3 灌注桩成孔机械

6.3.1 挤土成孔设备

挤土成孔是把一根与孔径相同的钢管打入土中，然后把钢管拔出即可成孔。挤土成孔设备是由打桩架和振动桩锤组成。打、拔管通常是用振动桩锤，而且是采取边拔管边灌注混凝土的方法，这样大大提高了灌注质量。

图 6-4 是振动灌注成孔桩的示意图。在振动桩锤 1 的下部装有一根与桩径相同的桩管 4，桩管上部有一加混凝土的加料口 3，桩管下部为一活瓣桩尖 5。桩管就位后开始振动桩锤，使桩管沉入土中。这时活瓣桩尖由于受到端部土压力的作用，紧紧闭合。一般桩管较轻，所以常常要加压使桩管下沉到设计标高，如图 6-4(b) 所示。达到设计标高以后，根据要求可放钢筋笼，然后用上料斗 6 将混凝土从加料口注入桩管内，如图 6-4(c) 所示。这时再启动振动桩锤，逐渐将桩管拔出。拔管时活瓣桩尖在混凝土重力的作用下打开，混凝土落入孔内，由于一面拔管一面振动，所以孔内混凝土浇筑得很密实，如图 6-4(d) 所示。最后形成桩，如图 6-4(e) 所示。

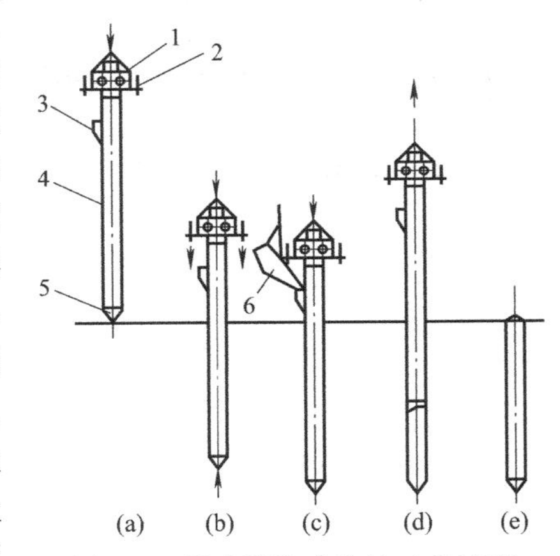

图 6-4 振动灌注成孔桩工艺过程
1—振动桩锤；2—减振弹簧；3—加料口；4—桩管；5—活瓣桩尖；6—上料斗

采用振动挤土成孔法还可以施工爆扩桩。在成孔后，在孔底放置适量的炸药，然后注入混凝土。引爆后，孔底扩大，混凝土靠自重充满扩大部分，最后放置钢筋笼浇筑其余部分混凝土。

采用挤土的方法一般只适于直径为 50cm 以下的桩。对于大直径桩采用取土成孔的方法。

6.3.2 长螺旋钻孔机

取土成孔中钻孔成桩可采用长螺旋钻孔法，它由长螺旋钻孔机来完成。长螺旋钻孔机如图 6-5 所示，它装在履带式桩架上。

长螺旋钻孔机由电动机 1、行星齿轮减速器 2、钻杆 3 和钻头 4 等组成。

长螺旋钻孔机大都采用电力驱动。因为钻机经常是在满负荷下工作，而且常常由于土质的变化或操作不当（如钻进过量）而过载。电动机适合于在满载工况下运转，同时具有较好的过载保护装置。

钻机上部的减速器大都采用立式行星减速器。在减速器朝向桩架的一侧装有导向装置，使钻具能沿钻架上的导轨上下滑动。

钻杆 3 的作用是传递扭矩并向上输土。钻杆的中心是一根无缝钢管，在管外焊有螺旋叶

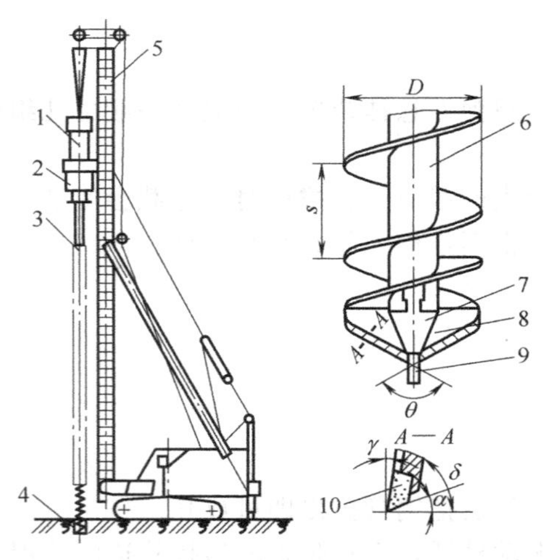

图 6-5　长螺旋钻孔机
1—电动机；2—行星齿轮减速器；3—钻杆；4—钻头；5—钻架；6—无缝钢管；7—钻头接头；8—刀片；9—定心尖；10—切削刃

片。螺旋叶片的外径 D 等于桩孔的直径，螺旋叶片的螺距一般取为 $(0.6\sim0.7)D$。钻杆的长度应略大于桩孔的深度。当钻杆较长时，可以分段制作，各段钢管之间用法兰相连，连接处的螺旋叶片采用搭接形式。

钻头 4 是钻具上带有切削刃的部分。钻头的形式是多种多样的，常用的一种构造如图 6-5（右边为放大图）所示。钻头的刀片 8 是一块扇形钢板，它用钻头接头 7 装在钻杆上，以便于更换。在刀板的端部装有切削刃 10。切削软土时应装硬质锰钢刀刃，切削冻土时必须装合金刀头。切削刃的前角 γ 为 20°左右，后角 α 为 8°～12°。钻头工作时，左右刃应同时进行切削，为了使切下来的土能及时输送到输土螺旋叶片上，钻杆端部有一小段双头螺旋部分。在钻头的前端装有定心尖 9，它起导向定位作用，防止钻孔歪斜。

这种钻机可钻 8～15m 的深孔，钻进速度可选 1.5～2m/min。

第7章 公路工程机械

7.1 稳定土拌和机械

稳定土拌和机械是一种将土壤粉碎，并与稳定剂（石灰、水泥、沥青、乳化沥青或其他化学剂）均匀拌和，以提高土壤稳定性，修建稳定土路面或加强路基的机械。

稳定土拌和机械是公路、城市道路、广场、港口码头、停车场、飞机场的基层、底基层施工中不可缺少的专用机械设备。稳定土拌和机械的应用，不仅可以节约施工费用，加快施工进程，更重要的是可以保证施工技术要求和施工质量。

稳定土拌和机械因拌和方式不同，可分为稳定土拌和机和稳定土厂拌设备两种（如图7-1所示）；按工作机构形式可分为铲刀式、铣刀式、滚筒式和叶桨式。铲刀式和铣刀式多

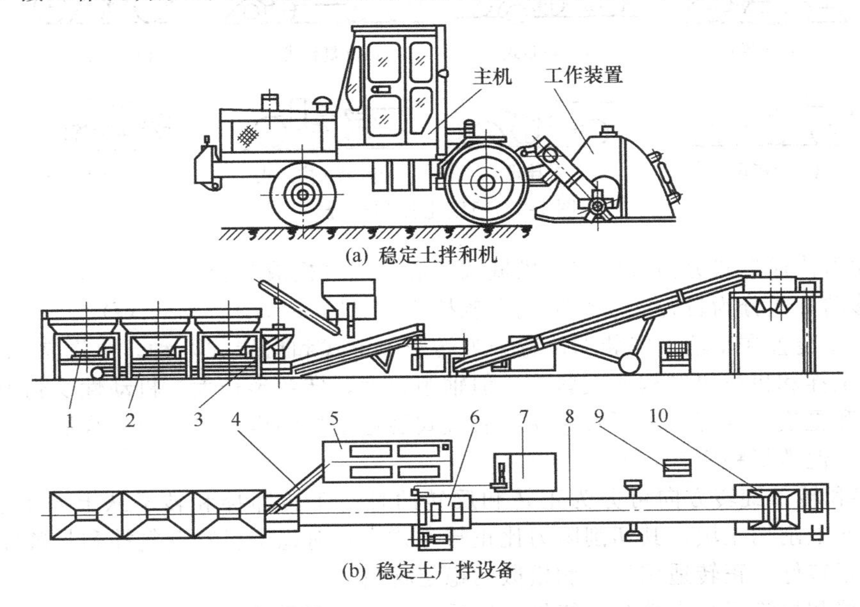

图 7-1 稳定土拌和机械外形图

1—砂石料配料斗；2—集料机；3—粉料配料斗；4—螺旋输送机；5—卧式存仓；6—搅拌机；7—供水系统；8—带式上料机；9—电器控制柜；10—混合料存仓

用于路拌稳定土拌和机上，滚筒式和叶桨式多用在厂拌设备上。

7.1.1 稳定土拌和机

(1) 用途

稳定土拌和机是一种在施工现场将土壤粉碎，并与稳定剂均匀拌和的自行式机械。习惯上把这种采用稳定土拌和机的施工工艺称为路拌法。路拌法的施工由于是就地取材，施工简便，成本低，有厂拌设备不可取代的优点，主要用于公路工程、港口码头、停车场、飞机场等的施工中，稳定土基层的现场拌和作业。该机型拌和幅度变化较大，可以拌和Ⅰ级、Ⅱ级土壤，也可拌和Ⅲ级、Ⅳ级土壤；附设有热态沥青或乳化沥青再生作业、自动洒水装置，可就地改变稳定土的含水量并完成拌和；通过更换作业装置（装上铣削滚筒），还可完成沥青混凝土或混凝土路面铣刨作业。

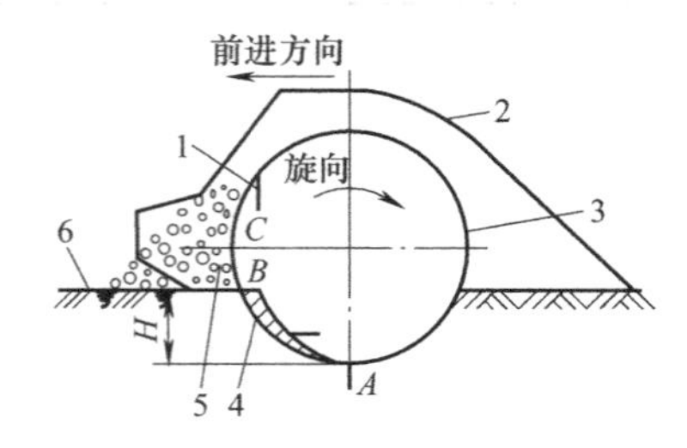

图 7-2 拌和转子工作原理图
1—刀具；2—罩壳；3—转子；4—切屑；5—堆集物料；6—地面

(2) 分类及型号表示方法

稳定土拌和机由基础车辆和拌和装置组成。拌和装置是一个垂直于基础车辆行驶方向水平横置的转子搅拌器，通称拌和转子。拌和转子用罩壳封遮其上部和左右侧面，形成工作室，如图 7-2 所示。车辆行驶过程中，操纵拌和转子旋转和下降，转子上的切削刀具就将地面的物料削切并在壳内抛掷，同时将稳定剂与基体材料（土壤或砂石）掺拌混合。

根据结构和工作特点，稳定土拌和机可以按以下几个方面进行分类。

① 按行走方式可分为履带式、轮胎式和复合式（履带和轮胎结合），见图 7-3(a)、(b)、(c)。

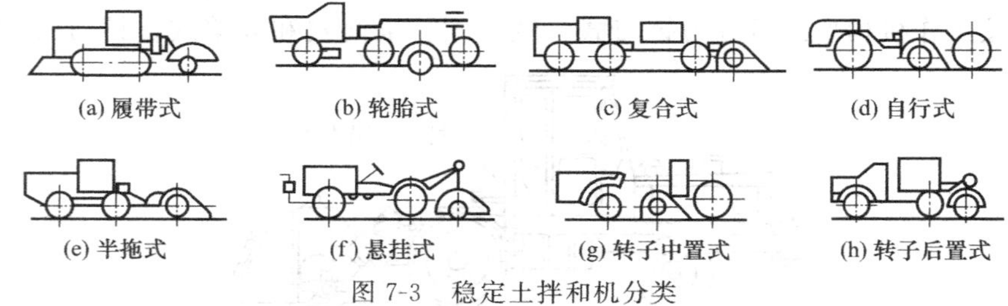

图 7-3 稳定土拌和机分类

② 按动力传递形式分为液压式、机械式和混合式（机液结合）。

③ 按移动方式分为自行式、半拖式和悬挂式，见图 7-3(d)、(e)、(f)。

④ 按工作装置在车辆上安装的位置分为转子中置式和后置式两种，见图 7-3(g)、(h)。中置式稳定土拌和机整机结构比较紧凑，但轴距较大，转弯半径大，机动性受到限制，且保养维护转子和更换搅拌刀具时不够方便。后置式稳定土拌和机的转子保养维护和更换搅拌刀具较为方便，但整机稳定性较差。

⑤ 按拌和转子旋转方向可分为正转和反转两种。正转即拌和转子从上向下削切土壤；反转是由下向上削切土壤，其切削阻力比正转方式小，对稳定材料反复拌和与破碎较好，拌和质量也比正转好，正转适用于拌和松散的稳定材料。

稳定土拌和机除了具有拌和功能外，还具有计量洒布系统，有的设置液体结合料洒布计量系统，也有的设置粉状材料洒布计量系统，还有的兼设这两种洒布系统。

稳定土拌和机的表示方法见表 7-1。

表 7-1 稳定土拌和机的表示方法

类	组	型	特性	代号	代号含义	主参数(单位)
路面机械	稳定土拌和机(WB)	自行式 Z(自)		WBZ	自行式稳定土拌和机	拌和宽度(m)
		路拌式 L(路)		WBL	自路拌式稳定土拌和机	

(3) 稳定土拌和机构造

稳定土拌和机主要由主机、作业装置和稳定剂喷洒计量系统三大部分组成，其外形见图7-1(a)。

① 主机 主机是稳定土拌和机的基础车辆，包括传动系统、行走系统、转向系统、制动系统、驾驶室等。除传动系统有自己独特的要求外，其余类似于专用底盘，因此，这里主要介绍传动系统的结构和工作原理。

稳定土拌和机的动力传动系统由行走传动系统和工作装置（转子）传动系统组成。行走传动系统必须满足运行和作业速度的要求；转子传动系统必须满足由于拌和土壤性质不同而决定的转速要求。另外，传动系统应能根据拌和机外阻力的变化自动调节其行走传动系统和转子传动系统间的功率分配比例，当遇到突然冲击载荷时，要求传动系统有过载安全保护装置。

现代稳定土拌和机常用传动形式有两种：一种是行走系统和转子系统均为液压传动，称全液压式；另一种是行走系统是液压传动，转子系统为机械传动，称液压-机械式。目前普遍采用全液压式。

全液压式稳定土拌和机，如国产 WBY21 的传动原理如图 7-4 所示，其行走传动路线为：发动机 2→万向节传动轴 3→分动箱 6→行走变量泵 1→行走定量马达 8→变速器 9→驱动桥 10。转子传动路线为：发动机 2→万向节传动轴 3→分动箱 6→转子变量泵 7→转子定量马达 11→转子 12。

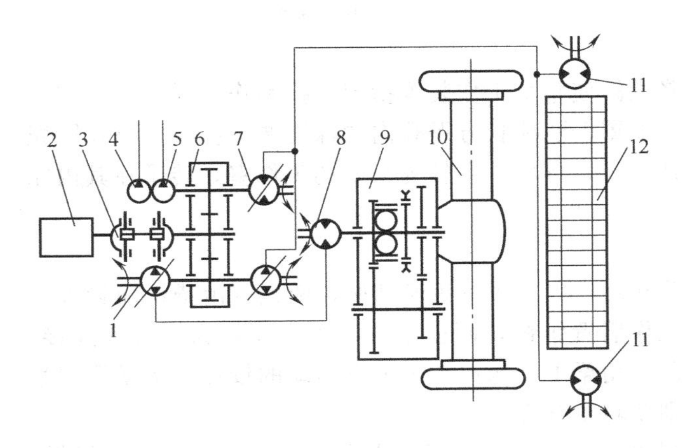

图 7-4 全液压式稳定土拌和机传动原理图

1—行走变量泵；2—发动机；3—万向节传动轴；4—转向油泵；5—操纵系统油泵；6—分动箱；7—转子变量泵；8—行走定量马达；9—变速器；10—驱动桥；11—转子定量马达；12—转子

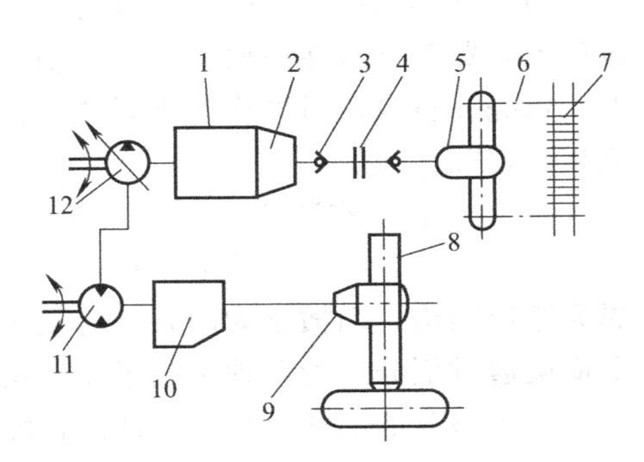

图 7-5 液压-机械式稳定土拌和机传动系统示意图

1—发动机；2,10—档变速器；3—万向节；4—保险箱；5—换向变速器；6—传动链；7—转子；8—驱动桥；9—差速器；11—行走定量马达；12—行走变量泵

液压-机械式稳定土拌和机（如美国 SPDM-E 型）传动系统如图 7-5 所示。其行走传动系统与上述全液压式的行走传动系统类似，为液压式；而转子传动系统为机械式，其传动路线为：发动机→离合器→变速器→万向节→换向差速器→传动链→转子。通过操纵变速器，

转子可以获得两级转速，低速用于一般拌和作业，高速用于轻负荷作业或清除转子上的粘接物。为防止拌和作业时过大载荷对传动系统零部件的破坏，在两万向节之间法兰盘上设有安全剪断销。

全液压式传动系统具有无级调速、调速范围宽、液压缓冲冲击载荷可保护发动机等优点，但造价较高；液压-机械式的转子采用机械传动，由于转子的速比不大且范围要求不宽，因而简便可行，但其过载保护装置的安全保险销剪断后安装对中困难。

② 工作装置　稳定土拌和机的主要工作装置是转子装置，根据其在车辆上的位置不同有后置式（图 7-6）和中置式（图 7-7）两种，它由转子、罩壳、举升臂及附件组成。

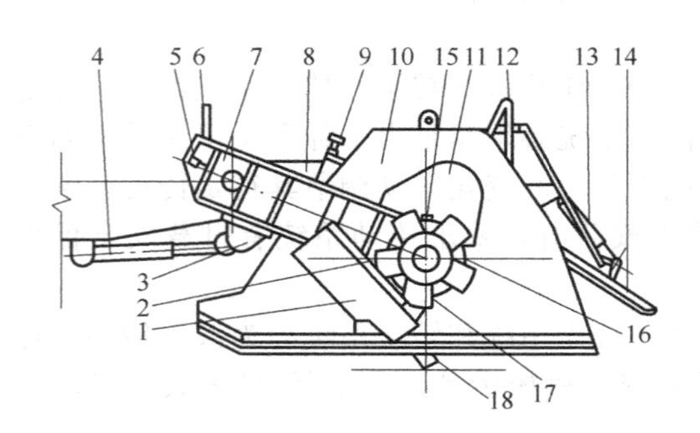

图 7-6　后置式工作装置原理图

1—开沟器；2—液压马达；3—举升臂；4—举升油缸；5—限位板；6—纵臂；7—深度指示器；8—上横梁；9—牵引杆；10—调节螺钉；11—罩壳；12—封土板；13—尾门开度指示器；14—尾门油缸；15—尾门；16—屉板；17—侧壁缺口；18—转子

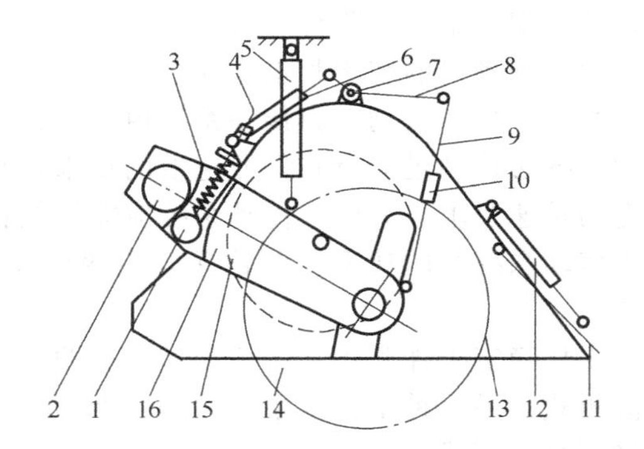

图 7-7　中置式工作装置原理图

1—下管梁；2—上管梁；3—弹簧；4—立杆；5—提升油缸；6—调节油缸；7—管轴；8—摇臂；9—推杆；10—调节螺管；11—尾门；12—尾门油缸；13—罩壳；14—转子；15—挡灰板；16—链条壳

稳定土拌和机行驶时，通过转子升降油缸使整个工作装置抬起，拌和作业时，工作装置被放下，罩壳支撑在地面上，转子轴颈借助罩壳两侧长方形孔内的深度调节垫块支撑在罩壳上。罩壳在自身质量的作用下紧紧压在地面上，形成一个较为封闭的工作室，转子在其内完成粉碎拌和作业。

a. 后置式工作装置。

(a) 举升臂。举升臂由左右两侧纵臂和两横梁组成三角形结构，两纵臂由槽钢加封板组焊为箱形结构，两横梁为圆管。为便于工作装置维修，两横梁与两纵臂间均为可拆式连接。上横梁通过剖分式滑动轴承装于车架尾部三角梁上，构成转子上下运动的铰点；下横梁即举升梁，为举升油缸的上铰点，油缸伸缩则使转子升降。

(b) 罩壳。罩壳由两侧壁和顶壁组焊成一工作室，罩壳后方有尾门，尾门由油缸操纵，起刮平并预压土壤的作用，其开度可通过开度指示机构由司机观察调节。开度过小，则罩壳内土壤不易排出而增加转子负荷；开度过大，则土壤得不到平整和预压。罩壳前上方由牵引杆支撑，牵引杆前方铰接在车架上，为罩壳的转动中心；后方铰接在罩壳上，通过调节螺钉可以调节罩壳接地面前方的仰角。罩壳侧壁上有弧形缺口，使其能随转子上下浮动，转子和罩壳绕各自铰点运动时不致相互干涉。为防止罩壳因前方拥土顶起失稳，车架后方还加有限位板。在配有液体料喷洒装置的稳定土拌和机上，罩壳顶壁前上方还横向装有一排液体料喷管。

(c) 转子。转子由转子轴及轴承、刀盘及刀片等组成。转子通过调心轴承支承在举升臂上。

转子一般有刀盘式、刀臂式和鼓式三种结构形式，刀盘式和刀臂式结构多用于拌和作业。为提高刀盘和刀臂刚度，转子轴采用大口径薄壁空心钢管，其上焊接刀盘和刀臂，刀库焊接在刀盘或刀臂上，刀具活装于刀库中。鼓式转子由单一的圆鼓构成，刀库直接焊接在鼓上，这种转子多用于铣削作业。近年来国外亦有用这种转子兼作拌和转子的，以减少改换转子的困难，但拌和性能有所降低。刀盘和刀臂式转子中，为易于改换不同形式的刀具，常采用在管轴上焊接一小直径圆盘，将剖分式刀盘或刀臂活装在该圆盘上的结构。

为保证动力传动装置承受的载荷平顺、稳定、均匀，刀具在转子轴上多采用左、右对称螺线等角布置形式，使刀具在作业时能依次连续切削和粉碎土壤，以保证转子在拌和过程中对称切削受力，减小对转子的动载冲击。

刀具常用的形式有下列几种，见图 7-8。直角 L 形弯刀和弯条刀用 60Si2Mn 型材锻制并调质处理，用于松土拌和。铲刀和尖铲刀刀柄为有一定锥度的矩形断面，插入式安装，切削中有自紧能力，刀体由 40Cr 或 42CrMo 铸造并回火处理后嵌焊硬质合金，用于硬土翻松或松土拌和都较适宜，耐磨性好。为避免土壤中混有石块击碎合金头，亦有堆焊耐磨合金代替硬质合金或全部用弹簧钢等材料铸造并经调质处理的铲刀，价格适宜。子弹头形刀由刀体和合金头组成，刀柄部分有一开口的弹性套筒，通过套筒的弹性张紧作用固定于圆孔刀库中，主要用于路面铣削，亦可兼用于翻松和拌和作业。

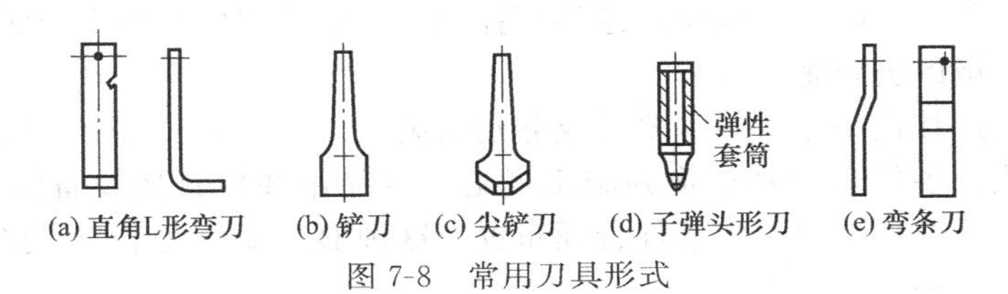

(a) 直角L形弯刀　(b) 铲刀　(c) 尖铲刀　(d) 子弹头形刀　(e) 弯条刀

图 7-8　常用刀具形式

b. 中置式工作装置。中置式与后置式工作装置的区别仅悬挂方式不同，其他并无差别，其结构原理如图 7-7 所示。上管梁 2 通过滑动轴承铰装在机架上，为转子上下运动的转动中心；下管梁 1 左右各装一立杆 4，弹簧 3 穿入立杆托浮起罩壳前方；链条壳 16 又为举升臂，提升油缸 5 伸缩即拉动转子上下运动；推杆 9、摇臂 8、调节油缸 6 三者构成罩壳的定位装置；与链轮壳相连的两定位装置通过横置于罩壳顶部的管轴 7 限制罩壳与转子间相对位置；通过左右调节螺管 10 可以改变推杆 9 的长短以调节罩壳左右侧的高低，同时还可调整罩壳的接地仰角，伸长推杆 9 则仰角变小，反之则增大。该罩壳为非浮动式工作原理，推杆 9 长短固定后随着拌和深度增大而仰角增大。转子上下运动时带动挡灰板绕其中心（挡灰板中心）轴转动，从而密封罩壳侧臂上的圆弧缺口，转子工作时通过挡灰板和其中心轴推动罩壳水平运动。

c. 液体料喷洒系统。稳定土路基或路面的强度及其均匀性、恒定性，主要取决于土的性质及稳定剂的性能、数量和喷洒质量，为此，现代的稳定土拌和机多配带有液体料喷洒装置。

自控式液体料喷洒系统由检测控制、液压驱动、液体料喷洒三部分组成。其中液压驱动部分由齿轮泵、电液比例流量阀或伺服阀和齿轮马达组成一进口式节流调速系统。工作原理为：由五轮测速仪测量机器实际的行驶速度，根据行驶速度和喷洒量要求定出液体流量，并将其转换为液压系统的液压油流量，进而转换为电液比例流量阀或伺服阀的控制电流量，由控制器输出需要的电流操纵电液比例阀工作，使液压马达以所需要的转速驱动液体喷洒泵供给所需要的液体。还可在终端增加流量检测仪，检测最终实际的液体流量，将其反馈到控制始端进行闭环修正，从而使系统达到更精确的控制要求。

7.1.2 稳定土厂拌设备

(1) 用途

稳定土厂拌设备是专门用于拌制各种以水硬性材料为结合剂的稳定混合料的搅拌机组，如图 7-1(b) 所示。这种在固定场地集中拌和获得稳定混合料的施工工艺，习惯上称为厂拌法。厂拌设备与路拌机相比，具有材料级配准确、拌和均匀、便于计算机自动控制等优点，能更好地保证稳定土材料的质量，因而在国内外高等级公路和停车场、航空机场等施工中得到广泛应用。

(2) 分类及表示方法

稳定土厂拌设备可以根据其主要结构、工艺性能、生产率、机动性及拌和方式等进行分类。根据生产率大小，稳定土厂拌设备可分为小型（<200t/h)、中型（200～400t/h)、大型（400～600t/h）和特大型（>600t/h）四种；根据设备拌和工艺可分为非强制跌落式、强制间歇式、强制连续式等三种。强制连续式又可分为单卧轴式和双卧轴式。双卧轴强制连续式是最常用的搅拌形式；根据设备的布局及机动性，可分为移动式、分总成移动式、部分移动式、可搬式、固定式等多种形式。

移动式厂拌设备是将全部装置安装在一个专用的拖式底盘上，形成一个较大型的半挂车，可以及时地转移施工地点。设备从运输状态转到工作状态不需要吊装机具，仅依靠自身液压机构就可实现部件的折叠和就位。这种厂拌设备一般具有中小型生产能力，多用于工程量小、施工地点分散的公路施工工程。

分总成移动式厂拌设备是将各主要总成分别安装在几个专用底盘上，形成两个或多个半挂车或全挂车形式。各挂车分别被拖到施工场地，依靠吊装机具使设备组合安装成工作状态，并可根据实际施工场地的具体条件合理布置。这种形式多在大中型厂拌设备中采用，适用于工程量较大的公路施工工程。

部分移动式厂拌设备是将主要部件安装在一个或几个特制的底盘上，形成一组或几组半挂车或全挂车形式，依靠拖动来转移工地，而将小的部件采用可拆装搬运的方式，依靠汽车运输完成工地转移。这种形式在大中型厂拌设备中采用，适用于城市道路和公路施工工程。

可搬式厂拌设备是将各主要总成分别安装在两个或多个底架上，各自装车运输实现工地转移，再依靠吊装机具将几个总成安装、组合成工作状态。这种形式在大、中、小型厂拌设备中采用，具有造价较低、维护方便等优点，适用于各种工程量的城市道路和公路施工工程。

固定式厂拌设备固定安装在预先选好的场地上，形成一个稳定土生产基地。因此，固定式厂拌设备一般规模较大，生产能力高，适用于工程量大且集中的城市道路、公路施工工程。

稳定土厂拌设备的表示方法见表 7-2。

表 7-2 稳定土厂拌设备的表示方法

类	组	型	特性	代号	代号含义	主参数(单位)
路面机械	稳定土厂拌设备(WC)	自落式 Z(自)		WCZ	自落式稳定土厂拌设备	生产率(t/h)

(3) 稳定土厂拌设备工作原理和结构特点

稳定土厂拌设备的总体组成及布置如图 7-1(b) 所示，由配料机、集料机、搅拌器、供水系统、电器控制柜、混合料存仓等组成。

① 工作原理　稳定土厂拌设备，一般采用连续作业式桨叶拌和器进行混合料的强制搅拌。其原理是将各种选定物料（如石灰、碎砂石、土粒、粉煤灰等)，用装载机装入配料机料斗，经皮带给料机计量给出，送至皮带集料机，同时，卧式存仓中的稳定剂如石灰、水泥

等粉料，由螺旋输送机输入计量料斗，经粉料给料机计量后送至皮带集料机。上述材料由集料机送至搅拌机拌和。在搅拌机物料入口上部设有液体喷头，根据物料的含水量情况，由供水系统喷加适量的水，使之达到工程所需的要求。在必要的情况下，可采用相应的供给系统喷淋所需的稳定剂。搅拌混合好的成品稳定土经上料皮带机送至混合料存仓暂存。存仓底部有液压控制的斗门，开启斗门向停放于存仓下的载货车卸料，然后闭斗暂存、换车。

② 主要结构特点

a. 配料机组。配料机组一般由几个料斗和相应的配料机、水平集料皮带输送机、机架等组成，如图 7-9 所示。每个配料机都是一个完整独立的部分，可根据实际需要进行组配。

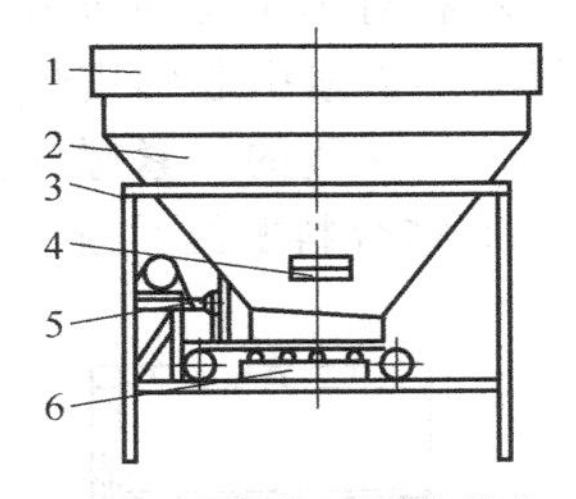

图 7-9 稳定土厂拌设备配料机

1—舷板；2—料斗；3—斗架；4—振动器；5—斗门调节器；6—集料皮带机

料斗由钢板焊接而成，通常在上口周边装有舷板，以增加料斗的容积。斗壁上装有仓壁振动器，以防止物料结拱，确保连续供料。

斗门安装在料斗下方，斗门开启高度可在 100～200mm 范围内调节，其大小由物料的粒径和特性决定。配料机利用减速器的调速电机为动力，驱动传动带，将物料从料斗中带出，并对材料进行计量。

改变斗门开度和改变配料皮带输送机的速度均能改变单位时间内的供料量。

机架为型钢焊成的框架结构，起支承料斗的作用。在移动式的配料机组中机架还应有轮系、制动装置、拖挂装置、灯光系统等。

b. 集料皮带输送机和成品料皮带输送机。图 7-10、图 7-11 为稳定土厂拌设备的集料皮带输送机和成品料皮带输送机简图。

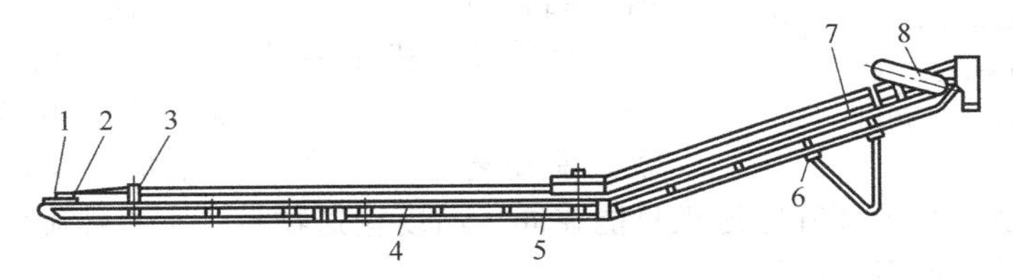

图 7-10 稳定土厂拌设备的集料机简图

1—自清洗改向滚筒；2—张紧机构；3—上托辊；4—下托辊；5—机架；6—支撑；7—罩；8—驱动机构

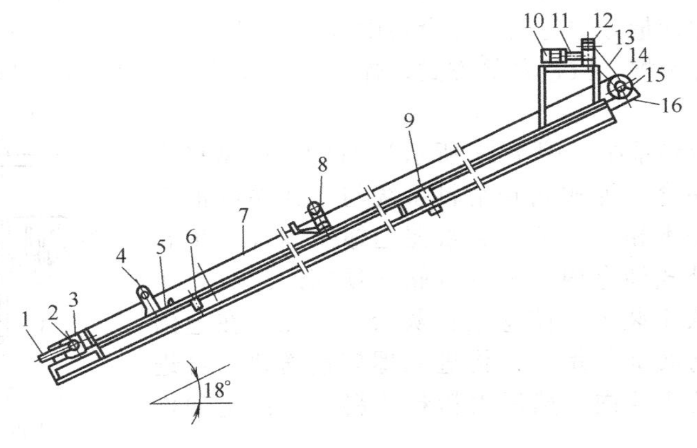

图 7-11 成品料皮带输送机

1—拉紧螺杆；2—从动滚筒轴承座；3—从动滚筒；4—槽形托辊；5—空段清扫器；6—下平托辊；7—输送带；8—槽形调心托辊；9—调心下平托辊；10—电机；11—联轴器；12—减速器；13—链条；14—主动滚筒；15—主动滚筒轴承座；16—弹簧清扫器

集料皮带输送机用于将配料机组供给的集料送到搅拌器中；成品料皮带输送机用于将搅拌器拌制好的成品料连续输送到储料仓。它们均为槽式皮带输送机，由机架、支撑、上下托辊、皮带、驱动机构、传动滚筒、改向滚筒、张紧装置等组成。

左右对称布置的张紧螺杆，除调节传送带松紧度外，还可调整由安装、地基、制造、物料偏载等因素引起的皮带跑偏。调整的方法是，皮带往哪边飽，就适当地旋紧该侧的螺杆，或旋松另一侧的张紧螺杆。

c. 结合料配给系统。结合料配给系统包括粉料储仓、螺旋输送机和粉料给料计量装置。

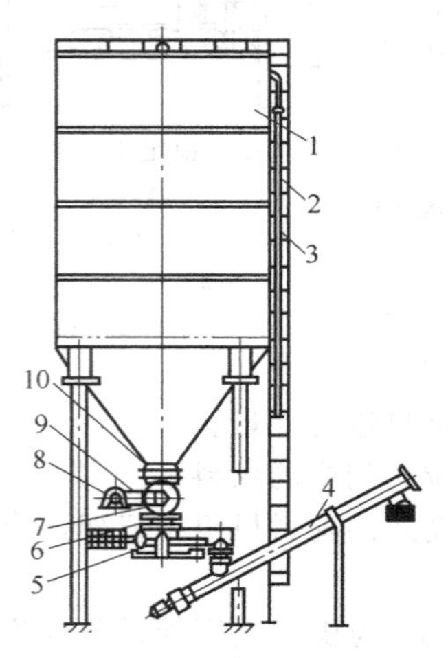

图 7-12　立式储仓给料系统
1—料仓；2—爬梯；3—粉料输入管；4—螺旋输送机；5—螺旋电子秆；6—连接管；7—叶轮给料机；8—减速器；9—V 带；10—闸门

粉料储仓按结构形式分为立式储仓和卧式储仓。立式储仓占地面积小、容量大、出料顺畅，更适合于固定式厂拌设备使用。卧式储仓同立式储仓相比，仓底必须增设一个水平螺旋输送装置，才能保证出料顺畅。但卧式储仓具有安装和转移方便、上料容易等优点，广泛用于移动式、可搬式等厂拌设备。

(a) 立式储仓给料系统。立式储仓给料系统如图 7-12 所示，主要由仓体、螺旋输送器、粉料计量装置等组成。储仓用支腿安装在预先准备好的混凝土基础上，并用地脚螺栓固定。

立式储仓进料方式一般是用散装罐车将水泥、石灰等结合料运到稳定土拌和厂，依靠气力将粉料送入粉料输入管并送进储仓。工作时粉粒由计量装置给出，依靠螺旋输送器直接送到搅拌器中，或经由集料皮带机将结合料连同骨料一起送往搅拌器。

螺旋输送机是一种无挠性牵引构件的连续输送设备，主要由螺旋体（心轴和螺旋叶片）、壳体、联轴器、驱动装置等组成。它有水平螺旋输送机和垂直螺旋输送机两种类型。水平螺旋输送机只能在同一高度输送物料；垂直螺旋输送机可垂直或沿倾斜方向将物料送住所需的高度。

粉料计量装置可分为容积式计量和称重式计量两种方式。容积式计量大多采用叶轮给料器，通过改变叶轮转速来调节粉料的输出量，主要由叶轮、壳体、接料口、出料口、动力驱动装置等组成，这种计量方式是国内外设备中普遍采用的形式，其结构简单，计量可靠。称重式计量一般采用螺旋秤、减量秤等方式，连续动态称量并反馈控制给料器的转速以调节粉料输出量。

(b) 卧式储仓给料系统。图 7-13 所示为 WCB200 型稳定土厂拌设备的卧式储仓。卧式储仓给料系统与立式系统的工作过程和计量方式基本相同，由散装水泥运输车运来的生石灰粉或水泥被泵入卧式储仓内，也可由储仓顶部的进料口用皮带机、装载机或人工装入。储仓生石灰粉（水泥）在仓内靠自重下降，经储仓底部的螺旋机构进入螺旋输送机，再进入粉料给料机上方的小斗内，然后由粉料给料机按调定的比例计量给出。

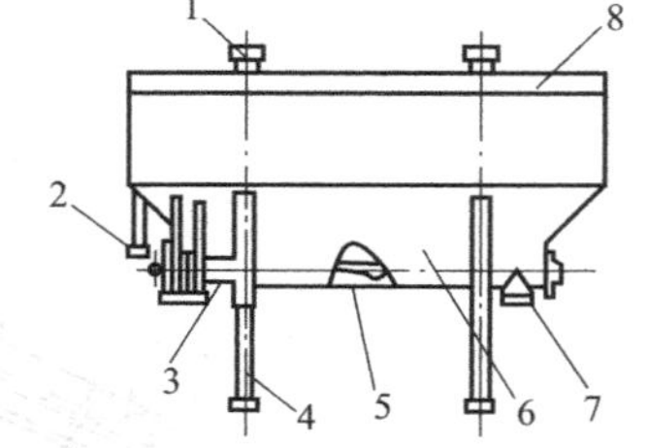

图 7-13　WCB200 型稳定土厂拌设备的卧式储仓
1—粉料斗架；2—进料口；3—减速机；4—支腿；5—螺旋输送器；6—仓体；7—出料口；8—活动上盖

d. 搅拌器。搅拌器是稳定土厂拌设备的关键部件。其中双卧轴强制连续式搅拌器是常用的结构形式，具有适应性强、体积小、效率高、生产能力大等特点。图 7-14 所示为这种搅拌器的结构示意图。

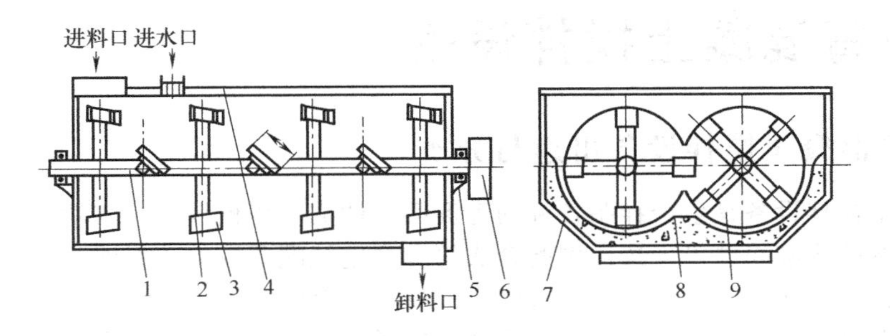

图 7-14　搅拌器结构示意图

1—搅拌轴；2—搅拌臂；3—搅拌桨叶；4—盖板；5—轴承；6—驱动系统；7—壳体；8—保护层；9—有效搅拌区

搅拌器主要由两根平行的搅拌轴、搅拌臂、搅拌桨叶、壳体、衬板、进料口、出料口以及动力驱动装置等组成。

搅拌器的壳体通常做成 W 形拌槽，由钢板焊制而成。为保证壳体不受磨损，在壳体内侧装有耐磨衬板，桨叶以一定的倾角安装在搅拌轴上。调整桨叶的倾角，可适应不同种类物料和不同方式的拌和。桨叶一般用耐磨铸铁制成，磨损后能方便地更换。

搅拌器的工作原理是：进入搅拌机内的骨料、粉料和水，在互相反转的两根搅拌轴的搅拌下，受到桨叶周向、径向、轴向力的作用，使物料一边产生挤压、摩擦、剪切、对流而进行剧烈的拌和，一边向出料口推移。当物料移到出料口时，已被搅拌得十分均匀。

双轴搅拌器必须保证两根轴同步旋转。在大型或特大型设备中，搅拌器的驱动采用双电动机经蜗轮蜗杆减速后驱动搅拌器轴的传动方式，链传动也是常用的较可靠的传动方式。随着液压技术的发展，液压传动技术在稳定土厂拌设备搅拌器传动系统中的应用逐渐增多。

e. 供水系统。供水系统是稳定土厂拌设备的必要组成部分，由水泵（带电动机）、水箱、三通、供水阀、回水阀、流量计、管路等组成。水箱由钢板焊接而成。泵与电动机装在同一机座上。三通一端与水泵出口相连，其余两端分别连接到供水阀和回水阀上。通过观察流量计指示，调节供水阀可以调节向搅拌器的供水量。回水阀的出口还可以接胶皮管，手动关闭供水阀后，用水泵供水清洗设备或向场地洒水。

f. 成品料仓。成品料仓是稳定土厂拌设备的一个独立部分，其作用是将成品料暂存起来，以供车辆运输。成品料仓的结构形式有多种，常见的有：料仓直接安装在搅拌器底部；直接悬挂在成品料皮带输送机上；带有固定支腿，安装在预先设置好的水泥混凝土基础上。为了防止卸料时混合料产生离析现象，有些设备的料仓设计成能调节卸料高度的结构形式。

成品料仓的容积通常设计成 5～8m^3 的储量，特别是悬挂式的成品料仓，其容量不能过大。固定安装式成品料仓由立柱、料斗及放料斗门启闭机构等组成。放料斗门通常采用双扇摆动形式，斗门的启闭动作可用电动、气动或液压控制，通常都采用电磁阀操纵。图 7-15 为 WBC200 型稳定土厂拌设备的

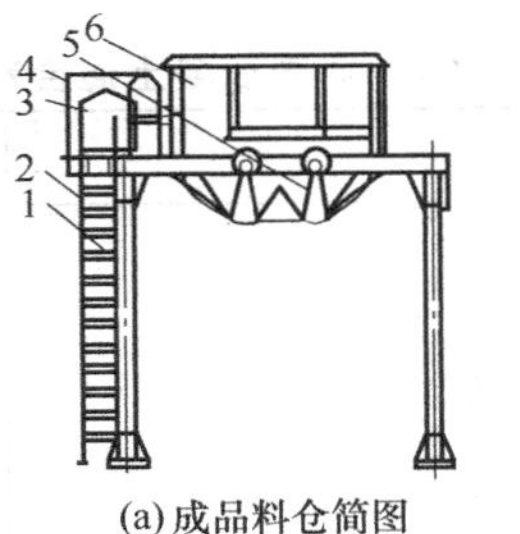

(a) 成品料仓简图

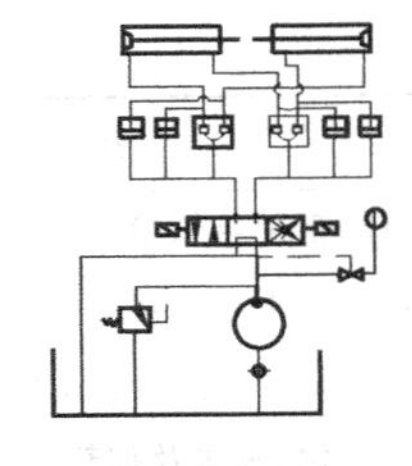

(b) 斗门启闭机构液压系统图

图 7-15　WCB200 型稳定土厂拌设备的成品料仓简图和斗门启闭机构液压系统图

1—立柱；2—爬梯；3—液压装置；4—栏杆；5—斗门；6—仓体

成品料仓简图。

7.2 沥青混凝土搅拌设备

7.2.1 沥青混凝土搅拌设备用途与分类

沥青混凝土搅拌设备是生产拌制各种沥青混凝土的成套机械设备。其功能是：将不同粒级的碎石、天然砂或破碎砂等，按比例配合成符合规定级配范围的矿料混凝土，与适当比例的热沥青及矿粉一起在规定温度下拌和成沥青混凝土混合料。

矿（砾）石是混凝土中的骨架，称为骨料。砂子用来增加骨料与沥青的粘接面积。石粉作为填充料与沥青共同形成糊状粘接物填充于骨料之间，既可使沥青不致从碎石表面流失，又可防止水分的浸入，以增加砂石料之间的粘接作用，提高混凝土的强度。此外，由于石粉的性质不随温度变化而变化，所以它与沥青混合而成的糊状物受温度变化的影响较小，可提高沥青混凝土混合料的稳定性，以利于摊铺。

沥青混凝土混合料摊铺到路面基层上经过整形、压实即成为沥青混凝土路面面层，有很高的强度和密实度，在常温下有一定的塑性，且透水性小，水稳性好，有较大的抵抗自然因素和交通载荷的能力，使用寿命长，耐久性好，是高等级公路、城市道路、机场、停车场、码头货场等理想的面层铺筑材料。

沥青混凝土搅拌设备是沥青路面施工的关键设备之一，其性能直接影响到所铺筑的沥青路面的质量。其分类、特点及适用范围见表7-3。

表7-3 沥青混凝土搅拌设备的分类、特点及适用范围

分类形式	分　类	特点及适用范围
生产能力	小型	生产能力30t/h以下
	中型	生产能力30～350t/h
	大型	生产能力400t/h以上
搬运方式	移动式	装置在拖车上可以随施工地点转移
	半固定式	装置在几个拖车上在施工地点拼装
	固定式	固定在某处不搬迁，又称沥青混凝土工厂
工艺流程	间歇强制式	按我国目前规范要求，高等级公路建设应使用间歇强制式搅拌设备，连续滚筒式搅拌设备用于普通公路建设
	连续滚筒式	

沥青混凝土混合料的拌制工序及相应的搅拌设备中所对应的装置见表7-4。

表7-4 沥青混凝土混合料的拌制工序及对应的装置

拌　制　工　序	各工序所对应的装置
冷骨料的粗配与供给	冷骨料的定量供给和输送装置
冷骨料的烘干与加热	骨料的烘干、加热与热骨料输送装置
热骨料的筛分、存储与二次称量、供给	热骨料筛分装置及热骨料储仓和称量装置
沥青的熔化、脱水及加热	沥青储仓、保温罐、沥青脱桶装置
石粉的定量供给	石粉储仓、石粉输送及定量供给装置
沥青的定量供给	沥青定量供给系统
各种配料的均匀搅拌	沥青混凝土混合料搅拌器
沥青混凝土混合料成品储存	沥青混凝土混合料成品储仓

7.2.2 沥青混凝土搅拌设备工艺流程及工作原理

由于机型不同其工艺流程亦不尽相同，目前国内外最常用的机型是间歇强制式和连续滚筒式。

(1) 间歇强制式沥青混凝土搅拌设备

间歇强制式沥青混凝土搅拌设备总体结构如图 7-16 所示，图 7-17 为搅拌设备的工艺流程。

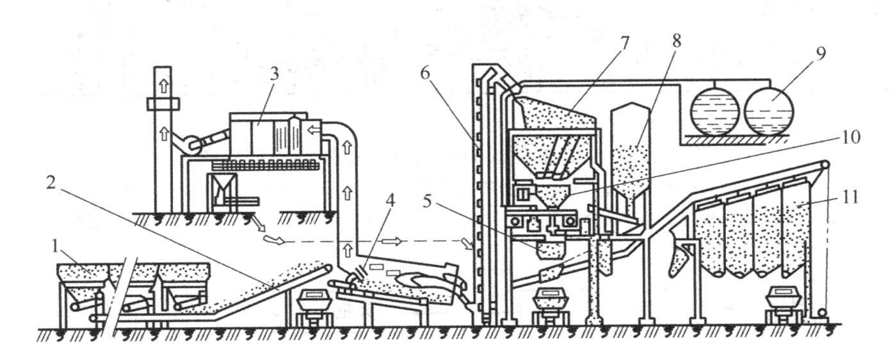

图 7-16 间歇强制式沥青混凝土搅拌设备总体结构

1—冷骨料储仓及给料器；2—带式输送机；3—除尘装置；4—冷骨料烘干筒；5—搅拌器；6—热骨料提升机；7—热骨料筛分及储仓；8—石粉供给及计量装置；9—沥青供给系统；10—热骨料计量装置；11—成品料储仓

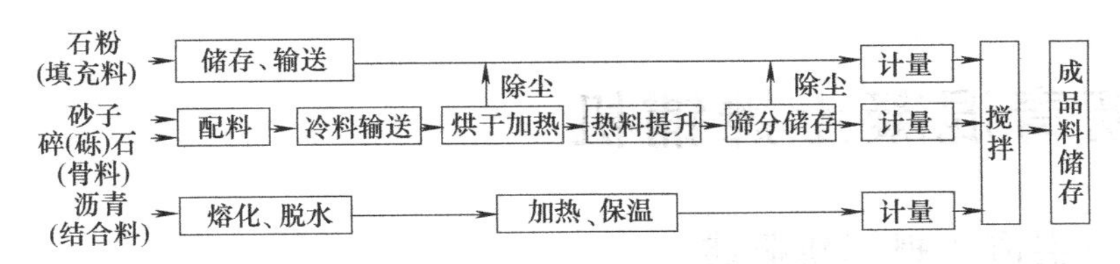

图 7-17 间歇强制式沥青混凝土搅拌工艺流程

间歇强制式搅拌设备的结构及工艺流程的特点是：初级配的冷骨料在干燥筒内采用逆流加热方式烘干，热能利用好。加热矿料的级配和矿料与沥青的比例能达到相当精确的程度，也易于根据需要随时变更矿料级配和油石比，所拌制出的沥青混凝土质量好。其缺点是工艺流程长，设备庞杂，建设投资大，搬迁较困难，对除尘装置要求较高，使除尘装置的投资占设备总造价的 30%～40%。

(2) 连续滚筒式沥青混凝土搅拌设备

连续滚筒式沥青混凝土搅拌设备总体结构如图 7-18 所示，其工艺流程如图 7-19 所示。

连续滚筒式沥青混凝土搅拌工艺的特点是：动态计量、级配的冷骨料和石粉连续地从搅拌滚筒的前部进入，采用顺流加热方式烘干、加热，在滚筒的后部与动态计量、连续喷洒的热态沥青混合，采用跌落搅拌方式连续搅拌出沥青混凝土。

与间歇强制式沥青混凝土搅拌设备相比较，连续滚筒式的冷骨料烘干加热，与粉料、沥青搅拌在同一搅拌滚筒内完成，故工艺流程简化，搅拌设备简单，制造和使用费用低。混凝土拌制时粉尘难以逸出，容易达到环保标准。但由于骨料的加热采用热气顺着料流的方向进行，故热能利用率较低，拌制好的沥青混凝土含水量较大，且温度也较低（110～140℃）。

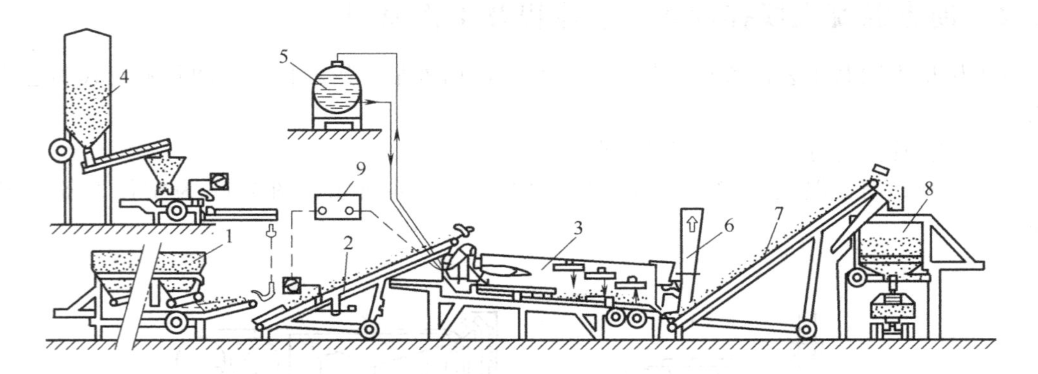

图 7-18　连续滚筒式沥青混凝土搅拌设备结构图

1—冷骨料储存和配料装置；2—冷骨料带式输送机；3—干燥搅拌筒；4—石粉供给系统；5—沥青供给系统；6—除尘装置；7—成品料输送机；8—成品料储仓；9—控制系统

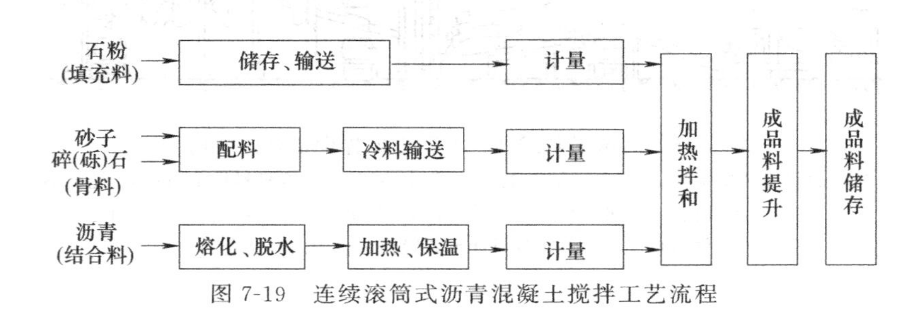

图 7-19　连续滚筒式沥青混凝土搅拌工艺流程

7.3　沥青混凝土摊铺机

7.3.1　沥青混凝土摊铺机概述

（1）概况

沥青混凝土摊铺机是铺筑沥青路面的专用施工机械，其作用是将拌制好的沥青混凝土均匀地摊铺在路面底基层上，并保证摊铺层厚度、宽度、路面拱度、平整度、密实度等达到施工要求；它广泛用于公路、城市道路、大型货场、机场码头等工程中沥青混凝土摊铺作业，可大幅度降低施工人员的劳动强度，加快施工进度，保证所铺路面的质量。沥青混凝土摊铺机与自卸车、压路机联合，进行沥青混凝土摊铺机械化施工如图 7-20 所示。

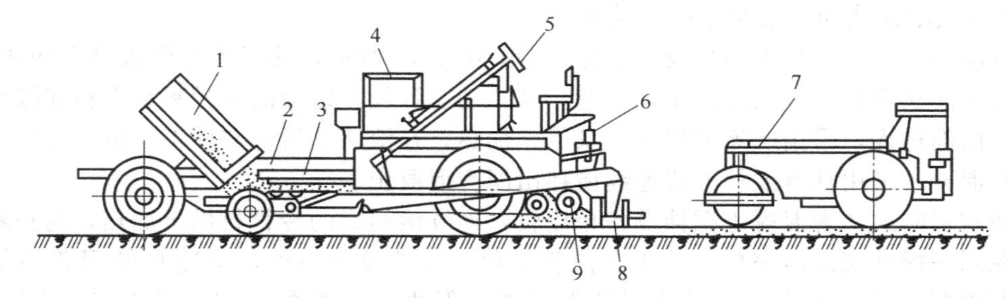

图 7-20　摊铺沥青混凝土机械化施工

1—自卸车；2—料斗；3—刮板输送器；4—发动机；5—方向盘；6—熨平器升降装置；7—压路机；8—熨平器；9—螺旋摊铺器

自卸车将沥青混凝土运至施工现场，倒车行驶至摊铺机前，将后轮抵靠在摊铺机的顶推滚轮上，变速器放在空挡位置，当自卸车将部分沥青混凝土卸入摊铺机接料斗内，由刮板输送机、螺旋摊铺器送至摊铺面后，摊铺机以稳定速度顶推着自卸车向前行驶，自卸车边前进边卸料使摊铺机实现连续摊铺。摊铺后的沥青混凝土层由振捣器初步振实，再由熨平器整平。

沥青混凝土摊铺机还可用于摊铺各种材料的基层和面层，例如摊铺防护墙、铁路路基、PCC 基础层材料、稳定土等。

现代沥青混凝土摊铺机采用全液压驱动和电子控制、中央自动集中润滑、液压振动、液压无级调节摊铺宽度等新技术，自动化程度高，操作简单方便，并设有自动找平装置、卸载装置、闭锁装置，保证了摊铺面的平整度和质量。摊铺机上有可以加热的熨平装置，能在较冷的气候条件下施工。

(2) 分类及特点

沥青混凝土摊铺机分类及特点如下。

① 按摊铺宽度分类　沥青摊铺机可分为小型、中型、大型、超大型等四类。

a. 小型机的最大摊铺宽度一般小于 3600mm，用于路面养护和城市道路的修筑工程。

b. 中型机的摊铺宽度为 4000～6000mm，用于一般公路路面的修筑和养护工程。

c. 大型机的摊铺宽度为 7000～9000mm，主要用于高等级公路路面施工。

d. 超大型机的摊铺宽度大于 12000mm，主要用于高速公路、机场、码头、广场等大面积沥青混凝土路面施工。设有自动找平装置的大型、超大型摊铺机摊铺的路面，纵向接缝少，整体性和平整度好。

② 按行走方式分类　可分为拖式和自行式两类。其中自行式又分为履带式和轮胎式。

a. 拖式摊铺机是将接料、输料、分料和熨平等工作装置安装在一个特制的机架上，摊铺作业靠运料自卸车牵引或顶推进行。它的结构简单，制造、使用成本低，但因摊铺能力小、质量差，仅适用于低等级公路的路面养护作业。

b. 履带式摊铺机一般为大型或超大型摊铺机，其优点是接地比压小，附着性能好，摊铺作业时运行平稳，无打滑现象。其缺点是机动性差，对路基凸起物吸收能力差，弯道作业时铺层边缘不够圆滑，且结构复杂，制造成本较高，多用于大型路面工程的施工。

c. 轮胎式摊铺机靠轮胎承受整机重力并提供附着力，优点是转场运行速度较快、机动性好，对路基凸起物吸收能力强，弯道作业易形成圆滑的边缘。其缺点是附着力较小，在摊铺宽度较大、铺层较厚时有可能产生打滑现象，此外，对路基起伏较敏感，需要自动找平装置协助以提高路面平整度。可用于各种道路的路面修筑及养护作业。

③ 按传动方式分类　沥青摊铺机可分为机械式和液压式两类。

a. 机械式传动的摊铺机，其行走驱动、转向等均采用机械传动方式。具有工作可靠、传动效率高、制造成本低等优点，但结构较复杂、操作不轻便，调速性和速度匹配性较差。

b. 液压式传动的摊铺机，其行走、转向、工作装置的驱动均采用液压传动方式，使摊铺机结构简化、总体布置方便、质量减轻、传动冲击和振动减少、工作速度稳定，便于无级调速和采用电液全自动控制、全液压传动。

液压和全液压传动的摊铺机均设有自动找平装置，具有良好的使用性能和较高的摊铺质量，因而广泛应用于高等级公路的路面施工。

④ 按熨平板的延伸方式分类　沥青混凝土摊铺机可分为机械加长式和液压伸缩式两种。

a. 机械加长式熨平板是用螺栓将基本（最小摊铺宽度的）熨平板与加长的熨平板组装成施工所需的作业宽度。其结构简单，整体刚度较好，分料螺旋贯穿整个摊铺槽，使得布料均匀。大型和超大型摊铺机多采用机械加长式熨平板，其最大摊铺宽度可达 12500mm。

b. 液压伸缩式熨平板是用液压缸伸缩、无级调整其工作长度。它调整方便，在摊铺宽度变化的施工中更显示其优越性。但熨平板的整体刚度较差，分料螺旋不能贯穿整个摊铺槽，有可能因混凝土分料不均而影响摊铺质量。因此液压伸缩式熨平板最大作业宽度一般不超过 8000mm。

⑤ 按熨平板的加热方式分类　有电加热、液化石油气加热和燃油加热三种形式。

a. 电加热是由电能来加热熨平板，该方式使用方便，无污染，熨平板受热均匀、变形小。

b. 液化石油气（主要用丙烷）加热方式结构简单，使用较方便，但火焰加热不够均匀，污染环境，不完全，且燃气喷嘴需经常维护。

c. 燃油（轻柴油）加热装置主要由燃油泵、喷油嘴、自动点火控制器和鼓风机等组成，其优点是可以用于各种作业条件，操作较方便，燃料供给容易，但结构复杂，对环境有污染。

7.3.2　沥青混凝土摊铺机的构造

沥青混凝土摊铺机主要由动力装置、传动系统、行走装置、供料装置、工作装置、操纵机构等组成，见图 7-21。动力装置多选用柴油机，各装置及仪表等均安装在特制的专用机架上。履带式与轮胎式摊铺机的结构除行走装置及相应的控制系统有区别外，其余组成部分基本相似。

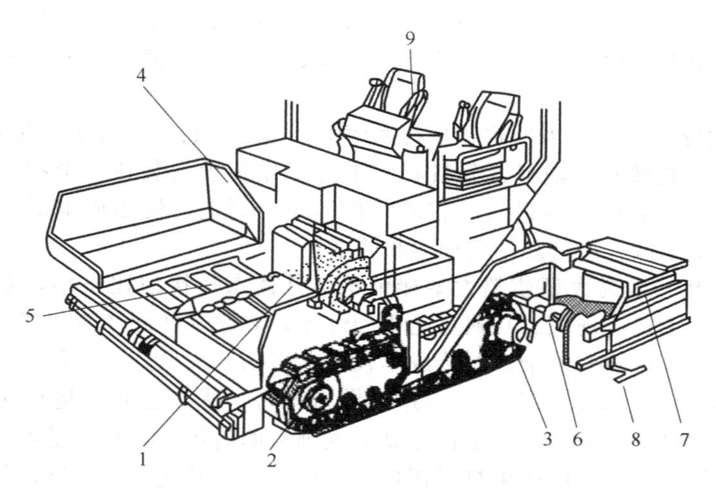

图 7-21　沥青混凝土摊铺机基本构造

1—发动机；2—液压传动系统；3—行驶系统；4—料斗；5—刮板输送机；
6—螺旋摊铺机；7—熨平板；8—自动调平传感器；9—驾驶台

(1) 传动系统

沥青混凝土摊铺机的传动系统主要指行走传动、供料传动、工作装置的动力传动等。

老式摊铺机的传动系统都为机械传动，新型沥青混凝土摊铺机有液压-机械传动和全液压传动两种形式。

① 机械传动式　图 7-22 所示为轮胎式沥青混凝土摊铺机的传动系统简图。摊铺机的行走、送料和摊铺都是机械式传动。

传动系统由主离合器、主变速器、减速器、副变速器以及各种传动链和链轮等组成。

主离合器将发动机的动力传给主变速器 2，经传动链 3 进入副变速器 4。动力经副变速器分成两路传出：一路通过左、右半轴和行驶传动链 15 传递给左、右驱动轮；另一路自输出轴经传动链 7 后再分别通过传动链 10 驱动螺旋摊铺器和经离合器 8、传动链 9、5 驱动刮

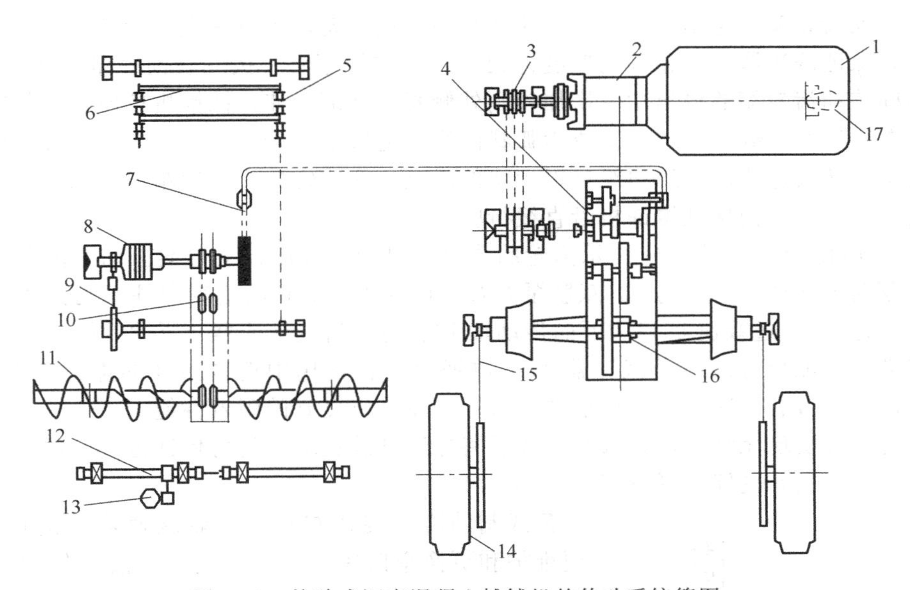

图 7-22 轮胎式沥青混凝土摊铺机的传动系统简图

1—发动机；2—主变速器；3,5,7,9,10,15—传动链；4—副变速器；6—刮板输送器；8—离合器；11—螺旋摊铺器；12—振捣梁的偏心轴；13—液压马达；14—行驶驱动轮；16—差速器；17—油泵

板输送器工作。副变速器有高低两挡，将动力经两级齿轮传动和差速器从左、右半轴输出。在副变速器另外一轴上装有一个滑动齿轮，可以接合或切断向传动链 7 输出的动力。该机的振捣梁是由液压马达 13 驱动偏心轴 12 产生激振，机器的转向和熨平板的升起也是由液压传动实现。

② 液压-机械传动式　图 7-23 所示为液压-机械式传动系统图。发动机动力经齿轮箱 2 带动变量泵 3 驱动定量马达 5，经过四挡减速器 6、万向传动轴 7、中间传动齿轮箱 8、传动链 14 和轮边行星齿轮减速器 12 驱动履带驱动轮 11，使摊铺机行驶。

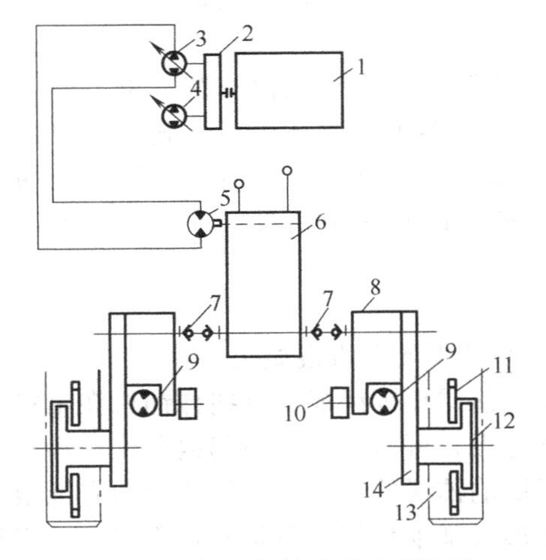

图 7-23 液压-机械式传动系统图

1—发动机；2—齿轮箱；3—行驶变量泵；4—转向变量泵；5—行驶定量马达；6—四挡减速器；7—万向传动轴；8—中间传动齿轮箱；9—转向定量马达；10—制动器；11—驱动轮；12—轮边行星齿轮减速器；13—履带；14—传动链

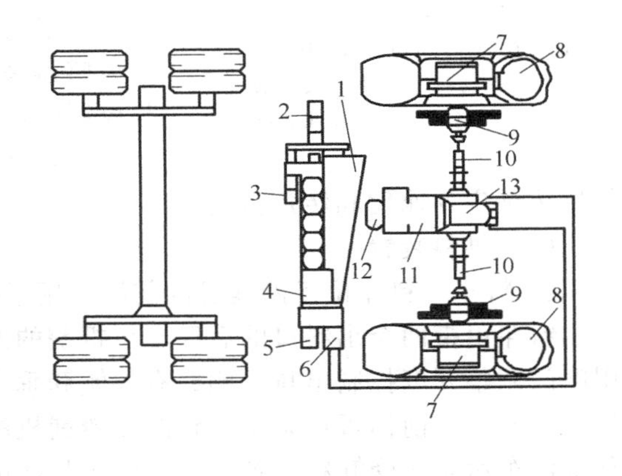

图 7-24 轮胎式沥青混凝土摊铺机全液压传动系统

1—柴油机；2—右刮板和转向三联泵；3—左刮板和转向双联泵；4—油冷却器；5,6—轴向柱塞泵；7—行星齿轮减速器；8—后轮；9—盘式制动器；10—万向传动轴；11—减速器；12—制动器；13—轴向柱塞马达

中间传动齿轮箱8包括一个可变速比的行星减速齿轮，当机械直线行驶时，它维持固定的传动比，保证两边履带以相等的速度行驶。当机械转弯时，拨动转向变量泵4开始供油，使外侧中间传动齿轮箱的输出功率增加，则外侧履带逐渐加速，摊铺机按所要求的转向半径平顺地转向，使弯道处的铺层边缘成为弧状曲线，克服了由于转向离合器转向方式使履带间歇性地逐次偏转所造成的弯道边缘呈锯齿状的缺点。完成转弯后齿轮箱8自动被制动并恢复到原来的传动比，从而保证摊铺机沿直线行驶。

③ 全液压传动式　图7-24所示为轮胎式摊铺机的全液压传动方案。动力由发动机通过齿轮传动驱动轴向柱塞泵6与5、双联泵3及三联泵2。泵6供给轴向柱塞马达13压力油，轴向柱塞马达13经过减速器11、万向传动轴10、行星齿轮减速器7驱动后轮8。泵6有快、慢两挡变换阀，配合有四挡的减速器11，摊铺机可在使用中选择最佳的摊铺或行驶速度。四挡减速器中还带有差速锁，可保证左、右驱动轮具有良好的附着性能。

液压传动可实现无级变速，选好速度后将操纵杆放在端位就可保证恒速。恒速使铺层能获得均匀的预压实和良好的平整度。

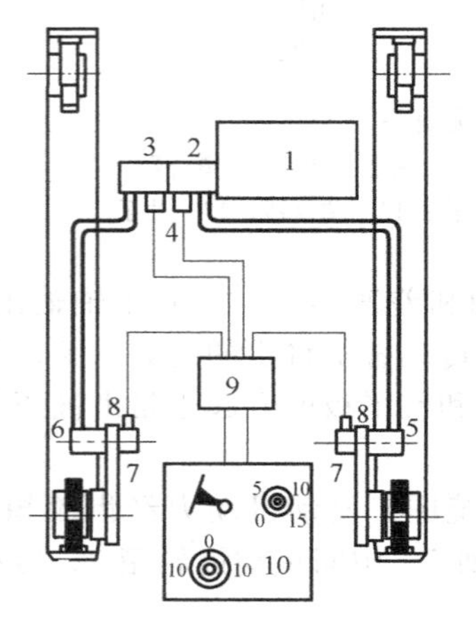

图7-25　履带式沥青混凝土摊铺机行走传动简图
1—发动机；2,3—变量泵；4—比例速度控制器；5,6—轴向柱塞马达；7—制动器；8—转速传感器；9—电控系统；10—中央控制台

盘式制动器9装在左右驱动轮减速器7的输入轴上，方便维护和更换摩擦片。这种闭式回路液压传动的全部传动零件都处于油浴中，使保养工作量减少。

图7-25所示为履带式全液压传动摊铺机的行走传动方案。发动机通过齿轮传动驱动变量泵2和3，去分别驱动左、右两侧的轴向柱塞马达6和5，液压马达经过链减速器驱动左、右驱动链轮。由电气系统控制分别驱动两侧履带。每侧的液压马达可以在两个速度范围内调节，行驶中可直接换挡。变量泵带有限压装置，以防液压系统过热。可通过控制电位计在有限的变化范围内选定预置速度。

转向也由电位计控制。转向时一侧履带速度增加，另一侧履带速度减小，增加与减小的速度值相等，以保持平均摊铺速度不变。

直线行驶和平滑转向的精确性由安装在链轮箱入口处的传感器来保证。传感器测定每侧履带的速度，将测取值与控制电位计中的预置值进行比较，通过电控系统纠正预置与实际之间的偏差，即使在遇到极大冲击的情况下亦能保持按预定的速度和转角行驶。

(2) 供料装置

① 料斗　料斗位于摊铺机的前端，用于接收汽车卸下的沥青混凝土。

料斗由带两个出料口的后壁、可折翻的两侧壁和前裙板等组成。有些摊铺机在出料口处用闸门调整开度控制出料。侧壁有外倾和垂直两种边板，可由液压缸顶起内翻将余料卸在刮板输送器上。前裙板可防止材料漏在摊铺机的前面影响铺层的平整度。料斗前面有推滚以便顶推汽车后轮接受卸料。各类型摊铺机料斗的结构形式基本相似，只是容量不同，其容量应满足该机在最大宽度和厚度摊铺时所需的混凝土量。

② 刮板输送器　刮板输送器是带有许多刮料板的链传动装置，安装在料斗的底部。刮料板由两根链条同时驱动，并随链条的转动来刮送沥青混凝土。目前摊铺机采用的刮板输送器有单排和双排两种。单排用于小型摊铺机，双排用于大、中型摊铺机。

刮板输送器有机械式和液压式两种驱动形式。机械驱动形式的刮板输送速度不能调节，因此必须用料斗后壁的闸门来调节混凝土的输送量；液压式是利用液压马达驱动刮板输送器，由电磁调速器控制液压马达的转速实现对沥青混凝土数量的控制，此种结构形式料斗后壁不需要设闸门。

③ 螺旋摊铺器　螺旋摊铺器也称为螺旋分料器，其作用是将刮板输送来的混凝土分送到熨平板的前端。螺旋摊铺器为左、右两根，各自独立驱动，螺旋方向相反，旋转方向相同，可将刮板输送器送来的料横向铺开。链传动驱动螺旋摊铺器的旋转速度不能调节。由两液压马达分别驱动的螺旋摊铺器，可实现左、右螺旋分别运转或同时运转，无级变速，以适应摊铺宽度、速度和铺层厚度的不同要求。

螺旋摊铺器装配在机架后壁下方，可做垂直方向高低位置的调整，以便摊铺出不同厚度的铺层。

螺旋摊铺器的叶片用经硬化处理的耐磨合金钢（或耐磨冷铸铁）制成，用螺栓安装，便于更换，如图 7-26 所示。为了使中间的材料能够均匀分布开，可在螺旋轴的内端安装螺旋桨叶 3。

为了与熨平板的主（加长）节段相配合，螺旋摊铺器也有主节段和加长节段，其总长度应为摊铺宽度的 90%，使混凝土在整个摊铺宽度分布较均匀。

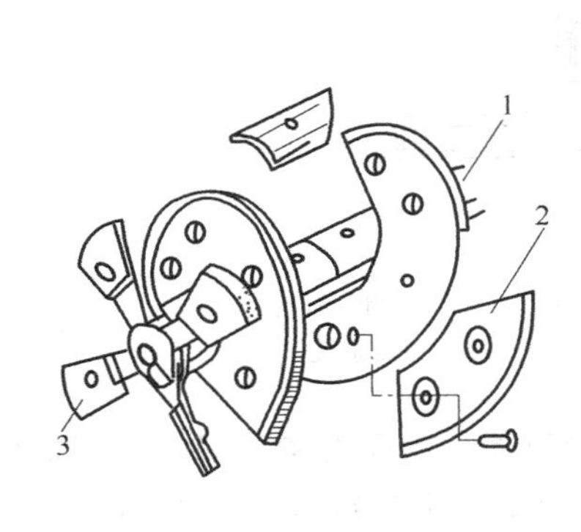

图 7-26　螺旋摊铺器

1—轴；2—可换叶片；3—螺旋桨叶

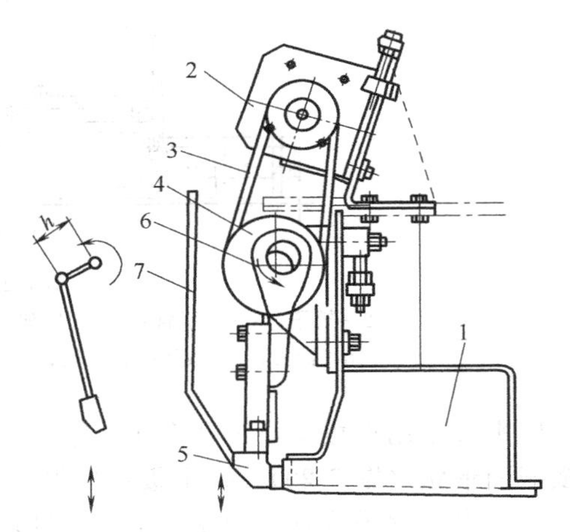

图 7-27　振捣梁-熨平板装置

1—熨平板；2—液压马达；3—皮带；4—驱动轴；5—振捣梁；6—轴承；7—挡板；h—偏心距离

(3) 工作装置

对摊铺器铺好的沥青混凝土铺层必须进行预压实，并按厚度和路拱要求进行整形和熨平，此作业由摊铺机上的振捣梁-熨平板装置来实现，其结构如图 7-27 所示。

① 振捣梁的结构　振捣梁也称“夯锤”，安装在熨平板的前部，如图 7-27 所示，混凝土在进入熨平板下面之前先由振捣梁给予初步捣实。振捣梁的动力由液压马达 2 通过皮带带动驱动轴 4 转动。振捣梁 5 通过轴承 6 安装在驱动轴上，轴承的轴心与驱动轴的轴心有一定的偏心量 h。驱动轴转动时，由于偏心的原因可带动振捣梁上下运动，对混凝土产生冲击夯实作用。

振捣梁为板梁式结构，是结构相同的左右两副，由偏心轴驱使做上下垂直运动。偏心轴也是左右两根，其内端铰接构成一体，安装在熨平装置的牵引架上。左、右轴上偏心轮的相位相差 180°，使振捣梁工作时两侧能一上一下交替地对铺层进行捣实。

振捣梁的下前缘被切成斜面，对铺层起主要捣实作用，当振捣梁随机械向前移动同时又做上下运动时，梁的下斜面对其前面的松散混凝土频频冲击，使之逐渐密实厚度减小。梁的水平底面起到确定铺层的高度和修整的作用，并将混凝土中的较大颗粒碎石揉挤到铺层的中间不突出于表面。当振捣梁的下斜面磨损严重时会降低其捣实功能，起不到对铺层的修整和挤下大颗粒碎石的作用，要及时进行更换。为了便于熨平板越过铺层，安装时应使振捣梁的底平面稍低于熨平板的底平面约 3～4mm。

② 熨平装置　熨平装置（图 7-28）由熨平板、牵引臂、厚度调节器、路拱调节器和加热器等组成。振动熨平装置是在熨平板上面加装了振动器，可同时起到振动压实和整面熨平的作用。

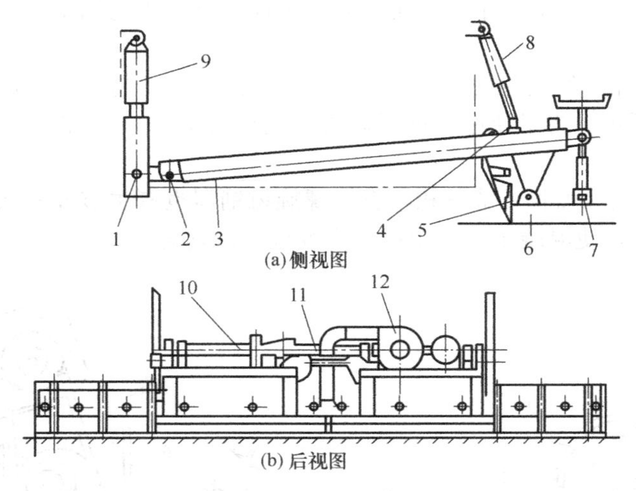

图 7-28　熨平装置

1,2—销子；3—牵引臂；4—固定架；5—振捣器；6—熨平板；7—厚度调节机构；8—油缸；9—液压执行机构；10—偏心轴；11—调拱螺栓；12—加热系统

熨平板是用钢板焊成的两个箱形结构，内部装有路拱调节器，与厚度调节器配合调整路面横截面形状（图 7-29）。熨平板和振捣梁一起通过左、右两根牵引臂铰装在机架两侧专用的托架或自动调平装置的液压缸上。厚度调节器在老式的摊铺机上大多为螺杆调节器，新式摊铺机则采用液压式。熨平底板可采用火焰加热或电加热。

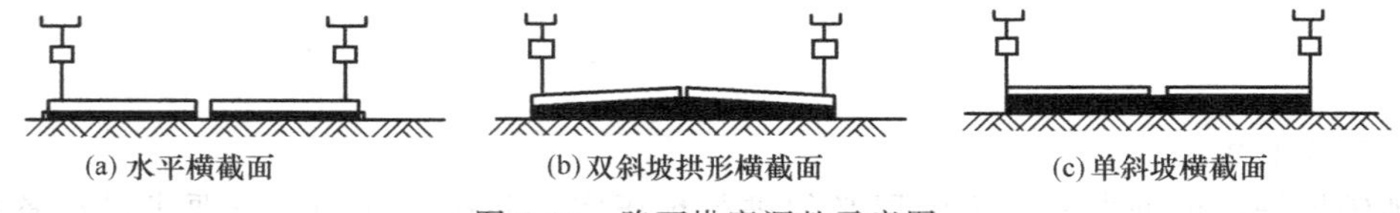

图 7-29　路面拱度调整示意图

在摊铺宽路面时，熨平板用加宽节段加宽。加宽节段可以用螺栓拼装，也可以采用液压油缸顶推伸缩式。液压伸缩式的加宽节段，可在作业中根据需要加宽（伸出）或变窄（缩进），伸缩宽度变化都是无级的。

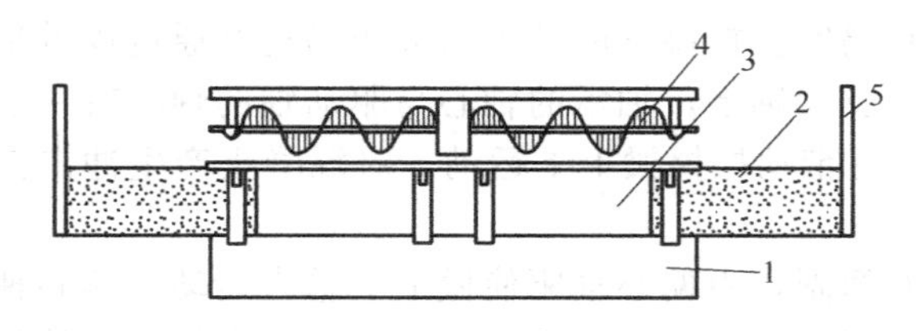

图 7-30　伸缩式熨平板在主熨平板之前

1—主熨平板；2—伸缩式熨平板；3—导板；4—螺旋摊铺器；5—熨平板侧壁

液压式熨平板加宽节段有两种布置形式：一种是布置在主熨平板的前面，如图 7-30 所示。当伸缩式熨平板缩进至与主熨平板前后完全重叠时，就成为串联式熨平板，可对铺层起二次整形与振实作用。此

时两侧熨平板侧壁挡住螺旋摊铺器的两外端，使该处形成摊铺室。当伸缩式熨平板向外伸出时，由于螺旋摊铺器的长度不变，供料只能到达摊铺器的两端头，以后则是依靠后续料将其向外挤推，直到应铺的宽度。另一种是伸缩式熨平板布置在主熨平板的后面，如图 7-31 所示。该图是德国福格勒公司生产的 475 型摊铺机伸缩式熨平板的布置方案。通过伸缩式导管 4 和液压缸进行无级伸缩。当伸缩式熨平板 5 全部缩进时，主熨平板 2 的标准宽度为 2.5m，全部伸出时的宽度为 4.75m。如摊铺宽度还需增大，可采用加宽熨平板 6，这样未伸出时宽度变成 3.75m，如全部伸出最大宽度可达 6m。

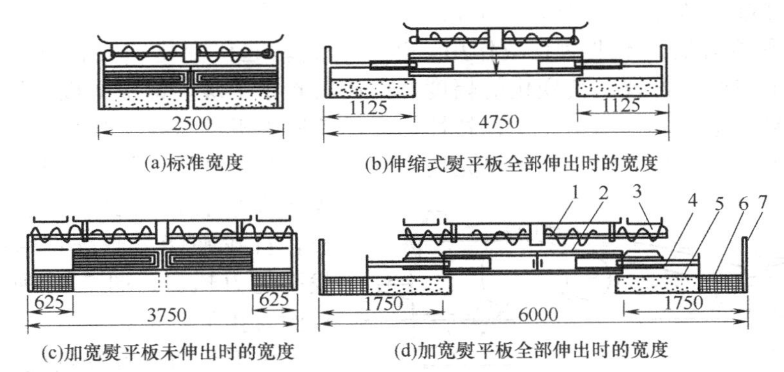

图 7-31 伸缩式熨平板布置在主熨平板之后（单位：mm）

1—主螺旋摊铺器；2—主熨平板；3—螺旋加长节段；4—伸缩式导管；5—伸缩式熨平板；6—加宽熨平板；7—熨平板侧壁

由于伸缩式熨平板是沿导管伸缩，为了防止它发生扭转专门安装了锁死装置。

为了提高沥青混凝土路面的铺设质量，目前沥青摊铺机上还采用了双振捣梁-单振动熨平板结构，如图 7-32 所示。这种结构是在主振捣梁之前加装了一根预振捣梁，两根振捣梁悬挂在同一根偏心轴上，偏心相差 180°相位，两梁的振幅能各自独立地调整。预振捣梁的调整范围为 0～12mm，主振捣梁的调整范围为 8～9mm。通过组合两梁不同的捣固速度和振动熨平板的振动频率，可适用于不同铺层厚度和不同种类沥青混凝土的压实。

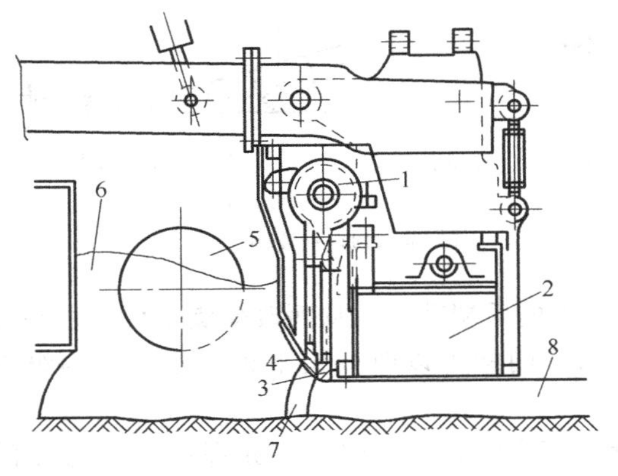

图 7-32 双振捣梁-单振动熨平板结构

1—偏心轴；2—振动熨平板；3—主振捣梁；4—预振捣梁；5—螺旋摊铺器；6—未被捣固的混凝土；7—被捣固的混凝土；8—已熨平成型的混凝土路面

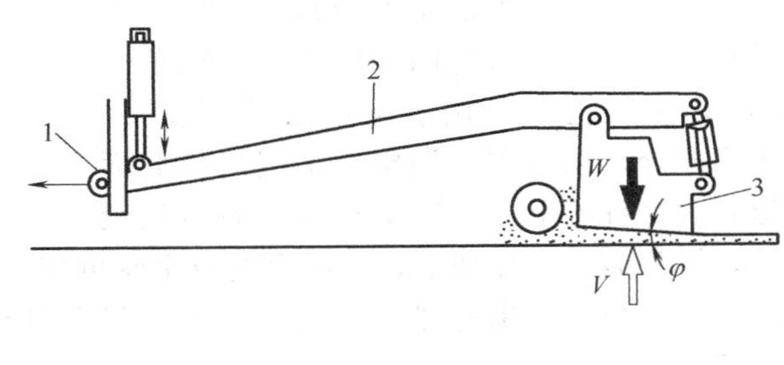

图 7-33 浮动熨平板结构

1—前牵引铰点；2—牵引臂；3—熨平板

③ 浮动熨平板的特性 目前所有的沥青混凝土摊铺机都采用浮动熨平板结构，如图 7-33

所示，熨平板 3 两侧各有一个长长的牵引臂 2，摊铺机通过前牵引铰点 1、牵引臂 2 拖着熨平板 3 在混凝土上滑行。熨平板本身有自重 W，对混凝土产生压缩作用。熨平板的下表面有一个微微的仰角 φ，使熨平板前沿和后沿有一个高度差，当熨平板在混凝土表面滑动时，在自重的作用下利用高度差逐渐将混凝土压缩。有一定黏度的混凝土被压缩时产生阻滞，对熨平板产生支撑力 V，支撑力 V 与熨平板的自重 W 达到平衡，使熨平板能够浮在混凝土表面。当调整牵引点的高度时，熨平板的仰角 φ 会发生变化，熨平板前沿和后沿的高度差发生变化，对混凝土的压缩量就会变化，使混凝土对熨平板的支撑力 V 随之变化，当支撑力 V 和熨平板的自重 W 失去平衡时，熨平板就会向上或向下浮动。

a. 浮动熨平板对地面不平的衰减作用。当原有路基起伏变化的波长较短时，熨平板所移动的轨迹并不完全“再现”其变化的幅度，而使其趋于平缓，即熨平板的浮动会对原有路基的不平整度起到滤波衰减作用，这种特性称为浮动熨平板的自找平特性。

浮动熨平板的自找平特性能趋于填充坑洼并减小凸起的高度。但自找平能力的强弱，取决于吸平装置牵引臂的长短。牵引臂越长，自找平能力越强；牵引臂越短，自找平能力越弱。图 7-34 所示为浮动熨平板的自找平原理。

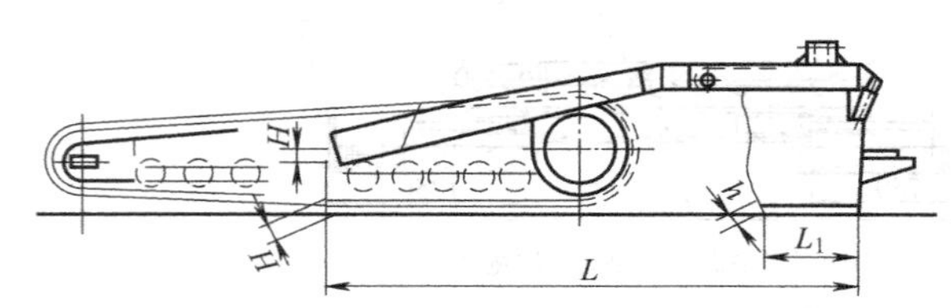

图 7-34 摊铺机浮动熨平板自找平工作原理示意图

熨平板两侧臂铰点位于两链轮之间，当摊铺机越过起伏变化的路基时，牵引臂的铰点抬升 H 距离。由于牵引臂的长度 L 远大于熨平板的宽度量 L_1，当铰点上升 H 时，熨平板以其后边缘为支点向上仰升，其前缘抬起高度 h 为：$h=(L_1/L)H$

同理，当摊铺机摊铺第二层时，熨平板前缘抬起量 h'为：$h'=(L_1/L)^2H$

当摊铺第三层时，熨平板前缘抬起量 h''为：$h''=(L_1/L)^3H$

以此类推，可使路面不平度越来越小，实现自动找平。

但对于臂长一定的熨平装置，自找平效果的好坏取决于原有路基的波长。波长越短，效果越好；反之，波长越长，效果越差。若波长达到一定长度，自动找平作用完全消失。

b. 摊铺层厚度的调整原理。图 7-35 为调整摊铺层厚度的工作原理示意图。熨平板后外端左、右有两个厚度螺杆调节机构 3，该机构除了调整摊铺层的厚度外，还可配合调拱机构来调整摊铺层的横截面形状。螺杆的下端与熨平板的左右后端铰接，杆身装在工作架上，操纵手把或手轮可使熨平板的后端升降，从而改变熨平板与水平面的纵向夹角。如果将螺杆固定，上下调节牵引点 1，同样可以改变熨平板与水平面的纵向夹角。

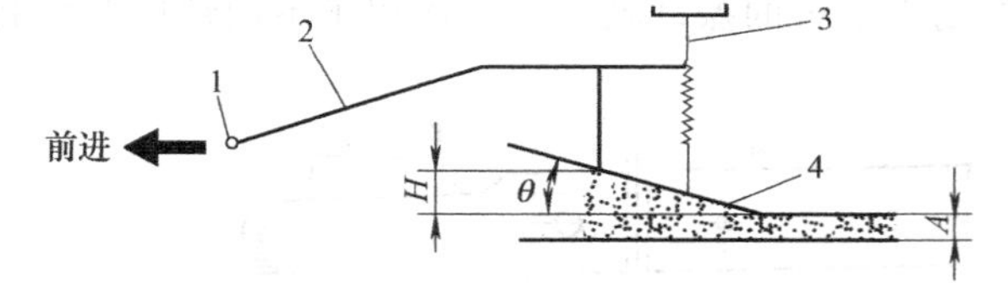

图 7-35 摊铺层厚度调整的工作原理示意图

1—牵引点；2—左右牵引臂；3—厚度螺杆调节机构；4—熨平器

如增大仰角 θ，则所铺料对熨平板底座的阻抗范围 H 随之增大，亦即铺层对底座的抬升力增大，于是整个熨平板就绕侧臂的前枢铰抬升。随着熨平板的升起，底座的仰角 θ 将会逐渐减小，从而使料层对它的前移阻力也随之减小，直至达到与所传递的质量相平衡。此时，摊铺层厚度 A 就增加了。反之，如果减小仰角 A，摊铺层厚度 A 将随之减小。

这种由人工根据路面的状况调整摊铺层的厚度，只能是粗调整，为了使摊铺机随时根据路基或底层的不平度做出准确的校正，必须依靠自动调平装置来完成。

7.4 静作用压路机

7.4.1 静作用压路机概述

（1）静作用光轮压路机

① 用途 静作用光轮压路机是借助自身质量对被压材料实现压实的。它可以对路基、路面、广场和其他各类工程的地基进行压实。其工作过程是沿工作面前进与后退进行反复地滚动，使被压实材料达到足够的承载力和平整的表面。

② 分类 根据滚轮及轮轴数目，自行式光轮压路机可分为二轮二轴式、三轮二轴式和三轮三轴式三种，如图7-36所示。目前国产压路机中，只生产二轮二轴式和三轮二轴式两种。

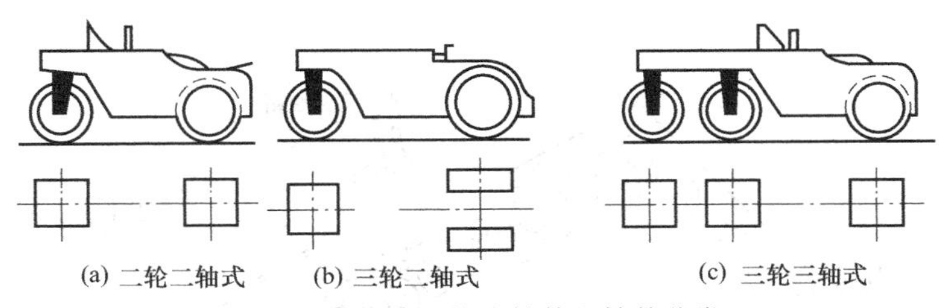

图7-36 压路机按滚轮数和轴数分类

根据整机质量静作用光轮压路机又可分为轻型、中型和重型三种。轻型的质量为5～8t，多为二轮二轴式，多用于压实路面、人行道、体育场等。中型的质量为8～10t，包括二轮二轴和三轮二轴式两种。前者大多数用于压实与压平各种路面，后者多用于压实路基、地基以及初压铺筑层。质量在10～15t、18～20t的为重型，有三轮二轴式和三轮三轴式两种。前者用于最终压实路基，后者用于最后压实与压平各类路面与路基，尤其适合于压实与压平沥青混凝土路面。另外，还有质量在3～5t的二轮二轴式小型压路机，主要用于养护路面、压实人行道等。

③ 发展趋势 虽然静作用光轮压路机压实地基没有振动压路机有效，而压实沥青铺筑层又没有轮胎压路机性能好。但由于静作用压路机具有结构简单、维修方便、制造容易、寿命长、可靠性好等优点，目前还在生产并被大量使用。

静作用光轮压路机通过改进技术，提高它的压实性能和操纵性能，其改进技术包括如下方面。

a. 采用大直径的滚轮以减小工作阻力，提高压实平整度。国外先进的压路机中，串联压路机质量在8～10t的滚轮直径为1.4～1.5m；三轮压路机质量在10t以上的滚轮直径为1.7m。日本KD200型的压路机滚轮直径甚至达1.8m。

b. 全轮驱动。由于从动轮在压实的过程中轮前易产生弓形土坡，轮后易出现尾坡，因此现代压路机多采用全轮驱动。其前后轮的直径相同，质量分配可做到大致相等，可提高其爬坡能力、通过性能和稳定性。

此外，还可采用液力机械传动、静液压式传动和液压铰接式转向等技术，不但能提高压路机的压实效果、减小转弯半径，还能做到在弯道压实中不留空隙。

（2）轮胎式压路机

① 用途 轮胎式压路机是利用充气轮胎的特性对被压材料进行压实。它不但有垂直压实力，还有沿机械行驶方向和沿机械横向都有压实作用的水平压实力。这些力的作用加上橡胶轮胎弹性所产生的“揉搓作用”，产生了极好的压实效果。橡胶轮胎柔曲并沿着轮廓压实，

从而产生较好的压实表面和较好的密实性，尤其利于沥青混合料的压实。另外轮胎压路机还可通过增减配重、改变轮胎充气压力，适应压实各种材料。

② 分类 轮胎式压路机分为拖式和自行式两种。拖式又分为单轴式和双轴式两种：单轴式轮胎压路机即所有轮胎都装在一根轴上，外形尺寸小，机动灵活，用于较狭窄工作面的压实工作；双轴式的所有轮胎分别装在前后两根轴上，多适用于重型和超重型机型，现在应用较少。

自行式轮胎压路机按影响材料压实性和使用质量的主要特征分类如下。

a. 按轮胎的负载情况分类。可分为多个轮胎整体受载、单个轮胎独立受载和复合受载三种。如图 7-37(a) 所示，在多个轮胎整体受载的情况下，压路机的重力 G 利用不同连接构件，将其重力分配给每个轮胎。当压路机在不平路面上运行时，轮胎的负载将重新分配，其中某个轮胎可能会出现超载现象。在单个轮胎独立受载的情况下，如图 7-37(b) 中轮胎 6、9，压路机的每个轮胎是独立负载。在复合受载的情况下，一部分轮胎独立受载，另一部分轮胎整体受载。

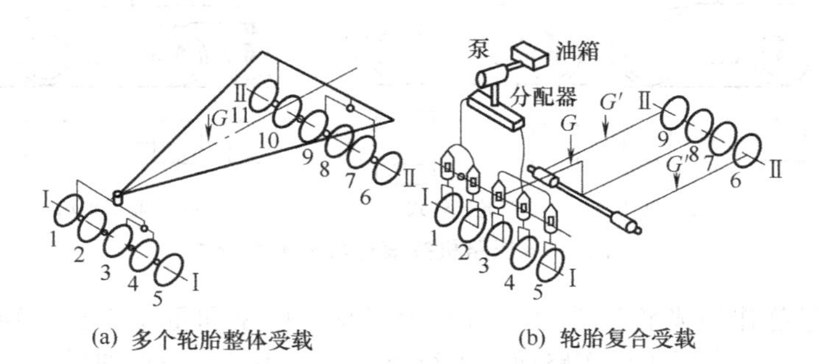

图 7-37 轮胎压路机轮胎受载示意图

Ⅰ-Ⅰ—压路机前轴；Ⅱ-Ⅱ—压路机后轴；1～11—轮胎

b. 按轮胎在轴上安装的方式分类。可分为各轮胎单轴安装、通轴安装和复合式安装三种。在单轴安装中，如图 7-37(b) 中的Ⅰ-Ⅰ轴线所示的各轮胎，每个轮胎具有不与其他轮胎轴有连接的独立轴；在通轴安装中，如图 7-37(b) 中的Ⅱ-Ⅱ轴线的轮胎 7、8，几个轮胎是安装在同一根轴上；复合式安装包括单轴独立安装和通轴安装。

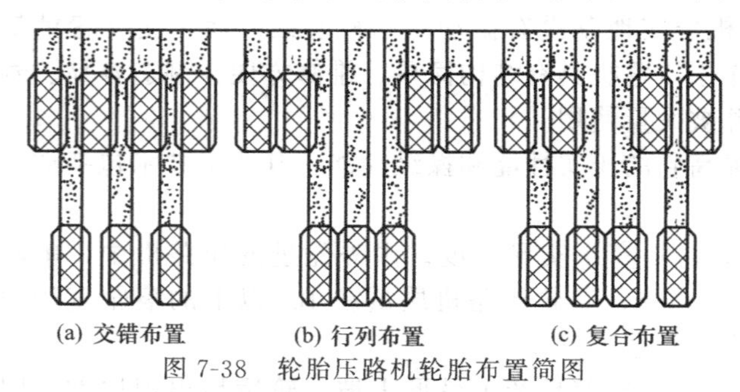

图 7-38 轮胎压路机轮胎布置简图

c. 按轮胎在轴上的布置分类。可以分为轮胎交错布置［图 7-38(a)］、行列布置［图 7-38(b)］和复合布置［图 7-38(c)］。在现代压路机中最广泛采用的是轮胎交错布置的方案。

d. 按平衡系统形式分类。可分为杠杆（机械）式、液压式、气压式和复合式等几种。液压式和气压式平衡系统可以保证压路机在坡道上工作时，其机身和驾驶室保持水平位置。图 7-37(a) 所示为具有机械平衡系统压路机的行走部分。而在图 7-37(b) 中Ⅰ-Ⅰ轴线是具有液压平衡系统的结构形式。

e. 按转向方式分类。可以分为偏转车轮转向、转向轮轴转向和铰接转向三种。偏转单车轮和单转向轮轴转向，会引起前、后轮不同的转弯半径，且值相差很大，可使前后轮的重叠宽度减小到零，导致压路机沿碾压带宽度压实的不均匀性。前后轮偏转车轮转向、前后轮转向轮轴转向和铰接转向是较先进的结构，在一定条件下，可以获得等半径的转向，可保证压路机在弯道上工作时前后轮具有必要的重叠宽度。但对铰接车架，由于轴距减小会降低压路机的稳定性。

自行式轮胎压路机还可以按传动方式、动力装置形式、操纵系统以及其他特征进行分类。

③ 轮胎式压路机的发展趋势　轮胎式压路机上采用的先进技术主要有以下几方面。

a. 悬挂系统。为了使每个轮胎的负荷均匀，同时在不平整的地面上碾压时能保持机架的水平和负荷的均匀性，在轮胎上采用液压悬挂，前部轮胎悬挂在互相连通的油缸上，每个轮胎均可独立上下移动，后轮分为几个轮组，可分别绕铰点摆动。气压悬挂虽较理想，但技术复杂、造价高，因此使用较少。

b. 传动系统。对于大型轮胎压路机，采用液力机械式或液压式传动。液力机械式传动效率较高，静液压式传动的速度调节范围较大。

c. 调压装置。采用轮胎气压集中调压装置，可以扩大应用范围，得到较好的碾压效果。但一般需要两台或两台以上的空气压缩机，从低压到高压需要时间较长。

轮胎式压路机上采用的先进结构主要有：

a. 采用铰接式机架，折腰转向，使机械机动灵活，减少对压实层的横向剪力，提高压实质量；

b. 采用前后轮垂直升降机构，可以避免假象压实现象，在凹凸不平或松软地段工作时，使轮胎负荷始终保持一致，保证压实质量；

c. 格栅式转向机构，这种机构允许各个方向轮在转向时有不同的转向角度，避免了机械转向时因为方向轮的滑移而影响滚压路面的质量；

d. 采用宽幅轮胎，使机械具有较大重叠度（指前后轮胎面宽度的重叠度），接地压力分布均匀，压实表面不会产生裂纹现象，碾压深度大，能够有效地对路边进行压实，但价格较高。

7.4.2　静作用压路机总体构造

（1）静作用光轮压路机总体构造

静作用压路机一般由发动机、传动系统、操纵系统和行驶系统组成。

在构造上应保证机械滚压时速度缓慢，短途转移时能较快行驶，在滚压终点时又能迅速掉头，以防造成局部凹陷和使压实层产生波纹等。所以，在所有的静作用压路机的传动系统中，除有一定挡位的变速器外，都具有换向机构的共同特征。

① 二轮二轴式压路机　这种压路机的发动机和传动系统都装在由钢板和型钢焊接成的罩壳（机架）内。罩壳的前端和后部分别支承在前后轮轴上。前轮为从动方向轮，露在机架外面；后轮为驱动轮，包在机架里面。在前、后轮的轮面上都装有刮泥板（每个轮上前、后各装一个），用来刮除黏附在轮面上的土壤或结合料。在机架的上面装有操纵台。

二轮二轴式压路机的传动系统如图7-39

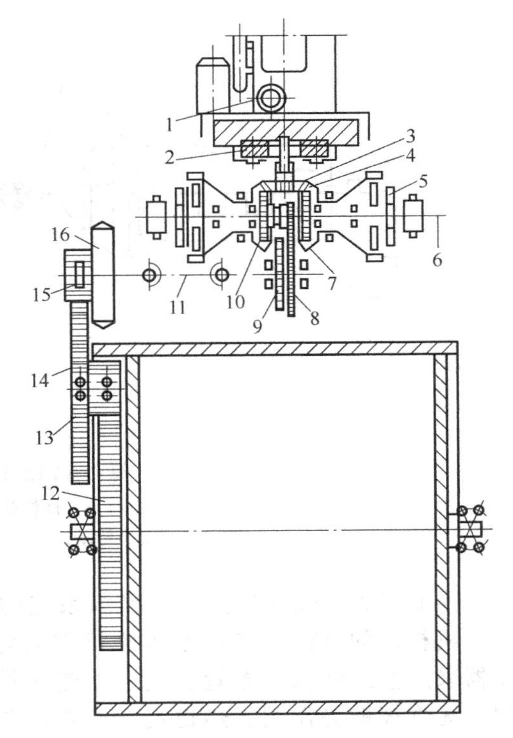

图7-39　2Y8/10型压路机传动系统图

1—柴油机；2—主离合器；3—锥形驱动齿轮；4—锥形从动齿轮；5—换向离合器；6—长横轴；7—Ⅰ档主动齿轮；8—Ⅰ档从动齿轮；9—Ⅱ档从动齿轮；10—Ⅱ档主动齿轮；11—万向节轴；12—第二级从动大齿轮；13—第二级主动小齿轮；14—第一级从动大齿轮；15—第一级主动小齿轮；16—制动鼓

所示。从柴油机1输出的动力经主离合器2、锥形驱动齿轮3和锥形从动齿轮4、换向离合器5（左或右）、长横轴6、变速齿轮7和8（Ⅰ档）或10和9（B档）传至万向节轴11，再经两级终传动齿轮15和14、13传给驱动轮。换向齿轮与变速器齿轮同装在一个箱体内，两级终传动齿轮为开式传动。

② 三轮二轴式压路机　三轮二轴式压路机和二轮二轴式在结构上的主要区别是：三轮二轴式压路机具有两个装在同一根后轴上的较窄而直径较大的后驱动轮，传动系统中增加了一个带差速锁的差速器。差速器的作用是压路机因两后轮的制造和装配误差所造成滚动半径的不同、路面的不平度和在弯道上行驶时起差速作用。差速锁是使两后驱动轮连锁，以便当一侧驱动轮因地面打滑时，而另一侧不打滑的驱动轮仍能使压路机行驶。

三轮二轴式压路机的传动系统有两种布置形式。一种是换向机构在变速机构之后，换向离合器为干式，装在变速器的外部。洛阳建筑机械厂生产的3Y12/15A型压路机就是这种形式。发动机输出的动力经主离合器先传给变速器，再经换向机构、差速器、终传动传给驱动轮。另一种是换向机构在变速器的前部，它与变速机构装在同一个箱体内，换向离合器片是湿式的。如上海产3Y12/15A型压路机见图7-40。这种结构具有零部件尺寸小、质量轻、结构紧凑、润滑冷却好、寿命长等优点。但是，变速器各轮轴因其正反转而受交变载荷，调整维修换向机构较困难。

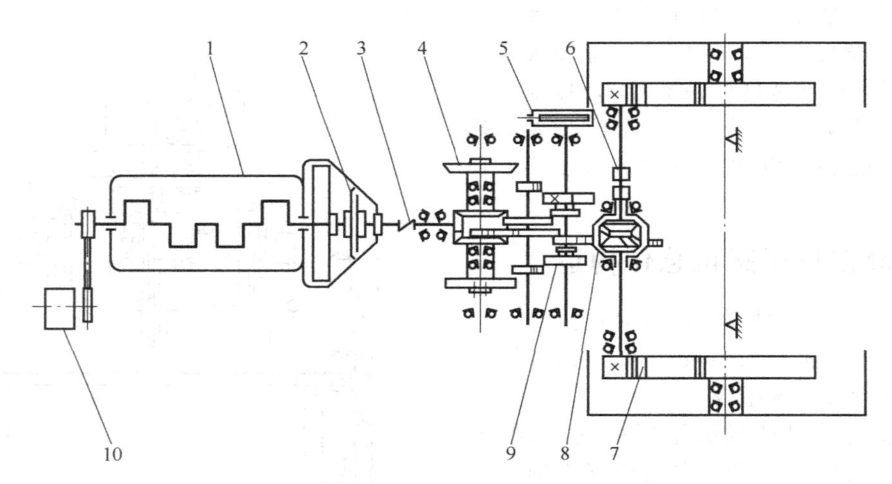

图7-40　上海产3Y12/15A型压路机传动系统简图

1—发动机；2—主离合器；3—挠性联轴节；4—换向离合器；5—盘式制动器；
6—差速锁；7—最终传动；8—差速器；9—变速机构；10—齿轮油泵

不同的三轮二轴式压路机，操纵系统的布置形式及某些总成的结构也略有不同。上海工程机械厂的3Y12/15A型压路机方向轮的操纵采用摆线转子泵液压操纵随动系统，制动器采用盘式结构，布置在变速器输出横轴的端部。盘式制动器具有制动平稳、磨损均匀、无摩擦助势作用、热稳定好、制动性能好及维修方便的诸多优点，使其应用愈来愈广泛。

摆线转子泵液压操纵随动系统（图7-41）由转阀式转向加力器（液压转向加力器）、转向油缸、齿轮油泵和油箱等组成。该系统的方向盘与方向轮之间无机械连接，即为内反馈系统。当转动方向盘时，油泵来的压力油进入转向器，并通过马达再进入油缸的左腔或右腔，使车轮向左或右偏转。当压路机直线行驶时，油泵来的压力油通过转向器直接回油箱。当发动机熄火或液压系统出现故障时，转动方向盘即可驱动转向器，油马达此时变成了油泵，于是压力油被输入油缸的左腔或右腔，完成所需转向。但是这时不再是液压转向，而是人力转向，转动方向盘要较前者费力得多。该种转向系统与其他转向系统比较，具有操纵轻便灵活（特别是重型车辆）、安装容易、布置方便、结构紧凑、尺寸小、保养简单、安全可靠的特点。因此很适宜于车速不超过 40～50km/h 的中、低速车辆。

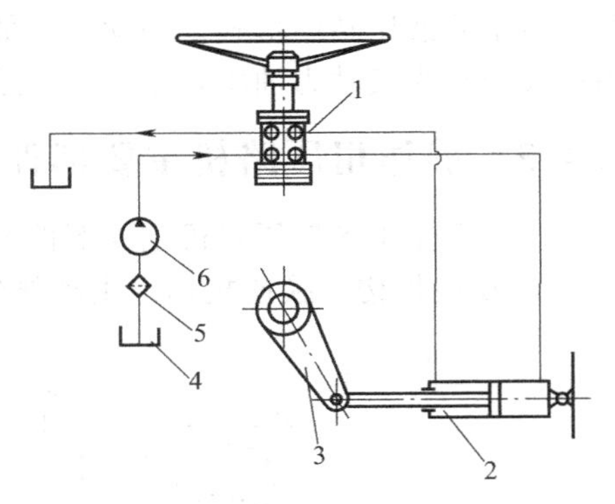

图 7-41 全液压转向系统

1—转向器；2—转向油缸；3—转向臂；4—油箱；5—滤油器；6—油泵

(2) 轮胎压路机总体构造

轮胎压路机是一种由发动机、传动系统、操纵系统和行走部分等组成的多轮胎特种车辆。

国产 YL9/16 型轮胎压路机如图 7-42 所示。该型压路机基本属于多个轮胎整体受载式。轮胎采用交错布置的方案：前、后车轮分别并列成一排，前、后轮迹相互错开，由后轮压实前轮的漏压部分。在压路机的前面装有四个方向轮（从动轮），后面装有五个驱动轮。轮胎是由耐热、耐油橡胶制成的无花纹的光面轮胎（也有胎面为细花纹的），保证了被压实路面的平整度。

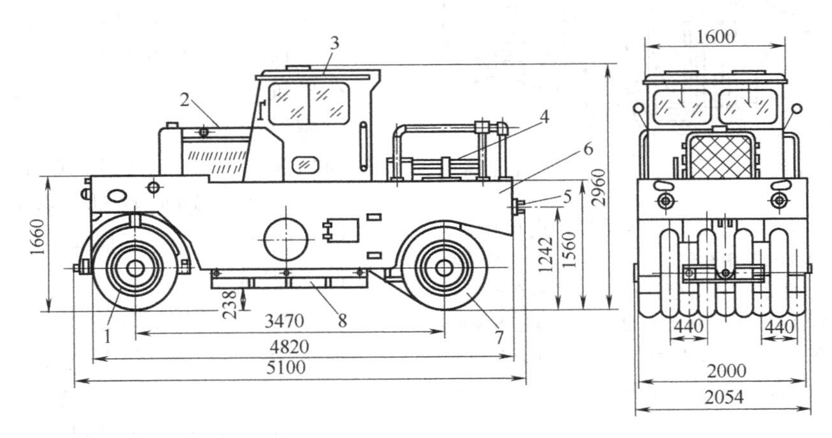

图 7-42 YL9/16 型轮胎压路机构造简图

1—方向轮；2—发动机；3—驾驶室；4—钢丝簧橡胶水管；5—拖挂装置；6—机架；7—驱动轮；8—配重铁

该机的机架是由钢板焊接而成的箱形结构，其前后分别支承在轮轴上。其上部分别固装着发动机、驾驶室、配重和水箱等。

传动系统的组成基本上与前述静作用光轮压路机相似。发动机输出的动力经由离合器、变速器、换向机构、差速器、左右半轴、左右驱动链轮等的传动，最后驱动后轮。

YL9/16 型轮胎压路机的变速器为带直接挡的三轴式四挡变速器，其操纵采用手动换挡式，而构造除了没有倒档齿轮外，也基本上与汽车变速器相同。压路机在一挡时的最低速度为 3.1km/h，四挡时最高速度为 23.55km/h。因此，这种型号压路机既能保证滚压时的慢速要求，又能满足压路机转移时的高速行驶，这也是轮胎压路机的一大优点。

YL9/16 型轮胎压路机的终传动为链传动，链传动既可保证平均传动比，又可实现较远距离传动。但因其运动的不均匀性，动载荷、噪声以及由冲击导致链和链轮齿间的磨损都较大。

YL9/16 型轮胎压路机的操纵系统分为转向操纵部分和制动操纵部分。其转向操纵采用摆线转子泵液压转向形式。制动操纵部分：手制动采用双端带式制动器，供压路机停车制动用；脚制动为气助力油压外胀蹄式，适用于行车制动。

7.4.3 静作用压路机主要部件构造

（1）静作用光轮压路机主要部件的构造

① 换向机构　换向机构由主动部分、从动部分和操纵机构等组成，如图 7-43 所示。其中主动部分由大锥形齿轮、离合器壳和主动齿片等组成。两个大锥形齿轮 1 通过滚柱轴承支承在横轴 3 上，它与变速器输出轴上的小锥形齿轮常啮合。离合器外壳 7 用花键装在大锥形齿轮的轮毂上，并通过滚珠轴承支承在变速器壳体两侧的端盖 5 上。两面铆有摩擦衬片的主动齿片，以外齿与离合器壳的内齿相啮合，同时还可轴向移动。从动部分由驱动小齿轮、轴套、固定压盘、中间压盘和后压盘等组成。驱动小齿轮 17 装在横轴 3 上，轴套 9 装在横轴 3 外端的花键上，固定压盘 15 以螺纹形式与轴套连接，中间压盘 14 与后压盘 13 以花键形式与轴套 9 相连接，也可沿轴向移动。操纵机构由压抓 10、可调节的压抓架 12 和分离轴承 11 等组成。

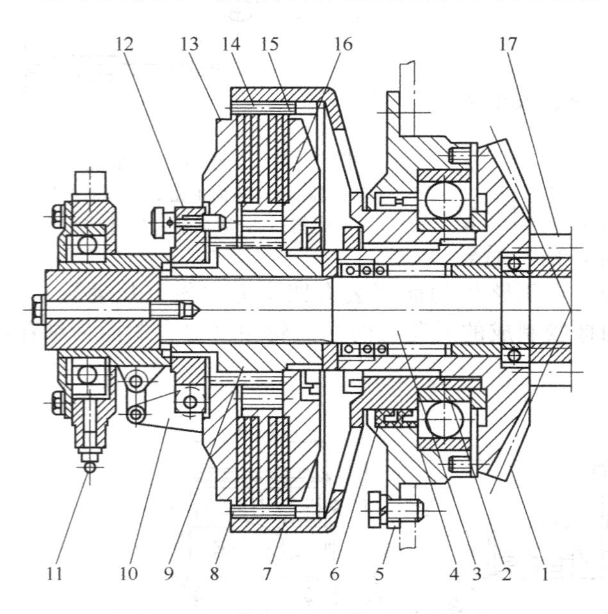

图 7-43　三轮二轴式压路机换向机构
1—大锥形齿轮；2—滚柱轴承；3—横轴；4—滚珠轴承；5—端盖；6—油封；7—离合器外壳；8—离合器主动片；9—离合器轴套；10—压抓；11—离合器分离轴承；12—压抓架；13—活动后压盘；14—中间压盘；15—固定压盘；16—分离弹簧；17—驱动小齿轮

换向操纵机构的左、右两个分离轴承由同一个操纵杆来操纵。当操纵杆处于中立位置时，则左、右两离合器在分离弹簧 16 的作用下处于分离状态，此时主动件部分在横轴上空转。当操纵杆处于任一结合位置时（左或右），使一边离合器接合，而另一边离合器分离。接合的一边大锥齿轮则通过主、从动离合器片所产生的摩擦力带动横轴连同小驱动轮一起向一个方向旋转，使动力输出。反之，横轴又按反方向旋转，输出动力。

转动压抓架就可以调整离合器摩擦片的间隙，调整时将压抓架上的弹簧锁销自压盘孔拉出，即可转动压抓架，待调好后再将弹簧锁销插入调整后的销孔。

有些换向离合器的操纵是利用轴端移动套的轴向移动来实现的，如图 7-44 所示。当一端移动套 1 向内移接合时，另一端则向外移动而分离。向内移动的一端，其斜槽压着双臂杠杆 2 的外端，使之转动，而双臂杠杆的另一端就使离合器压紧而接合。另一端移动套向外移动后，其离合器借三根分离弹簧 5 的弹力而分离。反之亦然。

转动外压盘 10 来调整换向离合器的间隙。调整时可将定位销楔块 12 拉出并转动 90°，使之卡放在外压盘的外端面上，然后转动压盘，待调好后再将定位销插入相应的销孔中。外压盘转动一个孔位时，其轴向的调节量为 0.055mm。

② 方向轮与悬架　二轮二轴式和三轮二轴式压路机方向轮的结构基本相同。方向轮与转向主轴，依靠“Ⅱ”形架与机架相连接。

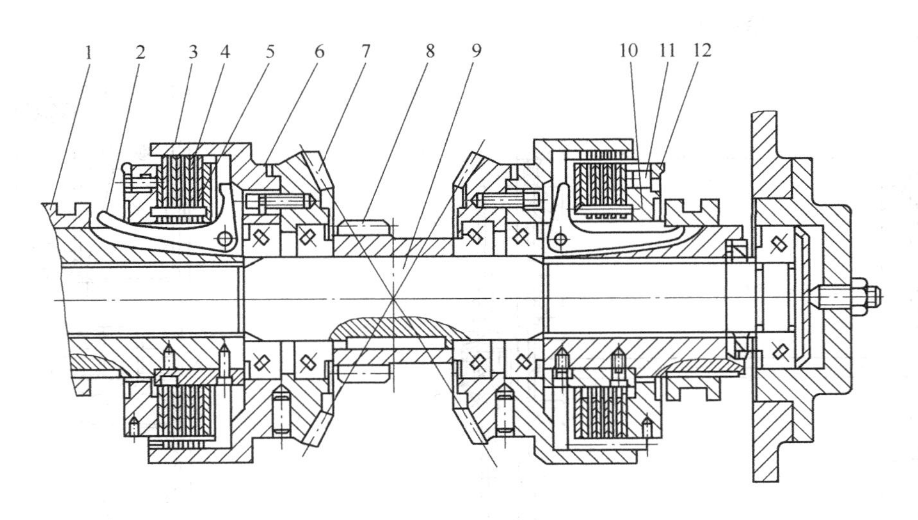

图 7-44 移动套操纵的换向机构

1—移动套；2—双臂杠杆；3—主动摩擦片；4—从动摩擦片；5—分离弹簧；6—离合器外壳；7—锥形齿轮；8—中间小齿轮；9—横轴；10—可调整的外压盘；11—定位销；12—定位销楔块

方向轮与悬架如图 7-45 所示，它由滚轮、轮轴、轴承、“Ⅱ”形架和转向主轴等组成。方向轮由轮圈 5 和钢板轮辐 4 焊接而成。因为滚轮较宽，为了便于转向，减小转向阻力，一般都把方向轮分成两个完全相同的滚轮，分别用轴承 2 支承在方向轮轴 1 上。在轮轴外装有储油管 6 用来加注黄油，以便润滑轴承，此黄油一年加注一次。轮内可灌砂或水，以调节压路机质量。

前轮轴的两端被固定在“Ⅱ”形架的叉脚上，横销 10 与立轴 12 中间通过“Ⅱ”形架相铰接，当遇到道路不平时，方向轮就能维持机身的水平度，从而保证压路机的横向稳定性。

立轴轴承座 15 焊接在机架 9 的端部，立轴靠上、下两个锥形滚柱轴承 11 和 14 支承在轴承座 15 内，它的上端固装着转向臂 13。压路机转向时，转向臂被转向工作油缸的活塞杆推动并转动立轴和“Ⅱ”形架，使方向轮按照转向的需要，向左（或右）转动一定的角度。

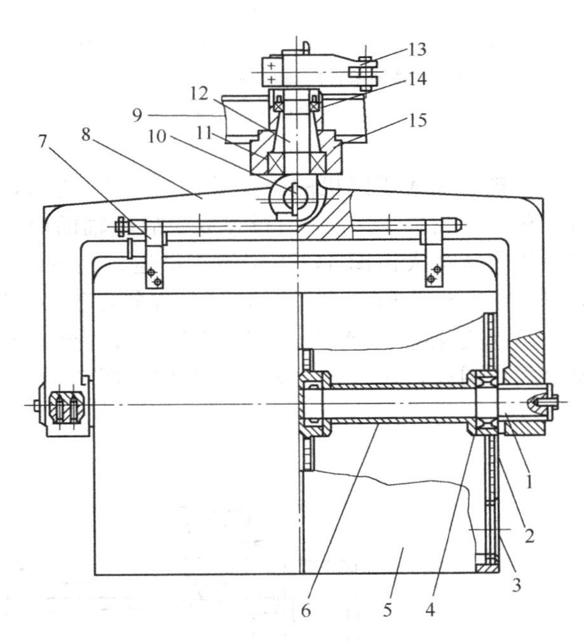

图 7-45 洛阳产压路机的方向轮与悬架

1—方向轮轴；2—锥形滚柱轴承；3—圆形挡板；4—轮辐；5—轮圈；6—储油管；7—刮泥板；8—“Ⅱ”形架；9—机架；10—横销；11,14—轴承；12—转向立轴；13—转向臂；15—转向立轴轴承座

③ 驱动轮 二轮二轴式压路机的驱动轮由轮圈、轮辐、齿轮、座圈和撑管等组成，如图 7-46 所示。其结构形式及尺寸与方向轮基本相同，所不同的仅在于它是一个整体，并装有最终传动装置的从动大齿轮。从动大齿轮 9 用螺钉固定在左端轮辐的座圈 8 上。为了增加驱动轮的刚度，在左、右轮辐之间焊有撑管 2。轮辐外侧装有轴颈 5，以便通过轴承 6 与轴

承座7将机架支承在滚轮上。

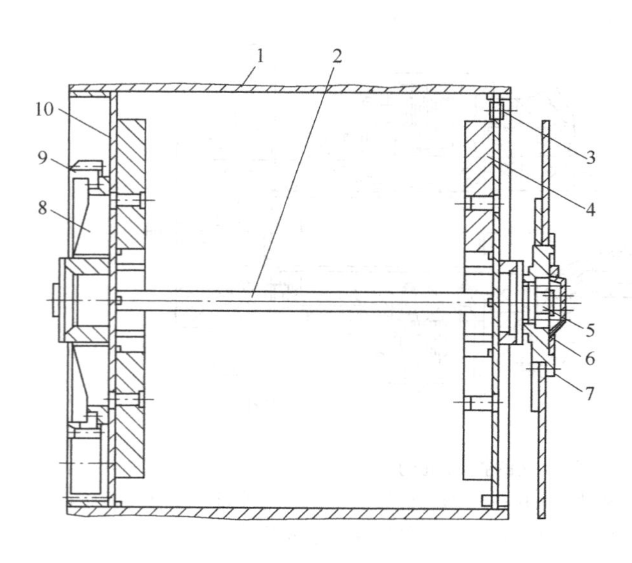

图7-46 二轮二轴式压路机的驱动轮

1—轮圈；2—撑管；3—水塞；4—配重铁；5—轴颈；6—调心滚珠轴承；7—轴承座；8—座圈；9—从动大齿轮；10—轮辐

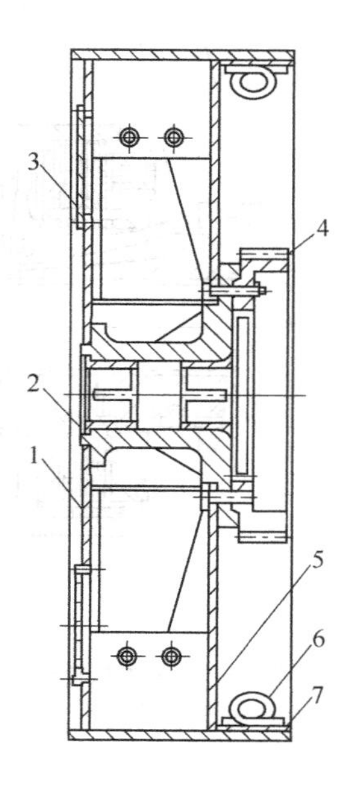

图7-47 三轮二轴式压路机的驱动轮

1,5—轮辐；2—轮毂；3—盖板；4—大齿圈；6—吊环；7—轮圈

三轮二轴式压路机的驱动轮如图7-47所示，它由轮圈、轮辐、轮毂及齿轮等组成。轮圈7和内外轮辐1、5由钢板焊成，后轮轴的两端支承在两个驱动轮的轮毂2上。在轮毂的内端装着从动大齿圈4，为了便于吊运，在轮圈内还焊有三个吊环6。轮内可以装砂子，用来调节压路机的质量。在轮辐上有两个装砂孔，用盖板封着。

④ 差速器及差速锁　压路机上采用的差速器有两种形式：锥形行星齿轮式和圆柱行星齿轮式。圆柱行星齿轮式差速器结构如图7-48所示。

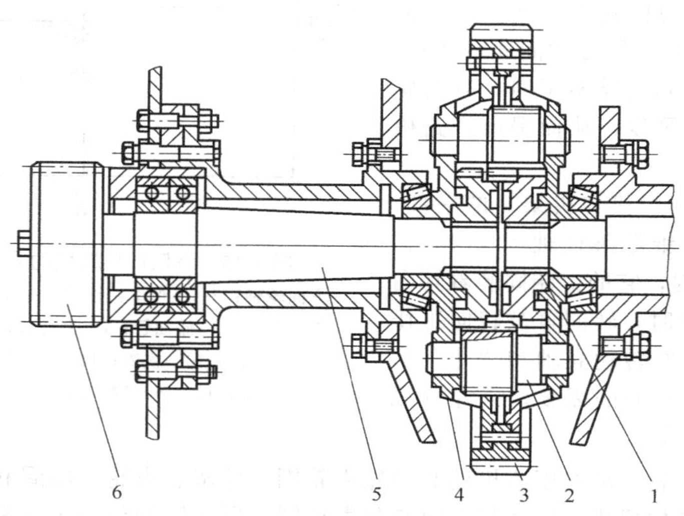

图7-48 圆柱行星齿轮式差速器结构示意图

1—差速齿轮；2—行星齿轮；3—中央传动大齿轮；4—差速器壳体；5—左半轴；6—小齿轮

圆柱行星齿轮式差速器的工作原理如图 7-49 所示。壳体内装着四个第一副和四个第二副行星齿轮。第一副行星齿轮 3 与右半轴齿轮 4 相啮合，第二副行星齿轮 7 与左半轴齿轮 6 相啮合，行星齿轮 3 与 7 又在中部互相啮合。当压路机直线行驶时，左、右驱动轮阻力相同，两副行星齿轮都只随差速器壳体 2 公转，而无自转，同时两副行星齿轮又分别带动左、右半轴齿轮 6、4 和左、右半轴 8、5，使其与差速器壳体同速旋转。当压路机左、右驱动轮阻力不同时，如在弯道上行驶时，内边驱动轮受阻力较大，则两副行星齿轮既随壳体公转，又绕其轴自转，但它们的自转方向相反。于是受阻力较大的一边半轴齿轮（右转弯时为右半轴齿轮 4）转速减小；相反，受阻力较小的左半轴齿轮 6 转速增高，从而使左、右两驱动轮产生差速。

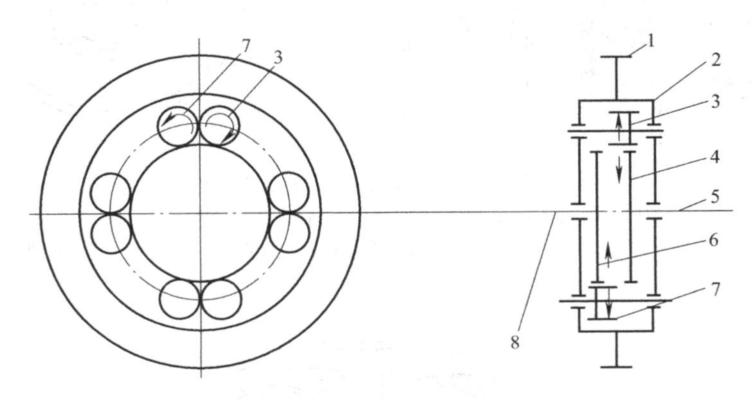

图 7-49 圆柱行星齿轮式差速器工作原理图

1—中央传动从动大齿轮；2—差速器壳体；3—第一副行星齿轮；4—右半轴齿轮；
5—右半轴；6—左半轴齿轮；7—第二副行星齿轮；8—左半轴

（2）轮胎压路机主要部件的构造

① 换向机构　轮胎压路机的换向机构为齿轮换向机构，其结构如图 7-50 所示。小主动锥齿轮 1 装在变速器输出轴的后端，与横轴 5 上的两个大从动锥齿轮 2 常啮合。当小主动锥齿轮 1 旋转时，则两个大从动锥齿轮 2 可在横轴 5 上自由相互反向旋转。在横轴的中央通过花键装着一个可用拨叉拨移的圆柱齿轮 3，圆柱齿轮向左或向右移动时，可分别与大从动锥齿轮 2 小端面的内齿相啮合。当圆柱齿轮被拨到与左或右锥齿轮内齿啮合位置时，就可使动力正向或反向向后传递，从而实现换向。这种换向机构体积小、结构紧凑，但换向时冲击较大。

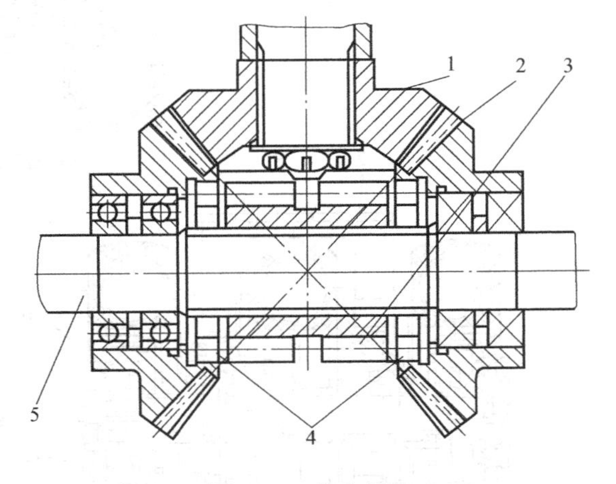

图 7-50 换向机构

1—小主动锥齿轮；2—大从动锥齿轮；
3—圆柱齿轮；4—内齿；5—横轴

② 前轮　如图 7-51 所示，前轮四个方向轮都是从动轮，可以分成上下摇摆的两组，通过摆动轴 8 铰装在前后框架 9 上，再通过立轴 4、叉脚 5、轴承 3 和立轴壳 2 与机架连接。在立轴 4 的上端固装着转向臂 1，转向臂的另一端铰接转向油缸的活塞杆端。两组轮胎可绕各自的摆动轴 8 上下摆动，其摆动量可由螺栓 11 来调整。当不需要摆动时，可用销子 10 将其销死。

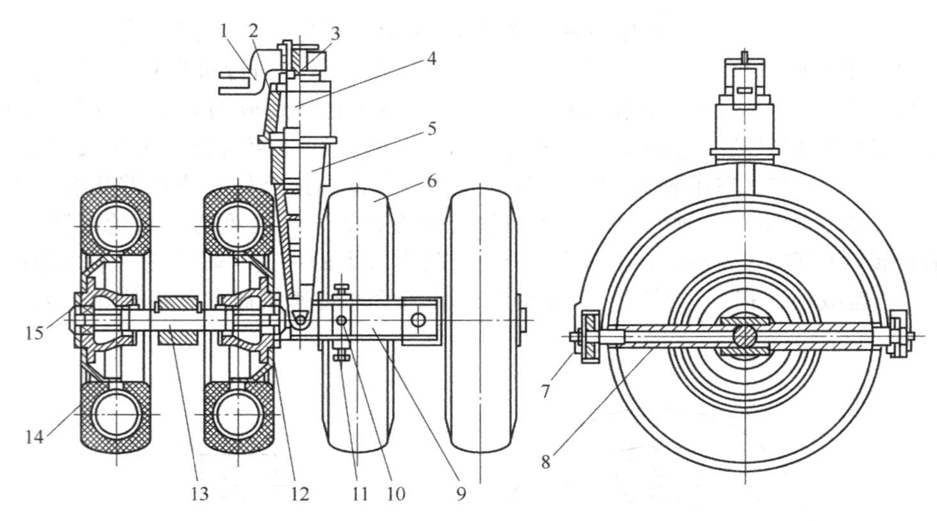

图 7-51 YL9/16 型轮胎压路机的方向轮

1—转向臂；2—转向立轴壳；3,12—轴承；4—转向立轴；5—叉脚；6—轮胎；7—固定螺母；8—摆动轴；9—框架；10—销子；11—螺栓；13—轮轴；14—轮辋；15—轮毂

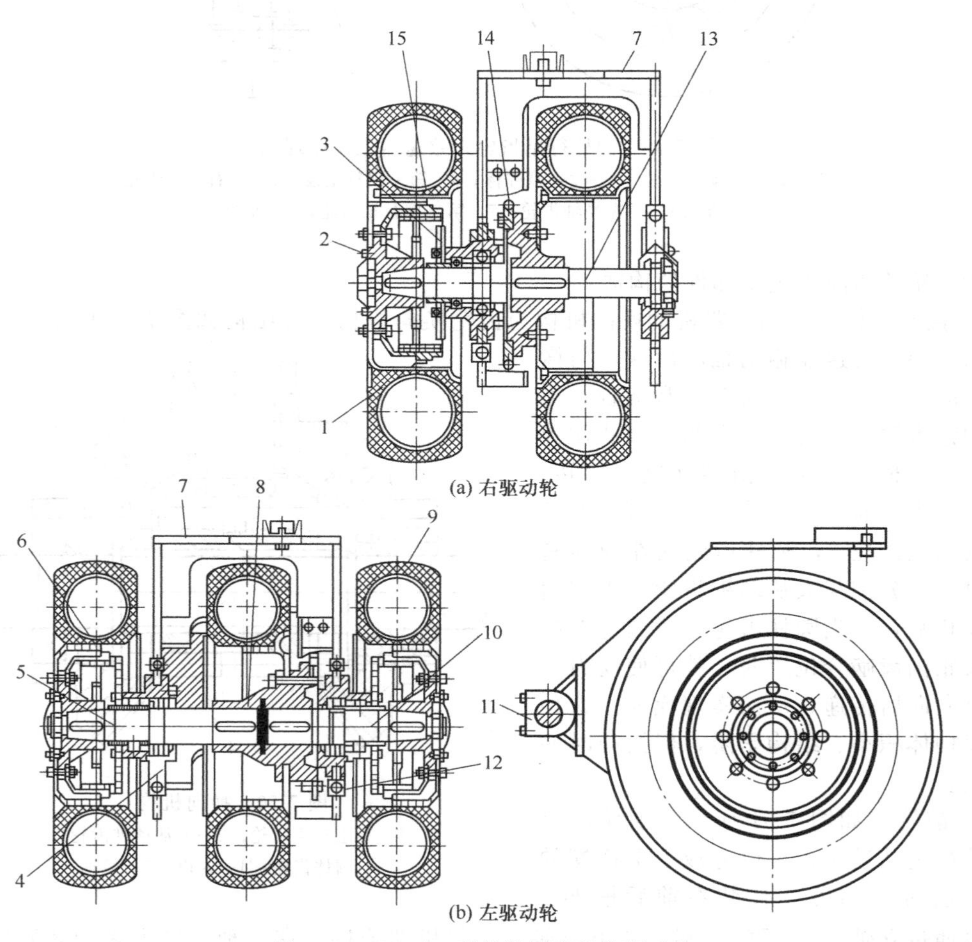

图 7-52 YL9/16 型轮胎压路机的驱动轮

1—制动鼓；2—轮毂；3—轴承；4—挡板；5—左后轮的左半轴；6—轮辋；7—“Ⅱ”形轮架；8—联轴器；9—轮胎；10—左后轮的右半轴；11—轴承盖；12,14—链轮；13—右后轮轴；15—制动器

③ 后轮 如图 7-52 所示，后轮由两部分组成，左边一组由三个车轮组成，右边一组由两个车轮组成。每个后轮都用平键装在轮轴上。左边三个车轮的轮轴是由两根短轴组成的，其间靠联轴器 8 连接在一起。右边两个车轮共用一根短轴。左、右轮轴分别通过滚珠轴承装在各自的“Ⅱ”形轮架 7 上，此轮架又通过轴承和螺钉安装在机架的后下部。

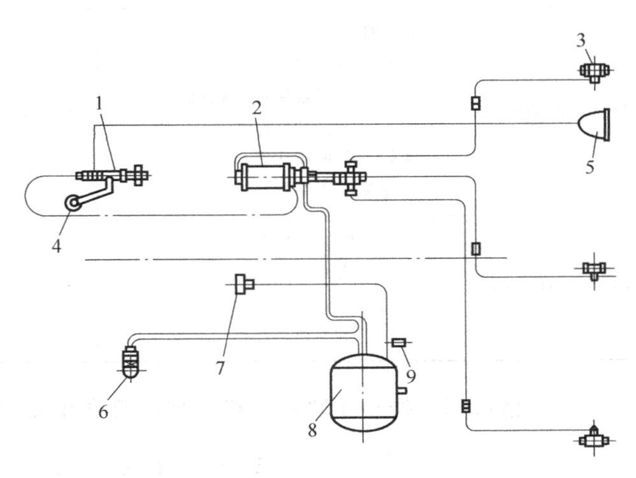

图 7-53 YL9/16 型轮胎压路机制动器气助力系统示意图
1—总泵；2—增压器；3—分泵；4—油箱；5—制动灯；6—空气压缩机；7—压力表；8—主储气筒；9—安全阀

④ 制动器气助力系统 轮胎式压路机制动器气助力系统如图 7-53 所示。气压由空气压缩机 6 进入主储气筒 8，经管道与增压气阀相通。当踏下制动器踏板制动时，总泵 1 的液压油被压入增压器 2 前缸后面活塞而推动气阀活塞，再打开气阀活门，于是高压气进入增压器内，使增压器内的活塞杆推动前缸，前缸油液被压入分泵 3 并胀开制动蹄进行制动。

⑤ 洒水装置 轮胎压路机的洒水装置由汽油发动机、水泵、水箱、放水和洒水阀、喷水和洒水管等组成，用于泵水增减配重或作业时喷淋路面和轮胎。

7.5 振动压路机

7.5.1 振动压路机概述

(1) 用途

振动压路机用来压实各种土壤（多为非黏性）、碎石料、各种沥青混凝土等，主要用在公路、铁路、机场、港口、建筑等工程中，是工程施工的重要设备之一。在公路施工中，它多用在路基、路面的压实，是筑路施工中不可缺少的压实设备。

(2) 分类、特点及适用范围

① 分类、型号 振动压路机可以按照结构质量、结构形式、传动方式、行驶方式、振动轮数、振动激励方式等进行分类，其具体分类如下：

a. 按机器结构质量可分为轻型、小型、中型、重型和超重型；

b. 按振动轮数量可分为单轮振动、双轮振动和多轮振动；

c. 按驱动轮数量可分为单轮驱动、双轮驱动和全轮驱动；

d. 按传动系统传动方式可分为机械传动、液力机械传动、液压机械传动和全液压传动；

e. 按行驶方式可分为自行式、拖式和手扶式；

f. 按振动轮外部结构可分为光轮、凸块（羊脚碾）和橡胶滚轮；

g. 按振动轮内部结构可分为振动、振荡和垂直振动，其中振动又可分为单频单幅、单频双幅、单频多幅、多频多幅和无级调频调幅；

h. 按振动激励方式可分为垂直振动激励、水平振动激励和复合激励，垂直振动激励又可分为定向激励和非定向激励。

根据振动压路机结构形式的分类列于表 7-5。

表 7-5　振动压路机分类

结构形式	实　例	结构形式	实　例
自行式振动压路机	轮胎驱动光轮振动压路机 轮胎驱动凸块振动压路机 钢轮轮胎组合振动压路机 两轮串联振动压路机 两轮并联振动压路机 四轮振动压路机	手扶式振动压路机	手扶式单轮振动压路机 手扶式双轮整体式振动压路机 手扶式双轮铰接式振动压路机
拖式振动压路机	拖式光轮振动压路机 拖式凸块振动压路机 拖式羊足振动压路机 施式格栅振动压路机	新型振动压路机	振荡压路机 垂直振动压路机

② 规格系列　振动压路机规格系列应符合相关规定，如表 7-6 和表 7-7 所示。

表 7-6　自行式振动压路机规格系列

名　称		基本参数与尺寸															
		轻型					中型			重型			超重型				
工作质量/t		1	1.4	2	2.8	4	5	6	8	10	12	14	16	18	20	22	25
振动轮	直径/mm	400～1000					800～1650						≥1500				
	宽度/mm	500～1300					1100～2150						≥2100				
振动参数	振动频率/Hz	33～60					25～60						20～40				
	激振力/kN	14～55					35～250						≥150				
	理论振幅/mm	0.3～1.5					0.3～3.4						1.0～4.0				
轴距/mm		1000～2500					1100～3500						≥2800				
爬坡能力/%①		≥20															
最小转弯半径/m		≤5					≤6.5						≤7.5				
最小离地间隙/mm②		≥160					≥250						≥365				
最高行驶速度/(km·h⁻¹)		≤15					≤25						≤15				

① 爬坡能力指压路机在不起振状态下。

② 四轮振动压路机的最小离地间隙允许减小 50%。

表 7-7　拖式振动压路机规格系列

名　称		基本参数与尺寸											
		轻型		中型			重型			超重型			
工作质量/t		2	4	5	6	8	10	12	14	16	18	22	25
振动轮	直径/mm	700～1300		1300～1600			1600～2000			≥2000			
	宽度/mm	1300～1700		1700～2000			2000～2300			≥2300			
振动系数	振动频率/Hz	20～50											
	激振力/kN	60～400											
	理论振幅/mm	0.8～3.5											
工作速度/(km·h⁻¹)		2～5											

新型振动压路机，例如振荡压路机（特性代号为 YD）和垂直振动压路机等，其结构形式与自行式振动压路机相同。

③ 特点及适用范围　振动压路机按结构质量分类情况及特点和适用范围见表 7-8。

表 7-8 振动压路机结构质量分类

类 型	结构质量/t	发动机功率/kW	适 用 范 围
轻型	<1	<10	狭窄地带和小型工程
小型	1～4	12～34	用于修补工作、内槽填土等
中型	5～8	40～65	基层、底基层和面层
重型	10～14	78～110	用于街道、公路、机场等
超重型	16～25	120～188	筑堤用于街道，用于公路、土坝等

(3) 国内外发展概况与趋势

在国外，德国于20世纪30年代最早利用振动原理压实土壤。罗申豪森（Lose-Ausen）公司率先研制了一台安装有振动平板压实机的25t履带式拖拉机，随后生产出拖式振动压路机。50年代欧洲各国开发了串联式整体车架振动压路机，60年代开发出铰接式轮胎驱动振动压路机和双钢轮驱动振动压路机。由于振动压路机压实效果好，影响深度大，生产率高，适用于各种类型土壤的压实，因此得到了迅速发展。

20世纪80年代初瑞典的乔戴纳米克（Geodynamik）研究并提出新的压实理论，即利用土力学交变剪应变原理使土壤等压实材料的颗粒重新排列而变得更加密实。德国哈姆（Hamm）公司开发出的振荡压路机就是根据这种理论研制的。

20世纪80年代末日本生产出大吨位垂直振动压路机，其振动轮内部采用双轴交叉振动法，使压路机压实深度深、压实效果好且低速直线行驶稳定。

20世纪80年代末，瑞典的乔戴纳米克研究所在振动压路机液压化、电子化的基础上提出智能压路机的概念，从此振动压路机的研究和应用进入了新的领域。

我国自行开发设计振动压实机械起步的标志，是1961年西安筑路机械厂与西安公路学院共同开发了3t自行式振动压路机。1964年洛阳建筑机械厂研制出4.5t振动压路机，1974年洛阳建筑机械厂与长沙建筑机械研究所合作开发了10t轮胎驱动振动压路机和14t拖式振动压路机。从20世纪80年代中期开始，我国开始引进国外先进的压路机制造技术。1983年洛阳建筑机械厂引进了美国Hrster公司技术，合作生产出了6t铰接振动压路机。1984年徐州工程机械厂引进了瑞典戴纳帕克（Dynapac）公司的CA25轮胎驱动振动压路机和CC21型串联式振动压路机技术。1985年温州冶金机械厂研制了19t振动压路机。1987年洛阳建筑机械厂引进了德国宝马（Bomag）公司的BW217D和BW217AD振动压路机技术。江麓机械厂引进德国凯斯伟博麦士（Case-Vibromax）公司的W1102系列振动压路机技术。以后，各生产厂家在引进国外先进压路机技术的基础上不断开发出新的产品，使振动压路机产品多品种并系列化。

20世纪80年代后期，随着基础工业元件的发展，特别是液压泵、马达、振动轮用轴承、橡胶减振器的引进生产，振动压路机技术总体水平和可靠性有了很大的提高。

现在我国已初步形成振动压路机多系列产品，基本满足了国内需要，并有一定的出口能力。但由于起步较晚，整体水平与国外相比仍有差距，主要表现在：产品型号系列不全，重型和超重型振动压路机数量和品种较少；专用压实设备缺乏；综合技术经济指标和自动控制方面仍低于国外先进水平。

振动压路机技术不断革新，其发展趋势可归纳为如下几个方面。

① 液压化　液压技术使全液压振动压路机结构简单、布置方便且操纵简便、省力，特别是液压传动使行走系统无级变速；振动系统可根据施工要求在较大范围内调频和变幅。振动压路机使用性能和应用范围大大改善和提高。同时，液压化为机器自动检测和控制提供了条件。近年来，小型振动压路机和振动平板夯也逐步应用液压技术。

② 机电一体化　计算机技术、微电子技术、传感技术、测试技术的迅速发展及在振动压路机上的应用，大大提高了机器性能和生产能力。例如，已实现对振动压路机状态和参数的检测以及压实密实度自动检测；测试压路机可以在工程施工过程中对压实质量进行监控；智能压路机可以自动调节自身状态，使之与周围环境及压实材料相适应，优化压实过程等。

③ 结构模块化　生产有不同功能的模块结构和标准附件，通过更换模块和标准附件来改变压实性能和用途及压路机类型。例如，英国柯斯特尔（Coasta）公司设计生产有平足形、凸块形、Z形等多种轮面结构的套筒式滚轮或组合模块；瑞典戴纳帕克（Dynapac）公司改进CA15、CA25、CA30、CA51机型的设计，使压路机的一些零部件尽可能通用，便于组织大批量生产。

④ 一机多用化　改进振动机构的操作控制，可使压路机具有垂直振动、振荡和静碾压功能，而且可以根据需要进行变换，以扩大同一振动压路机的使用范围。也有的在压路机上增设附属装置，如推铲、路面刮平修整装置等，增加压路机的多用途功能。

⑤ 舒适、方便、安全　现代振动压路机通过减振降噪研究工作，可以使驾驶员连续工作不疲劳，从而提高振动压路机的生产能力和使用寿命。为最大程度地减少操纵失误和减轻司机的劳动强度，采用双方向盘、可移动方向盘、旋转座椅以及将操纵手柄设计在座椅扶手上，以满足操纵方便性。安装防倾翻驾驶室和防落物驾驶室，以保障施工时机器和驾驶人员的安全。

7.5.2 振动压路机构造

（1）振动压路机的总体构造

自行式振动压路机一般由发动机、传动系统、操纵系统、行走装置（振动轮和驱动轮）以及车架（整体式和铰接式）等组成。轮胎驱动铰接式振动压路机总体构造如图7-54所示。

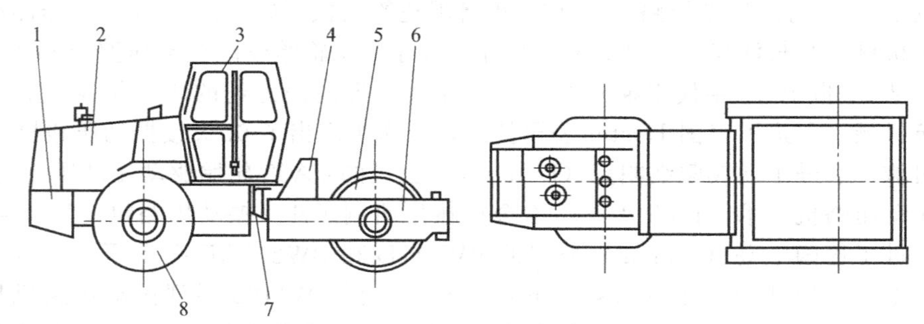

图7-54　轮胎驱动铰接式振动压路机总体构造

1—后机架；2—发动机；3—驾驶室；4—挡板；5—振动轮；6—前机架；7—铰接轴；8—驱动轮胎

轮胎驱动振动压路机振动轮分光轮和凸块等结构形式。振动轮为凸块结构形式的压路机又称为凸块振动压路机，如图7-55所示。

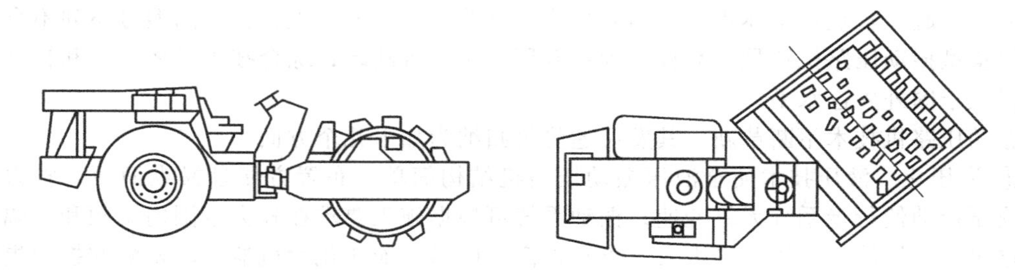

图7-55　轮胎驱动凸块振动压路机

另外还有两轮（钢轮）并联振动压路机（图 7-56）、两轮串联振动压路机（图 7-57）和四轮振动压路机（图 7-58）等。

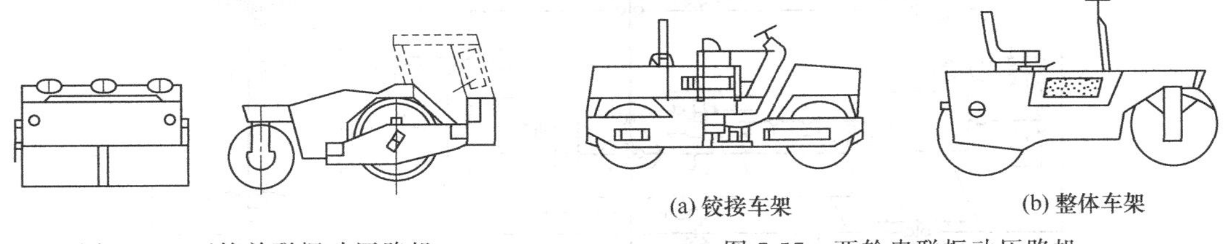

(a) 铰接车架　　(b) 整体车架

图 7-56　两轮并联振动压路机

图 7-57　两轮串联振动压路机

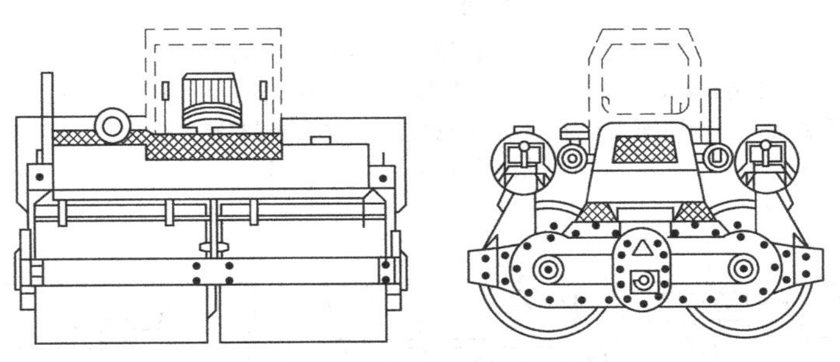

图 7-58　四轮振动压路机

拖式振动压路机主要有光轮振动压路机、凸块式振动压路机、羊足振动压路机、格栅振动压路机等，如图 7-59 所示。作业时由牵引车拖行作业，牵引车一般用推土机或拖拉机。

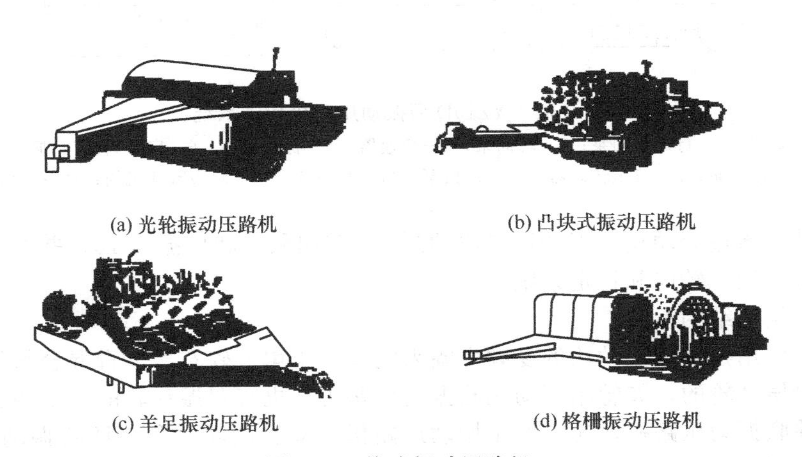

(a) 光轮振动压路机　　(b) 凸块式振动压路机

(c) 羊足振动压路机　　(d) 格栅振动压路机

图 7-59　拖式振动压路机

（2）振动压路机传动系统

① 机械-液压式传动系统　如 YZ10B 型振动压路机为液压振动、液压转向、机械传动驱动行走，其传动系统如图 7-60 所示。

发动机两端输出动力，前端输出动力经传动轴和副齿轮箱 8 带动双联齿轮泵 9，分别驱动振动液压马达和液压转向系统；后端输出动力经主离合器 2 传至变速器 3，经减速后将动力传到左、右末级减速主动小齿轮 6，再经侧传动齿轮 5 驱动轮胎行走。

② 全液压传动系统　YZ10D 型振动压路机采用全液压传动系统，具有液压振动、液压转向和液压行走功能，如图 7-61 所示。

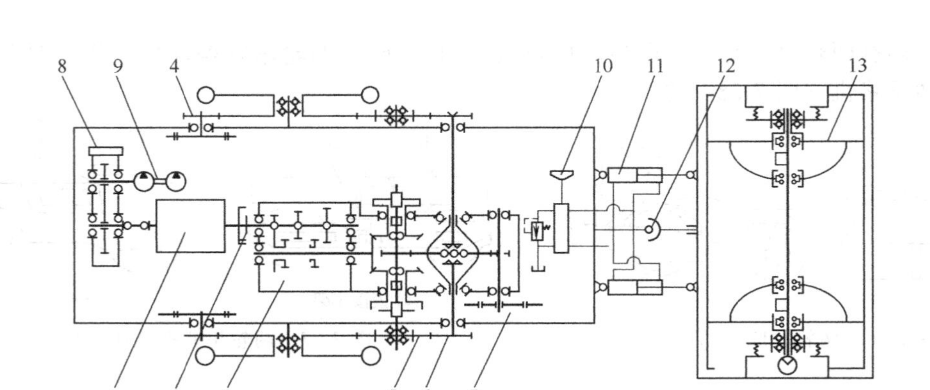

图 7-60　YZ10B 型振动压路机传动系统

1—发动机；2—主离合器；3—变速器；4—脚制动；5—侧传动齿轮；6—末级减速主动小齿轮；7—手制动；8—副齿轮箱；9—双联齿轮泵；10—方向器和转向阀；11—转向油缸；12—铰接转向节；13—振动轮

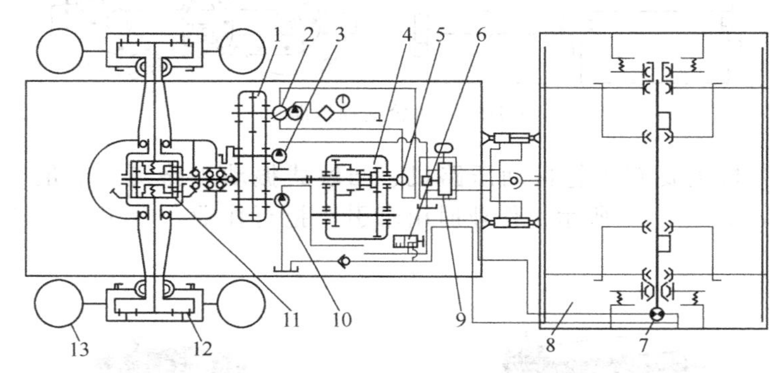

图 7-61　YZ10D 型振动压路机传动系统

1—分动箱；2—行走驱动泵；3—转向泵；4—变速器；5—行走马达；6—启振阀；7—振动马达；8—振动轮；9—液压转向器；10—启振泵；11—驱动桥；12—轮边减速机构；13—轮胎

发动机动力通过分动箱 1 带动行走驱动泵 2、转向泵 3 和启振泵 10，并经相应液压马达将动力传给振动轮、转向和行走系统。

（3）振动轮的结构

振动轮的作用是通过振动轮的变频变幅来完成对土壤、碎石、沥青混合料等的压实。振动压路机有单振动轮的，如轮胎驱动光轮振动压路机；也有双振动轮的，如两轮串联振动压路机和两轮并联振动压路机，还有四轮振动压路机（双轴两轮并联式四轮振动压路机）。振动轮随功能不同结构也有所不同。

振动轮按其轮内激振器的结构不同又分为偏心轴式和偏心块式。为适应不同类型的振动压路机对不同被压实材料的密实作用，可以调整偏心轴偏心、偏心块的偏心质量分布和质量大小以改变振幅的大小和振动轮激振力的大小。而振动轮的调频则是通过液压马达或机械式传动改变激振器转速来实现的。

振动轮由钢轮、振动轴（带偏心块）、中间轴、减振器、连接板等组成。其结构如图 7-62 所示。

振动轮工作时，改变振动轴的旋转方向，使固定偏心块与活动偏心块方向一致叠加或方向相反来改变振动轴的偏心质量（偏心距），从而实现高振幅或低振幅，达到调幅的目的。

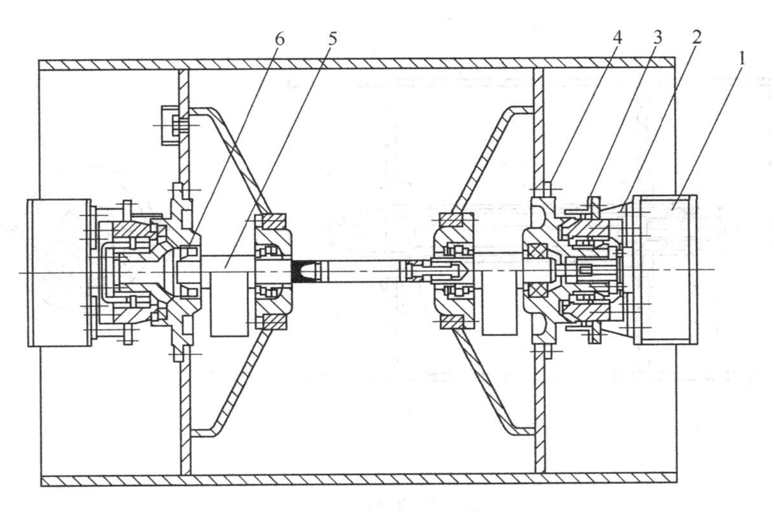

图 7-62　振动轮结构

1—连接板；2—减振器；3—支座；4—轴承座；5—振动轴；6—振动轴承

振荡压路机振动轮也是一种偏心块式结构，如图 7-63 所示。它主要由两根偏心轴、中间轴、振荡滚筒、减振器等组成。动力通过中间轴、同步齿轮传动，驱动两根偏心轴同步旋转产生相互平行的偏心力，形成交变力矩使滚筒产生振荡。

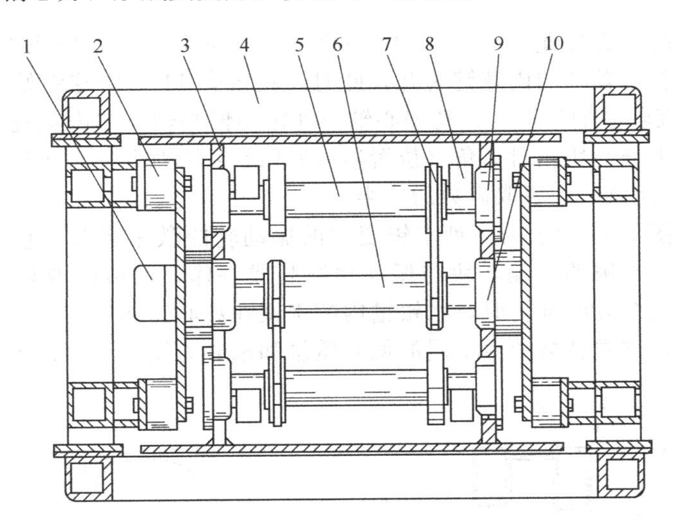

图 7-63　振荡压路机振动轮结构

1—振荡马达；2—减振器；3—振荡滚筒；4—机架；5—偏心轴；6—中心轴；7—同步齿形带；8—偏心块；9—偏心轴轴承座；10—中心轴轴承座

垂直振动压路机振动轮的激振器是由两根带偏心块的偏心轴构成的。与振荡压路机振动轮不同的是，两根偏心轴只产生垂直方向的振动力，在水平方向相对安装，反向旋转，水平方向的偏心力相互抵消。偏心轴式振动轮可实现多级变幅，其偏心质量分布在偏心轴全长度上，通过调整转动偏心轴与固定偏心轴（或偏心块）的不同转角，可得到不同的偏心力矩，从而实现调幅功能。图 7-64 所示的是常用的一种套轴调幅机构。

这种机构由外振动偏心轴、内振动偏心轴、辐板、花键、挡板等构成。外振动偏心轴 6 通过铜套 5 或轴承支承在内振动偏心轴 7 上。外振动偏心轴 6 通过振动轴承 4 安装在左、右

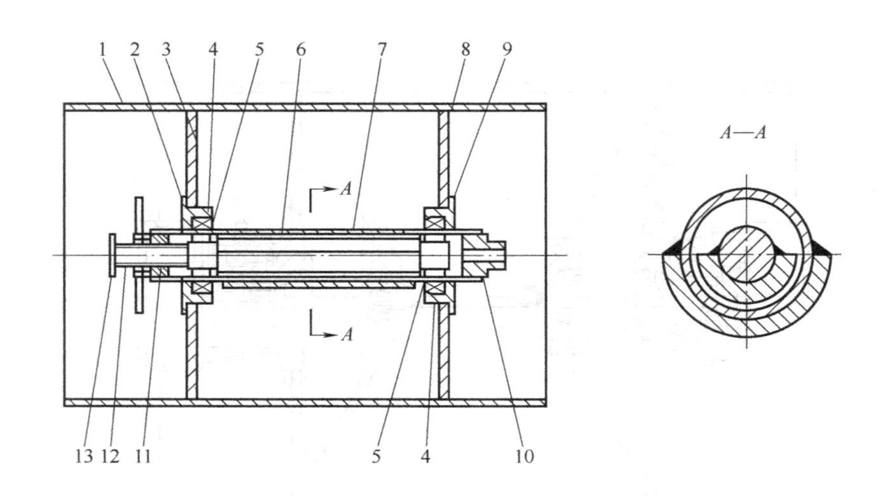

图 7-64　套轴调幅机构示意图

1—轮圈；2—左轴承座；3—左辐板；4—振动轴承；5—铜套；6—外振动偏心轴；7—内振动偏心轴；8—右辐板；9—右轴承座；10—花键；11—花键套；12—弹簧；13—挡板

辐板上。外振动偏心轴 6 轴端内花键和内振动偏心轴 7 轴端外花键，通过一个带有内外花键的套 11 连接起来。振动马达通过花键 10 驱动外振动偏心轴 6、花键套 11 和内振动偏心轴 7 旋转产生激振力。

调节工作振幅时，握住花键套 11 上的手柄，向左拉出，压缩弹簧 12，直至花键套 11 的外花键与外振动偏心轴 6 的内花键脱开，此时，花键套 11 的内花键始终与内振动偏心轴 7 的外花键啮合，旋转手柄带动内振动偏心轴与外振动偏心轴 6 的内花键恢复啮合状态。改变内外振动偏心轴上偏心块相对夹角（位置），则会改变振动轮振幅。调幅的挡次取决于花键套 11 的外花键的齿数，一般取齿数的一半。

除此之外，如图 7-65 所示为一种水银变幅的振动轮的激振装置。它是由振动轴、水银槽、偏心块等组成。水银槽、偏心块与振动轴组装成一体，水银槽内装入定量的水银后封死。当振动轴正反两个方向旋转时，水银槽内的水银在离心力作用下会集中在槽的两端，由于偏心块是固定的，这样就会产生不同的偏心质量和偏心力矩，从而达到变幅的目的。

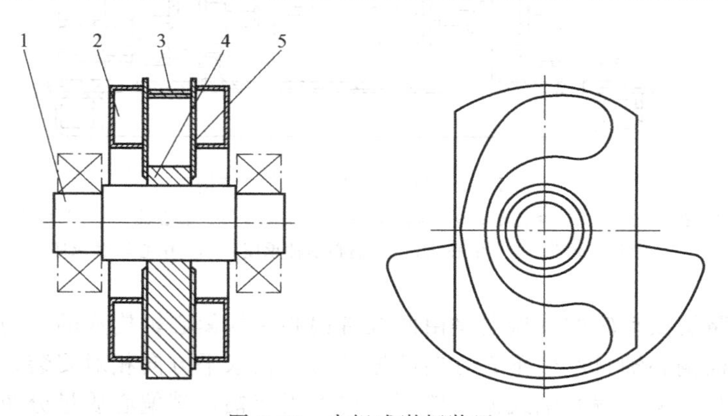

图 7-65　水银式激振装置

1—振动轴；2—水银槽；3—加强柱；4—偏心块；5—固定板

振动轮钢轮随不同使用功能其结构形式也多种多样，有光面钢轮的，也有凸块面钢轮、羊足面钢轮、格栅面钢轮和多棱面钢轮等。

(4) 车架

振动压路机对车架的刚度、强度、材料、结构形式都有一定的要求，以满足承受整机大部分质量以及在其上布置、安装机器的其他部件。振动压路机车架分为整体式和铰接式，而大多数振动压路机采用铰接形式。

铰接式车架分为前车架和后车架，由铰接架将两车架连接在一起，工作时，前后车架相对偏转折腰进行转向。铰接架结构如图 7-66 和图 7-67 所示。

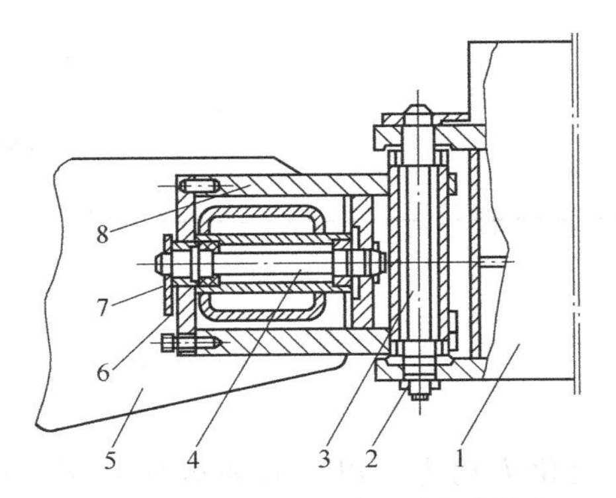

图 7-66 YZ10B 型振动压路机铰接架

1—后车架；2—锁紧螺母；3—垂直销轴；4—水平销轴；5—前车架；6—关节轴承；7—定位板；8—铰接架壳体

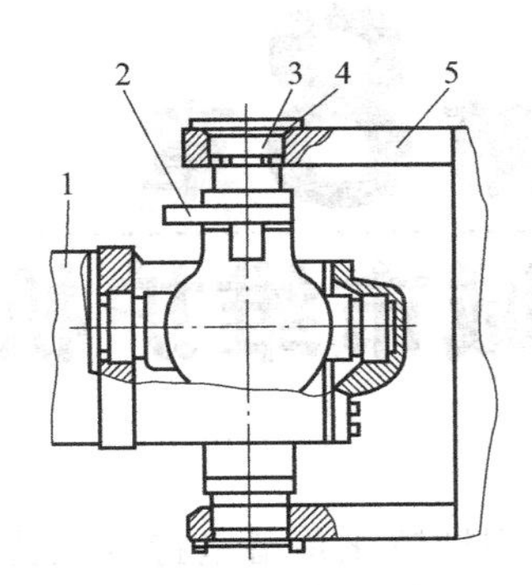

图 7-67 YZ9 型振动压路机铰接架

1—前车架；2—十字轴；3—关节轴承；4—轴承盖；5—后车架

(5) 隔振元件

隔振元件在振动压路机中起减振、连接振动轮和机架及支承支架的作用。振动压路机隔振元件采用减振器。减振器分为橡胶减振器、弹簧减振器、空气减振器、油减振器等多种。由于橡胶减振器具有弹性好、隔振缓冲性能好、制造容易诸多优点，因此振动压路机多使用橡胶减振器。对大型振动压路机，也使用空气减振器（充气轮胎）。而对于平板式振动夯多使用弹簧减振器。

振动压路机上使用的橡胶减振器有两种形式，一种是圆形的，另一种是方形的。减振橡胶的材料为天然橡胶或丁腈橡胶。

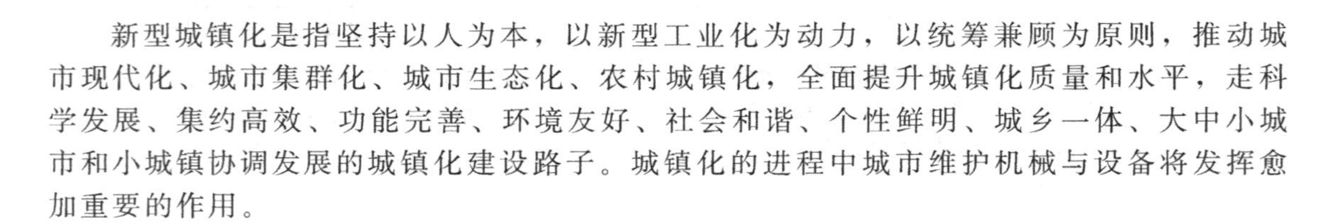

第8章 城市维护机械

新型城镇化是指坚持以人为本，以新型工业化为动力，以统筹兼顾为原则，推动城市现代化、城市集群化、城市生态化、农村城镇化，全面提升城镇化质量和水平，走科学发展、集约高效、功能完善、环境友好、社会和谐、个性鲜明、城乡一体、大中小城市和小城镇协调发展的城镇化建设路子。城镇化的进程中城市维护机械与设备将发挥愈加重要的作用。

8.1 市政机械

市政工程是指城市道路、桥梁、排水、污水处理、城市防洪、园林、道路绿化、路灯、环境卫生等城市公用事业工程。市政工程包括：道路、立交、广场、铁路及地铁等道路交通工程；河道、湖泊、水渠、排灌等河湖水系工程；供水、排水、供电、供气、供热、通信等地下管线工程；不同电压等级的供电杆线、通信杆线、无轨杆线及架空管线等架空杆线工程；行道树、灌木、草坪等街道绿化工程。

从以上各项市政工程的性质和范围看，市政工程机械既涉及用于土石方、混凝土、运输、起重、基础、压实等作业的通用工程机械，又涉及路、桥、隧、线、水利等工程的专用工程机械和园林绿化机械。因此，专用于市政工程的机械种类并不多，其中一种是下水道作业机械，包括清淤设备、下水道综合养护车、下水道联合疏通车等。

下水道联合疏通车具有两种或两种以上的下水道疏通功能，是下水道疏通较理想的机械。由于吸污功能是下水道疏通中最常用的功能，所以所有的下水道联合疏通车都具有吸污功能，并以吸污功能为主，兼有冲洗功能或具有吸污、冲洗和绞拉三种下水道疏通功能。吸污功能采用真空泵或鼓风机作为吸污系统真空源，进行下水道吸污作业。冲洗功能是用水泵排出的压力水经水管通过冲洗头喷出，喷出的压力水冲刷下水道，使下水道中的污物与水一道在下水道中流动。绞拉功能是用由钢丝绳卷筒、绞拉板、滑轮等组成的绞拉装置，将下水道中的污物驱赶至沉井中。

由于下水道联合疏通车具有多种功能，从而导致其具有多种多样的结构形式。下水道联合疏通车的结构形式主要有以下几种。

① 功能各自独立的下水道联合疏通车　这种疏通车是将几种下水道疏通机械简单地组合在一台汽车底盘上，以增加其利用率。由于其功能各自独立，导致结构复杂。但是，它各

自独立的功能允许同时进行吸污和冲洗等多种功能的作业，这对提高工作效率非常有利。

② 抽气真空装置与冲洗共用一水泵的下水道联合疏通车　这种疏通车采用射流真空抽气装置，利用水泵的压力水射流来进行抽气，从而达到抽气真空装置和冲洗共用一水泵的目的，其传动和水、气流动方框图如图 8-1 所示。发动机驱动水泵和液压油泵，水泵用来给射流真空装置和冲洗作业提供压力水。冲洗中控制软管行进速度的软管卷筒液压马达、绞拉作业的钢丝绳卷筒液压马达和卸料系统由液压泵输出的液压油驱动。水泵出口的压力水通过转换阀接通射流真空装置或冲洗作业管路，即吸污作业和冲洗作业不能同时进行。吸污作业时通过射流真空装置的水流回水箱，即水箱、水泵和射流真空装置组成了一循环回路。这种下水道联合疏通车一般为吸污罐倾斜卸料。

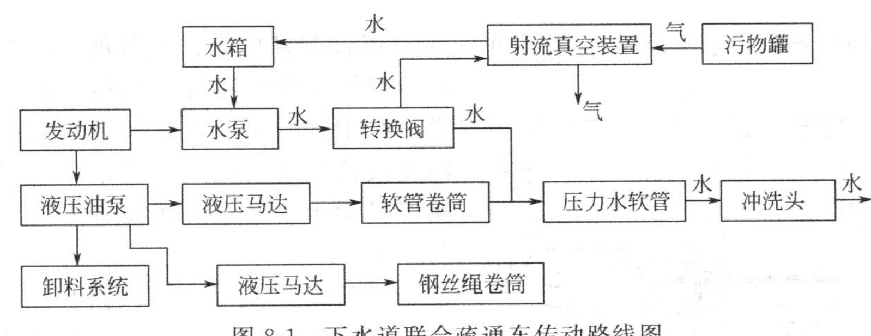

图 8-1　下水道联合疏通车传动路线图

③ 吸污罐与水箱共用一罐体的下水道联合疏通车　这种疏通车只有一个罐体，罐体内有一隔板将罐体分为两腔，隔板可沿导轨在罐体内前后移动。冲洗工作前，隔板移至罐体的后端，整个罐体都装满水，供冲洗时使用。在冲洗工作进行时，隔板随着罐体中水量的减少而缓慢向罐体前端移动，当罐体内的水用完后，隔板已移至罐体前端，整个罐体成为吸污罐。这种结构的下水道联合疏通车一般采用压力排料。

下水道联合疏通车的典型结构如图 8-2 所示。它由汽车底盘、多级离心水泵、射流真空装置、绞拉装置、冲穿装置、储水箱、储污罐等组成。离心水泵安装在汽车变速箱上面的取力口（或称动力输出装置），高压水通过控制阀通向射流真空装置和喷射装置进行吸污、高压冲洗及喷淋作业。液压泵安装在汽车变速箱侧面的取力口，液压油通过多联控制阀组成多条油路，分别驱动和控制绞拉装置和冲穿装置的卷筒及储污罐的升翻启闭。其传动路线如图 8-1 所示。

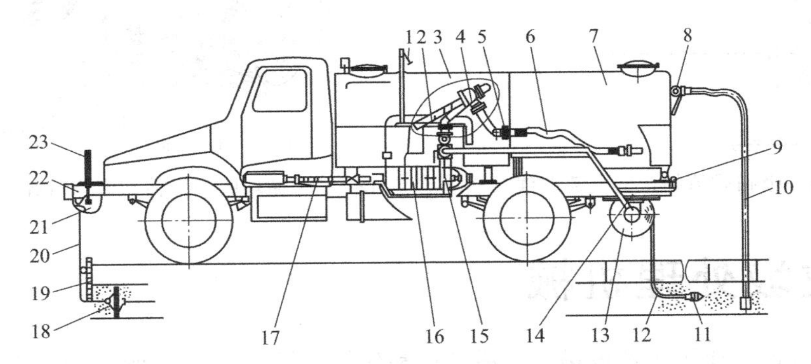

图 8-2　下水道联合疏通车的典型结构示意图

1—喷枪；2—射嘴；3—储水箱；4—射流真空装置；5—真空口；6—真空管；7—储污罐；8—吸污球阀；9—喷淋头；10—吸污管；11—冲洗头；12—软管；13—软管卷筒；14—冲穿装置；15—控制阀；16—多级离心水泵；17—传动轴；18—绞拉板；19—滑梯；20—绞拉钢丝绳；21—绞拉卷筒；22—绞拉装置；23—绞拉控制杆

8.2 环卫机械

环境卫生机械（简称环卫机械）主要用于城市市政工程设施的清扫、清洗及保洁作业，包括常见的清扫车、洒水车、护栏清洗车、落叶吸扫机、除雪机、除雪车、废弃物转运车辆和压缩设备等。

清扫车是最常见的一种环卫机械，用于清扫城市公路、街道、广场等。

清扫车按其工作原理可分为吸扫式和纯扫式，吸扫式又分为开放吸扫式和循环吸扫式。按其行走系统的动力来源可分为自行式和牵引拖挂式。绝大多数清扫车是自行式循环吸扫式。

自行式循环吸扫式清扫车通常具有汽车底盘和可伸到基础车体以外的盘刷或柱刷以及吸口。盘刷用于将路缘、边角、护栏下的垃圾输送、集中到吸口前方，利用空气动力通过吸口将垃圾捡拾并输送到垃圾箱中。空气进入垃圾箱经过除尘后重新送回吸口再一次作为载体参与作业。

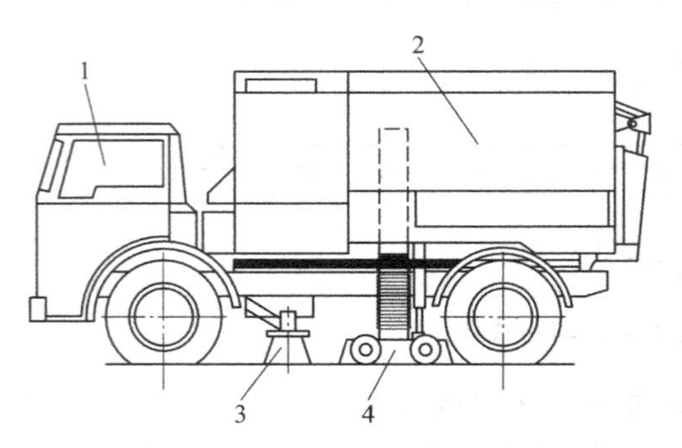

图 8-3　循环吸扫式清扫车结构外形示意图
1—自行式底盘；2—垃圾箱；3—侧盘刷；4—宽吸口

循环吸扫式清扫车结构外形如图 8-3 所示。循环吸扫式清扫车的正下方是一个与底盘宽度尺寸基本相当的宽吸口，宽吸口中不仅有向上吸取垃圾尘粒的吸管，还有向下吹气的吹管。空气由吸管吸入，经过除尘分离后重新送回吹管吹出，形成空气的循环流动，空气作为载体将路面上的垃圾尘粒送进垃圾箱，再回到下边继续工作，如图 8-4 所示。

图 8-5 所示为循环吸扫式清扫车空气循环示意图。鼓风机产生的压力空气通过压力空气管吸入吸盘，在吸盘中通过压力缝，产生涡流，将路面上的杂物通过吸口吸入垃圾箱，在垃圾箱中将杂物过滤，鼓风机又将空气吸走再利用，如此循环不断。

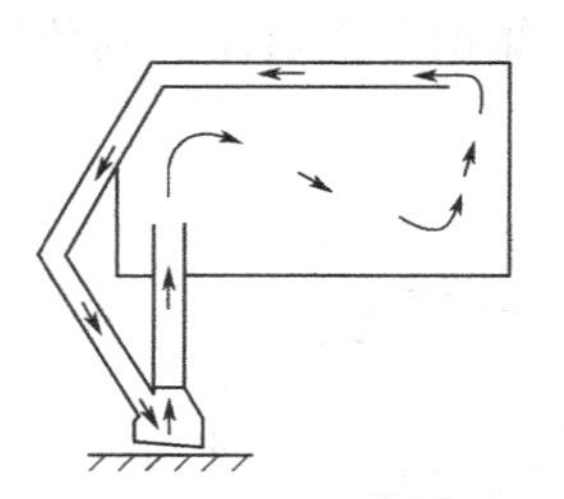
图 8-4　循环吸扫式清扫车的气流路线

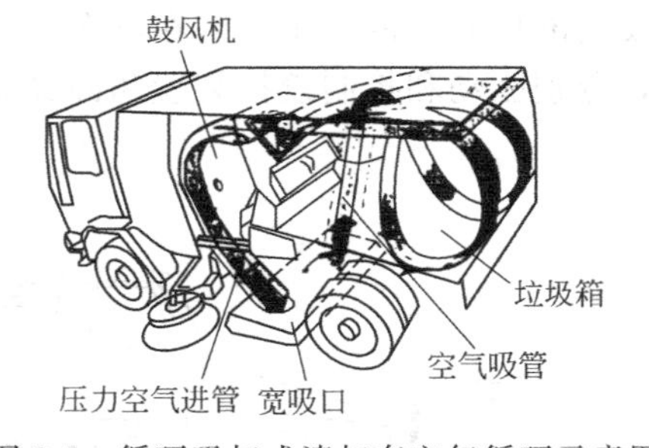

图 8-5　循环吸扫式清扫车空气循环示意图

8.3 垃圾处理机械

垃圾处理机械主要用于垃圾场上生活垃圾和建筑垃圾的分拣、推铲、压实、破碎及回收等作业，包括常用的垃圾压实机、建筑垃圾再生机、固体废弃物焚烧或生化处理设备等。

8.3.1 垃圾压实机

垃圾压实机应用于垃圾填埋场中的垃圾推铲和压实，如图 8-6 所示。机器前端安装有推铲，由升降控制装置操纵铲刀液压缸实现铲刀升降。前后四个压实滚轮上焊有多边棱角凸块，利于压实各类垃圾。前后滚轮分别由前后两个驱动桥驱动，驱动桥装有限滑差速锁以保证整机牵引性能。压实机采用中央铰接式转向机构，使压实滚轮对垃圾始终保持均匀压力而不会使机架产生附加应力，并且在填埋场地较差的情况下能确保四个轮子和地面接触，有利于机器的稳定性及通过性能。行车制动为气推油钳盘式制动器，停车制动为鼓式制动器，两套独立的制动系统确保压实机在动、静状态的有效制动。整机传动路线如图 8-7 所示。

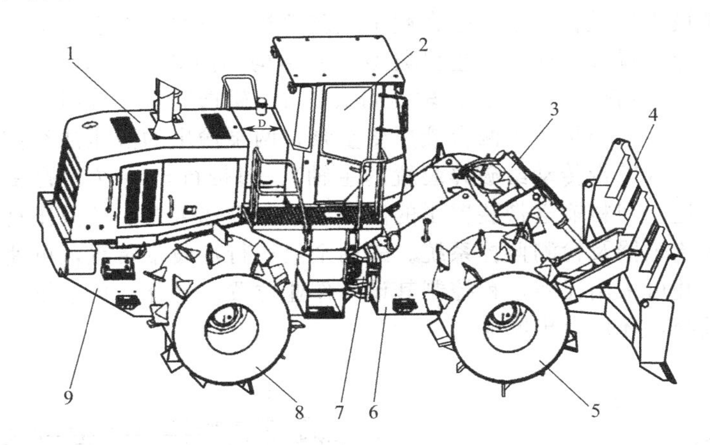

图 8-6 垃圾压实机外形结构示意图

1—发动机室；2—驾驶室；3—铲刀液压缸；4—铲刀；5—压实前轮；6—前车架；7—铰接支座；8—压实后轮；9—后车架

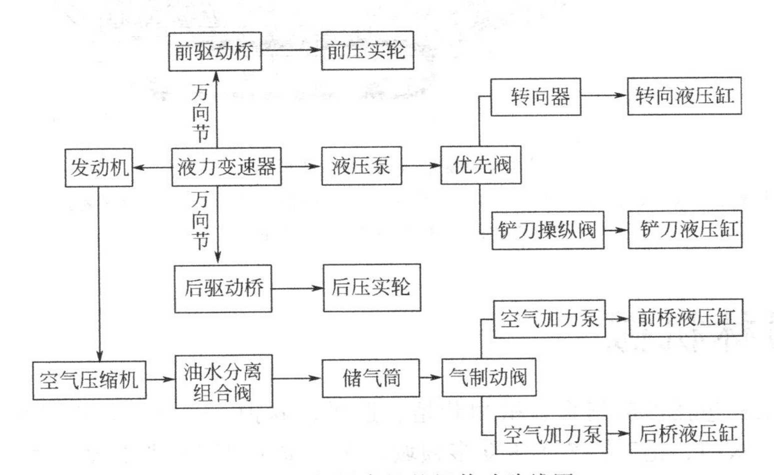

图 8-7 垃圾压实机整机传动路线图

垃圾场空气环境恶劣，作业介质对机器污染严重。因此，垃圾压实机驾驶室内大多配有冷暖空调系统、空气净化装置、CD 音响及监视器，为驾驶员提供清新、舒适、全视野的操作环境。为防止火灾、污物侵入机身和保持机器的整洁，对机身实行全封闭。

8.3.2 建筑垃圾再生设备

建筑垃圾是建筑物在拆建过程中所产生的废弃物，主要类型是混凝土废块、钢筋混凝土废块、废弃砖瓦石块等。

建筑垃圾再生设备主要用于建筑垃圾的破碎、再生料筛分、金属分拣等。建筑垃圾再生机可将建筑垃圾中的许多废弃物经分拣、剔除或粉碎后，作为再生资源重新利用。如废钢筋、废钢丝、废电线和各种废钢配件等金属，经分拣、集中、重新回炉后，可以再加工制造成各种规格的钢材；废竹木材则可以用于制造人造木材；砖、石、混凝土等废料经破碎后，可以代替天然砂石料，用于砌筑砂浆、抹灰砂浆、打混凝土垫层等，还可以用于制作砌块、铺道砖、花格砖等建材制品。

建筑垃圾再生设备有固定式和移动式两种，移动式建筑垃圾再生设备又可分为轮式和履带式。

履带式建筑垃圾再生设备基本上是在履带式破碎机主机改型的基础上，增加钢筋磁选装置、粉料及砂料筛分装置改装而成。主机典型总体结构如图 8-8 所示，由动力装置 7、行走装置 9、破碎装置 3、给料装置 5、卸料输送带装置 1、磁选装置 2 等组成。整机采用全液压传动，动力装置 7 采用柴油机驱动两台液压变量泵，两泵输出的液压油经控制阀分别驱动破碎装置 3 的液压马达（V 带传动给破碎装置的主轴）、履带行走装置 9 的液压马达、振动给料装置 5 的液压马达、卸料输送带装置 1 的液压马达、磁选装置 2 的液压马达。机器采用数字控制，配有先进传感器及检测监控系统。采用全液压行走履带装置，可使设备在施工现场的场内灵活移动，并可采用无线远程控制其设备作业位置。另外，再生设备配有噪声控制系统和有效的除尘系统，环保效果明显。

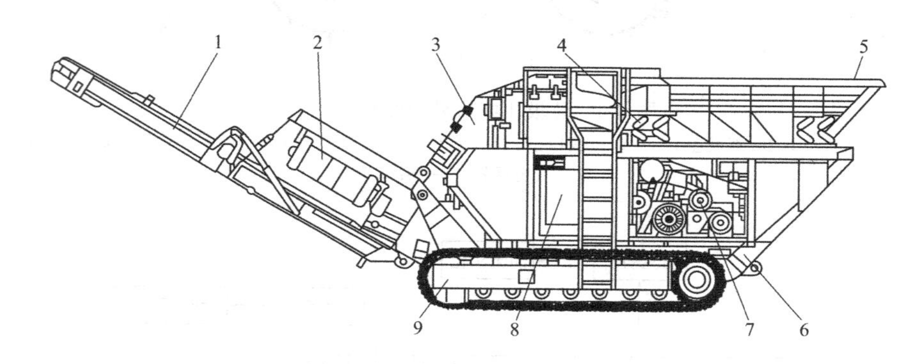

图 8-8　履带式建筑垃圾再生机

1—卸料输送带装置；2—磁选装置；3—破碎装置；4—隔振装置；5—振动给料装置；6—机架；7—动力装置；8—控制装置；9—履带行走装置

8.4　园林机械

城市绿化工程包括种苗培育、植物栽植、造景、养护、管理等，涉及生物、农业、林业、土木建筑、水利、化工、艺术等众多领域，而其作业内容差别更大。由于作业的不同需求，园林绿化的全套机械设备品种多样。其中就包括适合于园林绿化作业条件的农业机械、林业机械及其他通用机械等，如土壤耕作加工机械、木材锯切和削片机械、种苗培育和病虫害防治机械、一般喷灌设备以及动力机械、运输机械、起重装卸机械、水利机械和通用工程机械等。

按照作业对象和主要功能，园林机械的种类如图 8-9 所示。

在众多的园林机械作业功能中，挖坑和绿篱修剪是工程机械多功能机的两项作业功能。在此对挖坑机和绿篱修剪机作一简单介绍。

8.4.1　挖坑机

挖坑机分便携式和自行式两种，便携式有手提式和背负-手提式。自行式有拖拉机牵引

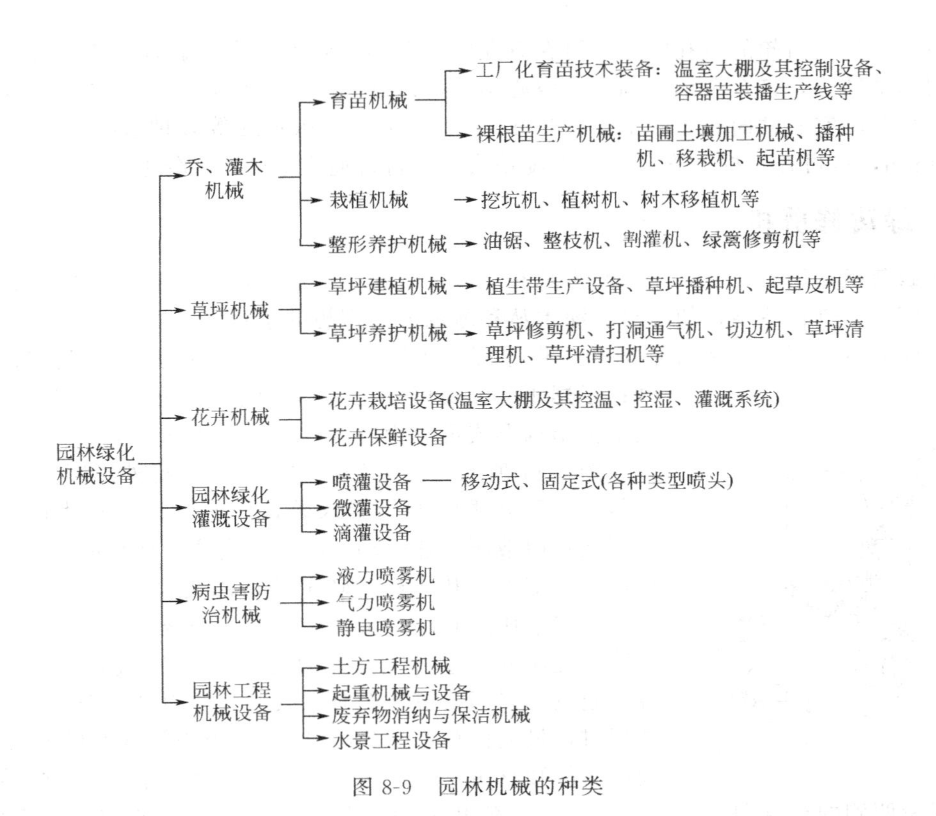

图 8-9 园林机械的种类

式、拖拉机悬挂式和车载式，车载式应用于空心钻筒机。

空心钻筒机是用中空筒式钻头作为工作部件的大型挖坑机。空心钻筒两端无盖也无底，下端部镶有硬质合金切削齿，能在十分坚硬的地面条件下进行钻削挖坑作业，适用于在市政工程中道路改线、居民区和建筑群四周的建筑渣土中，以及条件恶劣的特殊土壤中钻挖大坑，用来移植园林绿化大径级树木。图 8-10 所示为车载式全液压空心钻筒挖坑机。

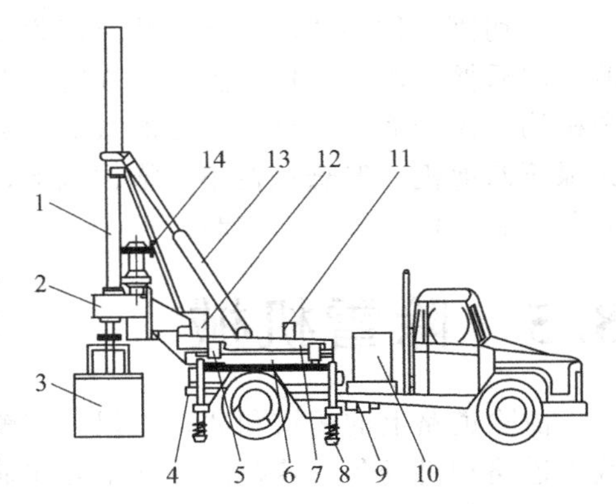

图 8-10 车载式全液压空心钻筒挖坑机

1—加压和提升装置；2—减速箱；3—筒形钻头；4—汽车大梁；5—夹紧液压缸；6—下支承盘；7—上盘；8—支腿；9—分动箱；10—液压油箱；11—回转液压马达；12—操纵台；13—支塔液压缸；14—主液压马达

该机在汽车底盘的基础上由分动箱、回转机构、支腿机构、支塔机构、工作装置等组成。分动箱也是取力箱，它将汽车发动机的动力接出，驱动两个柱塞泵和一个齿轮泵，为挖坑机提供动力。回转机构由液压马达驱动，转盘可作 280°范围内的回转，能使挖坑机的钻头在汽车的后方和左右两方的旋转弧线上的任一点位置进行挖坑作业。支腿机构由四只支腿组成，在工作时支承于地面，以增加作业时整机的稳定性，支腿的放下、支承和收起均由各自的液压缸完成。支塔机构用于支承钻塔，运输时通过支塔液压缸将工作装置倾倒置于车厢前部的支架上。工作时将工作装置支承于直立位置。工作装置由筒形钻头、减速器、主液压马达加压装置和钻塔等组成。加压装置在钻塔内，其加压液压缸的活塞杆与钻杆用特殊的接头连接，可以在钻杆旋转时保证传递向下的进给力，活塞杆向上时，可将钻头从土壤中提升出来。钻杆与钻头连接，钻杆上部为方轴，与减速箱从动齿轮的方孔配合，可在方孔中上下移动而不影响转矩的传递。液压马达通过减速器驱动钻头，带合金钢切削齿的空心钻筒可以破碎坚硬的地表层，如水泥、沥青路面等。该机配备的空心钻筒有1000mm、800mm、600mm、400mm等多种直径，最大钻坑深度达800mm，也可在钻杆上安装普通螺旋钻头，进行普通土壤的挖坑作业。

8.4.2 绿篱修剪机

绿篱修剪机是用于修剪绿篱、灌木丛和绿墙的机械。通过修剪来控制灌木的高度和藤本植物的厚度，并进行造型，使绿篱、灌木丛和绿墙成为理想的景观。

绿篱修剪机按照切割装置结构和工作原理的不同，可分为刀齿往复式和刀齿旋转式两种；根据驱动方式可分为电动、汽油机驱动和液压驱动；根据整机结构形式可分为便携式和悬挂式两大类。

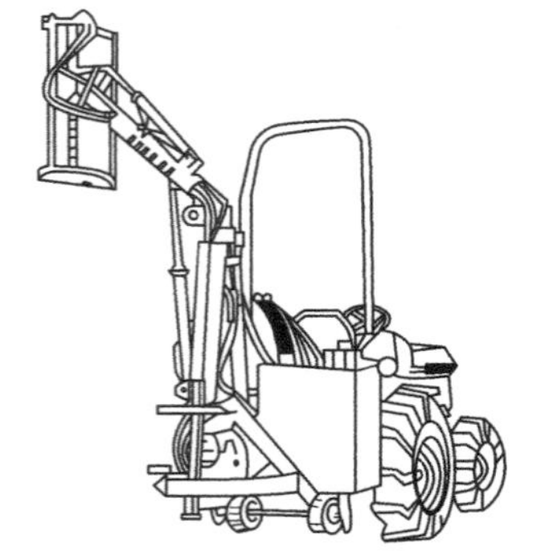

图8-11 臂架悬挂式绿篱修剪机

图8-11所示为臂架悬挂式绿篱修剪机外形图。切割装置安装在液压起重臂的管架末端，作业时具有更大的灵活性。切割装置由液压马达驱动，除了刀齿往复运动的切割装置外，还可配置滚刀式和连枷式转子型切割装置。液压起重臂的运动由主臂液压缸和副臂液压缸控制。臂架与工作装置相对于绿篱或堤岸的位置和角度全部通过液压缸进行调整和变化。液压起重臂采用二节臂架时，其最大伸距可达5m，采用三节臂架时，最大伸距可达7m。因此该类绿篱修剪机可以修剪高大绿篱的顶面和侧面，可以修剪各种绿墙，还可修剪道路、河流等堤岸两侧的杂草和灌木丛，对于城市公共绿地和公园中高大灌木丛的造型修剪也能胜任。

在切割工作装置的框架里装有回弹安全机构，当工作装置碰到障碍时，工作装置和臂架就会向后摆，避免工作装置受到损害。有些绿篱修剪机有向前和向后两个控制方向的回弹安全机构。由于液压起重臂承受的载荷不大，驱动工作装置所需的动力也不大，因此臂架悬挂式绿篱修剪机一般悬挂在小型拖拉机上，可利用拖拉机的液压系统，也可用单独的液压系统对臂架和工作装置进行控制。

8.5 除雪机械

清除道路上的积雪和冰，以保障车辆、飞机和行人安全、正常地运行与行走，是公路、城市道路和机场冬季养护的一项重要作业。除雪机械便是完成这项养护作业的专用设备。

8.5.1 分类及用途

除雪机械有以下几种分类方法。

① 按照工作原理及形式不同，除雪机械可分为推移式、螺旋转子式（抛投式）、滚压式、铲剁式、锤击式五种。其中，推移式又可分为铲刀（刮刀）式、前置侧铲式、V形除雪犁、除雪车等；螺旋转子式又可分为铣刀转子式和叶轮转子式两种。

② 按照用途不同，除雪机械可分为通用除雪机、人行道除雪机、铁道除雪机和高速公路除雪机等。

③ 按照行走装置的不同，除雪机械可分为轮胎式除雪机和履带式除雪机。

④ 按照底盘的不同，除雪机械可分为通用底盘和专用底盘两种。

除雪机械的综合分类、特点及适用范围见表8-1。

表 8-1　除雪机械的分类、特点及适用范围

名称	特　　点	适 用 范 围
按工作装置形式分类		
犁板式除雪机	以雪犁或刀板为主要除雪方式，可推雪、刮雪	可装在货车、推土机、平地机、拖拉机、装载机等底盘上，能适应各种条件下的除雪
螺旋式除雪机	由螺旋和刮刀为主要除雪方式，侧向推移雪或冰碴	清除新雪、冻结雪、冰辙
转子式除雪机	以高速风扇转子的抛雪为主要除雪方式，抛雪或装车	清除新雪或同犁板式除雪机配合作业
组合式除雪机	多种除雪方式的组合	清除新雪、压实雪
清扫式除雪机	以旋转扫路刷为主要除雪方式	在高速路、机场进行无残雪式除雪、薄雪
吹风式除雪机	用鼓风机或汽轮机产生的高速气流将雪吹出路面	清除公路新降雪
化学消融剂式撒布机	以化学溶剂消雪、防结冰为主要方式	降雪前撒于路面，降雪后还可以撒灰渣
加热式融雪机	把雪收集起来，加热融化成水	特殊场合
按主机类型分类		
旋转除雪机	工作装置由集雪螺旋和风扇转子等转动件组成，一般为装载机底盘	清除厚雪，或同犁板式除雪机配合作业
除雪货车	在货车底盘上安装各种除雪犁板和作业装置	在公路、广场、街道清除新雪、压实雪
除雪平地机	刮雪刀片在平地机机体中部	主要清除压实雪
除雪推土机	在推土机前安装各种除雪犁板，有履带式和轮胎式	清除较厚雪
扫雪机	工作装置为扫刷或扫刷加吹气	车高速路、机场清除新雪、薄雪
路面除冰机	工作装置有螺旋刃切削式和转子冲击式，底盘一般用装载机	清除压实雪、冻结雪、冰辙
手扶式除雪机	无驾驶室	在人行道及狭小地方除雪
融雪车	在货车上装有螺旋集雪装置、燃烧加热装置、融雪槽等	在街道除雪
消融剂撒布车	在货车底盘上装有料仓、输送器、撒布圆盘等装置	撒布防止结冰的药剂或防滑作用的砂子
装雪机	有斗式装雪机、带式装雪机、螺旋式装雪机	必须把雪运走的地区
固定式除雪装置	在特殊地段安装的永久性除雪装置	特殊地段

8.5.2　典型结构

（1）犁式除雪机

犁式除雪机是把除雪犁安装在拖拉机、货车、装载机、推土机、平地机或专用底盘上的除雪机的总称。除雪犁一般安装在车辆前部、中部或侧面，靠主机带动，在行进中实现对积雪的铲除。除雪犁有单向犁、V形犁、变向犁、刮雪刀及复合犁等形式，通过液压控制系统实现犁刀的提升和降落。这种除雪机结构简单、换装容易、机械灵活，适宜于清除新雪。

采用货车底盘的除雪机一般称为除雪车，犁式除雪车外形如图8-12所示。

犁式除雪车的基本工作装置为除雪犁，除雪犁主要由犁刃与导板两部分组成。具有一定切削角的犁刃切削路面积雪，使积雪沿导板的特殊曲面向上方运动，最后以一定速度从后端部排出。单向犁犁刃的结构形式较多，犁刃安装于导板底部并可更换，导板的形状一般为复合曲面。V形犁的主要结构及工作原理与单向犁基本相同，它的结构呈V形左、右对称，工作时向两边排雪。复合犁采用两翼中折式结构，可自由改变其形状，形成单向犁、V形犁或反V形犁等。为防止路面障碍物损坏犁刃，并使除雪犁能适应路面的不平变化，除雪

犁在切雪过程中遇到路面障碍物时，避障调节装置能使犁刃越过障碍物后恢复正常工作。

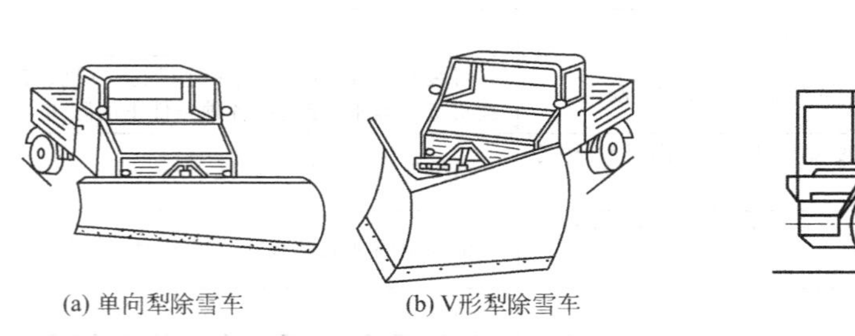

图 8-12　犁式除雪车外形

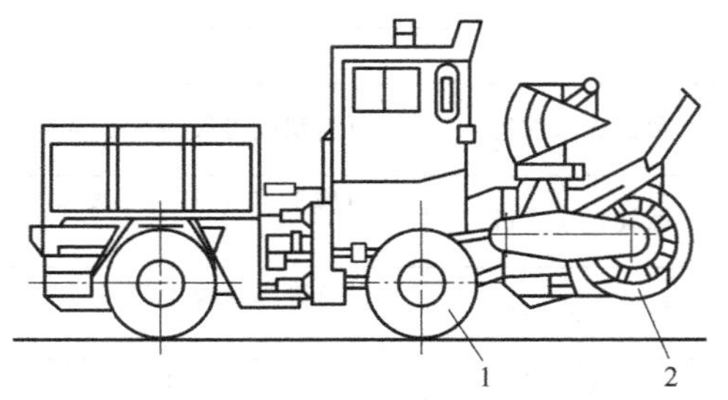

图 8-13　旋转式除雪机外形
1—行走底盘；2—旋转除雪装置

(2) 旋转式除雪机

旋转式除雪机是把各种旋转除雪装置安装在汽车、拖拉机、装载机等工程车辆或专用底盘上的除雪机总称。其典型结构如图 8-13 所示。这种除雪机对积雪具有切削、集中、推移和抛投等功能，对雪质适应性强，可将积雪抛出几十米以外，适用于清除较厚的积雪或将犁式除雪车推出的雪抛出路外，以及清除雪阻的作业场合。

旋转式除雪机主要由工作装置及底盘车组成。工作装置由集雪螺旋、抛雪风扇、抛雪导管以及连接装置组成。集雪螺旋主要完成积雪的切削、输送，其叶片一般布置为左右旋向，便于雪从两边向中间运动至抛雪风扇处。抛雪风扇叶片为辐射状，进入风扇的雪在高速旋转叶片离心力的作用下，沿着叶片表面运动至风扇壳体顶部开口处抛出，由抛雪导管导向合适区域。

旋转除雪装置的形式有单螺旋转子式、双螺旋转子式、立轴单螺旋转子式等。双螺旋转子式的结构如图 8-14 所示，工作装置的两根螺旋上下平行布置于转子前面，将雪从两边集中到中间转子，再由转子将雪以一定的旋转速度从抛雪导管抛出。这种螺旋叶片空间尺寸较大，但切削能力不强，对转子的供雪在相当大的程度上取决于机器的前进运动，主要以新雪为作业对象。

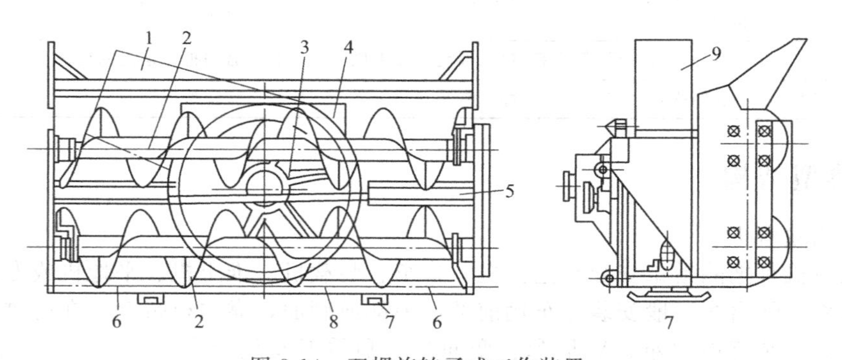

图 8-14　双螺旋转子式工作装置
1,9—抛雪导管；2—螺旋；3—转子；4—上连接板；5—劈开器；6,8—刀片；7—雪橇

8.6　装饰装修机械

装饰装修工程机械是指建筑物主体结构完成以后，对建筑物内外表面进行修饰和加工处理的机械。它主要用于房屋内外墙面和屋顶的装饰；地面、屋面的铺设和修整；水、电、暖气和卫生设施的安装等。

装修工程的特点是工种技术复杂，劳动强度大，大型机械使用不便，传统上多靠手工操作。因此，发展小型的、手持式的轻便装修机械，是实现装修工程机械化的有效途径。机器人化也是装修工程机械的发展趋势，目前已有喷浆机器人、面壁清洗机器人等应用于装修工程。

装修工程的内容繁多，所以装修工程机械的种类也很多，在装修工程机械产品型谱中共有 9 大类、60 多种机种。装修工程机械中常用的有灰浆制备及喷涂机械、涂料喷刷机械、油漆制备及喷涂机械、地面修整机械、屋面装修机械、高空作业吊篮、擦窗机、建筑装修机具及其他装修机具。

8.6.1 灰浆制备及喷涂机械

灰浆制备及喷涂机械用于灰浆材料加工、灰浆搅拌、灰浆输送、墙体抹灰等工作，主要包括灰浆搅拌机、灰浆泵、灰浆喷枪等。

灰浆搅拌机是将砂、水、胶合材料（如水泥、石膏、石灰等）均匀搅拌成灰浆混合料的机械。其工作原理与强制式混凝土搅拌机相同。灰浆搅拌机按其生产过程可分为周期作业式和连续作业式；按搅拌轴布置方式可分为卧轴式和立轴式；按出料方式可分为倾翻卸料式和底门卸料式。目前，建筑工地上使用最多的是周期作业的卧轴式灰浆搅拌机，其外形结构如图 8-15 所示。电动机 1 由传动带传动，再经蜗杆减速器 2 和滑块联轴器 3，驱动主轴 6 带动叶片在搅拌筒 7 中回转搅拌灰浆。卸料时，转动手柄 8，通过小齿轮带动与筒体固定的扇形齿圈，使搅拌筒以主轴为中心进行倾翻，此时叶片仍继续转动，协助将灰浆卸出。

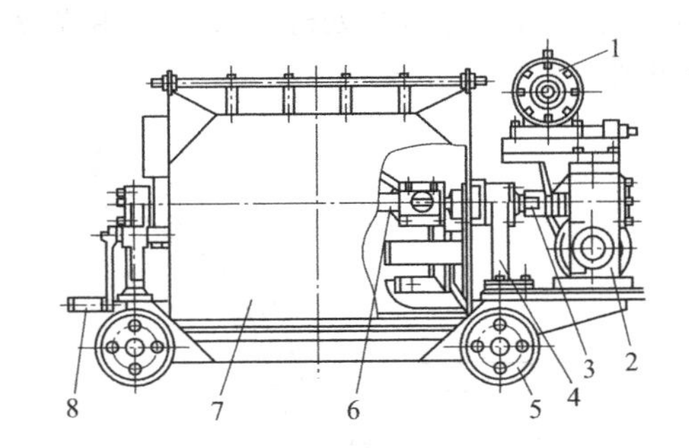

图 8-15 灰浆搅拌机的外形
1—电动机；2—蜗轮蜗杆减速器；3—滑块联轴器；4—支座；5—行走轮；6—主轴；7—搅拌筒；8—手柄

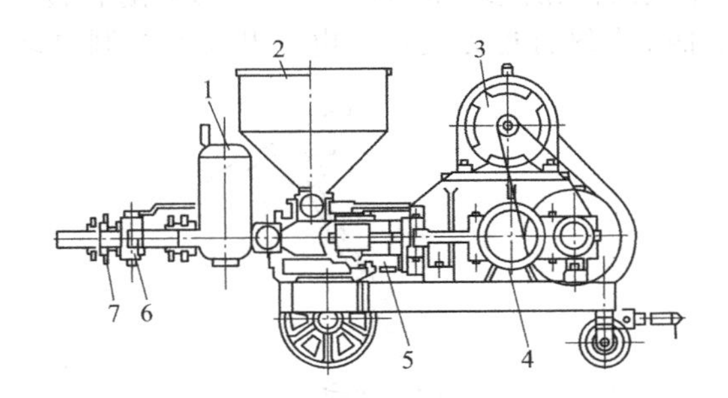

图 8-16 单柱塞式灰浆泵
1—气罐；2—料斗；3—电动机；4—减速器；5—曲柄连杆机构；6—柱塞缸；7—吸入阀

灰浆喷涂机械是用于输送、喷涂和灌注水泥灰浆的设备。按结构形式可分为柱塞式、隔膜式、挤压式、气动式和螺杆式，目前最常用的是柱塞式灰浆泵和挤压式灰浆泵。

柱塞式灰浆泵利用柱塞在密闭缸体里的往复运动，将进入柱塞缸中的灰浆直接压入输浆管，再送到使用地点。它有单柱塞式和双柱塞式两种。单柱塞式灰浆泵的结构如图 8-16 所示，电动机 3 通过 V 带传动和减速器 4 使曲轴旋转，再通过曲柄连杆机构使柱塞作往复运动。柱塞回程时吸浆，伸出时压浆。吸入阀 7 和压出阀随着柱塞的往复运动而轮番起闭，从而吸入和压出灰浆。

8.6.2 涂料喷刷机械

涂料喷刷机械用来对建筑物内外表面喷刷石灰浆、油漆、涂料等饰面材料。按所喷刷的饰面材料的不同分为有气喷涂机、无气喷涂机、喷浆泵等。

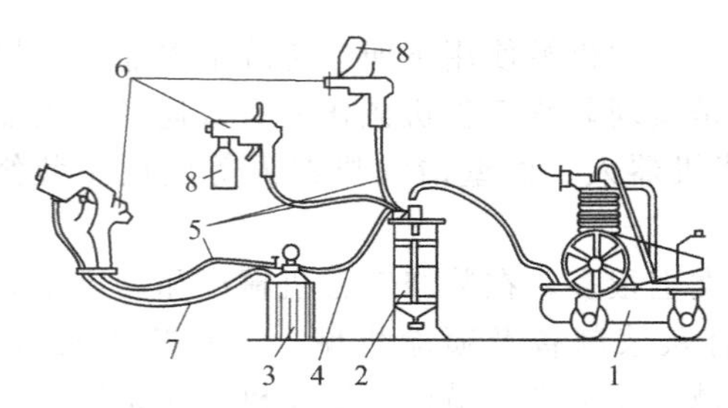

图 8-17　有气喷涂机布置图
1—空气压缩机；2—油水分离器；
3—储料器；4，5—输气软管；
6—喷枪；7—输浆管；8—色浆瓶

有气喷涂机是利用压缩空气，通过喷枪将色浆或油漆吹散成极小的颗粒，并喷涂到装饰表面的机械。图 8-17 所示为有气喷涂机的布置图。空气压缩机 1 产生的压缩空气经油水分离器 2 进入喷枪 6，油漆或色浆从储料器 3 沿输浆管 7 也进入喷枪 6 前端，压缩空气从喷枪口喷出时，周围空气流动速度大、压力低，色浆或油漆从喷枪口呈雾状喷出。如果喷涂量不大，可以不用储料器 3，而是将油漆或色浆直接装入喷枪上的色浆瓶 8 中。

8.6.3　地面修整机械

地面修整机械用于水泥地面、水磨石地面和木地板表面的加工和修整。常用的地面修整机有地面抹光机、水磨石机和地板磨光机等。

（1）地面抹光机

地面抹光机用于房屋地面、室外地坪、道路、混凝土构件的水泥灰浆或细石混凝土表面的压平抹光工作。

地面抹光机的外形如图 8-18 所示。电动机 3 通过 V 带 10 驱动转子 7，转子 7 是一个十字架形的转架，其底面装有 2～4 把抹刀 6，抹刀 6 的倾斜方向与转子 7 的旋转方向一致，并能紧贴在所修整的地面上。抹刀 6 随着转子 7 旋转，对地面进行抹光处理。抹光机由操纵手柄 1 操纵行进方向，由电气开关 2 控制电动机 3 的开停。

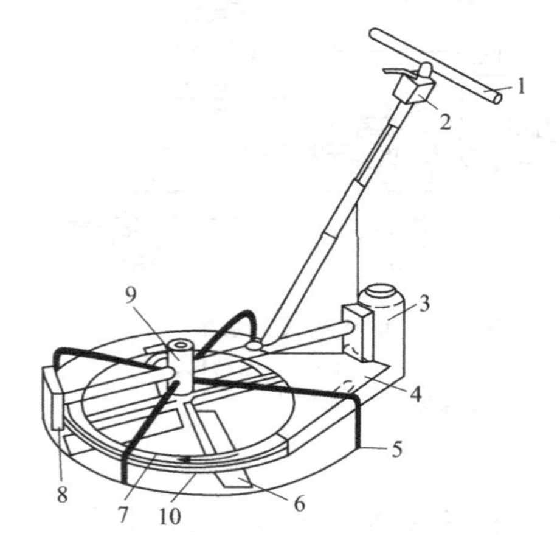

图 8-18　地面抹光机
1—操纵手柄；2—电气开关；3—电动机；
4—传动带罩壳；5—保护罩；6—抹刀；
7—转子；8—配重；9—轴承架；10—V 带

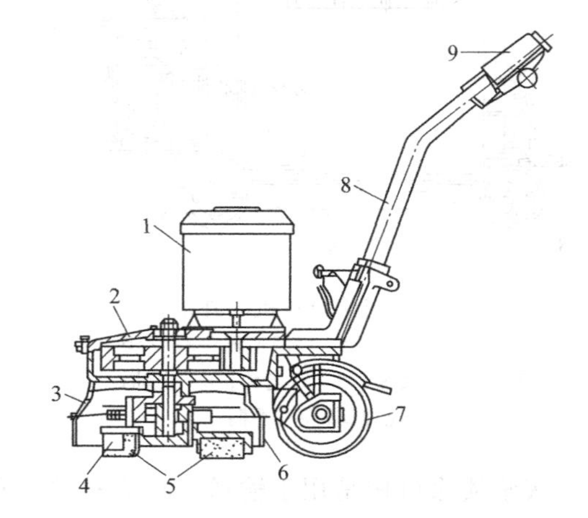

图 8-19　单盘式水磨石机
1—电动机；2—变速器；3—磨盘外罩；
4—磨石夹具；5—金刚石磨石；6—护圈；
7—移动滚轮；8—操纵杆；9—电气开关

（2）水磨石机

水磨石是由灰、白、红、绿等石子做集料与水泥混合制成砂浆，铺抹在地面、楼梯等处后，待其凝固并具有一定强度后，使用水磨石机将地面抹光而成。水磨石机分为单盘式、双盘式、侧式、立式和手提式五种。单盘式、双盘式水磨石机主要用于水磨较大面积的地坪；侧式水磨石机专用于水磨墙围、踢脚；立式水磨石机主要用于磨光卫生间高墙围的水磨石墙体；而手提式水磨石机主要适用于窗台、楼梯、墙角等狭窄处。

图 8-19 所示为单盘式水磨石机。在转盘底部装有三个磨石夹具 4，每个夹具都能夹住一块三角形的金刚石磨石 5，通过减速器中的一对大、小齿轮进行传动。冷却水从管接头通入，以减小金刚石磨石 5 磨损和防止灰尘飞扬。水量的大小由阀门调节。

8.6.4　高空作业吊篮

高空作业吊篮主要用于高层及多层建筑物的外墙施工及装饰和装修工程。例如：抹灰浆、贴面、安装幕墙、粉刷涂料和油漆以及清洗、维修等，也可用于大型罐体、桥梁和大坝等工程的作业。使用高空作业吊篮作业，可免搭脚手架，从而节约大量钢材和人工，使施工成本大大降低，并具有操作简单灵活、移位容易、方便实用、技术经济效益好等优点。

高空作业吊篮按驱动方式可分为手动式和电动式两种。按起升机构不同有爬升式和卷扬式两种。目前国内外大多采用爬升式电动吊篮，如图 8-20 所示。

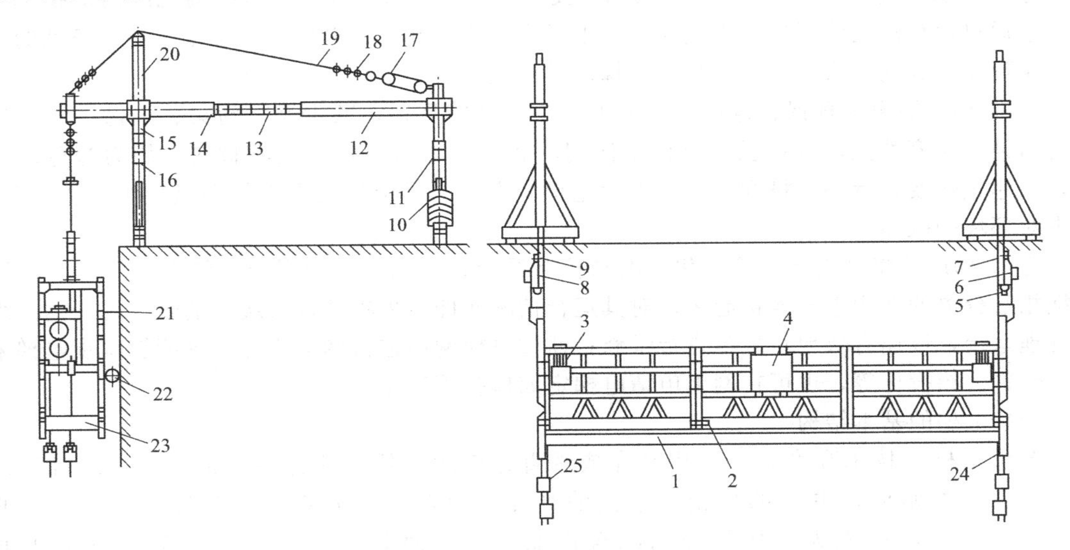

图 8-20　爬升式电动吊篮

1—工作平台底架；2—工作平台栏杆；3—提升机；4—电气控制箱；5—安全锁；6—撞顶限位开关；7—工作钢丝绳；8—安全钢丝绳；9—撞顶止挡；10—配重块；11—后支架；12—后梁；13—中梁；14—前梁；15—伸缩架；16—前支架；17—开式螺旋扣；18—钢丝绳绳夹；19—加强钢丝绳；20—上支架；21—提升机安装架；22—靠墙轮；23—平台底挡板；24—平台底脚；25—绳坠铁

爬升式电动吊篮主要由屋面悬挂机构、悬吊平台、电气控制系统及工作钢丝绳 7 和安全钢丝绳 8 等组成。悬吊平台主要由提升机 3、安全锁 5、电气控制箱 4 和工作平台底架 1、工作平台栏杆 2 等组成，其中平台篮体为组合结构（可由一到三节不同长度的篮体对接而成），而提升机 3 和安全锁 5 是吊篮的关键部件。屋面悬挂机构主要由前支架 16、后支架 11、前梁 14、中梁 13、后梁 12、加强钢丝绳 19 以及配重块 10 等组成。

8.7　电梯、自动扶梯与自动人行道

8.7.1　电梯

（1）电梯技术发展方向

电梯从问世到今天已经有 100 多年了，它给人们的日常生活带来了无尽的便利与享受，

以至于成为了人们生活中不可缺少的一部分。电梯由最早的简陋不安全、不舒适的升降机发展到今天，经历了很多次的改进提高，其技术发展是永无止境的。

综观电梯产品的发展历程，今后还将在以下几个方面有更大的改进和突破：

① 超高速电梯。随着人口数量与可利用土地面积之间的矛盾进一步激化，将会大力发展多用途、全功能的高层塔式建筑，超高速电梯继续成为研究方向。除采用曳引式电梯之外，直线电机驱动电梯也会有极大的发展空间。未来电梯如何保证其安全性、舒适性和便捷性也成为了一个研究的方向。

② 电梯智能群控系统。电梯智能群控系统将基于强大的计算机软硬件资源支持，能适应电梯交通的不确定性、控制目标的多样化、非线性表现等动态特性。随着智能建筑的发展，电梯的智能群控系统与大楼所有自动化服务设施结合成整体智能系统，也是电梯技术的发展方向。

③ 蓝牙技术应用。蓝牙（blue tooth）技术是一种全球开放的、短距离无线通信技术规范，它通过短距离无线通信，把电梯各种电子设备连接起来，取代纵横交错、繁复凌乱的线路，实现无线成网，将极有效地提高电梯产品的先进性和可靠性。

④ 电梯发展更加环保、绿色。要求电梯更加节能环保，减少噪声污染、油污染和电磁辐射污染，兼容性强，寿命长，电梯中使用的各种原材料（包括装潢材料）均为绿色环保型，与建筑物及自然环境搭配协调，人性化程度高，并尽量使用太阳能和风能等绿色能源，减少对环境的破坏。

⑤ 电梯产业将网络化、信息化。电梯控制系统将与网络技术紧密地结合在一起，用网络把相互分离的在用电梯连接起来，对其运行情况作即时采集并进行统一监管，统一纳入维保管理系统，快速有效地对故障进行维修；通过电梯网站进行网上交易，既能够实现电梯采购、配置、招投标等，也可在网上申请电梯定期检验等工作。

（2）电梯的基本结构

电梯是机电技术高度结合，用来完成垂直方向运输任务的特种设备，其中的机械部分相当于人的躯体，电气部分相当于人的神经，两者不可分割，关系紧密。机与电的高度合一，使电梯成为现代科技的综合产品，同时对其运行的安全可靠程度要求非常高。

① 电梯的定义　国家标准 GB/T 7024—2008《电梯、自动扶梯、自动人行道术语》规定的电梯定义为：电梯（Lift，Elevator）是服务于建筑物内若干特定的楼层，其轿厢运行在至少两列垂直水平面或与铅垂线倾斜角小于 15°的刚性导轨之间的永久运输设备。轿厢尺寸与结构型式便于乘客出入或装卸货物。

根据上述定义，我们平时在商场、车站见到的自动扶梯和自动人行道并不能被称为电梯，它们只是垂直运输设备中的一个分支或扩充。

② 电梯整体结构　图 8-21 是电梯整体结构图，其中各部分装置与结构如图所示。

不同规格型号的电梯，其功能和技术要求不同，配置与组成也不同，在此，我们以比较典型的曳引式电梯为例作介绍。

图 8-22 是典型电梯的结构组成框图，是根据使用中电梯所占据的四个空间，对电梯结构作了划分。由图 8-21、图 8-22 不难看出一部完整电梯组成的大致情况。

③ 电梯的组成及占用的空间　电梯的组成及占用的四个空间如图 8-22 所示。

④ 电梯从功能上划分的八个系统　根据电梯运行过程中各组成部分所发挥的作用与实际功能，可以将电梯划分为八个相对独立的系统，表 8-2 列明了这八个系统的主要功能和组成。

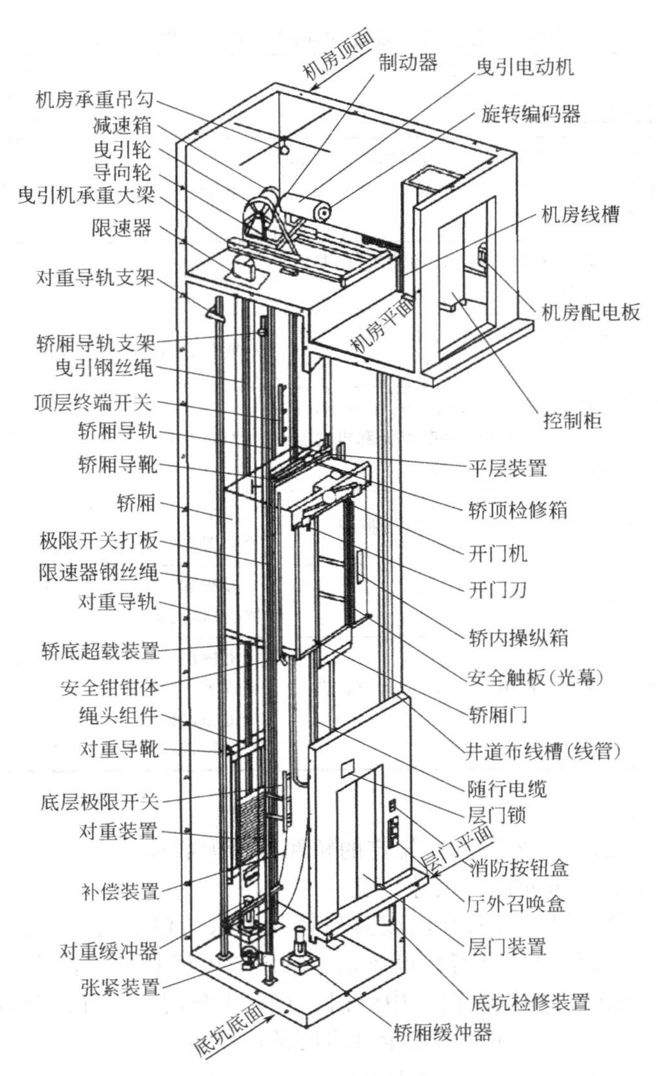

图 8-21 电梯基本结构

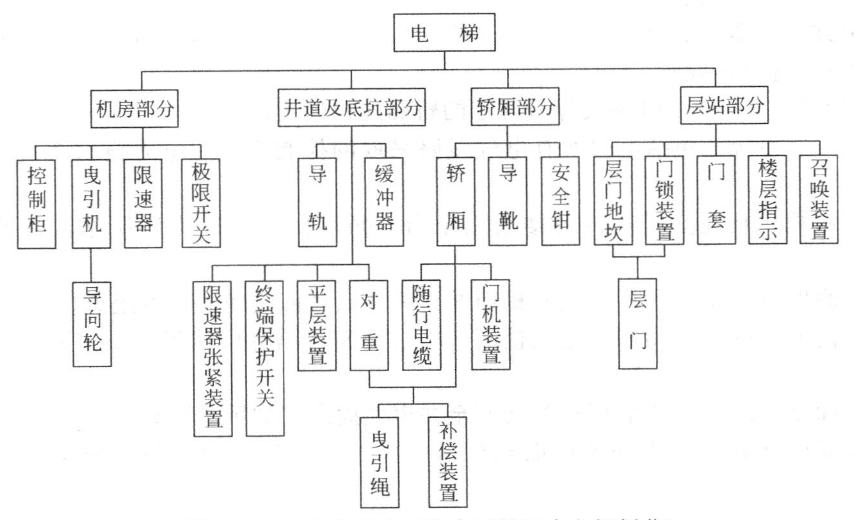

图 8-22 电梯的组成（从占用的四个空间划分）

表 8-2　电梯八个系统的功能及主要构件与装置

系统	功　能	主要构件与装置
曳引系统	输出与传递动力，驱动电梯运行	曳引机、曳引钢丝绳、导向轮、反绳轮等
导向系统	限制轿厢和对重的活动自由度，使轿厢和对重只能沿着导轨作上、下运动，承受安全钳工作时的制动力	轿厢（对重）导轨、导靴及其导轨架等
轿厢	用以装运并保护乘客或货物的组件，是电梯的工作部分	轿厢架和轿厢体
门系统	供乘客或货物进出轿厢时用，运行时必须关闭，保护乘客和货物的安全	轿门、层门、开关门系统及门附属零部件
重量平衡系统	相对平衡轿厢的重量，减少驱动功率，保证曳引力的产生，补偿电梯曳引绳和电缆长度变化转移带来的重量转移	对重装置和重量补偿装置
电力拖动系统	提供动力，对电梯运行速度实行控制	曳引电动机、供电系统、速度反馈装置、电动机调速装置等
电气控制系统	对电梯的运行实行操纵和控制	操纵箱、召唤箱、位置显示装置、控制柜、平层装置、限位装置等
安全保护系统	保证电梯安全使用，防止危及人身和设备安全的事故发生	机械保护系统：限速器、安全钳、缓冲器、端站保护装置等；电气保护系统：超速保护装置、供电系统断相错相保护装置、超越上下极限工作位置的保护装置、层门锁与轿门电气联锁装置等

（3）电梯主要参数

① 额定载重量（kg）　电梯设计所规定的轿厢内最大载荷。

② 轿厢尺寸（mm）　轿厢内部尺寸：宽×深×高。

③ 轿厢型式　单面开门、双面开门或其他特殊要求，包括轿顶、轿底、轿壁的表面处理方式，颜色选择，装饰效果，是否装设风扇、空调或电话对讲装置等。

④ 轿门型式　常见轿门有栅栏门、中分门、双折中分门、旁开门及双折旁开门等。

⑤ 开门宽度（mm）　轿门和层门完全开启时的净宽度。

⑥ 开门方向　对于旁开门，人站在轿厢外，面对层门，门向左开启则为左开门，反之为右开门；两扇门由中间向左右两侧开启者称为中分门。

⑦ 曳引方式　即曳引绳穿绕方式，也称为曳引比，指电梯运行时，曳引轮绳槽处的线速度与轿厢升降速度的比值。

⑧ 额定速度（m/s）　电梯设计所规定的轿厢运行速度。

⑨ 电气控制系统　包括电梯所有电气线路采取的控制方式、电力拖动系统采用的型式等方面。

⑩ 停层站数　凡在建筑物内各楼层用于出入轿厢的地点称为停层站，其数量为停层站数。

⑪ 提升高度（mm）　由底层端站楼面至顶层端站楼面之间的垂直距离。

⑫ 顶层高度（mm）　由顶层端站楼面至机房楼面或隔音层楼板下最突出构件之间的垂直距离。

⑬ 底坑深度（mm）　由底层端站楼面至井道底面之间的垂直距离。

⑭ 井道高度（mm）　由井道底面至机房楼板或隔音层楼板下最突出构件之间的垂直距离。

⑮ 井道尺寸（mm）　井道的宽×深。

(4) 电梯分类

1) 根据电梯用途分类

① 乘客电梯　乘客电梯（passenger lift）是为运送乘客而设计的电梯，代号 TK。适用于高层住宅、办公大楼、宾馆、饭店、旅馆等，用于运送乘客，要求安全适舒、装饰新颖美观，可以手动或自动控制操纵，有/无司机操纵两用，轿厢顶部除照明灯外还需设排风装置，在轿厢侧壁有回风口以加强通风效果，乘客出入方便。额定载重量分为 630kg、800kg、1000kg、1250kg、1600kg 等几种，速度有 0.63m/s、1.0m/s、1.6m/s、2.5m/s 等多种，载客人数多为 8～21 人，运送效率高，在超高层大楼运行时，速度可以超过 3m/s 甚至达到 10m/s。

② 载货电梯　载货电梯（goods lift；freight lift）是主要为运送货物而设计的电梯，通常有人伴随，代号 TH。用于运载货物、装在手推车（机动车）上的货物及伴随的装卸人员，要求结构牢固可靠，安全性好。为节约动力，保证良好的平层准确度，常取较低的额定速度，轿厢的空间通常比较宽大，载重量有 630kg、1000kg、1600kg、2000kg 等几种，运行速度多在 1.0m/s 以下。

③ 客货电梯　客货电梯（passenger-goods 1ift）是以运送乘客为主，但也可运送货物的电梯，代号 TL。它与乘客电梯的主要区别是轿厢内部装饰不及乘客电梯，一般多为低速。

④ 病床电梯（医用电梯）　病床电梯，也称医用电梯（bed 1ift），是为医院中运送病床（包括病人）、医疗器械和救护设备而设计的电梯，代号 TB。其特点是轿厢窄且深，常要求前后贯通开门，运行稳定性要求较高，噪声低，一般有专职司机操作，额定载重量有 1000kg、1600kg、2000kg 等几种。

⑤ 住宅电梯　住宅电梯（residential lm）是供住宅楼使用的电梯，代号 TZ。主要运送乘客，也可运送家用物件或生活用品，多为有司机操作，额定载重量 400kg、630kg、1000kg 等，相应的载客人数为 5 人、8 人、13 人等，速度在低、快速之间。其中，载重量 630kg 的电梯还允许运送残疾人乘坐的轮椅和童车，载重量 1000kg 的电梯还能运送“手把拆卸”式的担架和家具。

⑥ 杂物电梯　杂物电梯（dumbwaiter lift；service lift）是只能运送图书、文件、食品等少量货物，不允许人员进入的电梯，代号 TW。它具有的轿厢，就其尺寸和结构型式而言，必须满足不得进人的条件，轿厢尺寸不得超过：底板面积 1.00m；深度 1.00m；高度 1.20m。但是，如果轿厢由几个永久的间隔组成，而每一个间隔都能满足上述要求，高度超过 1.20m 是允许的。

⑦ 船用电梯　船用电梯（1ift on ships）是船舶上使用的电梯，代号 TC。它是固定安装在船舶上，为乘客、船员或其他人员使用的提升设备，能在船舶的摇晃中正常工作，速度一般应小于 1.0m/s。

⑧ 观光电梯　观光电梯（panoramic lift；observation lift）是井道和轿厢壁至少有同一侧透明，乘客可观看轿厢外景物的电梯，代号 TG。

⑨ 汽车电梯　汽车电梯（motor vehicle lift；automobile life）用于各种汽车的垂直运输，如高层或多层车库、仓库等。其代号 TQ。这种电梯轿厢面积较大，要与所运载汽车相适应，其结构应牢固可靠，多无轿顶，升降速度一般都小于 1.0m/s。

⑩ 其他电梯　其他电梯是用作专门用途的电梯，如冷库电梯、防爆电梯、矿井电梯、建筑工地电梯等。

2) 根据电梯运行速度分类

电梯无严格的速度分类规则，国内习惯上将其分为低速、中速（快速）、高速、超高速四种，现在随着技术的进步、电梯速度系列的扩展和提高，区别高、中、低速电梯的限值也在相应提高，如中速、高速之间限值由 2m/s 提高到 2.5m/s，超高速、高速之间限值由 4m/s 提高到 5m/s。这里采用较高的一种限值。

① 低速梯　低速梯是轿厢额定速度小于等于 1m/s 的电梯，通常用于 10 层以下的建筑物，多为客货两用梯或货梯。

② 中速（快速）梯　中速梯是轿厢额定速度大于 1m/s 且小于 2.5m/s 的电梯，通常用于 10 层以上的建筑物。

③ 高速梯　高速梯是轿厢额定速度大于 2.5m/s 且小于等于 5m/s 的电梯，通常用于 16 层以上的建筑物。

④ 超高速梯　超高速梯是轿厢额定速度大于 5m/s 的电梯，通常用于超高层建筑物。

电梯的额定速度常见以下几种：0.4，0.5/0.63/0.75，1.0，1.5/1.6，1.75，2.0，2.5，3.0，3.5，4.0，5.0，6.0m/s。目前世界上速度最高的电梯为 20.0m/s，国产电梯目前成熟技术的最高速度为 7.0m/s。

3）根据拖动方式分类

① 直流电梯　直流电梯代号 Z。曳引电动机为直流电动机，并根据有无齿轮减速箱，分为有齿直流电梯和无齿直流电梯。根据电气拖动控制方式，通常分为直流发电机-电动机拖动、用可控硅励磁装置和采用可控硅直接供电的可控硅-电动机拖动两种。其特点是调速性能优良，梯速较快，通常在 1m/s 以上，有的达到高速运行。

② 交流电梯　交流电梯代号 J。曳引电动机为交流电动机，可分为以下几种：交流单速电梯，曳引电动机为交流单速电动机，速度一般在 0.5m/s 以下；交流双速电梯，曳引电动机为交流双速电动机，速度在 1m/s 以下；交流调压调速电梯（简称 ACVV），曳引电动机为交流，启动时采用闭环，减速时也采用闭环，通常装有测速发电机；交流调频调压电梯（简称 VVVF），采用变频变压技术，在调节定子供电频率的同时，调节定子电压，以保持磁通恒定，使电动机力矩不变，其性能优越，安全可靠，速度可达 6m/s。

③ 液压电梯　液压电梯代号 Y，是靠液压驱动的电梯。根据柱塞安装位置不同分为柱塞直顶式液压电梯和柱塞侧置式液压电梯：柱塞直顶式是油缸柱塞直接支撑轿厢底部，使轿厢升降；柱塞侧置式是其柱塞设置在井道侧面，借助曳引绳通过滑轮组与轿厢连接，使轿厢升降。液压电梯速度一般在 1m/s 以下。

④ 齿轮齿条电梯　齿轮齿条电梯齿条固定在构架上，采用电动机-齿轮传动机构，并装于电梯的轿厢上，利用齿轮在齿条上的爬行来拖动轿厢运行，一般用在建筑工地中（施工升降机）。

⑤ 螺旋式电梯　螺旋式电梯是通过螺杆旋转，带动安装在轿厢上的螺母使轿厢升降的电梯。

⑥ 直线电机驱动电梯　直线电机驱动电梯用直线电动机作为动力源驱动轿厢升降，是最新驱动方式的电梯，目前较少使用。

4）按操控方式分类

① 手柄控制电梯　手柄控制电梯代号 S，由司机在轿厢内操纵手柄开关，控制电梯的启动、运行、平层、停止等运行状态。要求轿厢门上装有玻璃或采用栅栏门，便于司机观察判断。这种电梯又包括自动门和手动门两种，多用作货梯。

② 按钮控制电梯　按钮控制电梯代号 A，是一种具有简单自动控制功能的电梯，有自动平层功能。分为轿外按钮控制和轿内按钮控制两种方式：前一种是由安装在各楼层厅门口的按钮进行操纵，一般用于杂物电梯或层站少的货梯；后一种按钮箱在轿厢内，一般只接受轿厢内的按钮指令，层站的召唤按钮不能截停和操纵轿厢，一般用于货梯，这种电梯有自动门和手动门两种。

③ 信号控制电梯 信号控制电梯代号 XH，是一种自动控制程度较高的电梯。其自动程度除了具有自动平层和自动开关门功能外，尚有轿厢命令登记、厅外召唤登记、自动停层、顺向截停和自动换向等功能，通常为有司机客梯或客货两用电梯。

④ 集选控制电梯 集选控制电梯代号 JX，是在信号控制基础上发展起来的全自动控制电梯，与信号控制电梯的主要区别在于它能实现无司机操纵。其主要特点是把轿厢内选层信号和各层外呼信号集合起来，自动决定上下运行方向，顺序应答。这种电梯操纵为有/无司机两种状态，当实行有司机操纵时为信号控制（当人流高峰时保证安全运行），在人流较少时改为无司机集选控制。这类电梯需在轿厢上设置称重装置以防止超载，且轿门上需设近门保护装置。

⑤ 下集（合）控制电梯 下集（合）控制电梯是一种只有电梯下行才能被截停的集选控制电梯。其特点是乘客欲从低楼层去往高楼层时，只有先截停向下运行的电梯，下到基层后，才能再次乘梯去到目的层。一般下集（合）控制方式用得较多，如住宅梯等。

⑥ 并联控制电梯 并联控制电梯代号 BL，是两三台电梯的控制线路并联起来进行逻辑控制，共用层站外召唤按钮，电梯本身具有集选功能。其特点是当无任务时（如两台电梯并联），一台停在基站，俗称基梯；另一台停在预先选定的楼层（一般在中间楼层），称为自由梯。若有任务，基梯离开基站上行，自由梯立即自动下行到基站替补；当除基站外其他楼层有需要电梯时，自由梯前往，并顺向应答呼梯信号，当呼梯信号与自由梯运行方向相反时，则基梯去完成，先完成任务的梯就近返回基站或预先设定的楼层。

三台并联集选组成的电梯，其中有两台电梯作为基站梯，一台为自由梯。运行原则同两台并联控制电梯。

⑦ 梯群程序控制电梯 梯群程序控制电梯代号 QK。群控是用微机控制统一调度多台集中并列的电梯，它使多台电梯集中排列，共用厅外召唤按钮，按规定程序集中调度和控制。其程序控制分为四程序及六程序。前者将一天中客流情况分为四种：上行高峰状态、上下行平衡状态、下行高峰状态和闲散状态，并分别规定相应的运行控制方式；后者比前者多设置了上行较下行高峰状态运行、下行较上行高峰状态运行两种程序。

⑧ 微机控制电梯 微机控制电梯代号 W。它用微机作为交流调速控制系统的调速装置，由其承担调速各环节的功能，使调速系统的有触点器件大大减少，提高了可靠性。同时，微机具有较强的逻辑运算和算术运算功能，与模拟调速装置相比，便于解决舒适感问题。

5）按有无电梯机房分类

① 有机房电梯 有机房电梯根据机房的位置与型式可分为以下几种：

a. 机房位于井道上部并按照标准要求建造的电梯；

b. 机房位于井道上部，机房面积等于井道面积，净高度不大于 2300mm 的小机房电梯；

c. 机房位于井道下部的电梯。

② 无机房电梯 无机房电梯根据曳引机安装位置可分为以下几类：

a. 曳引机安装在上端站轿厢导轨上的电梯；

b. 曳引机安装在上端站对重导轨上的电梯；

c. 曳引机安装在上端站楼顶板下方承重梁上的电梯；

d. 曳引机安装在井道底坑内的电梯。

6）按曳引机结构型式分类

① 有齿轮曳引机电梯 曳引电动机输出的动力通过齿轮减速箱传递给曳引轮，继而驱动轿厢，采用此类曳引机方式的电梯称为有齿轮曳引电梯。

② 无齿轮曳引机电梯 曳引电动机输出动力直接驱动曳引轮，继而驱动轿厢，采用此类曳引机方式的电梯称为无齿轮曳引电梯。

7）其他特殊类型电梯

① 斜行梯　斜行梯为地下火车站或山坡车站倾斜安装使用，轿厢沿倾斜直线上下运行，即同时具有水平和垂直两个方向的输送能力，也是一种集观光和运输于一体的输送设备。

② 坐椅梯　坐椅梯是人坐在由电机驱动的椅子上，控制椅子手柄上的按钮，使座椅沿楼梯扶栏的导轨上下运动。

③ 冷库梯　冷库梯是专用于大型冷库或制冷车间运送冷冻货物的电梯，一般需满足门扇、导轨等活动处冰封、浸水要求和适应低温环境。

④ 矿井梯　矿井梯是供矿井内运送人员及货物用的电梯。

⑤ 特殊梯　特殊梯是供特殊工作环境下使用，如有防爆、耐热、防腐等特殊用途的电梯。

⑥ 建筑施工梯（或升降机）　建筑施工梯（或升降机）是运送建筑施工人员及材料之用，可随施工中的建筑物层数而加高的电梯。

⑦ 运机梯　运机梯是能把地下机库中几十吨至上百吨重的飞机，垂直提升到飞机场跑道上的专用电梯。

（5）电梯型号的编制方法

① 电梯型号编制方法的规定　1986年我国城乡建设环境保护部颁布的JJ 45—1986《电梯、液压梯产品型号编制方法》中，对电梯型号的编制方法作了如下规定：电梯、液压梯产品的型号由类、组、型和主参数、控制方式等三部分代号组成，第二、三部分之间用短线分开。其中，第一部分是类、组、型和改型代号，类、组、型代号用具有代表意义的大写汉语拼音字母表示。产品的改型代号按顺序用小写汉语拼音字母表示，置于类、组、型代号的右下方，如无可以省略不写。第二部分是主参数代号，其左上方为电梯的额定载重量，右下方为额定速度，中间用斜线分开，均用阿拉伯数字表示。第三部分是控制方式代号，用具有代表意义的大写汉语拼音字母表示。电梯型号编制方法如图8-23所示。

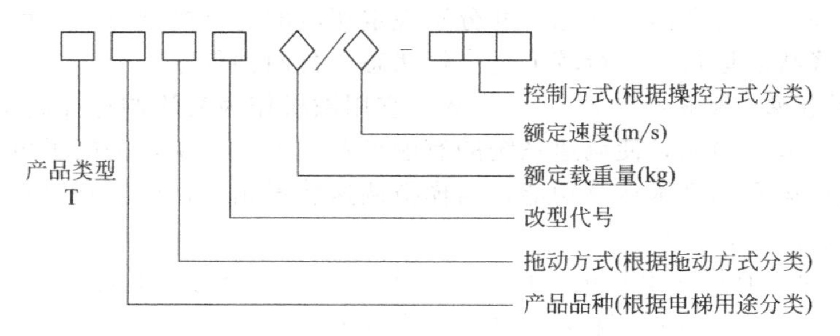

图8-23　电梯型号编制方法

② 电梯产品型号示例　TKJ1000/2.5-JX：交流调速乘客电梯，额定载重量1000kg，额定速度2.5m/s，集选控制。

TKZ1000/1.6-JX：直流乘客电梯，额定载重量1000kg，额定速度1.6m/s，集选控制。

TKJ1000/1.6-JXW：交流调速乘客电梯，额定载重量1000kg，额定速度1.6m/s，微机集选控制。

THYl000/0.63-AZ：液压货梯，额定载重量1000kg，额定速度0.63m/s，按钮控制，自动门。

③ 有关其他电梯型号的表示　我国改革开放以来，国外众多的电梯厂家进入国内，合资或独资制造销售电梯，其产品多沿用引进国型号和命名的规定。由于各国（企业）对电梯型号都有不同的编制方法，所以大家在见到国外或合资企业生产的电梯产品型号时，一定要认真查对该制造厂商的技术手册，以免产生各种误会。

(6) 电梯的性能要求

电梯是服务于建筑物中实现垂直运输任务的设备，要保证安全圆满地完成任务，就要求电梯必须具备一些相关的性能要求与特点。这些要求与特点不仅要体现在电梯设计、制造方面，同样也要在电梯安装维护、保养使用中得到保证。

电梯的主要性能要求包括安全性、可靠性、平层准确度、舒适性等。

1) 安全性

安全运行是电梯必须保证的首要指标，是由电梯的使用要求所决定的，在电梯制造、安装调试、日常管理维护及使用过程中，必须绝对保证的重要指标。为保证安全，对于涉及电梯运行安全的重要部件和系统，在设计制造时留有较大的安全系数，设置了一系列安全保护装置，使电梯成为各类运输设备中安全性最好的设备之一。

2) 可靠性

可靠性是反映电梯技术的先进程度，与电梯制造、安装维保及使用情况密切相关的一项重要指标。它通过在电梯日常使用中因故障导致电梯停用或维修的发生概率来反映，故障率高说明电梯的可靠性较差。

一台电梯在运行中的可靠性如何，主要受该梯的设计制造质量和安装维护质量两方面影响，同时还与电梯的日常使用管理有极大关系。如果我们使用的是一台制造中存在问题和瑕疵、具有故障隐患的电梯，那么电梯的整体质量和可靠性是无法提高的；即使我们使用的是一台技术先进、制造精良的电梯，却在安装及维护保养方面存在问题，同样也会导致大量的故障出现，影响到电梯的可靠性。所以，要提高可靠性必须从制造、安装维护和日常使用管理等几方面着手。

3) 平层准确度

电梯的平层准确度是指轿厢到站停靠后，轿厢地坎上平面对层门地坎上平面之间在垂直方向上的距离，该值的大小与电梯的运行速度、制动距离和制动力矩、拖动方式和轿厢载荷等有直接关系。对平层准确度的检测，应该分别以轿厢空载和满载作上、下运行，停靠同一层站进行测量，取其最大值作为平层准确度。GB/T10058—1997《电梯技术条件》对各类不同速度的轿厢的平层准确度提出了如下要求，如表8-3所示。

表8-3 电梯轿厢平层准确度

电梯类型	电梯额定速度 v/(m/s)	平层准确度/mm
交流双速电梯	≤0.63	≤±15
	≤1.0	≤±30
交流、直流快速电梯	1.0～2.0	≤±15
交流、直流高速电梯	>2.0	≤±15

4) 舒适性

舒适性是考核电梯使用性能最为敏感的一项指标，也是电梯多项性能指标的综合反映，多用来评价客梯轿厢。它与电梯运行及启动、制动阶段的运行速度和加速度、运行平稳性、噪声甚至轿厢的装饰等都有密切的关系。对于舒适性主要从以下几个方面来考核评价：

① 当电源保持为额定频率和额定电压、电梯轿厢在50%额定载重量时，向下运行至行程中段（除去加速和减速段）时的速度，不得大于额定速度的105%，且不得小于额定速度的92%。

② 乘客电梯启动加速度和制动减速度最大值均不应大于1.5m/s²。

③ 当乘客电梯额定速度为 1.0m/s＜v≤2.0m/s 时，其平均加、减速度不应小于 0.48m/s^2；当乘客电梯额定速度为 2.0m/s＜v≤2.5m/s 时，其平均加、减速度不应小于 0.65m/s^2。

④ 乘客电梯的开关门时间不应超过表 8-4 的规定。

表 8-4　乘客电梯的开关门时间　　单位：s

开门方式	开门宽度 B/mm			
	B≤800	800＜B≤1000	1000＜B≤1100	1100＜B≤1300
中分自动门	3.2	4.0	4.3	4.9
旁开自动门	3.7	4.3	4.9	5.9

⑤ 振动、噪声与电磁干扰。GB/T 10058—1997 规定：轿厢运行必须平稳，其具体要求如下：

a. 乘客电梯轿厢运行时，垂直方向和水平方向的振动加速度（用时域记录的振动曲线中的单峰值）分别不应大于 25cm/s^2 和 15cm/s^2。

b. 电梯的各机构和电气设备在工作时不得有异常振动或撞击声，电梯的噪声值应符合表 8-5 的规定。

表 8-5　电梯噪声值

项目	机房	运行中轿厢内	开关门过程
噪声值/dB(A)	平均	最大	
	≤80	≤55	≤65

注：1. 载货电梯仅考核机房内噪声值。

2. 对于 F=2.5m/s 的乘客电梯，运行中轿内噪声最大值不应大于 60dB（A）。

另外，由于接触器、控制系统、大功率电气元件及电动机等引起的高频电磁辐射不应影响附近的收音机、电视机等无线电设备的正常工作，同时电梯控制系统也不应受周围的电磁辐射干扰而发生误动作现象。

⑥ 节约能源。随着社会的发展，人们逐渐认识到地球上很多能源是不可再生的，同时人类为了获得这些能源付出了破坏环境的严重代价。因此，采用先进技术，发展节能、绿色环保电梯成为我们面临的最大挑战。

（7）电梯选型与配置

电梯选型是对电梯品牌与供应商、电梯型号规格、电梯性能档次、电梯生产质量及售后服务等多方面进行选择；电梯配置是根据建筑的实际情况进行全面综合分析，确定电梯主参数（包括电梯数量、载荷、速度等）和类型、电梯布置形式等。电梯选型与配置不仅要满足整个建筑功能上的需求，还要考虑乘客使用的方便性和舒适性。

每座建筑物有不同的用途和功能，其规模结构不同，人流特点和数量也不同。根据上述的实际情况，各电梯公司有不同的计算方法和标准来进行选型与配置。电梯配置方案的确定是一个复杂的过程，这里仅给出一般建筑物常规的电梯配置规则供参考，另外还必须注意在确定电梯方案时同电梯供应商作细致的沟通与协商。

1）电梯选型与配置过程

电梯选型与配置过程一般有如下几个步骤：

① 根据建筑物的不同用途确定不同的电梯类别；

② 根据建筑物的形状和出入口位置，确定电梯的布置位置；

③ 根据建筑物的用途和乘坐人数进行交通流量分析，确定电梯（含消防梯）主参数，

包括电梯数量、额定载荷和额定速度等；

④ 确定电梯的水平和垂直布置形式（包括分区、空中大厅和双层轿厢的选定等）；

⑤ 了解电梯产品的制造质量与性能、安装质量、售后服务质量、维修保养质量和销售价格等，确定电梯品牌；

⑥ 了解不同型号电梯所具备的基本功能，并根据建筑物档次和服务人群的需要，对提供的可选功能进行选择；

⑦ 根据电梯服务对象和安装场合不同，可提出装潢要求，或对电梯供应商提供的装潢实例进行选择。

其具体流程如图 8-24 所示。

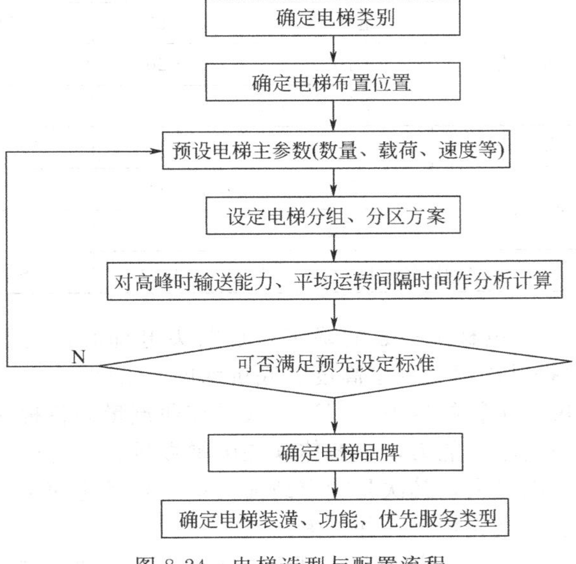

图 8-24 电梯选型与配置流程

2）电梯布置的位置

从提高运送效率、缩短候梯时间以及降低建筑费用等方面综合考虑，所有电梯集中安排在建筑物中心地带最为合适。如果电梯分散布置在建筑物的不同地区，将对运送效率产生不利影响。另外，电梯是大部分出入建筑物的人员经常使用的交通工具，所以必须设置在容易看到、方便使用的地方。但是，当建筑物有几个进出口或建筑物的宽度、深度超过 80m 时，就需要将电梯分成两组或更多组，以缩短乘客的步行距离。

3）电梯配置基础知识

① 电梯配置的评价指标。

a. 输送能力。在给定的时间周期内（一般为 5min），单梯或群梯能够运送的乘客数占建筑物内总人数的百分比。

b. 平均运转间隔时间。当一台电梯时，指一天内轿厢相邻两次离开主楼层的时间间隔平均值；对 n 台群控电梯时，上述时间需除以 n。

c. 乘客候梯的烦躁程度。超过乘客心理承受候梯时间时，乘客就会烦躁和不耐烦，乘客候梯的烦躁程度与实际候梯时间的平方成正比。

d. 乘客的平均等待时间。乘客的平均等待时间为平均运转间隔时间的一半。

② 电梯配置的概念。

a. 上行高峰期。电梯以主端站为起点，一天内主要用作从主端站向以上各楼层输送乘客的时期。

b. 下行高峰期。电梯以主端站为终点，一天内主要用作从以上各楼层向主端站输送乘客的时期。

c. 分区运行。将高层或超高层建筑分成若干停层区（低、中、高），电梯分区运行或隔层停靠。

d. 分组运行。将相邻几台电梯分成一组，它们具有共同的运行参数和目的层站区，控制系统采用群控系统。

e. 空中大厅。在高层或超高层建筑的一定高度上，设置几个空中候梯大厅，有电梯从主端站将乘客运送至此，然后乘客再根据需要转换各分区电梯。

各类建筑物输送能力与电梯数量的关系如表 8-6 所示。

表 8-6　各类建筑物输送能力与电梯数量（参考）

建筑类型		5min 输送能力/%	平均运转间隔时间/s	每台电梯适用面积(3楼以上)/m^2	每台电梯适用人数(3楼以上)/人
办公建筑	超高层	20～25	<30	1200～1600	200
	高层	15～20	30～35	1500～2000	250
	中低层	10～15	35～40	2000～2400	300
住宅建筑		5～7	50～80	50～60 户	250
宾馆、酒店	高级	10～11	<35	100～150 间客房/台	150～200
	中级	9～10	<40	150～200 间客房/台	200～250
医院和医疗中心		20	<40	80 张病床/台	

③ 电梯主参数的确定。在购买电梯时，建筑商必须提供给电梯供应商井道土建图纸（含提升高度、顶层高度、底坑深度、层间距、停层站数、机房位置尺寸等），同时需要综合考虑建筑物的规模、用途、人员交通流量等各种因素，确定一些必要的电梯主参数。计算电梯系统输送能力，主要体现在电梯数量、额定速度和额定载重量上，其中电梯数量对输送能力影响最大，其次是额定载荷，最后是额定速度。在确定这些参数时，需要按数量、载荷、速度的优先顺序一并考虑。

a. 电梯数量。根据建筑物内人员数量来计算，用最少的投资完成最大的运输需求。不同的建筑物和不同地区有不同的标准，一般的办公大楼为 0.3～0.5 台/100 人。随着人们生活水平的提高，此参数也会逐步提高。

b. 额定载荷。电梯数量和额定载荷参数是互相影响的，两参数的搭配必须合理。配置一台 1600kg 的电梯与配置一台 1000kg 和一台 630kg 的电梯相比，虽然前者可以节省建筑面积和电梯成本，但其平均运转间隔时间加大，维修保养不便；后者虽然占用的建筑面积和电梯成本比前者大，但输送能力大幅提高，平均运转间隔时间缩短，电梯维修保养也不会影响乘客的正常使用。额定载荷确定后，轿厢面积就确定了，配合建筑物的规划，根据需要选择最优的井道截面积和形状。

c. 额定速度。电梯的提升高度和建筑物的用途是确定电梯额定速度的主要因素。当电梯每层均停或隔层停靠时，为提高电梯的输送能力一味地提高电梯的额定速度是不适当的。当建筑物有分区或有空中大厅设置时，直达电梯额定速度的增加会显著增加电梯的输送能力。

4）中低层建筑的电梯配置

中低层建筑客流量一般较高层建筑小，通常只有一两组电梯，梯组一般为每层都停或隔层停靠，所以电梯配置相对比较简单。根据所要求的平均运转间隔时间、建筑物内总人数和电梯服务层站的不同，所确定的电梯数量、额定载荷和额定速度也不同，并且它们之间的搭配方式也不同。对于相同参数的情况，还要考虑电梯的布置位置和维修保养情况。

5）高层和超高层建筑的电梯配置

① 水平布置形式。高层和超高层建筑所需电梯数量较多，所以对电梯水平布置形式的要求较高，一般采用分组的方式，将电梯分为两组或更多组，以提高输送能力。每组电梯所需数量以所需服务楼层数和服务人数为基础来确定。每组内各电梯所服务的楼层数应相等（服务楼层不同会导致服务水平下降），并且在功能和结构上尽可能相似。另外，住宅、宾馆和类似建筑物的候梯厅不要离寓所和房间太近。为提高建筑物的利用效率，电梯井道的尺寸应尽可能小。在对建筑物作了详细的客流分析以后，按照所确定电梯的数量，首先对电梯进行水平布置形式的确定。

② 垂直布置形式。对于高层和超高层建筑，电梯的数量较多，停层站数比较多，所以要特别注意电梯的垂直布置形式。垂直布置形式主要有三种：全层停靠，隔层停靠和分区停靠。全层停靠时电梯平均运转间隔时间较长，效率较低。隔层停靠分奇数层停靠和偶数层停靠。高层和超高层建筑一般采取分区的形式，并配以空中大厅的结构，这样可以提高运输能力，并充分利用建筑空间。

a. 分区的原则。分区时，主端站是一个单独分区，普通轿厢为单层区段，双层轿厢时为双层区段，主端站服务优先是整个电梯系统的重要特点。其余各区的停层数以 10 层站左右为宜。如果每区有太多停层站数，在遇到上下行高峰时，对于及时运送所有乘客将是一件非常困难的事，而且电梯和建筑物空间利用率会降低。

b. 分区的优点。一是可以减少电梯的停站数，低层区可降低电梯额定速度，费用相对便宜；二是因服务楼层减少，运转一周的时间相对缩短，输送能力提高，电梯台数减少，降低成本；三是高层区有直达区，可发挥高速效果，缩短高层区乘客的乘梯时间，提高输送效率；四是中低层电梯井道上部可以增加很多可利用空间。

c. 分区注意事项。在基站候梯厅必须明示每台梯的服务楼层；公共楼层（如餐厅、会议室）布置受到一定限制；同一公司或部门在建筑物内要避免使用两个分区；人流分布的变化会影响电梯的运输效率；小规模建筑物最好不要分区运行，台数减少会使平均运转间隔时间和等待时间增加；人员集中的楼层需放置在低层楼区，便于节能和提高效率。

d. 空中大厅设置。高层和超高层建筑中，使用大载荷高速或超高速电梯把乘客直接输送到空中大厅，然后乘客在空中大厅中转换各区域电梯到达目的层。空中大厅内转换电梯的配置有两种方式：上升方式，即只有向上方向的转换电梯；上升和下降方式，即上升和下降方向的转换电梯都有。空中大厅虽然会增加电梯台数，但能节省电梯井道占用空间，增加建筑的有效面积，提高利用率。

e. 双轿厢配置。采用双层轿厢其实相当于两个隔层停靠分区的电梯，可以说双层轿厢是一种转型的分区运行方式。上层轿厢在偶数层站停靠，下层轿厢在奇数层站停靠，所以停层站数减少了一半，额定载荷增加 1 倍，电梯井道的利用率提高。双层轿厢电梯一般作为从主端站到空中大厅的直达电梯使用。若多台双层轿厢电梯再按分区运行，将更能体现出双层轿厢的优势。在使用双层轿厢时，需在主端站的双层轿厢附近设置自动扶梯以方便乘客进入上层轿厢。

（8）电梯相关标准法规

为了加强对电梯产品的管理，提高电梯的性能，改善使用效果和保证安全，我国颁布了一系列电梯产品的法规和标准。由于电梯产品因设备本身和外在因素的影响容易发生事故，并且一旦发生事故会造成人身伤亡及重大经济损失，所以我国将电梯划归为特种设备，从产品设计制造、安装调试、维修保养、从业人员资质等多方面对其进行严格管理和控制。到目前为止，我国已颁布有如下法规、标准，并要求电梯行业严格遵照执行，国家劳动安全部门认真监督：

①《特种设备质量监督与安全监察规定》，2000 年 6 月 27 日国家质量技术监督局局务会议通过，自 2000 年 10 月 1 日起施行。

②《特种设备作业人员培训考核管理规则》，自 2001 年 12 月 21 日起施行。

③《特种设备安全监察条例》，2003 年 2 月 19 日国务院第 68 次常务会议通过，自 2003 年 6 月 1 日起施行。

④《特种设备作业人员监督管理办法》，2004 年 12 月 24 日国家质量监督检验检疫总局局务会议通过，自 2005 年 7 月 113 起施行。

⑤ GB/T 7024—2008《电梯、自动扶梯、自动人行道术语》。

⑥ GB/T 7025.1—2008《电梯主参数及轿厢、井道、机房的型式与尺寸 第1部分：Ⅰ、Ⅱ、Ⅲ类电梯》。

⑦ GB/T 7025.2—2008《电梯主参数及轿厢、井道、机房的型式与尺寸 第2部分：Ⅳ类电梯》。

⑧ GB/T 7025.3—2008《电梯主参数及轿厢、井道、机房的型式与尺寸 第3部分：Ⅴ类电梯》。

⑨ GB 7588—2003《电梯制造与安装安全规范》。

⑩ GB 8903—2005《电梯用钢丝绳》。

⑪ GB/T 10058—1997《电梯技术条件》。

⑫ GB/T 10059—1997《电梯试验方法》。

⑬ GB/T 10060—1993《电梯安装验收规范》。

⑭ GB/T 12974—1991《交流电梯电动机通用技术条件》。

⑮ GB/T 13435—1992《电梯曳引机》。

⑯ GB 16899—2011《自动扶梯和自动人行道的制造与安装安全规范》。

⑰ GB/T 18775—2002《电梯维修规范》。

⑱ JG 135—2000《杂物电梯》。

⑲ JG/T 5009—1992《电梯操作装置、信号及附件》。

⑳ JG/T 5010—1992《住宅电梯的配置和选择》。

㉑ JG/T 5071—1996《液压电梯》。

㉒ JG/T 5072.1—1996《电梯T型导轨》。

㉓ JG/T 5072.2—1996《电梯T型导轨检验规则》。

㉔ JG/T 5072.3—1996《电梯对重用空心导轨》。

㉕ GB/T 3878—1999《船用载货电梯》。

㉖ GA 109—1995《电梯层门耐火试验方法》。

㉗ JB/T 8545—1997《自动扶梯梯级链、附件和链轮》。

8.7.2 自动扶梯与自动人行道

自动扶梯（escalator）是带有循环运行梯级，用于向上或向下倾斜输送乘客的固定电力驱动设备（注：自动扶梯是机器，即使在非运行状态下，也不能当做固定楼梯使用）。自动人行道（passenger conveyor，moving walk）是带有循环运行（板式或带式）走道，用于水平或倾斜角不大于12°，输送乘客的固定电力驱动设备（注：自动人行道是机器，即使在非运行状态下，也不能当做固定通道使用）。

自动扶梯由一系列的梯级与两根牵引链条连接在一起，沿事先制作成形并布置好的闭合导轨运行，构成自动扶梯的梯路。各个梯级在梯路工作段和梯路过渡段必须严格保证水平，供乘客站立，扶梯两侧装有与梯路同步运行的扶手带装置，以供乘客扶持之用。为保证乘客搭乘自动扶梯的安全，在该系统内装设了多种安全装置。

自动人行道也是一种运载乘客的连续输送机械，它与自动扶梯不同之处在于梯路始终处于平面状态（梯级运行方向与水平面夹角不大于12°），两侧装设有扶手带装置以供乘客扶持之用，同样装设有多种安全装置。

上述两种产品均具有在一定方向上大量连续地输送乘客的能力，并且具有结构紧凑、安全可靠、安装维修方便等特点。同时自动扶梯与自动人行道还能够与外界环境相互配合补充，起到对环境的装饰美化作用，因此在车站、码头、机场、商场等人流密度大的场合得到了广泛应用。

虽然自动扶梯和自动人行道等都可以承担垂直输送乘客的任务，但从定义上讲，它们不能被认定为电梯。

（1）自动扶梯与自动人行道的基本参数

自动扶梯和自动人行道的基本参数有提升高度、输送能力、名义速度、名义宽度 z 及梯路倾角 α 等。

① 提升高度（rise）。提升高度是自动扶梯或自动人行道出入口两楼层板之间的垂直距离，一般可分为小、中、大三种高度分类。

② 输送能力。输送能力在较早时期都是用理论输送能力来评定的（GB 16899—2011 发布之前），近来采用了最大输送能力的概念。

最大输送能力（maximum capacity）是在运行条件下可达到的最大人员流量。具体参数见表 8-7。

表 8-7 最大输送能力

梯级或踏板宽度 z_1/m	名义速度 v/($m \cdot s^{-1}$)		
	0.50	0.65	0.75
0.60	3600	4400	4900
0.80	4800	5900	6600
1.00	6000	7300	8200

注：1. 使用购物车和行李车时，将导致输送能力下降约 80%。

2. 对踏板宽度大于 1.00m 的自动人行道，其输送能力不会增加，因为使用者需要握住扶手带，其额外的宽度原则上是供购物车和行李车使用的。

对于已经弃用的理论输送能力（theoretical capacity）概念，是指自动扶梯或自动人行道每小时理论输送的人数。其计算公式是设想梯级上站满人时的输送能力，实际上即使在拥挤的情况下也不会出现全部梯级满人的情况，人们处于安全的本能，总会留出一定的空间；另外，由于受到人们反应时间的限制，速度越快，前后梯级间留下的间隙就越大。因此，理论输送能力并没有多大的实际意义，已经不再使用。

③ 名义速度（nominal speed）。名义速度是由制造商设计确定的，自动扶梯或自动人行道的梯级、踏板或胶带在空载（如无人）情况下的运行速度（注：额定速度是指自动扶梯和自动人行道在额定载荷时的运行速度）。自动扶梯或自动人行道名义速度的大小，直接关系到乘客在梯上停留的时间，速度过快则不能顺利登梯，速度过慢则影响输送效率。国家规定，自动扶梯在倾斜角 α 不大于 30°时，其名义速度不应超过 0.75m/s；当倾角大于 30°且小于 35°时，其名义速度不得超过 0.5m/s。自动人行道的名义速度不应大于 0.75m/s，但踏板或胶带宽度不超过 1.10m，并且在出入口踏板或胶带进入梳齿板之前的水平距离不小于 1.60m 时，允许其名义速度达到 0.9m/s（上述要求不适用于具有加速区段的自动人行道以及能直接过渡到不同速度运行的自动人行道）。

④ 名义宽度 z_1。自动扶梯和自动人行道的名义宽度 z_1 不应小于 0.58m，也不应大于 1.10m。对于倾斜角不大于 6°的自动人行道，该宽度允许增大到 1.65m。我国目前多采用的梯级宽度单人为 0.60m，双人为 1.00m，另外还有 0.80m 宽度规格。在这里要说明的是，自动人行道即使名义宽度超过了 1.00m，其输送能力也不会增加，因为使用者需要握住扶手带，其额外增加的宽度原则上是供购物车和行李车使用的。

⑤ 倾斜角 α（angle of inclination）。倾斜角为梯级、踏板或胶带运行方向与水平面构成的最大角度。出于使用安全性方面的考虑，倾斜角 α 一般不大于 30°。自动扶梯的倾斜角不应大于 30°，当扶梯提升高度不大于 6m 且名义速度不大于 0.50m/s 时，倾斜角允许增大到

35°；自动人行道的倾斜角不应大于12°。

（2）自动扶梯的基本构造

1）自动扶梯的类型

自动扶梯可以按不同的分类方法进行多种分类：

① 根据驱动方式，可分为链条牵引式（端部驱动）和齿条牵引式（中间驱动）两类；

② 按运行速度，可分为恒速式和可调速式两类；

③ 按梯级运行方式，可分为直线型、螺旋型等几类；

④ 按梯级宽度，可分为1000mm、800mm和600mm等几类；

⑤ 按倾斜角度，可分为30°、35°和27.3°等几类；

⑥ 按提升高度，可分为小提升高度（3～10m）、中提升高度（10～45m）、大提升高度（45m以上）等几类。

另外，根据使用场合与载荷程度，自动扶梯和自动人行道可分为公共交通型和普通型。所谓公共交通型是指该设备属于公共交通系统（包括出口和入口的组成部分），高强度地使用，即每周运行时间约140h，且在任何3h的间隔内，其载荷达到100%制动载荷的持续时间不小于0.5h。公共交通型以外的均称为普通型。

2）自动扶梯结构概述

图8-25为链条驱动式自动扶梯的结构图，它由梯级、牵引链条、梯路导轨系统、驱动装置、张紧装置、扶手装置和金属桁架结构等组成，其中梯级、牵引链条及梯路导轨系统广义上可称为自动扶梯梯路。

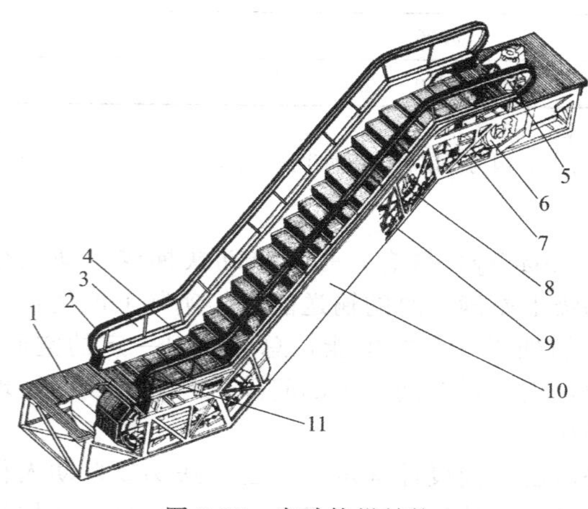

图8-25　自动扶梯结构

1—前沿板；2—扶手带；3—护壁板；4—梯级；5—端部驱动装置；6—牵引链轮；7—牵引链条；8—扶手带驱动装置；9—扶梯桁架；10—外盖板；11—梳齿板

① 梯级　梯级是一种特殊结构的小车，有主轮、辅轮各2只。梯级的主轮轮轴与牵引链条铰接在一起，辅轮轮轴不与牵引链条连接，所有梯级沿事先布置好且有一定规律的导轨运行，保证梯级在自动扶梯上层分支导轨上运行时保持水平，在下层分支导轨上运行时则倒挂运行。

梯级是扶梯中数量最多的部件，一般小提升高度的自动扶梯中有50～100个梯级。大提升高度扶梯中会多达600～700个梯级。由于梯级数量众多、工作负荷大、始终运转，所以梯级的质量决定了自动扶梯的性能和质量。一般要求梯级自重小、装拆维修方便、工艺性好、使用安全可靠等。目前自动扶梯梯级多采用铝合金或不锈钢材质整体压铸而成。

在每个梯级中，还可根据其功能区分为梯级踏板、踢板、车轮等部分，每个部分的结构如图8-26所示。梯级踏板表面应具有凹槽，它的作用是使梯级通过扶梯上下出入口时，能嵌在梳齿板中，保证乘客安全，防止将脚或物品卡人受伤；对梯级运行起导向作用；另外能增大摩擦力，防止乘客在梯级上滑倒。槽的节距应有较高精度，一般槽深不小于10mm，槽宽为5～7mm；槽齿顶宽为2.5～5mm。梯级踏面、梯级踢板或踏板两侧不应是齿槽；踢板面为圆弧面，梯级踢板做成有齿的，梯级踏板的后端也有齿，这样可以使后一个梯级踏板后端的齿嵌入前一个梯级踢板的齿槽内，使各梯级间相互进行导向。在自动扶梯的载客区域，梯级踏面应保持水平，允许在运行方向上有±1°的偏差，相邻梯级高度差不超过240mm，梯级深度不小于380mm。梯级、踏板和胶带应能够承受正常运行时的载荷，并应能够承受

6000N/m² 的均布载荷；梯级的踏面和踢面以及踏板要分别进行静载抗弯变形试验、动载试验和扭转试验。

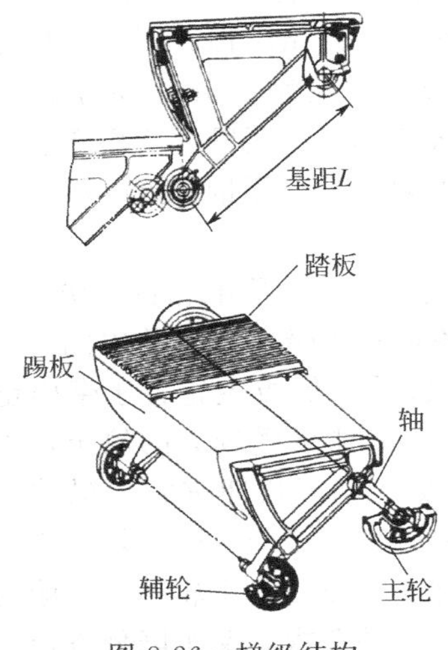

图 8-26 梯级结构

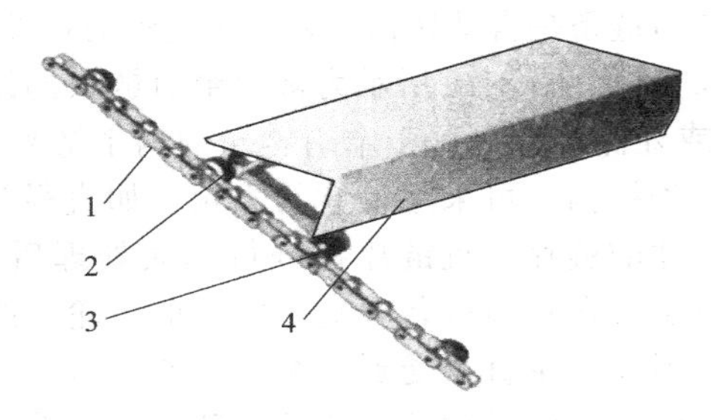

图 8-27 主轮与辅轮

1—牵引链条；2—主轮；3—辅轮；4—梯级

车轮是每个梯级上最为重要的部分，一个梯级有四只车轮，两只铰接于牵引链条上的为主轮，两只直接装在梯级支架短轴上的为辅轮（图 8-27）。扶梯梯级车轮的特点是工作转速较低（80～140r/min）、工作载荷大（8000N 或更大）、外形尺寸受到限制（直径 70～180mm），所以决定车轮使用寿命的主要因素是轮圈材料和轴承。轮圈材料可采用橡胶、塑料等制成，橡胶轮圈可使梯级运转平稳，减少噪声，目前较多采用聚氨酯橡胶代替过去常用的丁腈橡胶。公共交通型自动扶梯的主轮宽度一般较大，多为 50mm，以增加车轮的耐用性；普通型自动扶梯的主轮轮缘宽度约为 30mm。

在自动扶梯负载向上运行时，牵引链条张力将急剧地增大，在接近牵引链轮时达最大值。在梯级主轮运行至上曲线段时，主轮所受轮压达到最大值。车轮最大许用轮压 $[p]$ 为：

车轮转速 $n<100$r/min 时，$[p]=50$N/cm²；

车轮转速 $n>100$r/min 时，$[p]=45$N/cm²。

梯级有几个重要的尺寸参数：

a. 梯级宽度，常见为 600mm、800mm、1000mm 等；

b. 梯级深度，梯级踏板的深度，是乘客双脚与梯级接触的部位，为保证乘客能够稳定站立，此尺寸须大于 380mm；

c. 梯级基距，主轮与辅轮之间的距离，一般为 310～350mm；

d. 轨距，梯级中两主轮之间的距离；

e. 梯级间距，一般为 400～405mm。

其中对梯级结构影响较大的参数是基距。基距一般分为短基距、长基距和中基距三种。短基距梯级制造方便，能减小牵引轮直径，使自动扶梯结构紧凑，但会带来梯级稳定性差的问题；长基距梯级避免了稳定性差的问题，运转平稳，但整体结构尺寸变大，牵引链轮直径变大。我国目前多采用中基距梯级。

② 牵引构件　自动扶梯的驱动装置根据其安装在扶梯上的位置，分为采用链条牵引的端部驱动和采用齿条牵引的中部驱动两种。采用链条牵引的端部驱动装置装在扶梯水平直级

区段的末端，即所谓端部驱动式；采用齿条牵引的中部驱动装置则在倾斜直线区段上、下分支的当中，即所谓中间驱动式。

a. 牵引链条。端部驱动装置所用的牵引链条一般为类似套筒滚子链结构，它由链片、销轴和套筒等组成。在我国自动扶梯制造业中，一般都采用此种链条结构，因为这种链条具有较高的可靠性且安装方便。目前所采用的牵引链条分段长度一般为 1.6m。为了减少左右两根牵引链条在运转中发生偏差而引起梯级的偏斜，对梯级两侧同一区段的两根牵引链条的长度误差应该进行选配，保证同一区段两根牵引链条的长度累积误差尽量接近。所以牵引链条在出厂时，就应标明选配的长度误差。

牵引链条是自动扶梯主要的传递动力构件，其质量及运行情况直接影响到自动扶梯的运行平稳和噪声。图 8-28 所示为常用牵引链条的结构。梯级主轮可置于牵引链条的内侧［图 8-28(a)］或外侧，也可置于牵引链条的两个链片之间［图 8-28(b)］。梯级主轮置于牵引链轮内侧的链条结构，可采用较大的主轮，如直径为 100mm 或更大，能承受较大的轮压，可以使用大尺寸的链片，且链片在进行调质处理后，适用于公共交通型等长期重载工况的自动扶梯；对于装在牵引链条两链片之间的主轮，既是梯级的承载件，又是与牵引链轮相啮合的啮合件，因而主轮直径受到限制，图 8-28(b) 所示的结构直径为 70mm。主轮外圈由耐磨塑料制成，内装高质量轴承。这种特殊塑料的轮外圈既可满足轮压的要求，又可降低噪声，适用于提升高度较低的普通型自动扶梯。

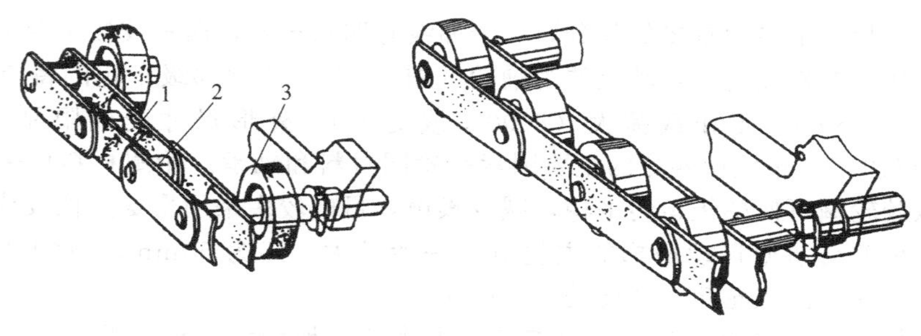

(a) 主轮在牵引链内侧　　(b) 主轮在牵引链两链片间

图 8-28　牵引链条结构

1—链片；2—套筒；3—主轮

节距是牵引链条的主要参数。节距小则链条工作平稳，但是关节增多，链条自重和成本加大，而且关节处的摩擦损失大；反之，节距大则自重轻，价格便宜，但为保持工作平稳，链轮齿数和直径也要增大，这就加大了驱动装置和张紧装置乃至扶梯整体外形尺寸。一般自动扶梯两梯级间的节距采用 400～406.4mm，牵引链条节距有 67.7mm、100mm、101.6mm、135mm、200mm 等几种。大提升高度扶梯采用大节距牵引链条，如提升高度 60m 的自动扶梯采用 200mm 节距的牵引链条；小提升高度自动扶梯采用小节距牵引链条，如 4m 自动扶梯采用 67.7mm 节距链条。

如前所述，自动扶梯向上运动时，在牵引链条的闭合环路上，牵引链条在绕入牵引链轮处受力最大，因此，在该处牵引链条断裂的可能性最大，特别是满载时。如果牵引链条在该处断裂，则该断裂处以下的梯级与牵引链条将一起急速向下移动而弯折，从而使该处产生一空洞，可能造成乘客受到伤害。这一情况必须得到有效预防。图 8-29 所示是防止牵引链条断链弯折的一种结构：与

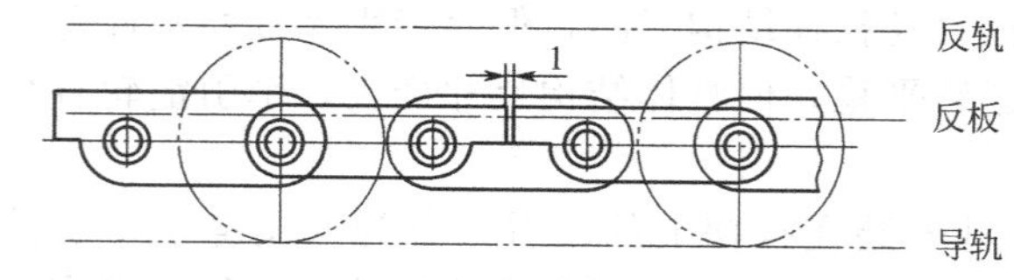

图 8-29　牵引链条断链弯折结构

梯级主轮铰接的链片上各伸出一段相互对着的锁挡，其间隙为1mm，同时在梯级主轮上方装有反轨，在牵引链条上装有压链反板。当断链时，由于压链反板压着牵引链条，使它不能向上弯折，又由于两链片的锁挡相互顶着，使链条不能向下弯折，于是在断链的瞬间，牵引链条类似一个刚性的支撑物支撑在倾斜的梯路中，从而使一系列梯级基本保持在原来位置，确保乘客安全。

b. 牵引齿条。中间驱动装置所使用的牵引构件是牵引齿条（图8-30），它多为一侧有齿。两梯级间用一节牵引齿条连接，中间驱动装置机组上的传动链条的销轴与牵引齿条相啮合以传递动力。

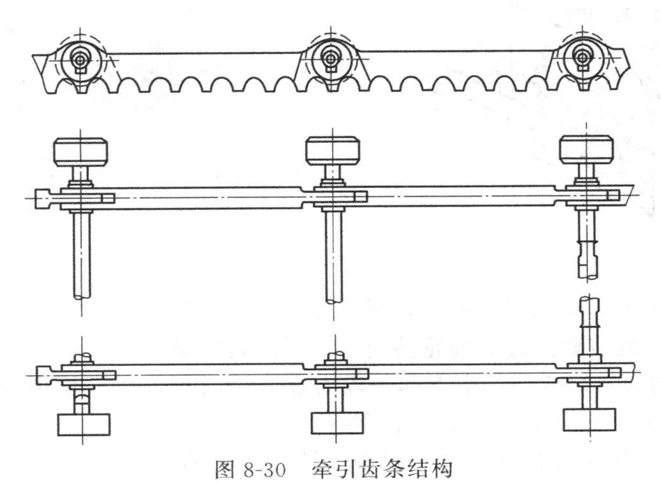

图8-30　牵引齿条结构

牵引齿条的另一种结构形式是：齿条两侧都制成齿形，一侧为大齿，另一侧为小齿。牵引齿条的大齿用途如前所述，小齿则是用以驱动扶手胶带。

牵引构件必须选择合理可靠的安全系数，保证自动扶梯的正常可靠运行。安全系数 n 的选择一般按如下原则进行：对于大提升高度自动扶梯 $n=10$，对于小提升高度自动扶梯 $n=7$。我国自动扶梯标准规定安全系数 n 不得小于5。

③ 梯路导轨系统

a. 自动扶梯导轨、反轨。自动扶梯的梯级沿着金属结构内按要求设置的多根导轨运行，形成阶梯，因此从广义上讲，导轨系统也是自动扶梯梯路系统的组成部分。自动扶梯梯路导轨系统包括主轮和辅轮所用的全部导轨、反轨、反板、导轨支架及转向壁等。导轨系统的作用在于支承由梯级主轮和辅轮传递来的梯路载荷，保证梯级按一定的规律运动以及防止梯级跑偏等。

支撑各种导轨的导轨支架及异形导轨如图8-31所示，导轨的材料可用冷拉或冷轧角钢或异形钢材制作，反轨由于是处于梯级控制运行状态区域，可用热轧型钢制作。

在工作分支的上、下水平区段处，导轨侧面与梯级主轮侧面的平均间隙要求小于0.5mm，以保证梯级能顺利通过梳齿板，其他区段的间隙要求小于1mm。

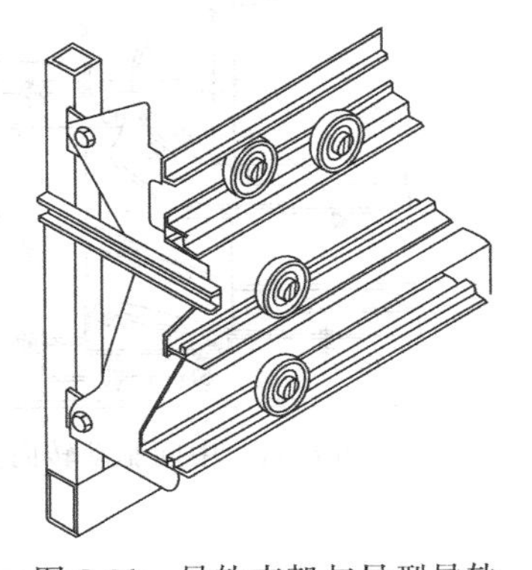

图8-31　导轨支架与异型导轨

b. 转向壁。当牵引链条通过驱动端牵引链轮和张紧端张紧链轮转向时，梯级主轮已不需要导轨及反轨了，该处是导轨及反轨的终端，该导轨的终端不允许超过链轮的中心线，并制成喇叭口型式以易于导向。但是辅轮经过驱动端与张紧端时仍然需要转向导轨，这种辅轮将终端转向导轨做成整体式的，即为转向壁（图 8-32），转向壁将与上分支辅轮导轨和下分支辅轮导轨相连接。由于牵引链条在工作中需要连续地张紧，在转向壁上还设有张紧机构，采用压缩弹簧或重锤张紧（图 8-33）。当张紧装置移动超过±20mm 前（包括牵引链条断裂），自动扶梯和自动人行道应自动停止运行。

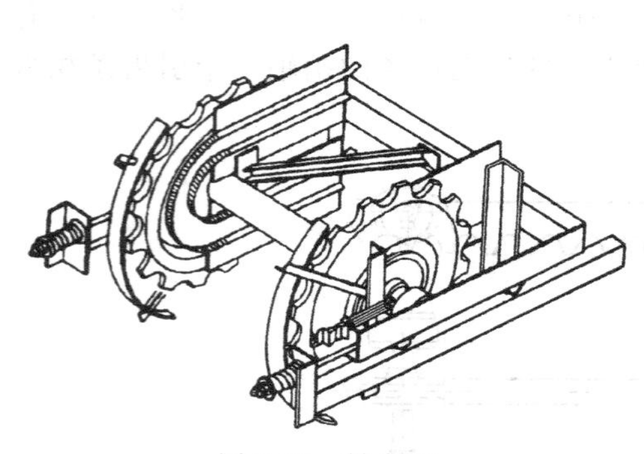

图 8-32　转向壁

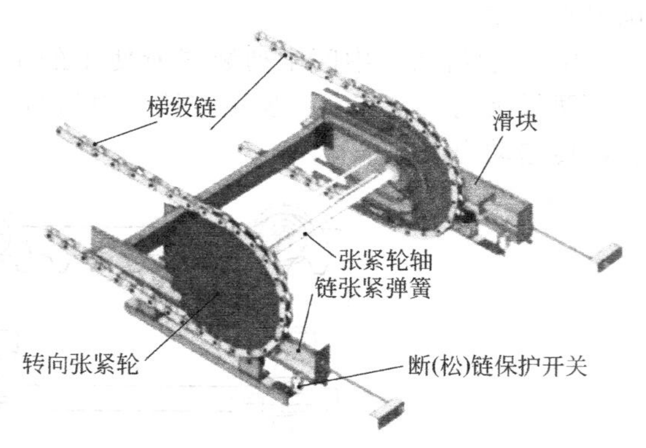

图 8-33　牵引链条张紧装置

中间驱动装置位于自动扶梯的中部，因而在驱动端和张紧端都没有链轮，梯级主轮行至上、下两个端部时，就需要经过如辅轮转向壁一样的转向导轨。这两个转向轨道通常各由两段约为 1/4 弧段长的导轨组成，其中下部一段需要略可游动，以补偿由于长 400mm 的牵引齿条从一分支转入另一分支时在圆周上所产生的误差（图 8-34）。

④ 桁架　桁架是扶梯的基础构件，起着连接建筑物两个不同高度地面、承载各种载荷及安装支撑所有零部件的作用。桁架一般用多种型材、矩形管等焊接而成。对于小提升高度的自动扶梯桁架，一般将驱动段、中间段和张紧段（端部驱动扶梯）三段在厂内拼装或焊接为一体，作为整体式桁架出厂；对于大、中提升高度的扶梯，出于安装和运输的考虑，桁架一般采用分体焊接，多段结构，现场组装，而且为保证刚性和强度，在桁架下弦处设有一系列支撑，形成多支撑结构。

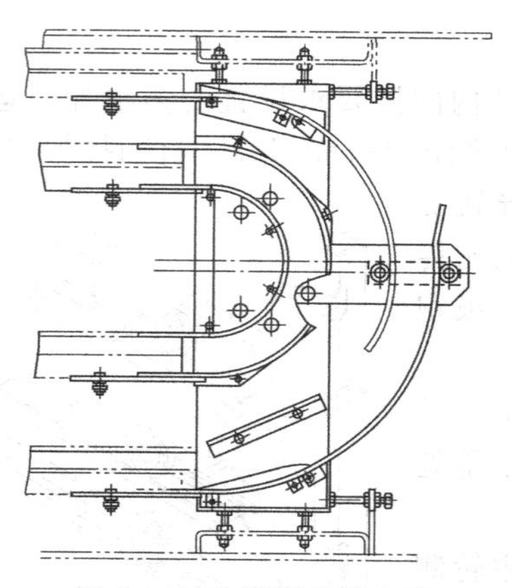

图 8-34　中间驱动转向壁

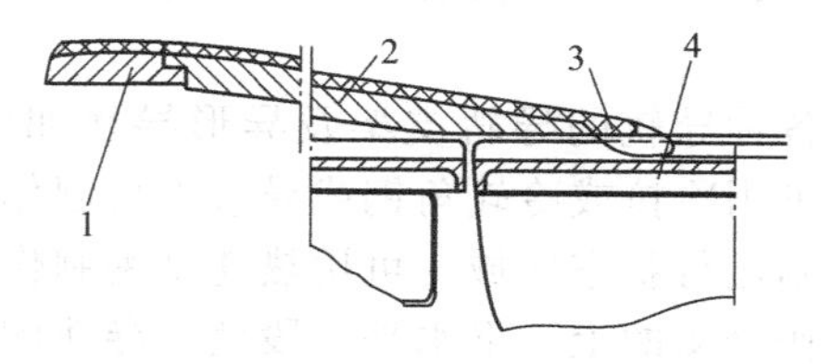

图 8-35　梳齿前沿板

1—前沿板；2—梳齿板；3—梳齿；4—梯级踏板

桁架是自动扶梯内部结构的安装基础，它的整体和局部刚性的好坏对扶梯性能影响较大。自动扶梯或自动人行道在设计时所依据的载荷是：自动扶梯或自动人行道的自重加上 5000N/m^2 的载荷，根据此载荷计算或实测的最大挠度不应超过支承距离的 1/750；对于公共交通型自动扶梯和自动人行道，根据 5000N/m^2 的载荷计算或实测的最大挠度不应大于支承距离的1/1000。

⑤ 梳齿、梳齿板、前沿板　为了确保乘客上下自动扶梯的安全，必须在自动扶梯进、出口设置梳齿前沿板，它包括梳齿、梳齿板、前沿板三部分（图8-35）。梳齿的齿应与梯级的齿槽相啮合，齿的宽度不小于2.5mm，端部修成圆角，其形状应尽量使其与梯级之间造成挤压的风险尽可能降低，从而使得在啮合区域即使乘客的鞋或物品在梯级上相对静止，也会平滑地过渡到前沿板上。梳齿端的圆角半径不应大于2mm。

扶梯在运行过程中，不可避免地会发生异物卡入梳齿与梯级之间的事故。要求即使是异物卡入，梳齿在变形情况下仍能保持与梯级或踏板正常啮合，或者梳齿断裂。如果梳齿与梯级或踏板不能保持正常啮合或断裂，则当梳齿板与梯级或踏板发生碰撞时，自动扶梯或自动人行道应自动停止运行。所以在安装梳齿的前沿板后方，装设有微动开关，一旦梯级推动梳齿发生位移，则触发微动开关切断电路，使扶梯停止运行。梳齿的水平倾角不超过35°。梳齿可采用铝合金压铸而成，也可采用工程塑料制作。

自动扶梯梯级在出入口处应有导向，使其从梳齿板出来的梯级前缘和进入梳齿板的梯级后缘应有一段不小于0.8m的水平移动距离。如果名义速度大于0.5m/s但不大于0.65m/s或扶梯提升高度大于6m，该水平移动距离不应小于1.2m；如果名义速度大于0.65m/s，该水平移动距离不应小于1.6m。

3）自动扶梯常见布置方式

自动扶梯的布置方式与其输送能力有非常密切的关系。在不同的使用场合，必须采取不同的布置方式，使设备的效率达到最大。为满足各类建筑对输送乘客的要求，可采用以下几种布置方式（图8-36）：

① 单台布置［图8-36(a)］　适合于小型的商场、酒楼或商铺，能引入更多人流进入上层空间。

② 单列连续布置［图8-36(b)］　可迅速引导人流向高层空间运行。

③ 单列重叠布置［图8-36(c)］　适合在有限的空间内往单一方向输送乘客的扶梯，但输送效率较低。

④ 双列平行布置［图8-36(d)］　多用于商场内，既美观又方便顾客寻找适用的扶梯前往各楼层。

⑤ 双列交叉布置［图8-36(e)］　在主要用自动扶梯完成迅速输送乘客的商场内，是非常适用的。乘客在到达某层时可迅速更换到另一扶梯，换乘步行距离最短。

⑥ 双列连续布置［图8-36(f)］　同样能够使乘客换乘步行距离做到最短，但占用空间

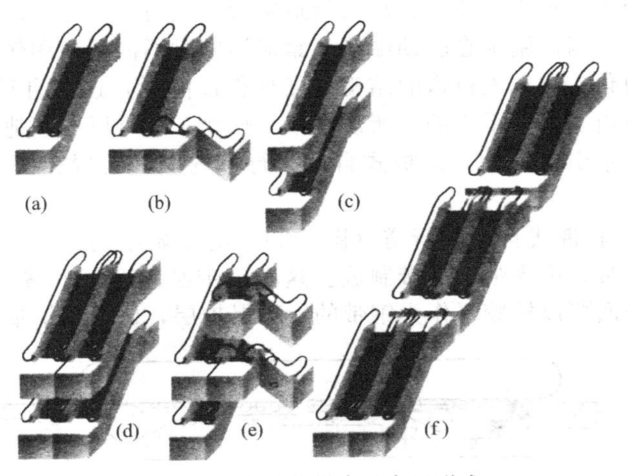

图8-36　自动扶梯常见布置形式

较大。

4）多级驱动自动扶梯简介

为了减轻自动扶梯自重，节约能耗，充分利用自动扶梯本身所占空间，使其布置更为紧凑，将前述的中间驱动装置放置于自动扶梯上、下分支的中间，即为中间驱动自动扶梯（图8-37）。充分利用这一空间即可省去金属结构上端的内机房所占的空间。

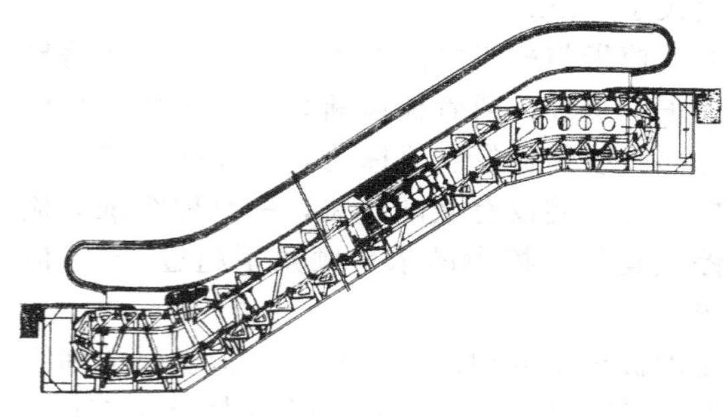

图 8-37 中间驱动自动扶梯

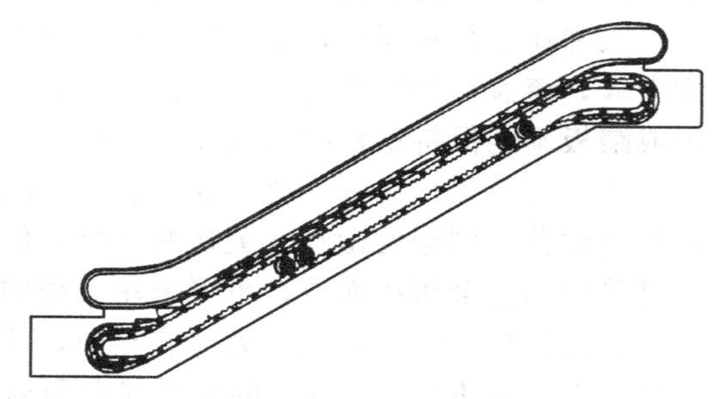

图 8-38 两级驱动自动扶梯

在大提升高度的自动扶梯中，有载梯路沿倾斜区段上升时，牵引链条的张力会急剧地增加，在主牵引链轮绕入端达最大值，因而导致电动机功率和牵引链条强度尺寸的增大。

中间驱动装置提供了自动扶梯采用多级驱动的可能性。对于大提升高度自动扶梯，采用多级驱动可使牵引构件张力大大地降低，从而减小牵引构件尺寸，降低电动机功率。图 8-38 为两级驱动自动扶梯。

（3）自动人行道简介

20 世纪初以来，人们就提出要使用自动人行道来解决城市交通问题，并提出了多种方案。但是直到 50 年代以后，自动人行道才在美国得以应用。60 年代以后，法国、德国及日本等国相继使用自动人行道。

自动人行道的倾角为 0～12°，输送长度在水平或微斜时可达到 500m。名义速度不得大于 0.75m/s，如果踏板或胶带的宽度不大于 1.10m，并且在出入口踏板或胶带进入梳齿板之前的水平距离不小于 1.60m 时，自动人行道的名义速度最大允许达到 0.9m/s。

自动人行道基本可分为以下三种结构：踏板式结构，带式结构和双线式结构。

① 踏板式结构　此类自动人行道的结构，可以看做将普通的自动扶梯的倾角减到 0～12°，将自动扶梯所用的特种形式梯级改为普通平板式小车——踏板，各踏板形成一个平坦的路面，就成为踏板式自动人行道。自动人行道两旁各装与扶梯相同的扶手装置，踏板车轮没有主轮与辅轮之分，因而踏板在驱动端与张紧端转向时不需要使用作为辅轮转向轨道的转向壁，使结构大大简化，自动人行道的结构高度也得以降低，这是自动人行道的最大特点。另外，由于自动人行道表面是平坦的，所以童车、购物车等可以方便地放置在它的上面。

踏板铰接在两根牵引链条上，踏板式自动人行道的驱动装置、扶手装置均与自动扶梯相同。

② 胶带式结构　胶带式自动人行道（图 8-39）的原始结构是工厂常用的带式输送机。其最重要部件是输送带，由高强度钢带制成。这种钢带必须保证平整、耐磨、疲劳强度高、寿命长，在钢带的外面覆以橡胶层作为钢带的一种保护层，以防止钢带的机械损伤和抵御潮

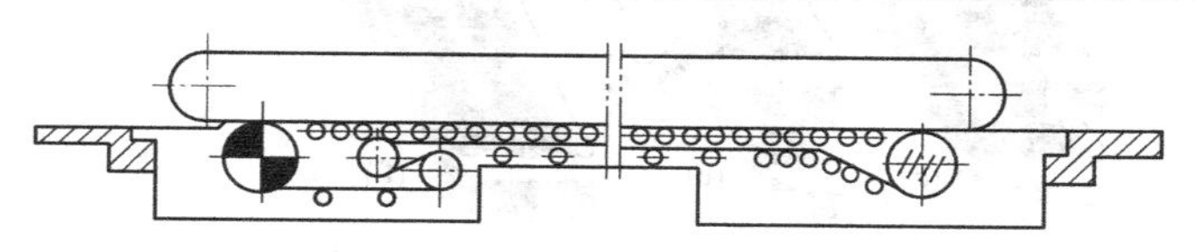

图 8-39 胶带式结构自动人行道

湿；橡胶覆面上具有小槽，使输送胶带能在自动人行道的出入口与梳齿板相啮合，既保证了胶带的导向，又保证乘客安全上下和防止挤夹伤害。即使在较大的负载下，这种橡胶覆面的钢带仍能足够平稳而安全地进行工作，从而提高乘客的舒适感。

钢带的支承可以是滑动的，也可以是用托辊的。如果使用滑动支承，钢带的另一面不要覆盖橡胶；使用托辊时，钢带的另一面也覆盖橡胶，但托辊间距一般较小。

胶带式自动人行道的长度一般为300～350m；当自动人行道长度为10～12m时，可采用滑动支承。

③ 双线式结构　双线式自动人行道（图8-40）的结构是使用销轴垂直放置的牵引链条构成一水平闭合轮廓的输送系统，不同于踏板式结构的链条则构成垂直闭合轮廓系统；牵引链条两分支即构成两台运行方向相反的自动人行道，一系列踏板的一侧装在该牵引链条上，踏板另一侧的车轮自由地运行于它的轨道上。这种自动人行道的驱动装置装在它的一端，并将动力传递给轴线垂直的大链轮，驱动电动机、减速器等就装在两条自动人行道之间；张紧装置装在自动人行道另一端的转向大链轮上。

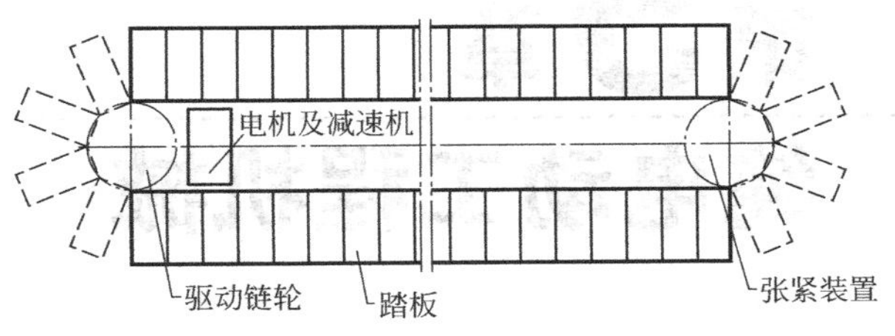

图8-40　双线式自动人行道

双线式自动人行道的特点是结构的高度低，可以利用两台自动人行道之间的空间放置驱动装置，且可以直接固接于地面之上。因而，在房间高度不够以及在高度特别紧凑的地方（如隧道或某些通道中）可采用这种自动人行道。

第9章 纯电动工程机械

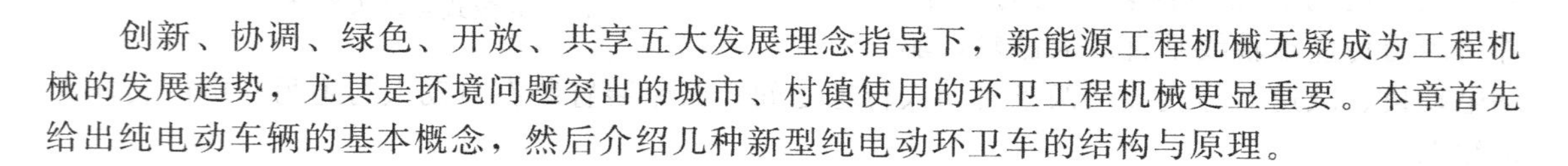

创新、协调、绿色、开放、共享五大发展理念指导下，新能源工程机械无疑成为工程机械的发展趋势，尤其是环境问题突出的城市、村镇使用的环卫工程机械更显重要。本章首先给出纯电动车辆的基本概念，然后介绍几种新型纯电动环卫车的结构与原理。

9.1 基本概念

9.1.1 整车

（1）电动汽车

电动汽车是主要以电池为能量源，全部或部分由电机驱动的汽车，是涉及机械、电子、电力、微机控制等多学科的高科技产品。

普通燃油汽车的发动机是通过活塞运动把燃油在汽缸里爆炸时所产生的力量转变为旋转运动的，其旋转速度是由改变变速箱的齿轮组合和控制燃油爆炸压力的大小和次数来调节，因而具有振动大、噪声大以及排放尾气的问题。电动汽车的动力是电，电动机的旋转能直接传递给驱动部分，因而几乎没有噪声和振动，而且运行时无需预热。

按照目前技术状态和车辆驱动原理，一般将电动汽车划分为纯电动汽车（Electric Vehicle，EV）、混合动力电动汽车（Hybrid Electric Vehicle，HEV）和燃料电池电动汽车（Fuel Cell Electric Vehicle，FCEV）3种类型。

（2）纯电动汽车

纯电动汽车，其动力系统主要由动力蓄电池、驱动电机及其控制系统组成，它从电网取电（或更换动力蓄电池）获得电力，并通过动力蓄电池向驱动电机提供电能驱动汽车行驶。

典型的纯电动汽车结构如图9-1所示。动力电池组输出电能驱动电机，从而推动车辆行驶，电池的电能通过充电系统在车辆行驶一定的里程后进行补充。

纯电动汽车是其他类型电动汽车（HEV和FCEV）的基础，具有零排放、噪声小、结构简单、维护较少的优点。相对于燃油汽车和其他类型的电动汽车，纯电动汽车能量利用效率最高，而且电力价格便宜，使用成本低。由于纯电动汽车可以利用夜间用电低谷充电，因此，它还具有调节电网系统峰谷负荷，提高电网效能的作用。

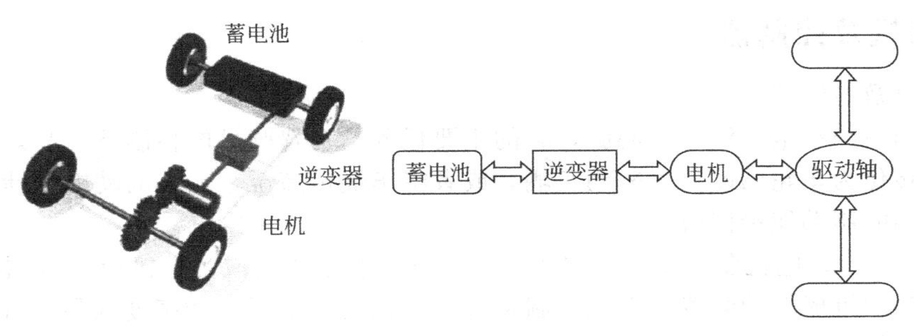

图 9-1 典型的纯电动汽车结构

(3) 电动汽车的优点

电动汽车由于全部或部分采用电力驱动，因此与普通燃油汽车相比具有其特有的优点：

① 电动汽车可以减少石油消耗总量，改变能源消耗结构；

② 纯电动汽车可以改善电网系统峰谷负荷平衡问题；

③ 电动汽车可以极大地减少污染物和温室气体排放。

(4) 纯电动汽车基本结构

如图 9-2 所示，电动汽车系统一般可分为 3 个子系统，即电力驱动子系统、主能源子系统和辅助控制子系统。其中，电力驱动子系统由驱动电机、电控单元、功率变换器、机械传动装置和驱动车轮等组成；主能源子系统由主电源、能量管理系统和充电系统等构成；辅助控制子系统具有动力转向、温度控制和辅助动力供给等功能。通过从制动踏板和加速踏板输入的信号，电子控制器发出相应的控制指令来控制功率变换器功率装置的通断，功率变换器的功能是调节电机和电源之间的功率流。当电动汽车制动时，再生制动的动能被电源吸收，此时功率流的方向要反向。能量管理系统和电控系统一起控制再生制动及其能量的回收，能量管理系统和充电器一同控制充电并监测电源的使用情况。辅助动力供给系统供给电动汽车辅助系统不同等级的电压并提供必要的动力，它主要给动力转向、空调、制动及其他辅助装置提供动力。除了从制动踏板和加速踏板给电动汽车输入信号外，方向盘输入也是一个很重要的输入信号，动力转向系统根据方向盘的角位置来决定汽车灵活地转向。

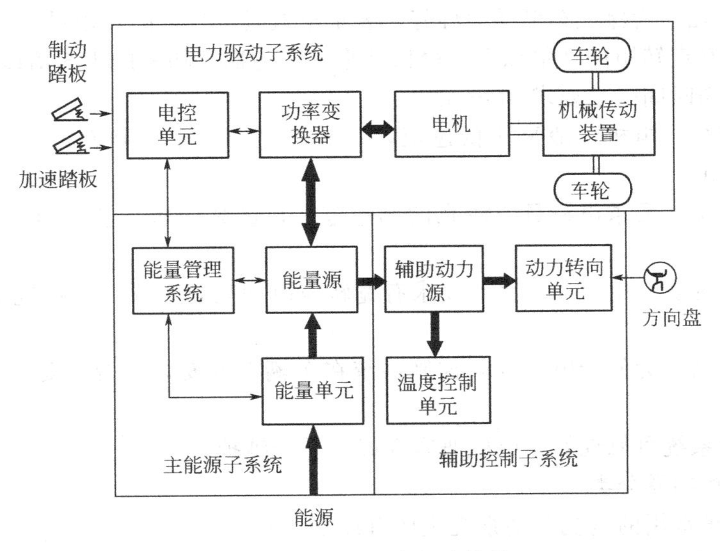

图 9-2 纯电动汽车基本结构

9.1.2 电机及控制器

(1) 电机及控制器定义

电机驱动系统是电动汽车的心脏，它的主要任务是在驾驶员的控制下，高效率地将动力电池的能量转化为车轮的能量来驱动车辆，或者将车辆传递至车轮上的动能反馈到动力电池中以实现车辆的制动能量回收。

如图 9-3 所示，电机驱动系统主要由电机及其控制系统组成。电机由控制器控制，是一个将电能转变为机械能的装置。电机控制系统主要包括控制器和功率变换器。控制器分为 3 个功能单元：传感器、中间连接电路与处理器。传感器把测得的数据，如电流、电压、温度、速度、转矩以及电磁通等转变为电信号，通过连接电路把这些电信号调整到合适的值，然后输入到处理器。处理器的输出信号通常经过中间电路放大，驱动功率变换器的半导体元件。在驱动和制动能量回收过程中，电池与电机之间的能量流动是通过功率变换器进行调节的。电机与车轮通过机械传动装置连在一起，该传动装置是可选的，因为电机也可以直接装在车轮上，用电动轮直接驱动。

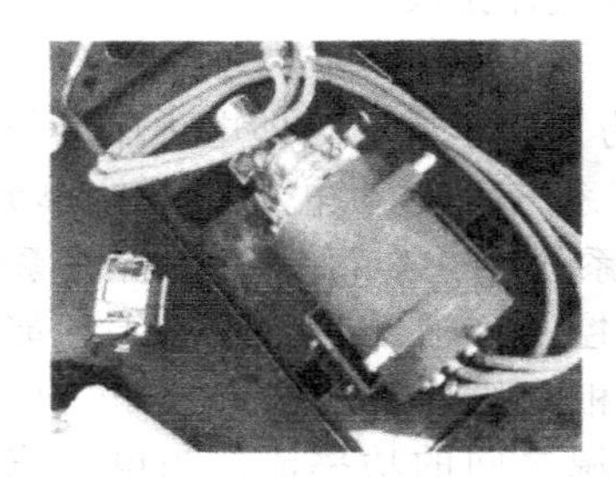

图 9-3 电机及控制器

(2) 整车对电机及控制器的功能需求

用于电动汽车的驱动电机与常规工业用电机有很大的不同，工业用驱动电机通常优化在额定的工作点，而电动汽车用驱动电机通常要求能够频繁地启动/停车、加速/减速，低速或爬坡时要求高转矩；高速行驶时要求低转矩，并要求变速范围大。电动汽车对驱动电机的性能要求如下：

① 过载能力强。为保证车辆动力性好，要求电机具有较好的转矩过载和功率过载能力，峰值转矩一般为额定转矩的 2 倍以上，峰值功率一般为额定功率的 1.5 倍以上，且峰值转矩和峰值功率的工作时间一般要求 5min 以上。

② 转矩响应快。电机一般采用低速恒转矩和高速恒功率控制方式，要求转矩响应快、波动小、稳定性好。

③ 调速范围宽。要求电机具有较宽的调速范围，最高转速是基速的 2 倍以上，电机要能四象限工作。

④ 高效工作区宽。电机驱动系统要求有宽转速范围高效工作区，系统效率大于 80% 的转速区要大于 75%。

⑤ 功率密度高。为便于电机及其控制系统在车辆上的安装布置，要求系统具有很高的功率密度。

⑥ 电机驱动系统可靠性好，电磁兼容性好，易于维护。

(3) 电机及控制器分类

目前电动汽车常用的电机驱动系统主要有以下 4 种。

① 直流电机驱动系统。电机控制器一般采用脉宽调制（PWM）斩波控制方式。

② 交流感应电机驱动系统。电机控制器采用PWM方式实现高压直流到三相交流的电源变换，采用变频调速方式实现电机调速，采用矢量控制或直接转矩控制策略实现电机转矩控制的快速响应。

③ 交流永磁电机驱动系统，包括正弦波永磁同步电机驱动系统和梯形波无刷直流电机驱动系统。其中正弦波永磁同步电机控制器采用PWM方式实现高压直流到三相交流的电源变换，采用变频调速方式实现电机调速；梯形波无刷直流电机控制通常采用“弱磁调速”方式实现电机的控制。由于正弦波永磁同步电机驱动系统低速转矩脉动小且高速恒功率区调速更稳定，因此比梯形波无刷直流电机驱动系统具有更好的应用前景。

④ 开关磁阻电机驱动系统。电机控制一般采用模糊滑模控制方法。

目前电动环卫车所用电机均为永磁同步电机，交流永磁电机采用稀土永磁体励磁，与感应电机相比不需要励磁电路，具有效率高、功率密度大、控制精度高、转矩脉动小等特点。

(4) 电机及控制器术语

电机及控制器的主要性能指标如下。

① 额定功率：在额定条件下的输出功率。

② 峰值功率：在规定的持续时间内，电机允许的最大输出功率。

③ 额定转速：额定功率下电机的转速。

④ 最高工作转速：相应于电动汽车最高设计车速的电机转速。

⑤ 额定转矩：电机在额定功率和额定转速下的输出转矩。

⑥ 峰值转矩：电机在规定的持续时间内允许输出的最大转矩。

⑦ 电机及控制器整体效率：电机转轴输出功率除以控制器输入功率再乘以100%。

下面以2t型环卫车电机参数为例，具体说明上述指标的实际意义：

额定功率：30kW

峰值功率：60kW

额定转速：3000r/min

最大转速：8000r/min

额定转矩：96N·m

峰值转矩：200N·m

额定效率（包括控制器）：≥93%

该类型电机的效率如图9-4所示。

电机在超过额定范围条件下工作时，将有一定的时间限制，如15min峰值工况、30min峰值工况等。

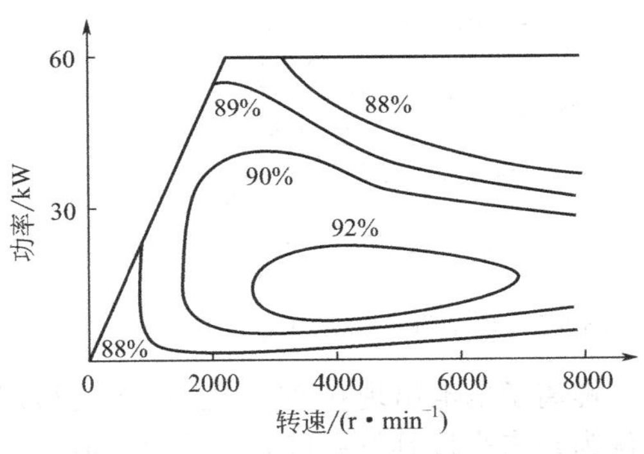

图9-4 电机功率、转速与效率

9.1.3 动力电池系统

自电动汽车诞生以来，动力电池技术一直制约着电动汽车的实用化进程。提高功率密度、能量密度、使用寿命以及降低成本一直是电动汽车动力电池技术研发的核心。动力电池成组应用技术（包括电池箱、电池管理系统和热管理系统等）是连接整车和动力电池研发生产的技术纽带和桥梁，制约着电动汽车产业化和市场化发展。鉴于动力电池对电动汽车发展的重要性，世界各国都在加紧研制电动汽车用动力电池，并通过设立专门计划来推动动力电池的研究工作。

(1) 动力电池分类及锂离子动力电池

可用于电动汽车的动力电池包括阀控铅酸电池（VRLA）、镍-镉电池（Ni-Cd）、镍-锌电池（Ni-Zn）、镍氢电池（Ni-MH）、锌空气电池（Zn/Air）、铝空气电池（Al/Air）、钠硫电池（Na/S）、钠镍氯化物电池（$Na/NiCl_2$）、锂聚合物电池（Li-Polymer）和锂离子电池（Li-Ion）等多种类型，如图 9-5 所示，各类型动力电池的性能对比见表 9-1 所示。动力电池经历了铅酸电池、镍镉电池、钠硫电池等多种类型的发展和探索之后，目前应用主要集中在阀控铅酸电池、镍氢动力电池和锂离子动力电池，而锂离子动力电池由于具有能量密度高、大功率充放电能力强等优点，逐渐成为电动汽车的主要能量源，如图 9-6 所示。本书所提及的所有车型都使用的是锂离子动力电池。

表 9-1 各类型动力电池性能参数对比

电池类型	比能量(质量比能量) /($W \cdot h \cdot kg^{-1}$)	能量密度(体积比能量) /($W \cdot h \cdot L^{-1}$)	比功率 /($W \cdot kg^{-1}$)	循环寿命 /次
VRLA	30～45	60～90	200～300	400～600
Ni-Cd	40～60	80～110	150～350	600～1200
Ni-Zn	60～65	120～130	150～300	300
Ni-MH	60～70	130～170	150～300	600～1200
Zn/Air	230	269	105	NA
Al/Air	190～250	190～200	7～16	NA
Na/S	100	150	200	800
$Na/NiCl_2$	86	149	150	1000
Li-Polymer	155	220	315	600
Li-Ion	90～130	140～200	250～450	800～1200

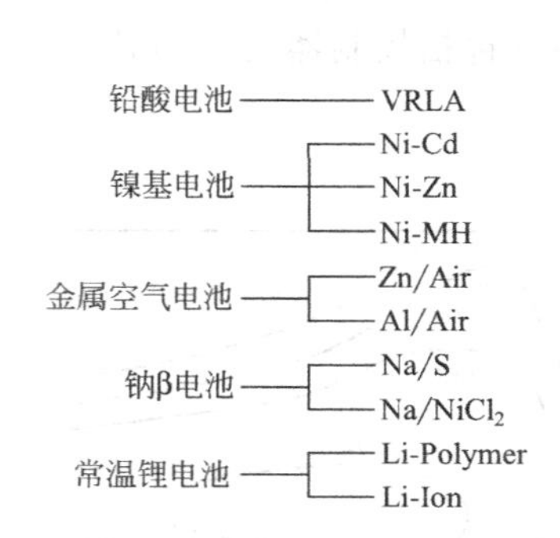

图 9-5 电动汽车动力电池分类

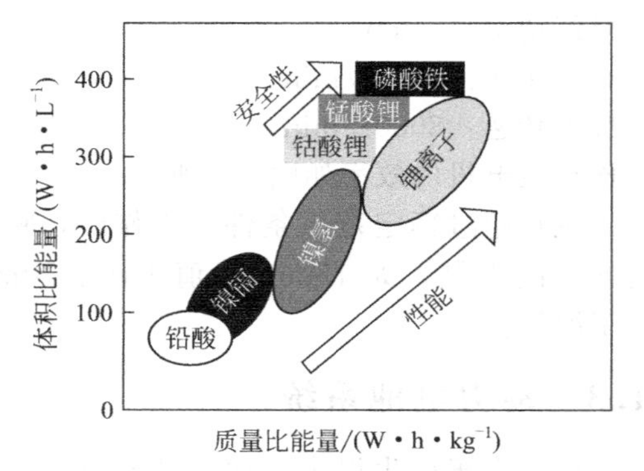

图 9-6 动力电池能量密度

锂离子电池出现在 20 世纪 90 年代初期，在短短十几年的时间里，得到了空前的发展，被认为是未来极具发展潜力的动力电池。

锂离子电池使用锂碳化合物（Li_xC）作负电极，锂化过渡金属氧化物（$Li_{1-x}M_yO_z$）作正电极，液体有机溶液或固体聚合物作电解液。在充放电过程中，锂离子在电池正极和负极间往返流动。电化学反应方程式为

$$Li_xC + Li_{1-x}M_yO_z \longleftrightarrow C + LiM_yO_z$$

放电时，负极上释放锂离子，通过电解液流向正电极并被吸收；充电时，反应过程相反，如图 9-7 所示。

（2）动力电池基本性能参数

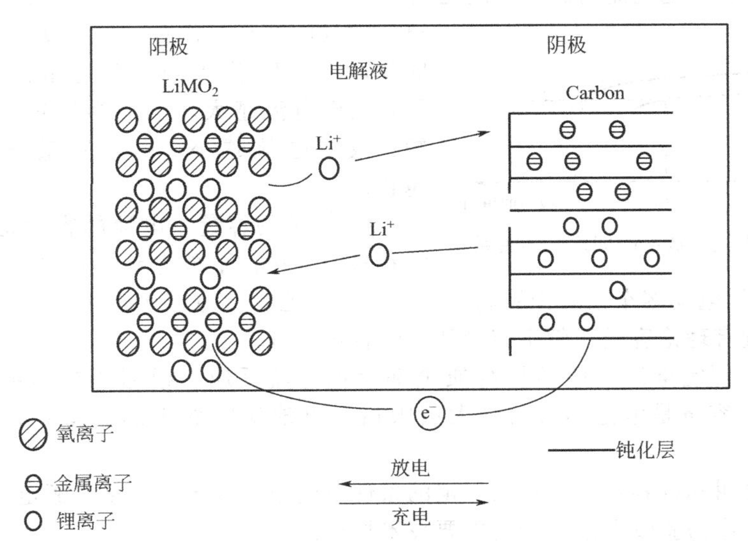

图 9-7 锂离子电池充放电原理

动力电池的能量密度、功率密度、充放电性能、成本、使用寿命、单体一致性和安全性等性能是影响电动汽车能否实现产业化的关键因素。

① 端电压和电动势 动力电池的端电压是指动力电池正极和负极之间的电位差，如图 9-8 所示。动力电池在没有负载情况下的端电压称为开路电压。动力电池接上负载后处于放电状态下的电压称为负载电压，又称为工作电压。电池充放电结束时的电压称为终止电压，分为充电终止电压和放电终止电压。

在图 9-8 中，V_t 代表端电压，V_{FC} 为充电终止电压，V_{cut} 为放电终止电压，Q_p 为电池实际容量，SoD 为放电状态。可见，端电压低于放电终止电压时继续放电，会导致端电压急剧下降甚至造成电池损坏，故应严格避免此类现象的出现。

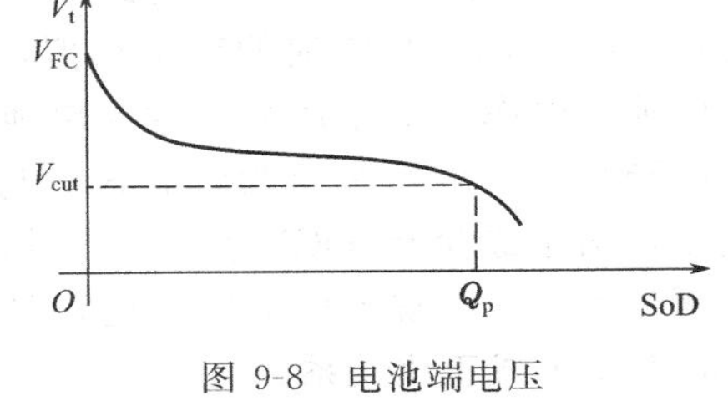

图 9-8 电池端电压

电池的电动势等于组成电池的两个电极的平衡电极电位之差。实际电池中两个电极并非处于热力学可逆状态，这时电极电位为稳定电极电位而非平衡电极电位，故电池的开路电压理论上并不等于电池的电动势，一般来说，电池的开路电压和其电动势近似相等。

② 电流 放电时电池里输出的电流称为放电电流，充电时电池里流过的电流称为充电电流，电池在放电或充电时所允许的电流最大值称为最大允许电流。

电池的放电、充电电流通常用充/电率表示：

$$I=kC_n$$

式中，I 为蓄电池的充/放电电流（A）；n 为与蓄电池额定容量对应的标定放电时间；C 为蓄电池的额定容量（A·h）；k 为比例系数。

例如，额定容量 5A·h 的蓄电池以 $C/5$ 放电率放电，则放电电流为 $kC_n=(1/5)\times5=1$A；额定容量 10A·h 的蓄电池以 2A 放电，则放电率为 $I/C_n=(2/10)C=0.2C$，即 $C/5$。因此，在表示蓄电池的可利用能量或容量时，一定要指出放电率，随着放电率的提高，蓄电池可利用能量或容量降低。纯电动客车锰酸锂锂离子电池组的放电率常为 0.2～0.3C，最大为 0.5～0.7C。

图 9-9 所示为放电电流与放电时间之间的关系，定性地对比了以两种不同的电流放电时电池的放电特性，图中 $t_{cut,1}$、$t_{cut,2}$ 表示放电终止时间，I_1、I_2 代表两种放电电流且 $I_1 > I_2$，可见，放电电流越大，电池容量越小，放电时间越短；放电电流越小，电池容量越大，放电时间越长。

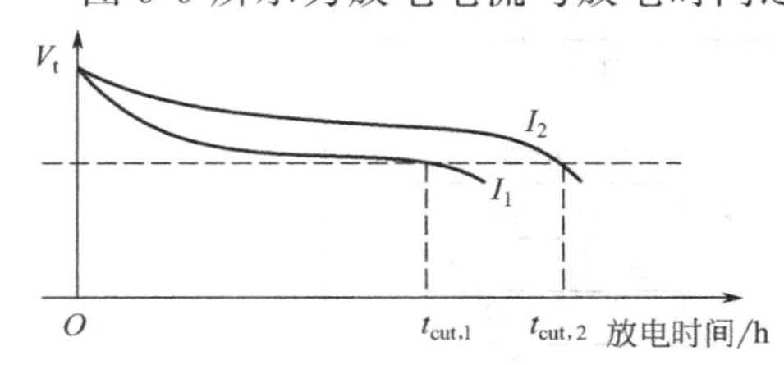

图 9-9　放电电流与放电时间之间的关系

③ 电池的容量　电池的容量是指充满电的电池在指定的条件下放电到终止电压时输出的电量，单位为 A·h。纯电动客车锰酸锂锂离子电池组的电池容量为 360A·h。

电池的容量有理论容量、额定容量和实际容量之分。

理论容量是假定电池中的活性物质全部参加成流反应，根据法拉第定律计算所能给出的电量。理论容量是电池容量的最大极限值，电池实际放出的容量只是理论容量的一部分。

额定容量也叫标称容量，是指在规定的条件下电池应放出的电量。额定容量是制造厂标明的安时容量，作为验收电池质量的重要技术指标。

实际容量是指充满电的电池在一定条件下所能输出的电量，它等于放电电流和放电时间的乘积。

电池的实际容量除与其本身的结构与制造工艺有关外，主要受其放电制度的影响，放电制度包括放电速率、放电形式（恒流、变流或脉冲）、终止电压和温度等因素。

用电池的荷电状态（State of Charge，SoC）描述电池剩余容量占额定容量的百分比，用放电深度（Depth of Discharge，DoD）描述电池已放出的电量与电池额定容量的比值。纯电动客车锰酸锂锂离子电池组的放电深度可达 85%DoD。与电池的容量相似，SoC 也是电池放电率、工作环境温度和电池老化程度的函数。图 9-10 所示为电池 SoC 与端电压关系，图中纵坐标 OCV 为开路电压，即端电压。可见，正常工作范围内电池端电压与 SoC 基本上成正比关系。

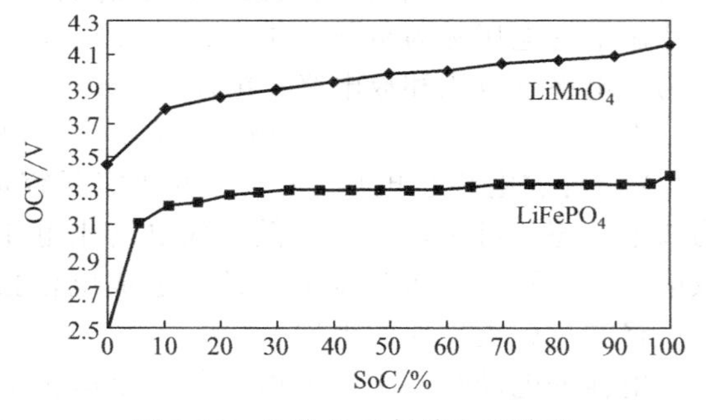

图 9-10　电池 SoC 与端电压关系

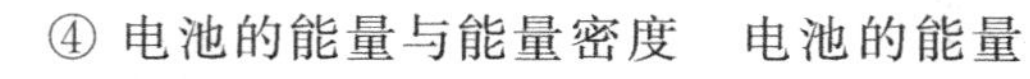
④ 电池的能量与能量密度　电池的能量是指在按一定标准所规定的放电制度下，电池所输出的电能，单位为瓦时（W·h）或千瓦时（kW·h）。

电池的能量也有实际能量与标称能量之分。实际能量为电池在一定的放电条件下的实际容量与平均工作电压的乘积；标称能量是指电池的额定容量与其额定电压的乘积。

通常用能量密度（又称比能量）作为衡量各种动力电池性能的一项重要的指标。能量密度有质量能量密度和体积能量密度之分。质量能量密度是指电池单位质量所能输出的电能，单位为瓦时/千克（W·h/kg）；体积能量密度是指电池单位体积所能输出的电能，单位为瓦时/升（W·h/L）。电池的质量能量密度指标比体积能量密度指标更为重要，因为电池质量能量密度影响电动汽车的整车质量和续驶里程，而体积能量密度只影响到电池的布置空间。质量能量密度是评价电动汽车的能量源是否能满足预定的续驶里程的重要指标。既然电池的可利用容量是电池放电率的函数，那么，电池质量能量密度和体积能量密度的定义也与电池的放电率有关。

⑤ 电池的功率与功率密度　电池的功率是指在一定的放电制度下，单位时间内电池输

出的能量，单位为瓦（W）或千瓦（kW）。图 9-11 所示为电池的功率特性图，图中横坐标为放电电流，纵坐标为电池功率，P_{max}和i_{pmax}分别表示电池最大功率值以及电池达到最大功率时的放电电流值。由图可见，电池功率先随放电电流增大而增大，直到达到最大功率，而后电池功率随放电电流增大而减小，故驾驶电动汽车时要避免猛踩油门。

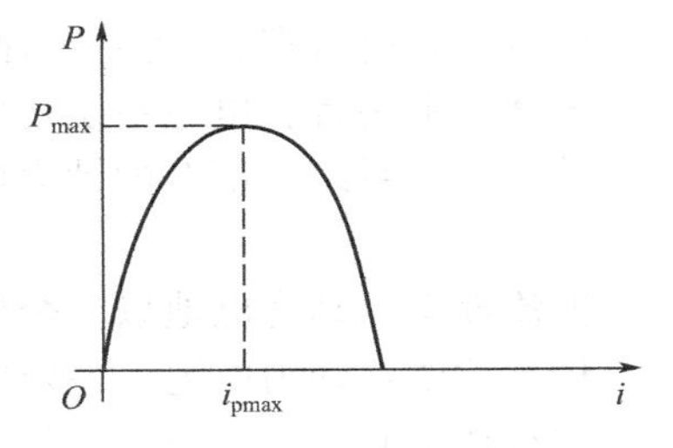

图 9-11 电池功率特性

质量功率密度是指单位质量的电池输出的功率，单位为 W/kg。体积功率密度是指单位体积的电池输出的功率，单位为 W/L。功率密度是评价能量源能否满足电动汽车加速和爬坡性能要求的重要指标。对于电化学电池，比功率与电池的放电深度 DoD 密切相关。因此，在表示电池功率密度时还要指出电池的放电深度 DoD。

⑥ 电池的循环使用寿命（Cycle Life） 电池的循环使用寿命是指以电池充电和放电一次为一个循环，按一定测试标准，当电池容量降到某一规定值（一般规定为额定值的 80%）以前，电池经历的充放电循环总次数。循环使用寿命是评价电池寿命性能的一项重要的指标。动力电池循环次数越多，可用 SoC 范围越窄，如图 9-12 所示。

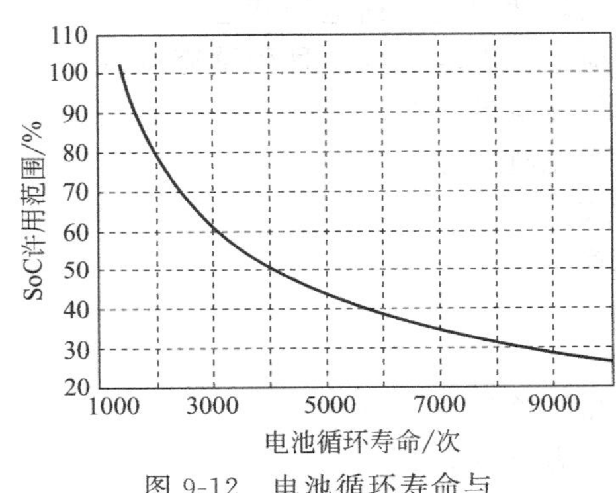

图 9-12 电池循环寿命与 SoC 许用范围的关系

⑦ 电池的自放电率 电池的自放电率是指电池在存放期间容量的下降率，即电池无负荷时自身放电使容量损失的速度。自放电率用单位时间内容量下降的百分数表示。

⑧ 电池的输出效率 电池实际上是一个能量存储器，充电时把电能转变为化学能储存起来，放电时再把化学能转变为电能释放出来，供用电装置使用。电池的输出效率通常用容量效率和能量效率来表示。电池的容量效率指电池放电时输出的容量与充电时输入的容量之比，电池的能量效率指电池放电时输出的能量与充电时输入的能量之比。通常，电池的能量效率为 55%～75%，容量效率为 65%～90%。对电动汽车而言，能量效率是比容量效率更重要的一个评价指标。

⑨ 电池的一致性 对于同一类型、同一规格、同一型号电池之间在电压、内阻、容量等参数方面存在的差别称为电池的一致性。一组电池的寿命在很大程度上取决于它的一致性。由于电动汽车的动力电池都是成组使用，因此，一致性是评价电池组性能的关键指标之一。影响电池一致性的因素主要有单体电池的设计和制造水平、用户的使用方式等。

⑩ 抗滥用能力 电池的抗滥用能力指电池对短路、过充、过放、机械振动、撞击、挤压以及遭受高温和着火等非正常使用情况的容忍程度。

（3）其他动力电池术语

1）动力电池结构

单体动力电池：构成蓄电池的最小单元，一般由正极、负极及电解质等组成，其标称电压为电化学偶的标称电压。纯电动客车锰酸锂锂离子单体电池的额定电压为 3.6V，额定容量为 90A·h。

动力电池模块：一组相联的单体动力电池的组合。

动力电池组：由一个或多个动力电池模块组成的单一机械总成。

电池管理系统（BMS）：可以控制动力电池输入和输出功率，监视蓄电池的状态（温度、电压、荷电状态)，为蓄电池提供通信接口的系统。

电池辅助装置：电池系统正常工作所需的蓄电池托架、冷却系统、温控系统等部件。

动力电池系统：所有的动力电池组及电池管理系统的组合。

2）放电

恒流放电：动力电池以一个受控的恒定电流进行的放电。

倍率放电：动力电池以额定电流倍数值进行的放电。

连续放电时间：动力电池不间断放电至终止电压时，从开始放电至终止放电的时间。

深度放电：表示蓄电池 50%或更大的容量被释放的程度。

3）充电

充电（对动力电池)：从外部电源供给动力电池直流电，将电能以化学能的方式储存起来的过程。

涓流充电：为补充自放电，使动力电池保持在近似完全充电状态的连续小电流充电。

完全充电：动力电池内所有可利用的活性物质都已转变成完全荷电的状态。

均衡充电：为确保动力电池中所有单体动力电池荷电状态均匀的一种延续充电。

恒流充电：以一个受控的恒定电流给动力电池进行充电的方式。

恒压充电：以一个受控的恒定电压给动力电池进行充电的方式。

脉冲充电：以脉冲电流给动力电池进行充电的方式。

充电器：控制和调整动力电池充电的电能转换装置。

车载充电器：固定地安装在车上的充电器。

4）能量参数

总能量：动力电池在其寿命周期内电能输出的总和，单位为 W·h。

充电能量：通过充电器输入动力电池的电能，单位为 W·h。

放电能量：动力电池放电时输出的电能，单位为 W·h。

5）电压参数

标称电压：用于鉴别动力电池类型的适当的电压近似值。纯电动客车锰酸锂锂离子电池组的标称电压为 388V。

平均电压：在规定的充放电过程中，用瓦时数除以安时数所得到的值。它不是某一段时间内的平均电压（除了在定电流情况下)。

负载电压：动力电池接上负载后处于放电状态下的端电压。

充电终止电压：在规定的恒流充电期间，动力电池达到完全充电时的电压。

放电终止电压：动力电池停止放电时的电压。

6）电流参数

额定放电电流：额定容量除以规定时间所得到的电流。

7）相关现象

自放电：动力电池内部自发的或不期望的化学反应造成可用容量自动减少的现象。

内部短路：动力电池内部正极与负极间发生短路的现象。

析气：动力电池在充电过程中产生气体的现象。

热失控：蓄电池在充/放电过程中，电流及温度发生一种累积的互相增强的作用而导致动力电池损坏的现象。

反极：动力电池正常极性发生改变的现象。

漏液：电解液泄漏到动力电池外部的现象。

记忆效应：动力电池经过长期浅充放电循环后，进行深放电时，表现出明显的容量损失和放电电压下降，经数次全充/放电循环后，电池特性即可恢复的现象。

过充电：动力电池完全充电后仍延续充电的现象。

过放电：动力电池放电至低于放电终止电压的放电现象。

9.1.4 制动能量回收系统

（1）概念

制动能量回收是现代电动汽车与混合动力汽车的重要技术之一，也是它们的重要特点。在一般内燃机汽车上，当车辆减速、制动时，车辆的动能通过制动系统而转变为热能，并向大气中释放。而在电动汽车与混合动力汽车上，这种被浪费的动能已可通过制动能量回收技术转变为电能并储存于蓄电池中，并进一步转化为驱动能量。

制动能量回收就是把电动机的无用的、不需要的或有害的惯性转动产生的动能转化为电能，并回馈蓄电池。同时产生制动力矩，使电动机快速停止无用的惯性转动，这个总过程也称为再生制动。

（2）制动能量回收原理

电动汽车正常行驶时，电动机是一个能将电能转化为机械能的装置。而这个转化过程常见的是通过电磁场的能量变化来传递能量和转化能量的，从更直观的力学角度来讲，主要体现为磁场大小的变化。电动机接通电源，产生电流，构建了磁场。交变的电流产生了交变的磁场，当绕组们在物理空间上呈一定角度布置时，将产生圆形旋转磁场。运动是相对的，等于该磁场被其空间作用范围内的导体进行了切割，于是导体两端建立了感应电动势，通过导体本身和连接部件，构成了回路，产生了电流，形成了一个载流导体，该载流导体在旋转磁场中将受到力的作用，这个力最终成为电动机输出扭矩中的力。当电动汽车减速或制动时，即切除电源时，电动机惯性转动，此时通过电路切换，往转子中提供相比而言功率较小的励磁电源，产生磁场，该磁场通过转子的物理旋转，切割定子的绕组，于是定子感应出电动势，也称逆电动势，此时电动机反转，功能与发电机相同，是一个将机械能转化为电能的装置，所产生的电流通过功率变换器接入蓄电池，即为能量回馈，至此制动能量回收过程完成。与此同时转子受力减速，形成制动力，这个总过程合称再生制动。

制动能量回收系统在本书所提及的各类型纯电动环卫车、纯电动客车以及纯电动乘用车上均有应用。

9.1.5 纯电动汽车的电气系统

（1）电气系统组成

电气系统是电动汽车的神经，承担着能量与信息传递的功能，对电动汽车的动力性、经济性、安全性和舒适性等有很大的影响，是电动汽车的重要组成部分。

电动汽车的电气系统主要包括低压电气系统、高压电气系统和整车网络化控制系统。高压电气系统主要由动力电池/燃料电池、驱动电机和功率变换器等大功率、高电压电气设备组成，根据车辆行驶的功率需求完成从动力电池或燃料电池到驱动电机的能量变换与传输过程。低压电气系统采用直流12V或24V电源，一方面为灯光、雨刷等车辆的常规低压电器供电，另一方面为整车控制器、高压电气设备的控制电路和辅助部件供电。电动汽车各种电气设备的工作统一由整车控制系统协调控制。一般电动汽车电气系统的结构原理如图9-13所示。

（2）整车网络化控制系统

电动汽车是一个高度集成的电气化系统，包括驱动电机控制系统、电池管理系统、车载充电系统、电动辅助系统、低压电气系统等各子系统，必须通过一个整车控制系统来进行各子系统的协调控制，从而实现整车的最佳性能。整车控制系统主要包括整车控制器、电机控

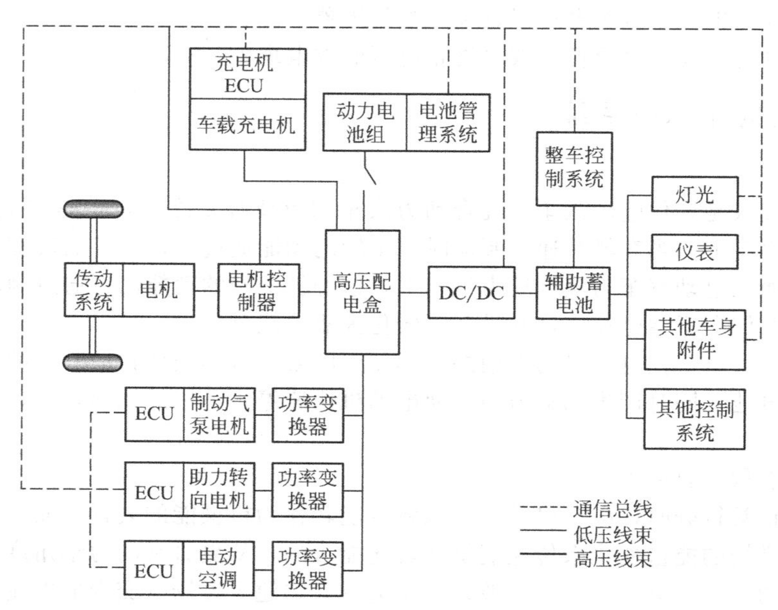

图 9-13　电动汽车电气系统结构原理

制器、电池管理系统、混合动力驱动系统中的多能源管理系统、车身控制管理系统、信息显示系统和通信系统等。整车控制器是整车控制系统的核心，承担了数据交换与管理、故障诊断、安全监控、驾驶员意图解释等功能。各系统之间的信息传递通过网络通信系统实现，目前常用的通信协议是 CAN 协议，它具有较好的可靠性、实时性和灵活性。信息显示系统可以实现整车工作状态的实时显示，如车速、电池状态（电压、电流、剩余电量等）、电机状态、故障显示等，方便驾驶员了解车辆的实时状态。

随着对车辆控制要求的不断提高，汽车电子化是大势所趋。电控系统在大大改善汽车性能的同时，也增加了信号采集和数据交换的复杂程度。过去汽车电控系统通常采用点对点的通信方式，将电子控制单元和传感器、执行器连接起来。如果每一个电控系统都独立配置一整套相应的传感器和执行器，那么将有大量的线束和接插件密布于汽车的各个部位，使得整车布线十分复杂，一根线束包裹着几十根导线的现象很普遍，这样不仅会增添汽车生产组装的困难以及汽车重量，而且也会增加售后维修人员对故障诊断、维修的难度，同时复杂的电路也降低了汽车的可靠性。

车载网络系统是基于数据总线技术实现的。数据总线是控制模块间运行数据的通道，即所谓的信息高速公路。数据总线可以实现在一条数据线上传递的信号能被多个系统（控制单元）共享，从而最大限度地提高系统整体效率，充分利用有限的资源。这样就能将过去一线一用的专线制改为一线多用制，大大减少了汽车上电线的数目，缩小了线束的直径。

通信协议是指通信双方控制信息交换规则的标准、约定的集合，即指数据在总线上的传输规则。在汽车上要实现各 ECU 之间的通信，必须制定规则，即通信的方法、通信的时间和通信的内容，保证通信双方能相互配合，使通信双方能共同遵守、可接受的一组规则和规定。

电动汽车是由多个子系统构成的复杂系统，控制系统的数量也比同类型的燃油汽车多，其整体性能的发挥和安全可靠性均取决于各个子系统的协同工作。因此，电动汽车更需要采用车载网络系统进行整车信息的通信和数据共享。

图 9-14 所示为电动汽车网络化控制系统。

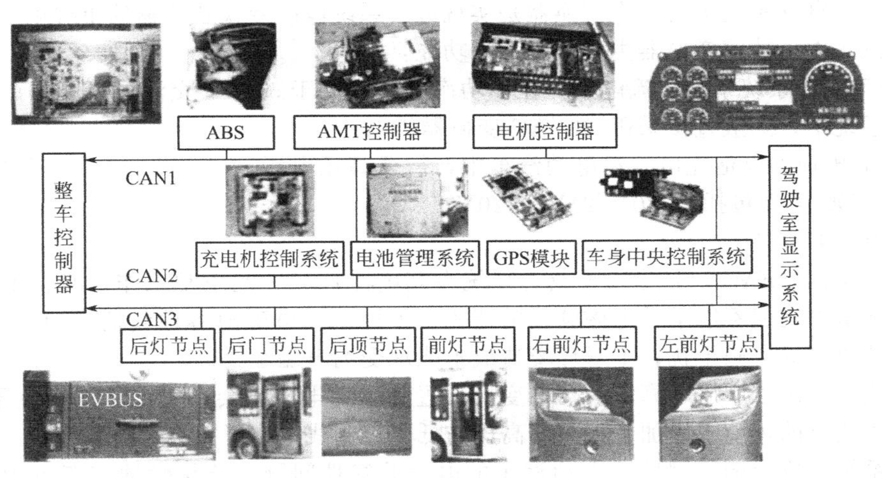

图 9-14 电动汽车网络化控制系统

(3) 远程监控

电动汽车远程监控系统可以实现车辆与电池状态的监控以及车辆 GPS 信息监控。车上载有 GPRS 信息终端（图 9-15），有 GPS 定位功能，与远程监控中心实现实时通信。

图 9-15 电动汽车 GPRS 信息终端

图 9-16 电动汽车远程监控中心

远程监控中心（图 9-16）能显示电池的电压及其极值、温度及其极值、SoC 和电流、车辆状态等，并能根据数据信息进行故障的报警；同时还可以实现车辆位置的定位与实时跟踪，并能根据车型进行选择性服务。

(4) 功率变换器

功率变换器可分为直流/直流（DC/DC）变换和直流/交流（DC/AC）变换两类。

DC/DC 是指将一个固定的直流电压变换为可变的直流电压，也称为直流斩波器。这种技术被广泛应用于无轨电车、地铁列车、电动车的无级变速和控制，同时使上述控制获得加速平稳、快速响应的性能，并同时收到节约电能的效果。用直流斩波器代替变阻器可节约电能 20%～30%。直流斩波器不仅能起调压的作用（开关电源），同时还能起到有效地抑制电网侧谐波电流噪声的作用。

DC/DC 变换是将原直流电通过调整其 PWM（占空比）来控制输出的有效电压的大小。DC/DC 转换器又可以分为硬开关和软开关两种。

DC/AC 称为反用换流器，也可称逆变器、变流器、反流器，或称电压转换器，是一个可将直流电变换成交流电的电路。这种技术被广泛应用于不间断电源、电动车辆及轨道交通系统、变频器等。电动汽车中的交流驱动电机 DC/AC 一般集成于电机控制器中。

电动汽车电气系统中的功率变换器是实现电气系统电能变换和传输的重要电气设备。在各种电动汽车中，功率变换器主要实现下列功能：

① 驱动辅助系统中的交流电机。在小功率（一般低于5kW）交流电机驱动的转向、制动等辅助系统中，一般直接采用DC/AC变换器供电。

② 给低压辅助电池充电。在电动汽车中，需要高压电源通过DC/DC给辅助电池充电。常见的DC/DC类型包括：380V/24V、320V/12V。

(5) 电磁兼容性

电磁兼容性（EMC）是指设备或者系统在其电磁环境中能正常工作，而且不对该环境中其他任何事物构成不能承受电磁骚扰的能力。实际上，电磁兼容性包括了两个重要内容：能够抵御环境中的电磁干扰；不对环境造成不能承受的电磁骚扰。

电动汽车中由于应用了高压大功率变换装置和驱动电机，会产生严重的电磁干扰噪声。同时在汽车狭小的环境中增加了更多的高压与低压控制线束，干扰会通过线间耦合或辐射对低压控制系统造成影响。因此，电动汽车的电磁兼容性问题比传统燃油汽车更为复杂和严重，分析电动汽车的电磁环境和电磁兼容性也就成为评价电动汽车设计的重要方面。

(6) 高压安全

电动汽车动力系统的一个重要特点就是具有高电压、大电流的动力回路。为了适应电机驱动工作的特性要求并提高效率，高压电气系统的工作电压可以达到300V以上，而且电力传输线路的阻抗很小。高压电气系统的正常工作电流可能达到数十甚至数百安培，瞬时短路放电电流更是成倍增加。高电压和大电流会危及车上乘客的人身安全，同时还会影响低压电气和车辆控制器的正常工作。因此，在设计和规划高压电气系统时不仅应充分满足整车动力驱动要求，还必须确保车辆运行安全、驾乘人员安全和车辆运行环境安全。

根据电动汽车的实际结构和电路特性，设计安全合理的保护措施是确保驾乘人员和车辆设备安全运行的关键。为了保证高压电安全，必须针对高压电防护进行特别的系统规划与设计。国际标准化组织和美国、欧洲、日本等都先后发布了若干电动汽车的技术标准，它们对电动汽车的高压电安全及控制制定了较为严格的标准和要求，并规定了高压系统必须具备高压电自动切断装置。其中涉及与电动车安全有关的电气特性有：绝缘特性、漏电流、充电器的过流特性和爬电距离及电气间隙等。

电动汽车的运行情况非常复杂，在运行过程中难免会出现部件间的相互碰撞、摩擦、挤压，这有可能使原本绝缘良好的导线绝缘层出现破损；接线端子与周围金属出现搭接。高压电缆绝缘介质老化或受潮湿环境影响等因素都会导致高电压电路和车辆底盘之间的绝缘性能下降，电源正负极引线将通过绝缘层和底盘构成漏电流回路。当高电压电路和底盘之间发生多点绝缘性能下降时，还会导致漏电回路的热积累效应，可能造成车辆的电气火灾。因此，高压电气系统相对车辆底盘的电气绝缘性能的实时检测也是电动汽车电气安全技术的核心内容。

电动汽车电气安全监测系统需要实时监测整车电气状态信息，如总电压、总电流、正负母线对地电压值、正负母线绝缘电阻值、辅助电压、继电器连接状况等，并通过CAN总线输出测得各部分的状态及数值、输出系统的报警状态和通断指令，从而确保电动汽车的安全运行。

9.2 基于福田2t车底盘的电动环卫车型

本类底盘包括HLT5020ZLJEV纯电动自卸式垃圾车、HLT5022CTYEV型纯电动桶装垃圾运输车和HLT5024CTYEV型纯电动桶装垃圾运输车3种车型。

9.2.1　整车简介

(1) HLT5020ZLJEV 型纯电动高位自卸式垃圾车

HLT5020ZLJEV 型纯电动高位自卸式垃圾车（图 9-17）是用于小区、街道、商场等场所垃圾收运专用车。该车是在北汽福田公司生产的 BJ1020EV6 底盘上加装全封闭车厢，两侧各有一个可以打开的侧箱门，用气弹簧支撑，侧箱门开启，用于向车厢内投放垃圾，将后门开启，用于自卸时倾卸垃圾。该底盘每天充电即可工作，具有外形美观、操作简单、工作效率高等特点。而且是电动车，不需要燃油，充分满足环保要求，一次充电可以行驶 100km 左右，节省后期的运行费用。车型小巧，适合进入胡同等窄小空间作业。

图 9-17　HLT5020ZLJEV 型纯电动高位自卸式垃圾车

表 9-2 所示为 HLT5020ZLJEV 型纯电动高位自卸式垃圾车的整车参数。

表 9-2　HLT5020ZLJEV 整车参数

项　　目		HLT5020ZLJEV
车辆名称		纯电动高位自卸式垃圾车
底盘型号		BJ1020EV6
质量/kg	整备质量	1650
	装载质量(含成员 2 人)	470
	底盘允许总质量	2250
	空载轴荷:前轴/后桥	750/900
	满载轴荷:前轴/后桥	910/1340
尺寸/mm	轴距	2370
	外形尺寸(长×宽×高)	4280×1550×1860
整车性能	汽车满载接近角/(°)	24
	汽车满载离去角/(°)	28
	最高车速/(km·h^{-1})	90
	最大爬坡度/%	30
	最大制动距离(30km/h)/m	<10.0
	最小转弯直径/m	11
	最小离地间隙(后桥)/mm	180
	轮胎型号	165R13LT
	箱体容积/m^3	2
专用性能	最大举升角/(°)	45±2
	举升时间/s	≤20
	降落时间/s	≤20
	最大起升高度/mm	600

(2) HLT5022CTYEV 型纯电动桶装垃圾运输车

HLT5022CTYEV型纯电动桶装垃圾运输车（图9-18）是根据目前的市场需求开发的用于城市大型宾馆、学校、餐馆、社会厂矿企业、机关团体事业单位、科研院所以及居民家庭分类垃圾的运输车。此车由电动底盘、车厢、液压升降尾板等零部件组成，实现两侧栏杆向下打开，尾板向后打开、升降，方便分类垃圾桶的装卸，提供更加适用于市政环卫垃圾分类桶的运输。

图9-18　HLT5022CTYEV型纯电动桶装垃圾运输车

承载垃圾桶的车厢底板为长方形，可以摆放两列四排共8个240L分类收集垃圾桶。实际工作过程中，尾板先旋转，后平放于地面上。人工将垃圾桶（重桶）推到尾板平面上，然后利用液压系统将尾板和桶一起平稳举升到与车厢底板平齐，再人工推入车厢内即可完成重桶装载过程。尾板再向上旋转后挡在最后端，空桶可以从侧面打开栏板后直接取下。

表9-3所示为HLT5022CTYEV型纯电动桶装垃圾运输车的整车参数。

表9-3　HLT5022CTYEV整车参数

项　　目		HLT5022CTYEV
车辆名称		纯电动桶装垃圾运输车
底盘型号		BJ1020EV9
质量/kg	整备质量	1690
	装载质量(含成员2人)	430
	底盘允许总质量	2250
	空载轴荷:前轴/后桥	760/930
	满载轴荷:前轴/后桥	910/1340
尺寸/mm	轴距	2500
	外形尺寸(长×宽×高)	4920×1610×1810
整车性能	汽车满载接近角/(°)	24
	汽车满载离去角/(°)	12
	最高车速/(km·h^{-1})	90
	最大爬坡度/%	30
	最大制动距离(30km/h)/m	＜10.0
	最小转弯直径/m	11
	最小离地间隙(后桥)/mm	180
	轮胎型号	165R13LT
使用性能	举升装置举升时间/s	≤20
	举生装置开门时间/s	≤18
	举升装置关门时间/s	≤20
	举升机构	工作中停5min,液压缸的伸缩量不大于10mm
	举升重量/kg	≥500
	液压系统压力/MPa	18

(3) HLT5024CTYEV 型纯电动桶装垃圾运输车

HLT5024CTYEV 型纯电动桶装垃圾运输车（图 9-19）功能与 HLT5022 CTYEV 基本相同，也是用于城市大型宾馆、学校、餐馆、社会厂矿企业、机关团体事业单位、科研院所以及居民家庭分类垃圾的运输车。由电动底盘、翼展式厢体、车辆下舱、液压升降尾板以及气支撑、锁止杆、汽车门锁、搭扣锁等零部件组成，实现两侧翼展板向两侧展开，尾板向后打开、升降，方便分类垃圾桶的装卸。

图 9-19 HLT5024CTYEV 型纯电动桶装垃圾运输车

表 9-4 所示为 HLT5024CTYEV 型电动桶装垃圾运输车的整车参数。

表 9-4 HLT5024CTYEV 整车参数

项目		HLT5024CTYEV
车辆名称		纯电动桶装垃圾运输车
底盘型号		BJ1020EV9
质量/kg	整备质量	1710
	装载质量(含成员 2 人)	410
	底盘允许总质量	2250
	空载轴荷:前轴/后桥	770/940
	满载轴荷:前轴/后桥	910/1340
尺寸/mm	轴距	2500
	外形尺寸(长×宽×高)	4920×1530×2100
整车性能	汽车满载接近角/(°)	24
	汽车满载离去角/(°)	12
	最高车速/(km·h^{-1})	90
	最大爬坡度/%	30
	最大制动距离(30km/h)/m	<10.0
	最小转弯直径/m	11
	最小离地间隙(后桥)/mm	180
	轮胎型号	165R13LT
使用性能	举升装置举升时间/s	≤20
	举升装置开门时间/s	≤18
	举升装置关门时间/s	≤20
	举升机构	工作中停 5min,液压缸的伸缩量不大于 10mm
	举升重量/kg	≥500
	液压系统压力/MPa	18

(4) 底盘系统构型

图 9-20 为 2t 型纯电动环卫车的底盘系统构型，纯电动汽车主要由驱动控制系统、电池系统、底盘、车身及电气系统组成。

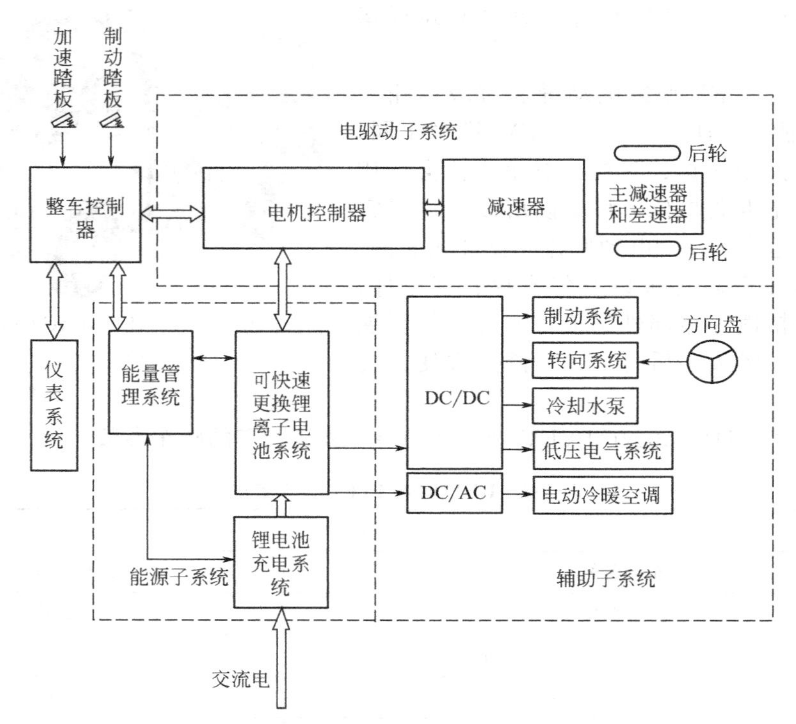

图 9-20　2t 型电动环卫车系统构型

驱动控制系统是电动汽车的心脏，其任务是在驾驶员控制下，高效地将蓄电池的能量转化为车轮的动能，驱动汽车前进。驱动控制系统主要由电机和电机控制器组成，电机与电池之间的能量流动通过控制器调节，电机与车轮通过机械传动装置连在一起。驱动控制系统采用永磁同步电机以及与其相配套的电机控制器来运行。

底盘包括传动行驶系、转向系、制动系、悬架和前桥等，其中行驶系又主要由减速器、传动轴、后桥和车轮等组成。底盘的主要功能是支撑整车的质量，将电机发出的动力传给驱动车轮，同时还要传递和承受路面作用于车轮的各种力和力矩，并缓和冲击、吸收振动，以保证汽车的舒适性，能够比较轻便和灵活地完成整车的转向和制动等操作。

电池系统作为整车的动力源，主要功能是为驱动控制系统提供电能，并用周期性的充电来补充能量。动力电池组作为电动汽车的关键装备，它的质量和体积以及储存的能量对电动汽车的性能起决定性的作用。该车采用锰酸锂电池或者磷酸铁锂电池作为整车的动力源。

电气系统包括低压电气系统和高压电气系统两部分。动力电池组输出的高压直流电通过电机控制器驱动电机运转，同时还向空调系统提供电能，这构成了整车的高压电气系统；动力电池组通过 DC/DC 变换器将高压直流电转换为低压直流电，为转向系统、制动系统、冷却系统、仪表、照明、控制系统和车身附件提供电能，并给辅助蓄电池充电，这构成了整车的低压电气系统。

(5) 高压原理

2t 型纯电动环卫车的高压原理如图 9-21 所示。整车由两箱锂离子动力负责提供能源，任意一箱内部均串联有快速熔断器，对电池组起到保护作用。整车由负极接触器负责整个高压电路的分断和闭合，当负极接触器打开时，DC/DC 变换器开始工作，为整车提供 12V 低压电源。充电由充电继电器进行控制，当充电继电器闭合时，方可进行整车充电或车载充电。当负极接触器闭合时，空调和暖风也可以工作，暖风为 PTC 加热工作形式。在正极接触器和负极接触器都闭合的情况下，主驱动电机控制器方能上高压电，驱动电机运转。整车高压部件均有快速熔断器或者断路器进行保护。所有接触器、继电器、保险集成到高压配电箱中，由整车控制器通过 BMS 统一进行控制。

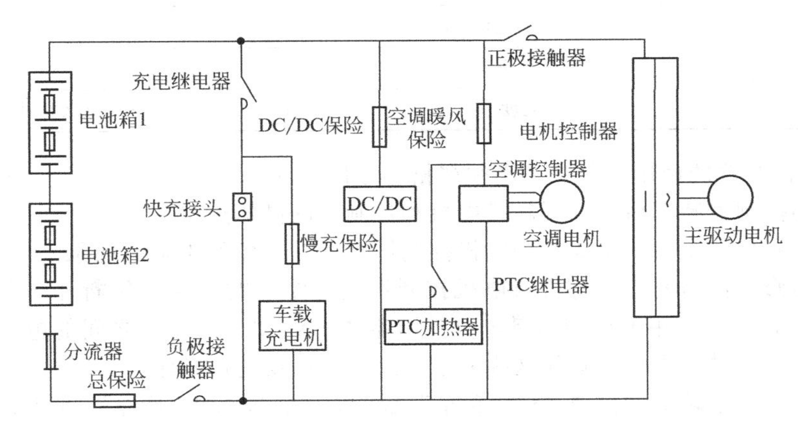

图 9-21 2t 型电动环卫车整车高压原理

9.2.2 关键部件介绍

（1）电机及控制器

驱动电机和控制器必须配套使用，电机控制器将动力电池组输入的直流电压变为可调的交流电压和电流，驱动电动机运转。当控制器收到向前/向后指令和加速踏板或制动踏板给出的牵引/制动信号后，便能根据踏板信号实现电机的驱动力矩控制，实现电动汽车的驱动或制动。如果控制器同时收到加速踏板和制动踏板给出的信号，则以制动信号优先，实现制动功能。

2t 型纯电动环卫车的驱动电机为三相水冷永磁同步电机，具有散热均匀、冷却效果好、体积小、重量轻、过载能力强、运行可靠、调速方便、效率高、高效工作区宽等优点。

电机控制器是一种自动弱磁调速逆变控制器，用于电动汽车电机驱动。电机控制器箱内主要由以 IGBT 功率模块为核心的功率电路和以单片机为核心的微电子控制电路两部分构成，可以安装在地面、车辆等无腐蚀性气体的环境中。

电机系统主要参数如表 9-5 所示。

表 9-5 电机系统主要参数

基本参数	型式	永磁同步电机
	冷却方式	水冷
	绝缘等级 防护等级	F IP54
	最大转速/(r·min^{-1})	8000
	重量/kg	55
	外形尺寸/mm	ϕ245×330
额定工况（2h 以上）	额定功率/kW	30
	额定转矩/N·m	96
	额定转速/(r·min^{-1})	3000
	额定效率(包括控制器)/%	≥93

续表

峰值工况（60s）	峰值功率/kW	60
	峰值转矩/N·m	200
	峰值电枢电流/A	250
环境条件	温度范围/℃	−25～40
	湿度	最湿月月平均最大相对湿度<90%

在电机和控制器的使用过程中，必须严格遵守以下注意事项。

① 电机和控制器装车后，不要触摸电机和控制器的高压连接端。

② 电机控制器装车后，不要打开电机控制器箱盖，以免发生触电现象。

③ 专业维修人员需要卸下电机或电机控制器进行维护时，需首先断开车上的高压总开关（俗称大闸），然后使用电压表测量电机控制器“+V”“−V”端之间的电压，在确保之间的电压低于 36V 时，才可以断开这些端子上的高压连线进行操作。

④ 行车时，严禁转动“前进-空挡-倒车”旋钮，“前进-空挡-倒车”旋钮只能在车辆停稳后才允许操作。

⑤ 装有该型号电机及其控制器的电动车辆出现故障，被拖车拖走维修时必须保证该电动车辆挡位处于物理空挡位置，实现电机轴与变速箱输入的物理连接脱离，避免电机高压发电造成系统损坏以及出现安全事故。

（2）电池系统

2t 型纯电动环卫车采用锰酸锂和磷酸铁锂动力电池，如图 9-22 所示。根据整车总布置的要求，配备了 384V/60A·h 的电池系统。电池系统由 2 个电池箱串联组成。每个电池箱配有磷酸铁锂电池单元 60 串或锰酸锂电池单元 52 个，单箱电压 192V、电量 60A·h。电池系统总能量为 23kW·h。

图 9-22　2t 电动环卫车动力电池总成

动力电池系统采用内外箱的复合机构，以方便进行电池的快换。电池外箱（固定车上，如图 9-23 所示）应包括外箱体、机械锁、高压极柱、低压极柱、通信极柱、极柱保护套、定位销。另外，底盘上所有滚轮槽内均安装滚轮。

图 9-23　2t 电动环卫车动力电池外箱

电池内箱（安装电池且可以更换，如图 9-24 所示）应包括内箱体、电池组、温度传感器、高压极柱插座、低压极柱、通信极柱、电池管理系统。

图 9-24　2t 电动环卫车动力电池内箱

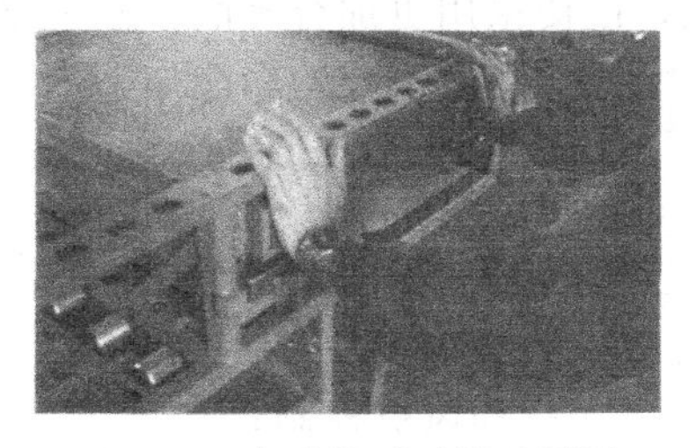

图 9-25　电池箱手动锁止图示

内外箱之间使用 6 个快换连接电接头，其中，两个为主电连接，两个为低压电连接，两个为 CAN 通信连接，电连接头与箱体之间采用浮动连接，保证车辆在颠簸时也能有可靠的连接。

电池箱手动操作说明如下。

① 手动锁止　锁止时，将内箱对准外箱口顺定位滑道推入，接近于锁止位时用力迅速推入则自然锁止，如图 9-25 所示。

然后，插上锁止保护装置安全销，如图 9-26 所示。

② 手动开启　开启时，拔出锁止保护装置安全销，如图 9-27 所示。

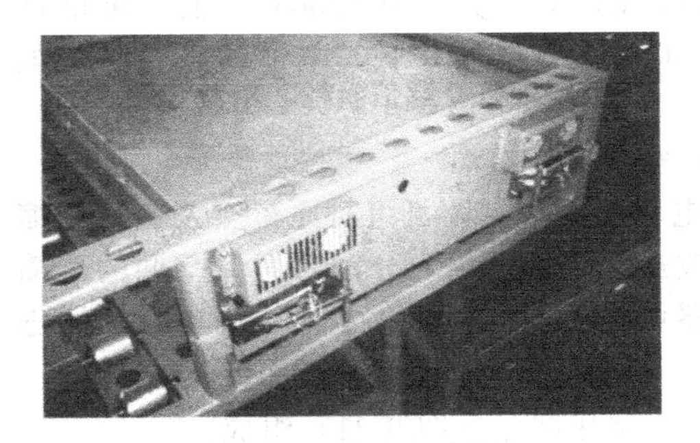

图 9-26　锁止安全销

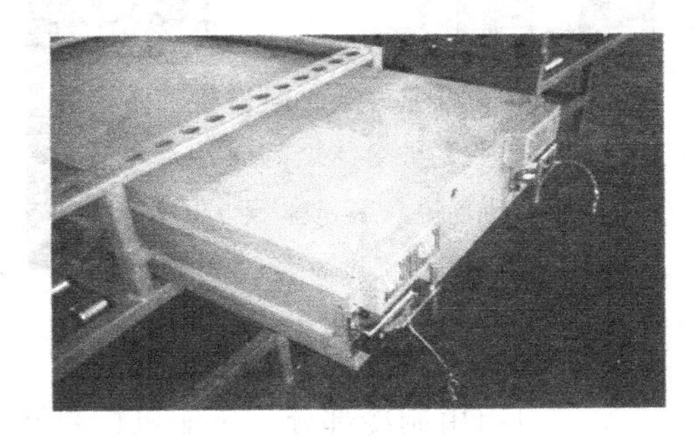

图 9-27　开启安全销

然后，双手同时握住锁柄向外拉开至内箱自然弹启，顺滑道拖出，如图 9-28 所示。

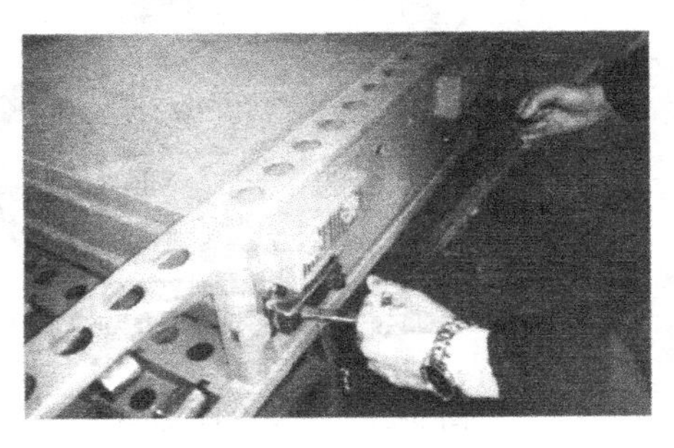

图 9-28　电池箱手动开启图示

动力电池系统需要有电池管理系统（BMS）在车辆运行过程和充电过程中对电池状态进行实时监控和故障诊断，并通过总线的方式告知车辆控制器或充电机，以保证车辆高效安全的使用电池。

电池管理系统（BMS）对整车的安全运行、整车控制策略的选择、充电模式的选择以及运营成本都有很大的影响。电池管理系统无论在车辆运行过程中还是在充电过程中都要可靠地完成电池状态的实时监控和故障诊断，并通过总线的方式告知车辆集成控制器或充电机，以便采用更加合理的控制策略，达到有效且高效使用电池的目的。

电池管理系统的功能如下：

① 单体电池电压的检测；

② 电池温度的检测；

③ 电池组工作电流的检测；

④ 绝缘电阻检测；

⑤ 冷却风机控制；

⑥ 电池组 SoC 的估测；

⑦ 电池故障分析与在线报警；

⑧ 各箱电池充放电次数记录。

（3）辅助电源

辅助电源由 DC/DC 变换器和低压辅助蓄电池组成。图 9-29 所示为 2t 电动环卫车所使用的 DC/DC 变换器。

图 9-29　2t 电动环卫车 DC/DC 变换器

DC/DC 变换器将 384V 高压直流电转换为 12V 低压直流电，为转向、制动、仪表、照明、控制系统和车身附件提供电能，并给低压辅助蓄电池充电，DC/DC 功率为 1200W。低压辅助蓄电池与 DC/DC 变换器并联，电池常处在浮充电状态。

（4）空调系统

2t 电动环卫车空调机组对原车空调进行压缩机动力改造，结构上仍为分散布置。空调的压缩机控制器可通过 CAN 模块可以与整车控制器进行通信，空调系统处于整车控制系统之中。

空调机组由制冷部分、压缩机控制器（图 9-30）、制热部分（图 9-31）组成。

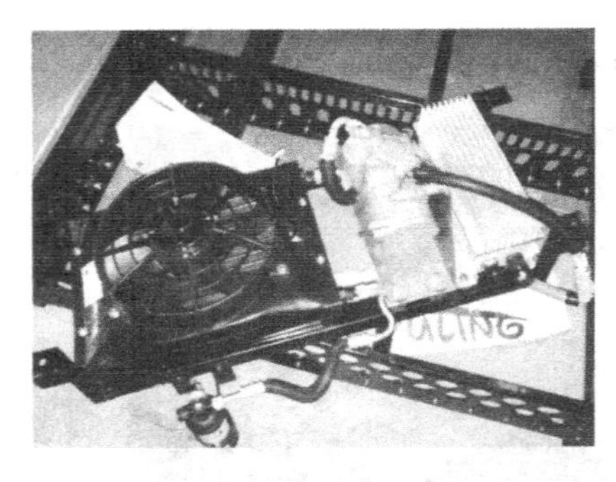

图 9-30　空调压缩机与控制器

图 9-31　空调 PTC 加热器

① 制冷部分　制冷系统：使用原车配置的空调蒸发器、冷凝器、蒸发风机及冷凝风机管道；使用卧式全封闭交流异步电动压缩机。

② 制热部分　制热系统：用 PTC 电加热器取代热水散热器，执行制热功能。

③ 压缩机驱动器　该驱动器专门设计用于华强 HQ2V-27H 压缩机，具有过压、欠压、过流、短路、缺相和 IGBT 模块温度保护等多种保护功能。

空调性能参数如表 9-6 所示。

表 9-6　空调性能参数

空调形式	电动冷暖空调，分散布置
制冷量/kW	3.95
制热量/kW	2.0%～10%(PTC 电加热)
送风量/($m^3 \cdot h^{-1}$)	350
冷凝风量/($m^3 \cdot h^{-1}$)	1800
制冷剂	HFC134a
润滑油	POE68/100mL
工作主电源	384V DC(范围：260～420V DC)
控制电源	12V DC(8～16V DC)
压缩机电源	三相交流变频
压缩机功率/kW	2.63
车厢内温度调节范围/℃	10～30
噪声/dB	≤70

（5）转向与制动

2t 电动环卫车转向系统采用电动助力转向（EPS），其工作原理如图 9-32 所示。

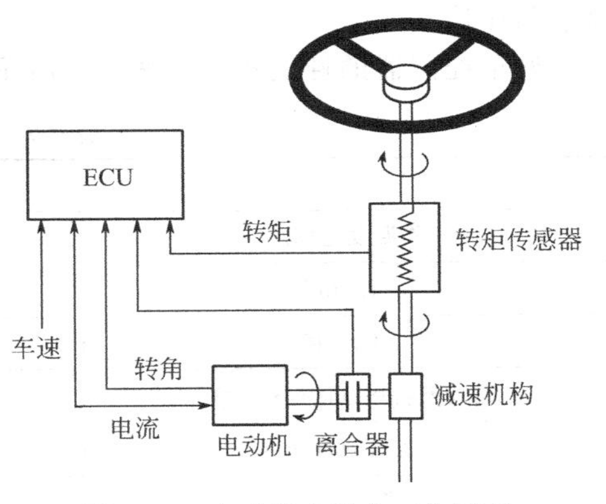

图 9-32　电动助力转向工作原理

如图 9-32 所示，转矩传感器作用在检测输入轴的力矩，ECU 根据车速传感器和转矩传感器的信号控制电动机的旋转方向和助力电流的大小，电动机的力矩通过减速机构作用到小齿轮上，实现助力转向。

电动助力转向系统与传统液压动力转向相比，具有以下优点：

① 改善电动汽车的转向助力特性，提高其轻便性和安全性；

② 只在转向时电动机才提供助力，减少能量消耗；

③ 零件少，质量更轻、结构更紧凑，能降低噪声；

④ 没有液压回路，更易调整和检测；

⑤ 不存在渗油问题，降低保修成本，减少污染；

⑥ 具有更好的低温工作性能。

制动采用真空助力方式，使用 12V DC 的电动真空泵，如图 9-33 所示。真空泵间歇性工作，整车控制器接收真空泵信号，控制真空泵启停。

图 9-33　用于制动系统的电动真空泵

该真空助力装置所使用的电动真空泵的技术参数为：

额定电压：12V；

工作电压：6～16V；

额定电流：7～8A；

工作温度范围：−40～+120℃；

寿命：>500h。

9.2.3 整车控制器与控制策略

（1）整车控制器

2t 电动环卫车整车控制器（图 9-34）作为整车的核心部件，其主要功能有以下几个方面。

图 9-34 整车控制器

① 整车网络管理 作为全车 2 路 CAN 总线的网关，进行信息的交互，实现整车信息共享。

② 整车故障诊断 监控网络上的全部控制器节点，实现上电自检，进行故障诊断，并通过仪表进行报警。

③ 高压控制功能 接收到司机命令后根据整车状态进行高压的接通，同时可以断开高压，并采集相应状态信息送仪表显示。

④ 能量管理 根据整车动力能量给驱动电机发送驱动命令和行驶模式的切换，合理使用动力电池。

⑤ 冷却风扇控制 通过接收总线上冷却温度的变化进行风扇的智能控制。

⑥ 上装控制器电源 根据司机命令提供上装控制器工作电源，并对所提供的电源进行诊断和保护。

整车控制器的性能指标如表 9-7 所示。

表 9-7 整车控制器性能指标

电压	额定工作电压 DC 12，电压波动±4V
工作温度范围/℃	−20～+85
功耗/mA	<100
总线通信	物理层为 CAN2.0-B，自定义应用层协议
总线波特率/($kbit \cdot s^{-1}$)	CAN1:250 CAN2:250
系统启动时间/s	<10
工作环境温度/℃	−30～+65
储存环境温度/℃	−40～+75
工作环境湿度/%	≤75

（2）控制策略

整车控制策略以整车控制器为载体，通过 CAN 总线通信网络实现对各个部件的协调控制。图 9-35 所示为整车控制策略主流程。

整车控制策略主要包括以下 3 个部分。

① 车辆运行模式的识别。车辆模式识别子模块功能：通过采集驾驶员选择的挡位信号和模式信号，判断车辆需要进入的运行模式。

② 根据整车状态对踏板信号进行解析。整车控制首先判断整车的状态，在所有部件都处于正常状态时，且相关的安全操作都进行以后，整车控制器会根据踏板信号和运行模式命令来控制电机进行相应的运转。

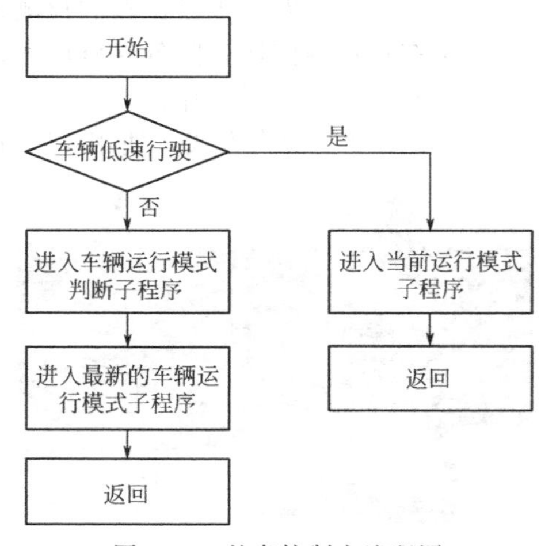

图 9-35 整车控制主流程图

③ 电池状态判断及充放电允许功率的计算。电池状态判断及充放电功率计算子模块可以自动识别电池类型以及根据电池当前的参数判断电池状态，并计算电池所允许的最大充放电功率，用做整车控制的重要参数。

当以下任一条件存在时，车辆进入强制低速模式（磷酸铁锂电池）：

SoC：＜25%；

电池温度：＞48℃；

极柱温度：＞52℃；

单体电池电压：＜2.5V。

当以下任一条件存在时，车辆进入强制停车模式（磷酸铁锂电池）：

SoC：＜10%；

电池温度：＞55℃；

极柱温度：＞60℃；

单体电池电压：＜2.3V。

9.3 基于福田8t车底盘的电动环卫车型

9.3.1 整车简介

本类底盘的车包括HLT5074ZYSEV纯电动压缩式垃圾车、HLT5071ZZZEV餐厨垃圾收集车、ZLJ507lTSL电动扫路车、BTL5071TSLEV纯电动吸尘车4种车型。

（1）HLT5074ZYSEV纯电动压缩式垃圾车

HLT5074ZYSEV纯电动压缩式垃圾车（图9-36）是用于垃圾收集运输的专用车辆。该产品采用纯电动汽车底盘、车厢、液压升降尾板等零部件组成，具有零排放、低噪声、低油耗的优点。此车采用逻辑控制器实现车辆专用部分的自动控制；采用手电双控的液压阀控制液压驱动。自动化程度高，使用可靠。同时，该车设置了紧急停止装置、防止后门下降互锁开关、后门安全支杆等安全装置，保证作业、检修和清洗车辆时的安全。

图9-36 HLT5074ZYSEV纯电动压缩式垃圾车

HLT5074ZYSEV纯电动压缩式垃圾车的具体整车参数如表9-8所示。

表9-8 HLT5074ZYSEV整车参数

车辆型号	HLT5074ZYSEV	车辆型号	HLT5074ZYSEV
最高车速/(km·h^{-1})	80	前悬/后悬/mm	1085/2055
额定载质量/kg	1835	填装作业时间/s	≤30
整备质量/kg	5530	卸料作业时间/s	≤30
最大总质量/kg	7495	压缩车厢容积/m^3	5
车辆外形尺寸/mm	6500×2070×2400	液压系统工作压力/MPa	17.5
轴距/mm	3360	轮胎规格	7.50R16

（2）HLT5071ZZZEV型餐厨垃圾收集车

图9-37所示为HLT5071ZZZEV餐厨垃圾收集车，它是一种专供环卫作业的装运车辆。

图 9-37　HLT5071ZZZEV 餐厨垃圾收集车

本车是在纯电动底盘的基础上制造的改装车，其专用上装部分可以完成餐厨垃圾的自动装卸功能。该车专用上装采用液压驱动、电控操作，工作人员只需开启按钮即可控制垃圾的装填和卸料，还可以实现对内部垃圾压缩以提高装运效率。其上装的储运结构密封、无遗撒、无异味。此车电控液压系统装卸效率高，工作可靠，并设有互锁结构，解除了误操作问题，备用手动操作阀在电控发生故障时可以应急使用，提高了可靠性。

HLT5071ZZZEV 餐厨垃圾收集车的具体整车参数如表 9-9 所示。

表 9-9　HLT5071ZZZEV 整车参数

车辆型号	HLT5071ZZZEV 型餐厨垃圾收集车
底盘型号	BJ1071VDE0A 二类底盘
最大续航里程/km	150
轴距/mm	3360
车辆外形尺寸（长×宽×高）/mm	5720×2020×2390
最高车速/(km·h^{-1})	80
整备质量/kg	5400
装载质量/kg	1965
底盘最大总质量/kg	7495
核定载客人数/人	3
最小转弯直径/m	14
最小离地间隙/mm	190
接近角/离去角/(°)	23/19
箱体容积/m^3	4
污水箱容积/m^3	0.38
操纵方式	配备电机功率输出自动装置，电机功率输出及转速控制可通过电气系统实现自动加速
后门锁紧方式	液压自动锁紧系统，锁钩式可补偿自动锁紧系统
液压系统特点	液压回路设计合理、系统内部热损耗小，在连续工作条件下，液压油箱中的油温不超过70℃。具有工作效率高、作业循环时间短、操作简单等优点，且工作可靠、故障率低
垃圾桶提升装置	按用户要求安装落地翻斗机构。驾驶室和车位分别安装作业控制盒

（3）ZLJ5071TSL 电动扫路车

ZLJ5071TSL 电动扫路车（图 9-38）用于垃圾清扫的专用车辆。该产品采用纯电动汽车底盘、风机电机、液压系统、吸嘴和垃圾箱等零部件组成，具有零排放、低噪声的优点，且自动化程度高，使用可靠。

图 9-38　ZLJ5071TSL 电动扫路车

ZLJ5071TSL 电动扫路车的具体整车参

数见表 9-10。

表 9-10　ZLJ5071TSL 整车参数

整车型号	ZLJ5071TSL 电动扫路车
底盘型号	BJ1071VDE0A-1 纯电动汽车底盘
最大总质量/kg	7495
动力电池容量	384V/200A·h 快换锂离子动力电池组
主驱动电动功率/kW	60/110
风机电机功率	28kW(2900r/min)
最高车速/(km·h^{-1})	80
续驶里程(行驶状态)/km	150
续驶里程(作业状态)/km	50
最大清扫宽度/m	3
垃圾箱容量/m^3	5

(4) BTL5071TSLEV 纯电动吸尘车

BTL5071TSLEV 纯电动吸尘车（图 9-39）是一种专供环卫作业的专用车辆。本车是在纯电动底盘的基础上制造的改装车，其专用上装部分可以吸入道路垃圾。具有零排放、低噪声的优点，且其自动化程度高，使用可靠。

图 9-39　BTL5071TSLEV 纯电动吸尘车

BTL5071TSLEV 纯电动吸尘车的具体整车参数如表 9-11 所示。

表 9-11　BTL5071TSLEV 整车参数

整车型号	BTL5071TSLEV 纯电动吸尘车
底盘型号	BJ1071VDE01-1 纯电动汽车底盘
最大总质量/kg	7495
动力电池容量	384V/200A·h 快换锂离子动力电池组
主驱动电机功率/kW	60/110
风机电机功率	28kW(2900r/min)
最高车速/(km·h^{-1})	80
续驶里程(行驶状态)/km	150
续驶里程(作业状态)/km	50
最大清扫宽度/m	2.8
垃圾箱容量/m^3	4.5

(5) 底盘系统构型

图 9-40 为 8t 型纯电动环卫车的底盘系统构型。

8t 型环卫车的底盘系统构型与 2t 型环卫车大致相同，不同点在于 8t 车型的转向系统、制动系统和冷却系统由高压供电。

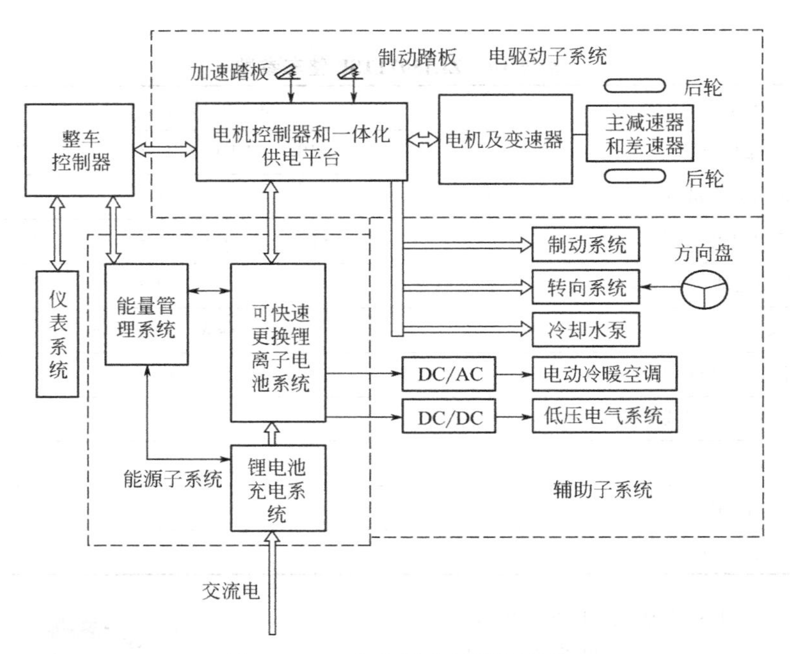

图 9-40　8t 电动环卫车系统构型

8t 环卫车高压原理如图 9-41 所示。

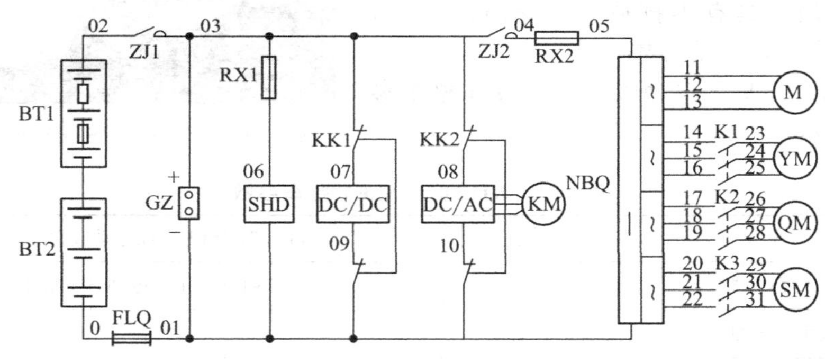

图 9-41　8t 环卫车高压原理

9.3.2　关键部件介绍

（1）电机及控制器

8t 纯电动环卫车的驱动电机为三相永磁同步电机，配套的电机控制器型号为 BOMK060/110-I。具有散热均匀、冷却效果好、体积小、重量轻、过载能力强、运行可靠、调速方便、效率高、高效工作区宽等优点。

8t 纯电动环卫车所用驱动电机的参数如下：

型号：BOMM060/110-I；

型式：永磁同步电机；

额定电压：262V　DC；

额定转速：3500r/min；

最高转速：5500r/min；

额定功率：60kW；

峰值功率：110kW；

额定转矩：164N・m；

峰值转矩：300N・m。

（2）电池系统

8t纯电动环卫车采用磷酸铁锂动力电池。根据整车总布置的要求，配备了384V/200A·h的电池系统，该电池系统由4个电池箱串联组成，每个电池箱配有磷酸铁锂电池单元30串，单箱电压96V、电量200A·h。电池系统总能量为76kW·h。

8t电动环卫车动力电池总成如图9-42所示。

图9-42　8t电动环卫车动力电池总成

(3) 辅助电源

辅助电源由DC/DC变换器和低压辅助蓄电池组成。DC/DC变换器将384V高压直流电转换为24V低压直流电，为转向、制动、仪表、照明、控制系统和车身附件提供电能，并给低压辅助蓄电池充电，DC/DC变换器功率为3000W。低压辅助蓄电池与DC/DC变换器并联，电池常处在浮充电状态。

(4) 空调系统

8t电动环卫车采用电动冷暖空调系统分散布置的形式。其主要技术参数如表9-12所示。

表9-12　8t电动环卫车空调系统技术参数

空调型式	电动冷暖空调，分散布置	压缩机型式	全封闭卧式压缩机
主电源/V	DC384	额定工况制冷量/kW	4.0
控制电源/V	DC24	压缩机工作电源	AC220V-1P-50Hz
制冷量/kW	3.5～4.0	压缩机额定电流/A	6
制热量/kW	2.0(PTC电加热)	压缩机额定输入功率/kW	1.28
送风量/($m^3 \cdot h^{-1}$)	350	车厢内温度调节范围/℃	10～30
制冷剂	R134a	噪声/dB	≤70
制冷剂充注量/L	1.2		
压缩机功率/kW	1.28		

(5) 转向与制动

8t电动环卫车使用的是液压电动助力转向系统（EHPS），如图9-43所示。其工作电压为220V交流电，额定功率为2200W。

图9-43　液压电动助力转向系统

图9-44　8t环卫车气制动系统

8t电动环卫车的制动系统为气压制动，如图9-44所示。其空气压缩机的压力为0.85MPa，功率为2200W。

9.3.3 整车控制器与控制策略

8t 型电动环卫车的整车控制器以及控制策略与前述 2t 型相同。

9.4 基于福田 16t 车底盘的电动环卫车型

9.4.1 整车简介

HLT5165GSSEV 纯电动洒水车（图 9-45）是根据市场需求开发的新能源环卫新产品，采用纯电动二类底盘，配装专用水泵。其功能有前喷洒、侧喷洒、后喷壶、高压喷枪和水龙带高压出水口（可与消防车对接，辅助灭火），适用于一般的园林绿化保洁、环卫喷洒降尘和中水转运等作业。该车型的主要特点是在新能源底盘的基础上实现了齐备的功能，并且采用了新型外观，另外就是洒水作业操作简便，其中的左前喷洒、右前喷洒、侧喷洒和后喷壶都可以在驾驶室内用手动气阀直接操作，减少了作业人员的劳动强度。根据用户需求又另外加装了高压隔膜泵，可用于道路清刷作业。

图 9-45　HLT5165GSSEV 纯电动洒水车

HLT5165GSSEV 纯电动洒水车的具体整车参数见表 9-13 所示。

表 9-13　HLT5165GSSEV 整车参数

车辆型号	HLT5165GSSEV 纯电动洒水车
底盘型号	BJ1163EV1 纯电动底盘
轴距/mm	4500
车辆外形尺寸(长×宽×高)/mm	8650×2490×2760
罐体外形尺寸(长×宽×高)/mm	3100×2340×1300
罐体有效容积/m^3	6.3
罐体最大容积/m^3	10.0
水泵型号	80QZ-60/90N
水泵扬程/m	90
水泵额定流量/($m^3 \cdot h^{-1}$)	60
最高车速/($km \cdot h^{-1}$)	80
整备质量/kg	9800
装载质量/kg	6060
底盘最大总质量/kg	15990
核定载客人数/人	2
最小转弯直径/m	15.5

续表

接近角/(°)		18
离去角/(°)		15
轮胎型号		10.00-20
最小离地间隙/mm		223
空载时	前轮载荷/kg	4740
	后轮载荷/kg	5060
满载时	前轮载荷/kg	5990
	后轮载荷/kg	10000

图9-46所示为16t型纯电动环卫车的底盘系统构型。16t型环卫车的底盘系统构型与2t型环卫车大致相同，不同点在于16t车型的转向系统、制动系统和冷却系统由高压供电。

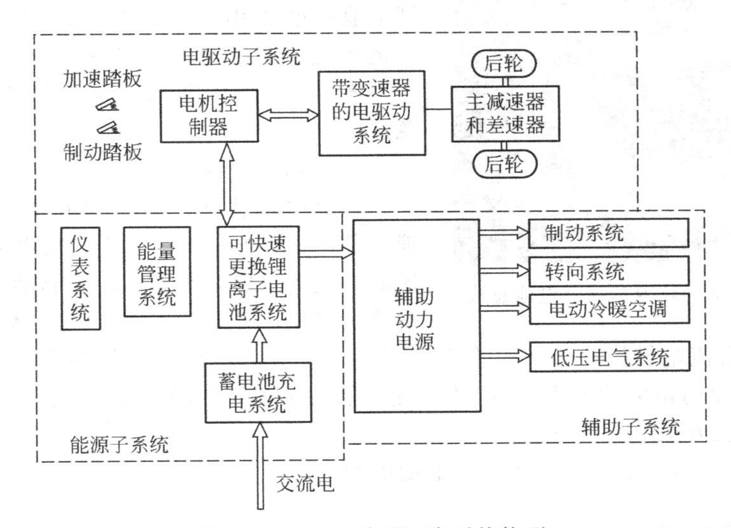

图9-46 16t电动环卫车系统构型

16t型环卫车的高压原理如图9-47所示。

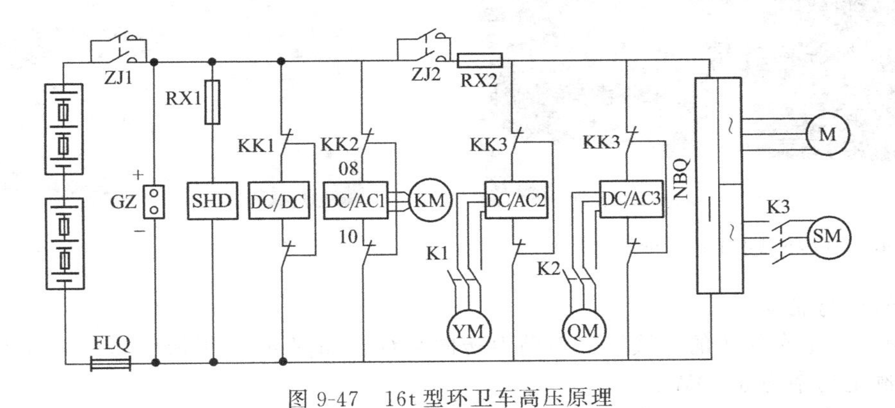

图9-47 16t型环卫车高压原理

9.4.2 关键部件介绍

(1) 电机及控制器

16t纯电动环卫车的驱动电机为三相永磁同步电机，配套的电机控制器型号为

BOMK130/170-I。其具有散热均匀、冷却效果好、体积小、重量轻、过载能力强、运行可靠、调速方便、效率高、高效工作区宽等优点。

16t 纯电动环卫车所用驱动电机的参数如下：

型号 BOMM130/170-I； 最大扭矩 770N·m；
型式 永磁同步电机； 额定转速 2100r/min；
额定功率 130kW； 最高转速 5500r/min。
峰值功率 170kW；

（2）电池系统

16t 纯电动环卫车采用磷酸铁锂动力电池。根据整车总布置的要求，配备了 384V/400A·h 的电池系统。电池系统由 8 个电池箱串联组成，包括 4 个大电池箱和 4 个小电池箱。每个大电池箱配有磷酸铁锂电池单元 18 串，单箱电压 57.6V、电量 400A·h；每个小电池箱配有磷酸铁锂电池单元 12 串，单箱电压 38.4V、电量 400A·h，电池系统总能量为 152kW·h。

图 9-48 16t 纯电动环卫车动力电池总成

图 9-48 所示为 16t 纯电动环卫车动力电池总成。

（3）辅助电源

辅助电源由 DC/AC、DC/DC 变换器和低压辅助蓄电池组成。DC/AC 变换器将 384V 高压直流电转换为 220V 交流电，为驱动电机、转向、制动系统提供电能，其功率为 3000W；DC/DC 变换器将 384V 高压直流电转换为 27.5V 低压直流电，为仪表、照明、控制系统和车身附件提供电能，并给低压辅助蓄电池充电，DC/DC 变换器功率为 3000W。低压辅助蓄电池与 DC/DC 变换器并联，电池常处在浮充电状态。

图 9-49 所示为 16t 环卫车上使用的辅助电源。

图 9-49 16t 环卫车上使用的辅助电源

图 9-50 液压电动助力转向系统

（4）转向与制动

16t 电动环卫车使用的是液压电动助力转向系统，如图 9-50 所示。其工作电压为 220V 交流电，额定功率为 3000W。

16t 电动环卫车的制动系统为气压制动，与前述 8t 环卫车相同。

9.4.3 整车控制器与控制策略

（1）整车控制器

16t 环卫车所使用的整车控制器如图 9-51 所示。

16t 环卫车整车控制器的主要功能如下。

① 采集驱动踏板有效信号，采集驱动踏板行程信号，采集制动踏板有效信号，采集制动踏板行程信号，采集挡位信号。

② 高压控制功能。

③ 通过 CAN 总线采集整车各个零部件的状态信息，基于整车状态实现优化控制，并将控制命令按照通信协议发送到 CAN 总线上。

④ 根据电池的能量状态、单体电池最低电压、电池温度来智能控制电池的放电功率。

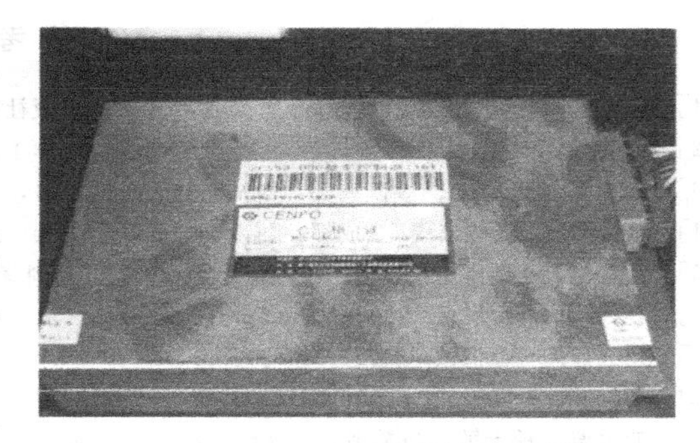

图 9-51　16t 环卫车整车控制器

⑤ 根据电安全性控制。

⑥ 充电互锁控制功能。

⑦ 网络节点通信故障监控功能。

(2) 控制策略

16t 型电动环卫车的控制策略与前述 2t 型相同。

参考文献

[1] 张洪，贾志绚. 工程机械概论. 北京：冶金工业出版社，2006.

[2] 张青，张瑞军. 工程起重机结构与设计. 北京：化学工业出版社，2008.

[3] 寇长青. 工程机械基础. 成都：西南交通大学出版社，2001.

[4] 杜海若. 工程机械概论. 成都：西南交通大学出版社，2006.

[5] 汪锡龄. 新型建筑机械及其应用. 北京：中国环境科学出版社，1997.

[6] 杨红旗. 工程机械. 2002，33（5）：1.

[7] 杨红旗. 工程机械. 2002，33（6）：3.

[8] 杨红旗. 工程机械. 2002，33（7）：3.

[9] 胡永彪，杨士敏，马鹏宇. 工程机械导论. 北京：机械工业出版社，2013.

[10] 林程，韩冰. 北京市纯电动汽车技术培训教程. 北京：北京理工大学出版社，2012.